DIANLI XITONG JIDIAN BAOHU
DIANXING SHIJIAN ANLI FENXI

# 电力系统继电保护典型事件案例分析

石恒初　陈　璟　主编

中国电力出版社
CHINA ELECTRIC POWER PRESS

## 内 容 提 要

本书是在对近些年电力系统继电保护异常事件汇总的基础上，特组织编写的一本继电保护典型案例分析集。全书以实际应用为主线，采用案例分析的形式详细介绍继电保护技术的现场应用。本书共分六章，对继电保护装置、定值、压板、回路和外因五大风险导致的典型案例进行了详细分析与总结。

本书不仅可以作为电力系统继电保护从业人员岗位胜任和技能提升用书，还可以作为电力系统内从事生产运行、调度管理人员的学习参考书籍。

**图书在版编目（CIP）数据**

电力系统继电保护典型事件案例分析 / 石恒初，陈璟主编. -- 北京：中国电力出版社，2025. 3. -- ISBN 978-7-5198-9209-8

Ⅰ. TM77

中国国家版本馆 CIP 数据核字第 2024S5F496 号

出版发行：中国电力出版社
地　　址：北京市东城区北京站西街 19 号（邮政编码 100005）
网　　址：http://www.cepp.sgcc.com.cn
责任编辑：孙　芳（010-63412381）
责任校对：黄　蓓　朱丽芳
装帧设计：赵姗姗
责任印制：吴　迪

印　　刷：三河市万龙印装有限公司
版　　次：2025 年 3 月第一版
印　　次：2025 年 3 月北京第一次印刷
开　　本：787 毫米×1092 毫米　16 开本
印　　张：17.25
字　　数：381 千字
印　　数：0001—2000 册
定　　价：116.00 元

# 《电力系统继电保护典型事件案例分析》
# 编 委 会


主　　编　石恒初　陈　璟

副 主 编　李本瑜　游　昊　杨远航

编写人员　许守东　果家礼　王辉春　陈小瓦　李　杰　陈晓帆

祁有年　蒋孝敬　初　阳　马翰超　李银银　丁心志

周　瀛　周海成　宋　哲　李世伟　张　成　李　凌

钱永亮　李　涛　张　敏　汪倩羽　虎　啸　金　辉

杨桥伟　汪子程　陈　炯　张　鑫　殷怀统　邓　涛

李秀兰　李兴美　卢　佳　李　诚　赵正平　杨鹏杰

# 前　言

继电保护作为电网的安全卫士，如果能正确发挥它的功能，快速准确地隔离故障，便可有效保障电力设备安全、电网安全稳定运行和电力可靠供应。近年来，随着大规模新能源接入电力系统、柔性交直流输电等新技术的应用，以及电力监控系统网络安全管理要求的不断提高，继电保护运行中的传统风险与非传统风险叠加，亟需总结继电保护事件教训，以期提高继电保护从业人员的业务技能和安全意识，更好地保障电网安全稳定运行。

“前事不忘，后事之师”，本书在对继电保护风险源系统、完整认识的基础上，旨在通过对继电保护不同风险源导致的典型案例学习，认清各种异常事件的根源，强化风险意识，有效防控人为责任的继电保护“拒动、误动”事件，推动事件从事后分析整改向事前防控的根本转变。

本书由云南电网有限责任公司组织具有丰富经验的技术骨干编写，并得到了有关单位和人员的大力支持，在此，对相关单位及有关人员表示衷心的感谢！

由于编写时间仓促，编者水平有限，书中难免有疏漏和不足之处，恳请专家、读者批评斧正。

编　者

2025 年 2 月

# 目 录

# 第一章

# 继电保护异常事件分类

## 第一节 继电保护的极端重要性

大面积停电（简称大停电）是指由于自然灾害、电力安全事故和外力破坏等原因造成区域性电网、省级电网或城市电网大量减供负荷和大量供电用户停电，对国家安全、社会稳定以及人民群众生产生活造成影响和威胁的事件。2009 年至今，国内外主要大停电事故事件中，10 起与继电保护拒动或误动直接相关，如表 1-1 所示。

**表 1-1　　2009 年至今国内外主要大停电事故统计**

| 序号 | 时间 | 事故名称 | 事故原因 |
|---|---|---|---|
| 1 | 2023 年 8 月 15 日 | “8·15”巴西全国性大停电 | 保护逻辑错误，保护误动 |
| 2 | 2023 年 4 月 19 日 | “4·19”中国香港电网异常解列 | 人为误操作，保护拒动 |
| 3 | 2022 年 3 月 3 日 | “3·3”中国台湾大停电 | 人为误操作叠加保护拒动、误动 |
| 4 | 2021 年 1 月 9 日 | “1·9”巴基斯坦大停电 | 人为误操作叠加保护拒动 |
| 5 | 2019 年 7 月 13 日 | “7·13”美国纽约大停电 | 保护拒动 |
| 6 | 2018 年 3 月 21 日 | “3·21”巴西大停电 | 保护误整定、稳控系统拒动 |
| 7 | 2012 年 7 月 30 日 | “7·30”印度大停电 | 联络线跳闸引发线路过载连锁跳闸、保护误动作、调度机构对电网运行管控力度不足 |
| 8 | 2011 年 9 月 8 日 | “9·8”美墨大停电 | 保护误动作、重要联络线跳闸 |
| 9 | 2011 年 2 月 4 日 | “2·4”巴西大停电 | 保护误动作、机组低压跳闸 |
| 10 | 2009 年 11 月 10 日 | “11·10”巴西大停电 | 多个设备相继故障跳闸、保护动作不合理、稳控系统策略考虑不周 |

从多起大停电事故事件中，分析其事故链都有继电保护拒动或误动的因素，从内部来看，国内 500kV 某变电站 220kV 断路器失灵保护拒动，造成多个变电站失压、高铁停运，社会影响恶劣；国内某 500kV 变电站保护拒动，导致全站失压、设备损毁，侥幸的是尚未构成大面积停电事故，但这些案例警醒我们，继电保护作为电网安全稳定运行的第一道防线，如果能正确发挥它的功能，快速正确切除故障，就可以把问题控制在“点”上解决（国内某电厂 500kV 母线恶性误操，母差保护正确动作，系统保持稳定运行），如果不能正确发挥作用，那么一个“点”上的问题必将演变为“面”上的问题（比如，“3·3”中国台湾

兴达电厂 500kV 母线恶性误操作，母差保护拒动，系统失稳，大面积停电），导致大停电事件，后果不堪设想。

2023 年 7 月，习近平总书记在主持召开中央全面深化改革委员会第二次会议强调：加快构建清洁低碳、安全充裕、经济高效、供需协同、灵活智能的新型电力系统。高比例新能源、高比例电力电子设备逐步成为我国新型电力系统的重要特征，以某地区为例（见图 1-1），到 2026 年新能源渗透率（某一时段新能源发电出力占电源总出力的比例）将高达 85%。

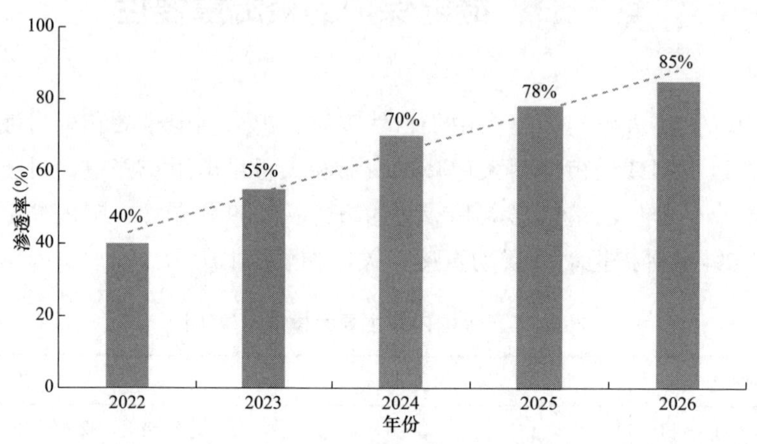


图 1-1　某地区新能源渗透率变化趋势

随着新能源渗透率的逐步攀升，一是电网故障特征受控制策略和性能影响，具有极强的随机性，导致传统保护适应性下降，继电保护拒动、误动风险凸显；二是新能源大规模投产，但市场上新能源施工、调试、运维等力量匮乏，短时间难以支撑大规模新能源投产和日常运维，基建遗留隐患较多且逐渐暴露，新能源电厂表现出“设备随机性”，具体为高“拒动”“误动”率，对跳闸范围“缺乏掌控”，新能源原有的“随机性”人为地被进一步加剧，传统风险与非传统风险叠加，冲击电网安全运行底线，影响电力可靠供应，亟需总结继电保护事件教训，以期提高继电保护从业人员的业务技能和安全意识，更好的保障电网安全稳定运行。

## 第二节　继电保护风险分类

建设本质安全的继电保护系统是守牢电网安全稳定运行第一道防线的必由之路。本质安全就是要从根本上消除或减少危险，使隐患、风险趋于最小化，安全问题本质是风险防控问题，风险防控的基础在于对风险源系统、完整的认识。

如图 1-2 所示，从继电保护装置工作条件系统、完整地来看，可以把继电保护风险分为自身风险和外部风险两大类。装置、定值、压板（包括空开、把手）及回路构成继电保护工作的基础条件，属于继电保护自身风险；而外部风险则包括网络安全、直流电源和谐波等，充分认识继电保护“装置、定值、压板、回路、外因”核心风险因素导致异常事件的原因，对提高继电保护工作人员分析处理事故能力具有重要意义，更重要的是可有效防控人为责任的继电保护“拒动、误动”事件，推动事件从事后分析整改向事前预警防控的根本转变。

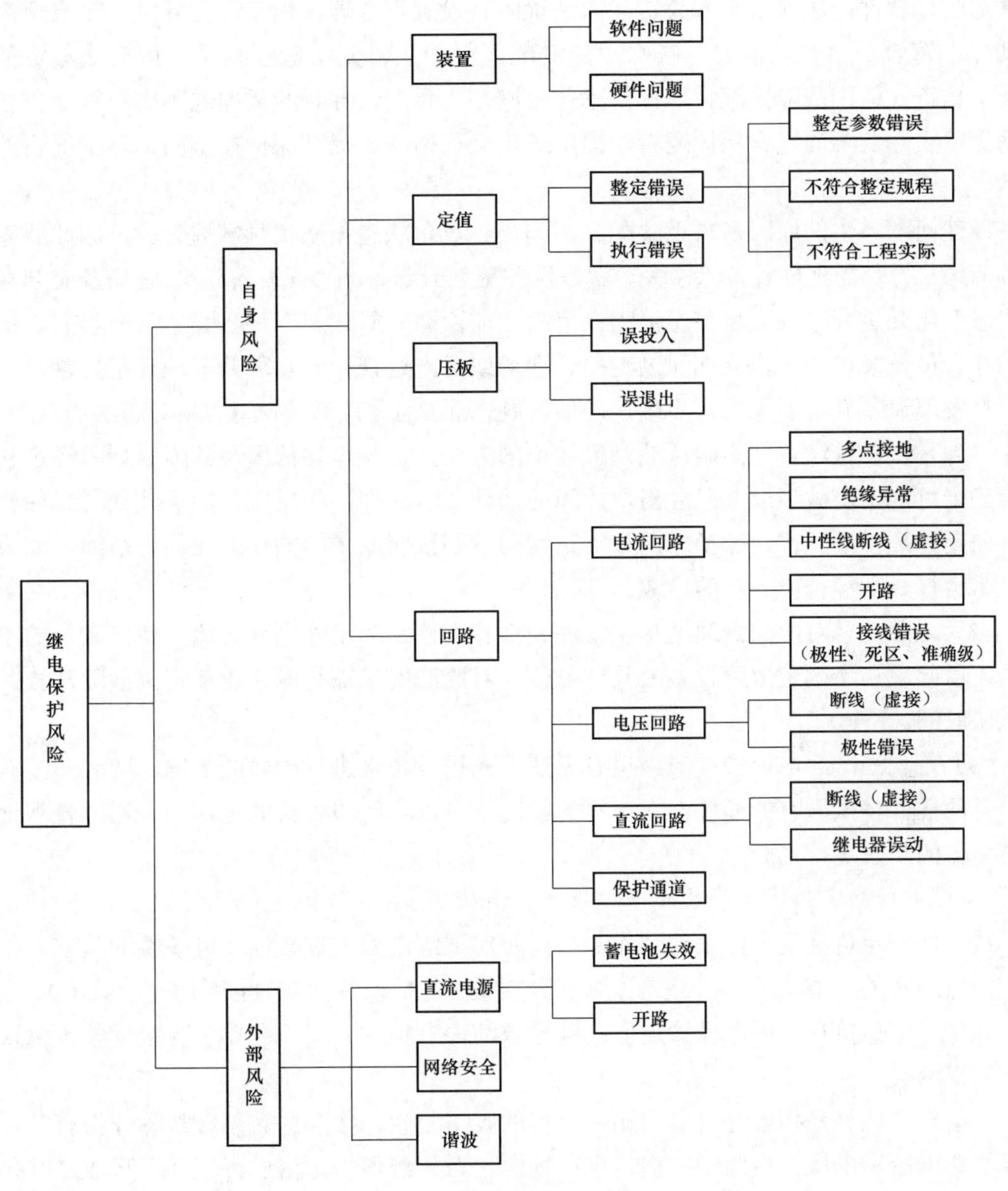


图 1-2　继电保护风险分类

## 一、继电保护自身风险

1. 继电保护装置问题导致的保护拒动、误动

装置是实现继电保护可靠性的基础之一，现有微机式继电保护由硬件和软件构成，硬

件提供软件运行的基础，软件按照保护原理对硬件进行控制，有序地完成数据采集、逻辑判断、动作指令等操作。因此继电保护装置问题导致的保护拒动、误动通常包括软件问题和硬件问题两类。

软件问题通常分为装置固有设置不合理、程序运行异常以及特殊故障情况下保护逻辑无法适应，软件问题通常无人为责任。装置固有设置不合理、程序运行异常大多表现为保护动作不符合定值整定情况；特殊故障情况下保护逻辑无法适应则是保护动作与定值整定情况相符，但因故障情况特殊保护动作范围超出预期，并且此类问题不容小视，需根据电网运行实际及不同厂家保护逻辑，提出逻辑优化措施，提升保护在不同运行工况下的适应性。

硬件问题产生的原因多与设备配置不到位、设备状态无法实时掌握有关，因此要避免硬件问题，一是需把好设备入网关、做好设备更新升级，即“好设备”，二是需及时掌握设备状态变化并进行干预，将隐患消灭在事故之前，即“好状态”，要达到“好状态”，这就需工作人员按规定的工作周期通过定检、现场或远方巡视及时发现并干预设备异常。

在发现设备异常后为进一步确认硬件问题，通常可采取替换确认法、对照法和直观法。

（1）替换确认法。替换确认法是最简单的方法，在继电保护出现故障以后，经过初步分析确定可能出现故障或者已经出现故障的插件或者元件，使用正常的插件或者元件替换掉有问题的插件或元件，替换之后如能正常运行则说明原来的插件或元件有故障，如果不能正常运行，则等待下一步的检测。

（2）对照法。对照法是通过将正常的硬件和不正常的硬件进行对照，找出它们的不同之处，以此来初步确定故障设备的具体部位。对照法的优点是能够快速定位故障部位，节省试验时间。

（3）直观法。继电保护故障中也有无法用先进设备来进行检修的情况，或者是没有同样型号的插件替换原有的插件。在这样的情况下可以由经验丰富的工作人员通过直观地观察继电器的状态进行判断。

2. 继电保护定值问题导致的保护拒动、误动

继电保护定值确定了保护的动作范围，是实现继电保护选择性、灵敏性的基础。继电保护定值涉及的主要环节包括整定计算参数收集（包括设备参数、电网运行参数等）、定值整定计算、定值执行，继电保护定值问题导致的保护拒动、误动主要包含定值整定错误和执行错误两类。

定值整定计算是指通过对电网相关数据的收集整理，按照电力系统故障分析有关原则计算短路电流和电压，按照相关整定规程规定，对各级保护定值进行配合，形成最优化保护定值方案的过程，因此定值整定计算对人员要求较高，既需要整定计算人员准确完整收集参数，也需要整定计算人员熟练掌握并运用相关规程规定，在现行要求下实现定值最优，还需要整定计算人员熟悉保护回路相关知识、电网实际运行工况，一旦某一环节失误，将直接导致保护拒动、误动，扩大停电范围，具有直接人为责任。因此，为避免定值整定错误，常采用多级审核把关的方式，但这并不意味着可降低对整定计算人员的要

求，仍需整定计算人员具备上述能力，同时具备极强的责任心方能避免定值整定错误，并且定值整定计算并非一蹴而就，仍需根据电网运行方式变化及时校核定值整定的正确性和适应性。

继电保护定值至少包括装置参数、定值、控制字、软压板，意味着工作人员在执行定值时上述内容必须与正式定值通知单完全一致，否则都应计为定值执行错误，即使定值整定计算最优，一旦定值执行错误，也将导致保护拒动、误动，同样具有直接人为责任。定值执行错误多是因工作人员责任心不足引起，主要表现为定值执行与定值通知单不一致、定值执行缺项漏项等，为避免定值执行错误，既需要定值执行人员正确执行定值，也需要定期开展定值核查确保装置内定值与定值通知单一致。

3. 继电保护压板问题导致的保护拒动、误动

继电保护压板是实现继电保护可靠性的基础之一，一般包括硬压板和软压板。这里特指硬压板，硬压板分为功能硬压板和出口硬压板，功能硬压板决定着哪些保护功能生效，出口硬压板决定着保护发出的动作命令能否发送至断路器或保护装置，因此继电保护压板问题导致的保护拒动、误动通常包含误投入和误退出两类。

压板作为回路的一部分，无需装置密码即可快速操作，在回路中制造一个断点，因此压板问题是固有难题：

（1）继电保护硬压板操作频繁。现场作业、电网运行方式调整等都会带来硬压板操作。

（2）硬压板的投退对专业能力有要求。硬压板投退状态由定值确定，需要操作压板的人（非继电保护专业人员）正确理解定值要求。

（3）硬压板操作人员交叉，实际工作中硬压板操作可能涉及多专业人员，如继电保护专业人员、变电运行人员等，一旦交接不好便会出现问题。

除现场作业、电网运行方式调整等情况，正常运行方式下，压板通常要求投入。功能压板的误退出体现为保护应动未动，可通过装置的开入量进行验证。出口压板的误退出体现为保护动作但断路器未动作，应特别提出的是，出口压板是无法通过装置验证其状态的，且出口压板作为出口回路的一部分，通过合闸位置继电器（HWJ）可监视压板上端至负电的连接状态，但出口压板上端至正电却是监视盲区，如图 1-3 所示。传统的做法是通过人工现场巡视确认其状态，但却存在周期长、不可控、压板断裂及端子松动（虚接）无法识别等问题，无法实时反映出口压板及其回路真实的通断状态。

出口压板位于直流回路之中，因此，“直流电位”是唯一可以真实反映出口压板及其回路真实通断状态的量，如图 1-4 所示，通过直流电位传感器测量出口压板下端电位，当出口压板下端电位为−110V 时，证明出口压板及其回路处于导通状态，当出口压板下端电位为 0V 时，证明出口压板及其回路处于断开状态，可消除人工巡视的弊端，也可替代压板投入前的电位测量工作，避免表计用错导致的设备跳闸事件。同时，在出口压板下端及正电间通过多个直流电位的综合判断，还可实现出口回路的全面监视，消除监视盲区。

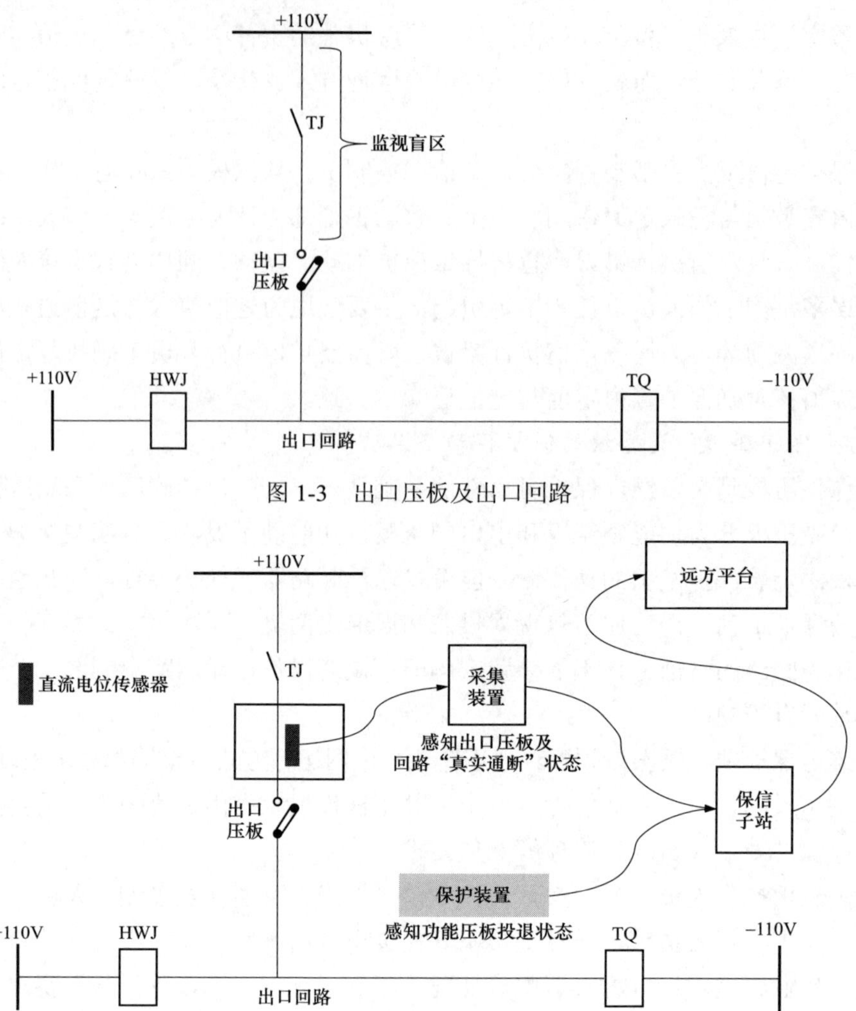


图 1-3　出口压板及出口回路

图 1-4　出口压板及其回路在线监测示意图

4. 继电保护回路问题导致的保护拒动、误动

继电保护二次回路是实现继电保护可靠性的基础之一，现有微机保护装置出现故障的概率较低，回路的可靠性对实现保护作用就显得十分重要，实际运行表明回路引发的保护拒动、误动异常事件占比最高，一方面与回路数量众多、运行环境复杂有关，另一方面也与回路上操作多、安全措施执行及恢复有关。继电保护二次回路主要包括交流电流回路、交流电压回路、直流回路以及保护通道，通常也是导致保护拒动、误动的重要因素。

（1）交流电流回路问题导致的保护拒动、误动。

常见的交流电流回路问题通常包括电流回路多点接地、绝缘异常、中性线断线（虚接）、开路、接线错误（极性、死区、准确级）。下面对上述问题分别进行论述：

1）电流回路多点接地和绝缘异常。虽然两者最终的结果都是电流回路多点接地，但多点接地通常是因为安全措施执行不到位或执行错误导致的，而绝缘异常则是二次电缆在运行过程中绝缘破损导致的。

绝缘异常常见的表现就是区外故障时保护误动，通过录波可初步确认是否发生绝缘破损：非故障相电压未降低且无畸变，故障未发生前三相电流不平衡。通过现场测量绝缘电阻可进一步确认回路绝缘水平，当绝缘电阻大于等于 1MΩ 时，可认为回路绝缘良好，然而绝缘电阻的变化是非线性的，绝缘电阻测量值受环境温度、湿度影响较大，温度越高、湿度越大，绝缘电阻测量值越小，因此同一回路一天之中的绝缘电阻测量值也可能不同，并且因 220kV 母线保护从投运后几乎无法停运，断路器端子箱至母线保护之间绝缘电阻无法测量，绝缘电阻测量存在盲区，因此要最终确认是否发生回路绝缘破损，可通过测量接地线电流来实现。

当回路绝缘良好时，接地线电流接近于 0；当回路绝缘异常时，接地线电流将会出现。对某一区域电网电流回路接地线电流的测量情况（见表 1-2）进一步验证了这一特征，因此，若能实时监测回路接地线电流可及时发现并消除电流回路绝缘异常隐患，避免保护误动，二次交流回路绝缘监测配置如图 1-5 所示。某一间隔 TA 不同绕组接地线电流变化曲线如图 1-6 所示。

**表 1-2　　交流电流回路接地线电流情况统计**

| 接地线电流范围 | 交流电流回路数量 |
|---|---|
| 0～10mA | 4316 |
| 10mA 以上 | 6 |

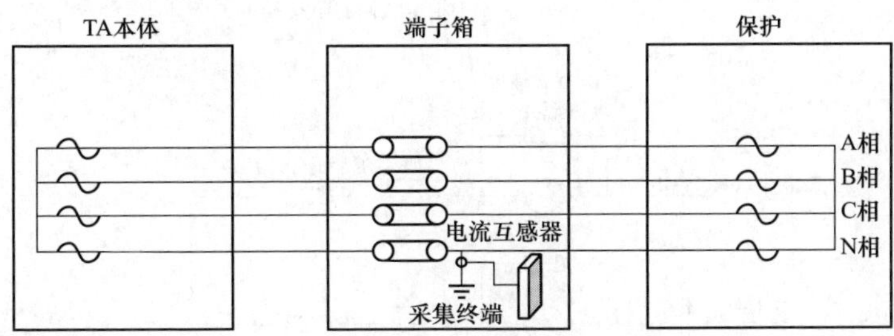


图 1-5　二次交流回路绝缘监测配置

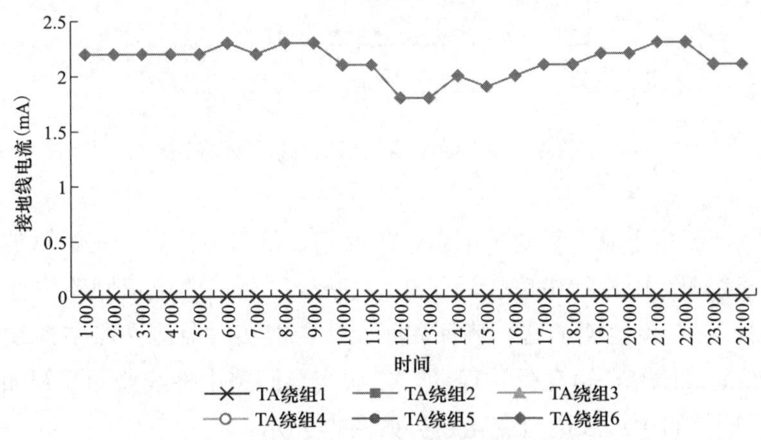


图 1-6　某一间隔 TA 不同绕组接地线电流变化趋势

2）中性线断线。中性线断线常见的表现是区外故障时保护误动，发生中性线断线时通常非故障相电压未降低且无畸变，零序电流无法通过中性线进行传变，零序电流值接近于 0，三相电流可能呈现两种特征，以区外 C 相单相故障为例进行说明：①A、B 相电流回路参数基本一致，则三相电流大于负荷电流，C 相电流是 A、B 相电流的 2 倍，且与 A、B 相电流反向；②A、B 相电流回路参数不完全一致，假设 B 相电流回路阻抗较小，因区外故障电流发生饱和，饱和后的 B 相电流回路充当中性线，则 A 相电流为负荷电流，B、C 相电流等大反向，且远大于负荷电流，如图 1-7 所示。

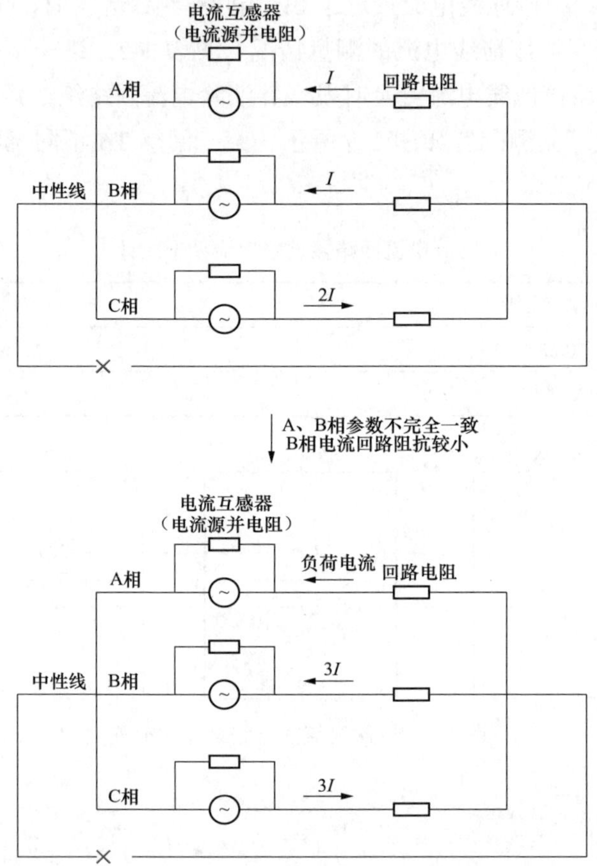


图 1-7　中性线断线三相电流特征示意图

正常运行时，三相电流不平衡是常态，因此中性线必然流过一定数值的不平衡电流。当发生中性线断线时，中性线电流接近于 0，对某一区域电网电流回路中性线电流的测量情况（见表 1-3）进一步验证了这一特征。因此，若能实时监测回路中性线电流可及时发现并消除中性线断线隐患，避免保护误动，二次交流回路中性线监测配置如图 1-8 所示。某一间隔 TA 不同绕组中性线电流变化趋势如图 1-9 所示。

表 1-3　　交流电流回路中性线电流情况统计

| 中性线电流范围 | 交流电流回路数量 |
| --- | --- |
| 1mA 以下 | 1249 |
| 1～5mA | 1694 |
| 5mA 以上 | 1833 |

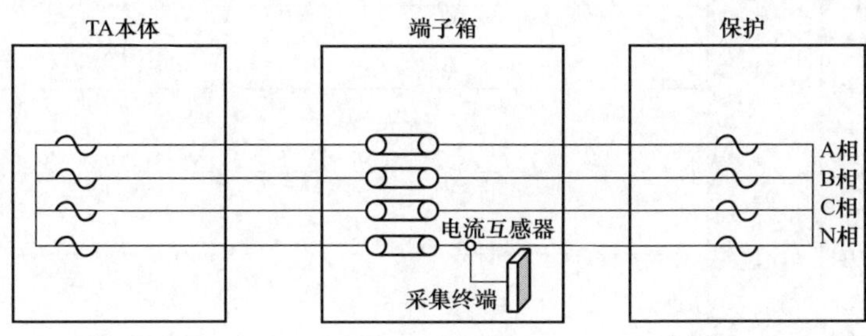


图 1-8　二次交流回路中性线断线监测配置

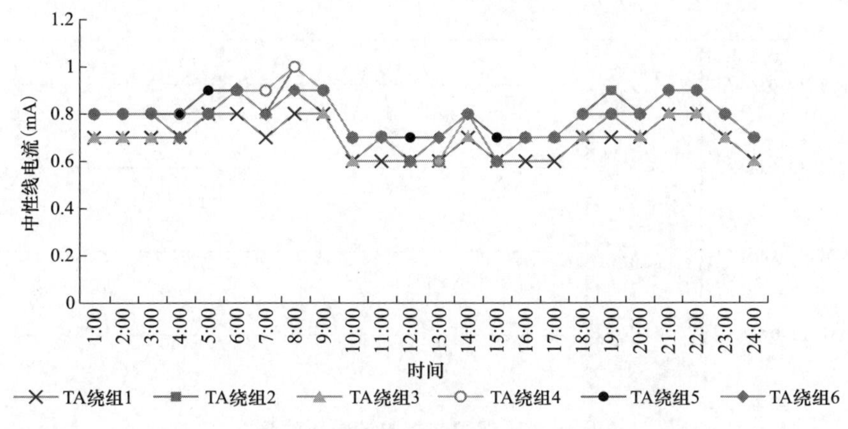


图 1-9　某一间隔 TA 不同绕组中性线电流变化趋势

电流回路绝缘异常及中性线断线通常不会同时出现，且两者通常是在区外故障时导致保护误动。但无论是区内故障或区外故障，两者同时出现或单独出现，所表现出来的特征均与上文所述相符。以一起区内 A 相故障情况下同时发生 C 相电流回路绝缘异常及中性线断线为例进行说明。如图 1-10～图 1-12 所示，因发生中性线断线，B、C 相电流本应大小相等且与 A 相电流相反，但因同时发生 C 相绝缘异常导致 B、C 相电流不相等。

3）电流回路开路。电流回路开路最直接的特征是某相电流为 0，同时出现序分量，装置本身具备 TA 断线告警的功能，但若电流回路端子接触不良或轻载开路灵敏度不足，电流回路开路问题将无法及时发现，随着电流回路开路时间的延长，电流回路端子温度将会上升，严重者甚至会导致电流端子烧毁，这也是为什么工作人员须定期对电流回路进行红外测温的原因。

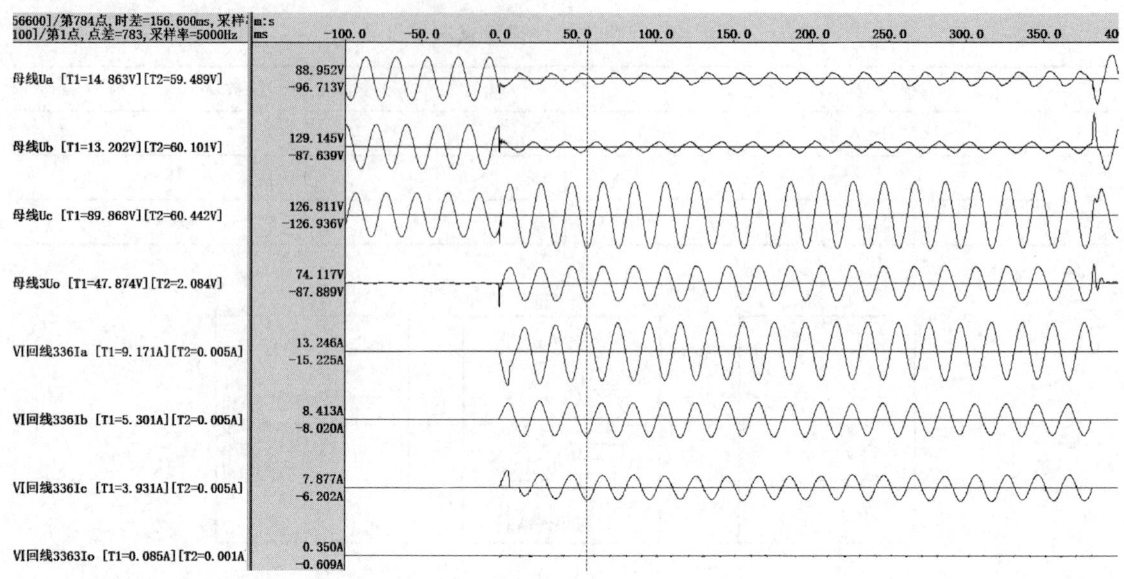


图 1-10 故障录波装置电流电压波形

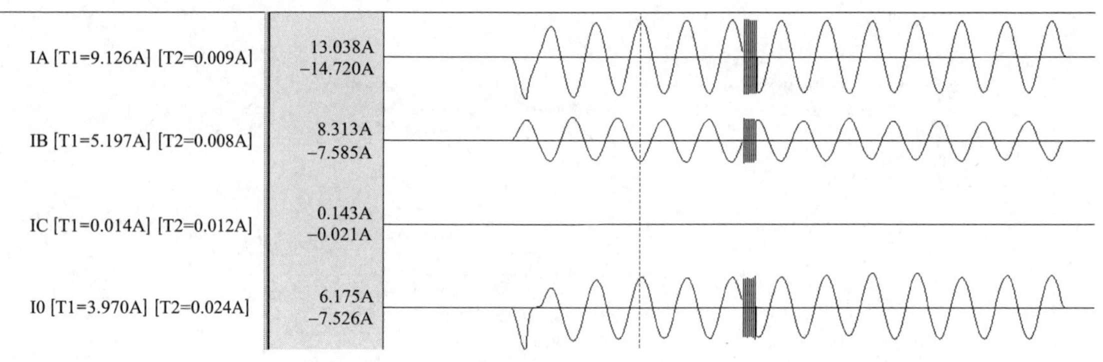


图 1-11 保护装置电流电压波形

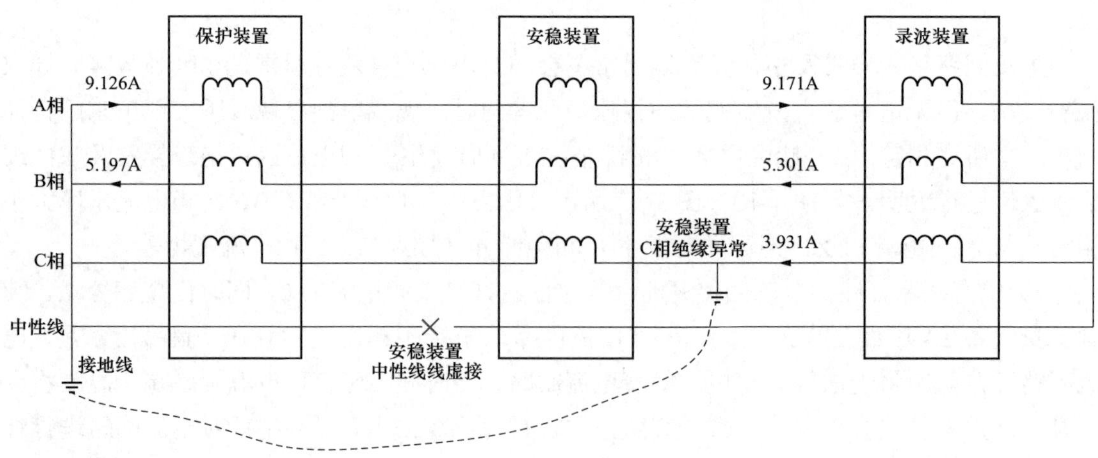


图 1-12 电流回路示意图

基于电流回路开路会导致温升这一特征，若能对电流端子排温度进行测量并实时传送至远方将有助于及时发现电流回路开路隐患，实现人工红外测温的机器替代，二次交流回路温度监测配置如图 1-13 所示。某一间隔端子箱端子排一天之中的温度变化趋势如图 1-14 所示。

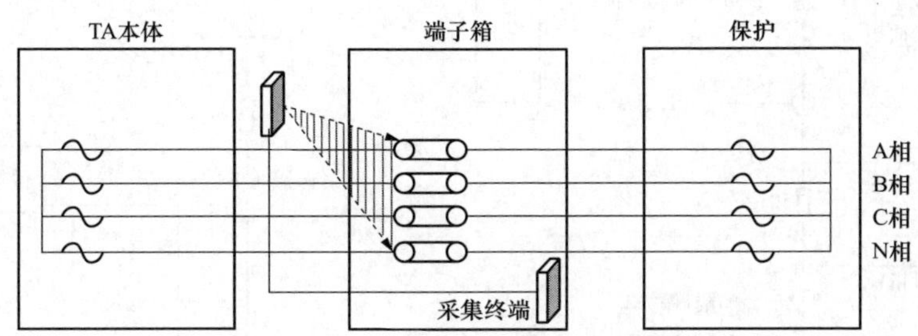


图 1-13　二次交流回路温度监测配置

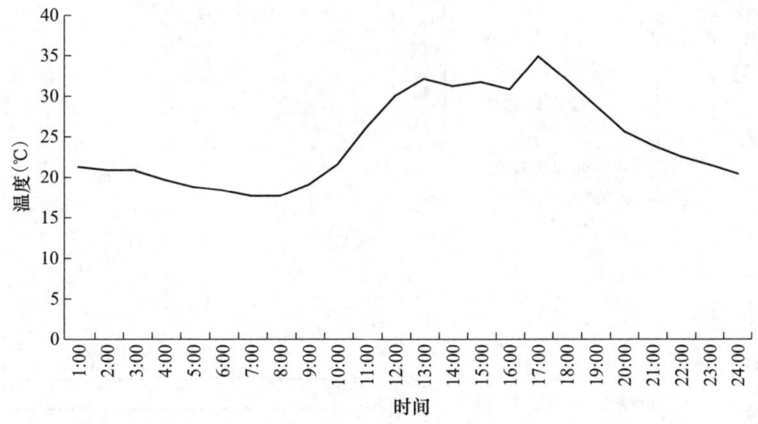


图 1-14　某一间隔端子箱端子排温度变化趋势

4）电流回路接线错误（极性、死区、准确级）。

①极性问题多表现为可快速动作的保护误动，导致极性问题出现最常见的原因是实际 TA 极性与装置说明书要求极性相反，且这种现象在电源侧更为普遍，多源于电源侧发电机—变压器组保护和电厂侧主变压器保护研发人员不同，对极性的要求不同，需要设计、施工等人员仔细阅读装置说明书避免此类问题发生。

②保护死区的直接表现则是保护拒动，典型的保护死区形式包括相邻保护间保护范围无交叉产生的死区、T 区保护定值整定不当产生的死区、TA 绕组不够单套保护退出时产生的死区、铁路牵引线路两相式供电产生的死区、220kV 主变压器代路运行时产生的死区、电厂角形接线发电机—变压器组检修情况下产生的 T 区保护死区、电厂发电机—变压器组退役情况下产生的 T 区保护死区等，如图 1-15 所示。死区的消除多可通过调整 TA 绕组，部分通过定值修改实现（如铁路牵引线路两相式供电产生的死区，可将线路保护按三相式供电方式整定），但随着 TA 绕组配置到位、典型设计的完善，死区问题出现的概率被极大降低。

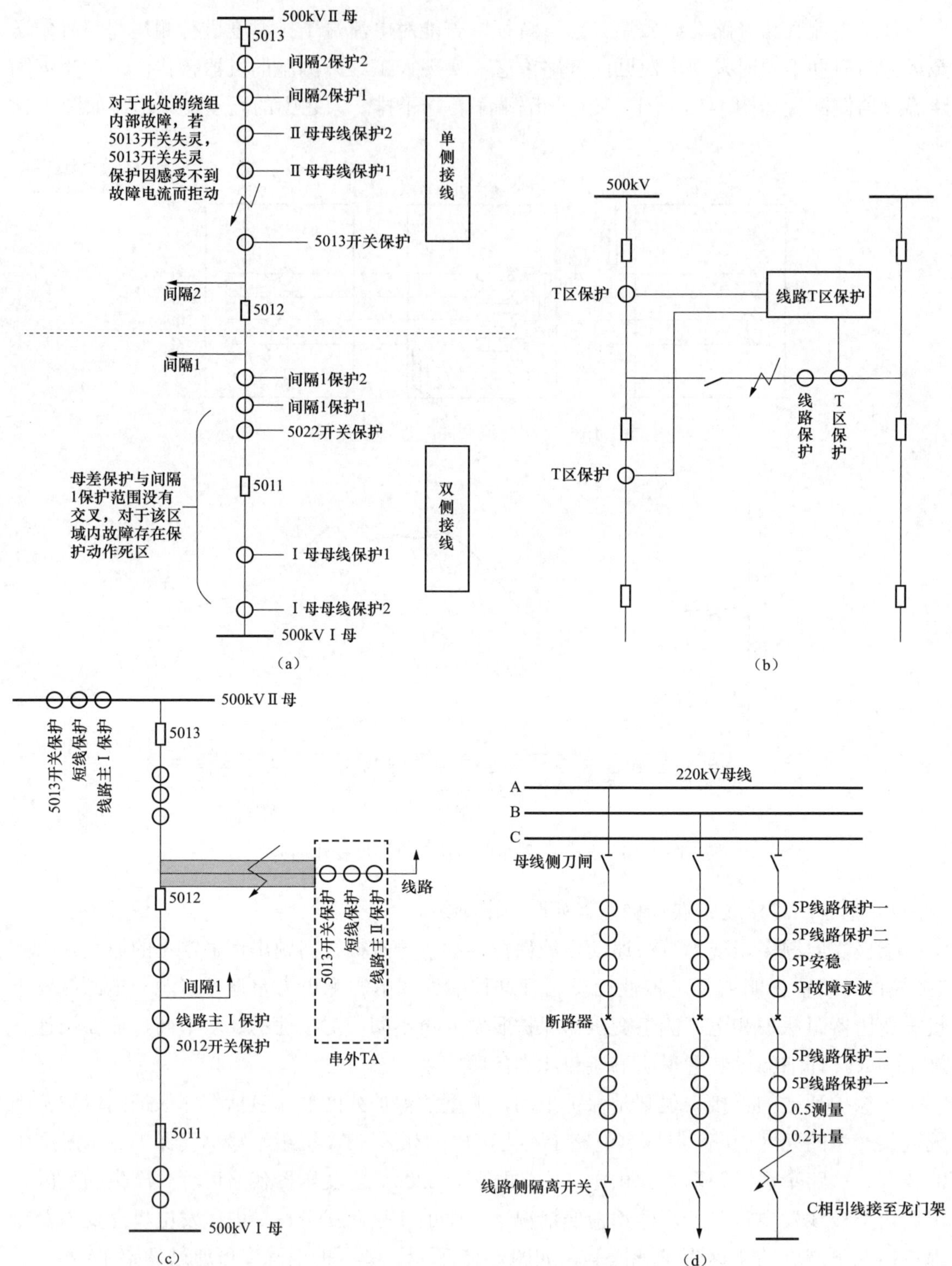


图 1-15　继电保护死区的典型表现形式（一）

（a）相邻保护间保护范围无交叉产生的死区；（b）T 区保护定值整定不当产生的死区；
（c）TA 绕组不够单套保护退出时产生的死区；（d）铁路牵引线路两相式供电产生的死区

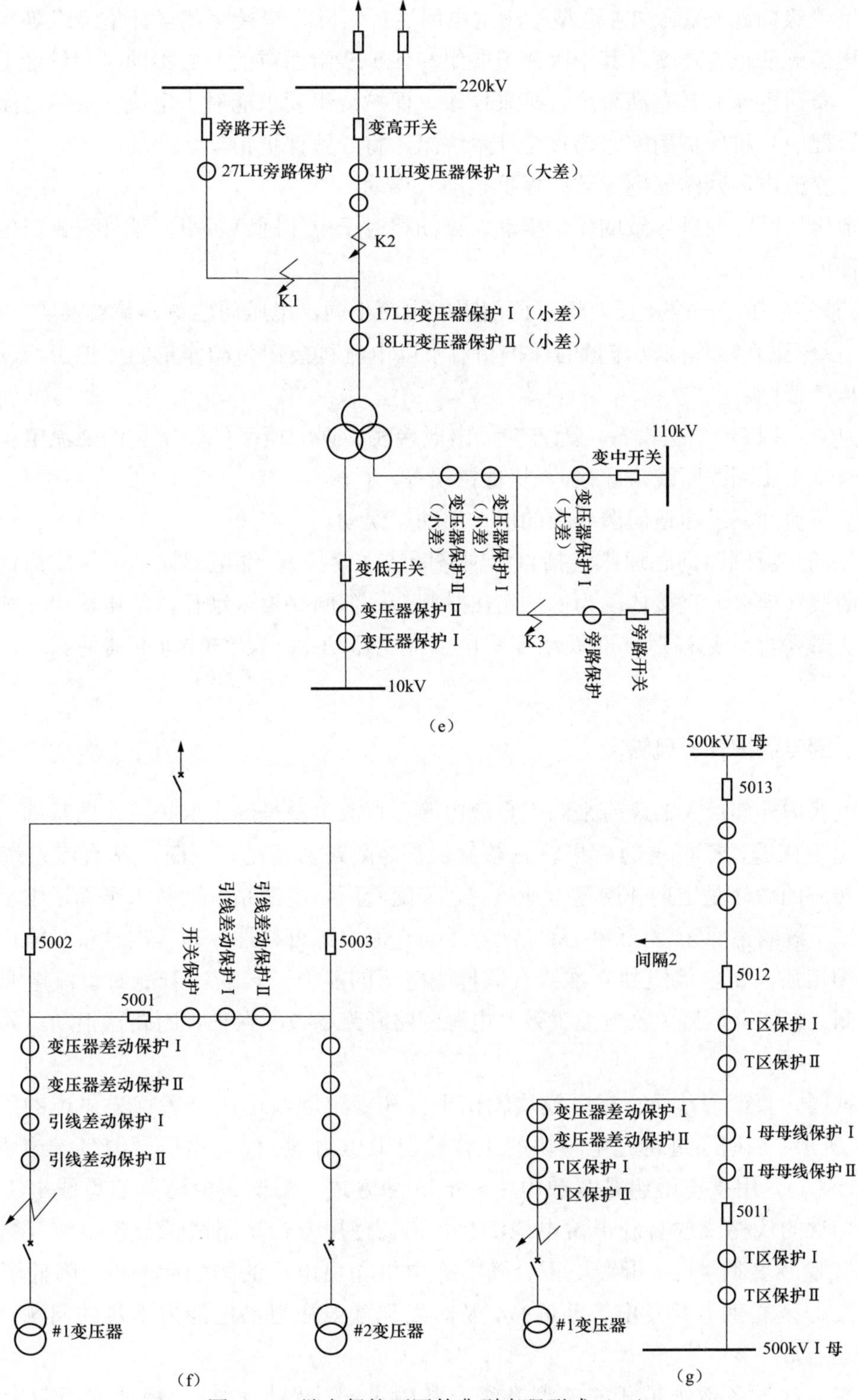


图 1-15　继电保护死区的典型表现形式（二）

（e）220kV 变压器代路运行时产生的死区；（f）电厂角形接线发电机-变压器组检修情况下产生的 T 区保护死区；（g）电厂发电机-变压器组退役情况下产生的 T 区保护死区

③准确级问题则源于TA选型不满足电网运行实际、错接至测量计量绕组等，直接表现则是电流无法正常传变，其中因测量绕组和保护绕组面对的业务不同，测量绕组要求对小电流（负荷电流）具有高精度、高采样率，保护绕组要求能对大电流（故障电流）准确传变，因此一旦将保护用绕组错接至计量绕组，将导致保护拒动、误动。

（2）交流电压回路问题导致的保护拒动、误动。

交流电压回路问题导致的保护拒动、误动相对于电流回路较少，这种现象产生的原因是多方面的：

1）整站电压是一个电压，而不同间隔的电流不同，电压问题更容易被发现；

2）以电压直接作为动作量的保护相对于以电流直接作为动作量的保护少，发现电压问题的概率低；

3）电压并接于一次设备，无方向，出现接线错误的概率低。常见的交流电压回路问题通常包括电压回路断线（虚接）、极性错误等。

（3）直流回路及通道问题导致的保护拒动、误动。

常见的直流回路问题通常包括直流回路断线（虚接）、继电器误动、接线错误等，直流回路断线（虚接）直接体现为保护发出跳闸命令但断路器未动作，继电器误动则体现为断路器无故障非计划停运，而误动多是由于继电器功率、动作时间不满足要求等原因导致的。

## 二、继电保护外部风险

继电保护外部最大的风险来源于直流电源。直流电源是继电保护工作的基础，一旦直流电源出现问题，最严重的后果就是整站保护、断路器拒动，判断厂站直流系统供电是否可靠传统的做法是定期开展蓄电池核容，但随着厂站电源系统装备水平和运维水平的提升，直流系统的主要矛盾已经由蓄电池容量向直流电源可靠性（即一次设备故障连锁引发充电机闭锁后，蓄电池组独立维持直流母线电压的能力）转变，若能对直流电源可靠性进行监测，将能有效避免蓄电池失效、电源回路开路导致的保护、断路器拒动，如图1-16所示。

根据同一直流母线下，充电模块输出电压和蓄电池组电压高者优先供电的原则。如图1-17所示，定期通过将充电模块的工作输出电压由均、浮充电压至降低一定水平（一般为95%$U_n$），用蓄电池组带载放电3～5min的方式，测试蓄电池组的母线电压支撑能力。高频次的浅充浅放有利于蓄电池活化，延长使用寿命。测试时若蓄电池开路、脱离母线或容量严重不足时，母线电压会随着充电机输出电压的降低而降低，降低至预设时充电机立即恢复供电并发出告警信息，及时发现蓄电池组供电能力不足的问题，防止长期带病运行。

随着二次设备运维模式的转型升级，故障录波、保护信息远程调阅不断发展，远方控制、远方巡视、远程维护、远方监视等业务逐渐发展，网络安全问题对继电保护运行管理提出了新的要求，此外，随着以新能源为主体的新型电力系统建设和柔性交直流输电等新技术的不断发展，电力系统故障特性日趋复杂，继电保护“四性”面临严峻挑战。

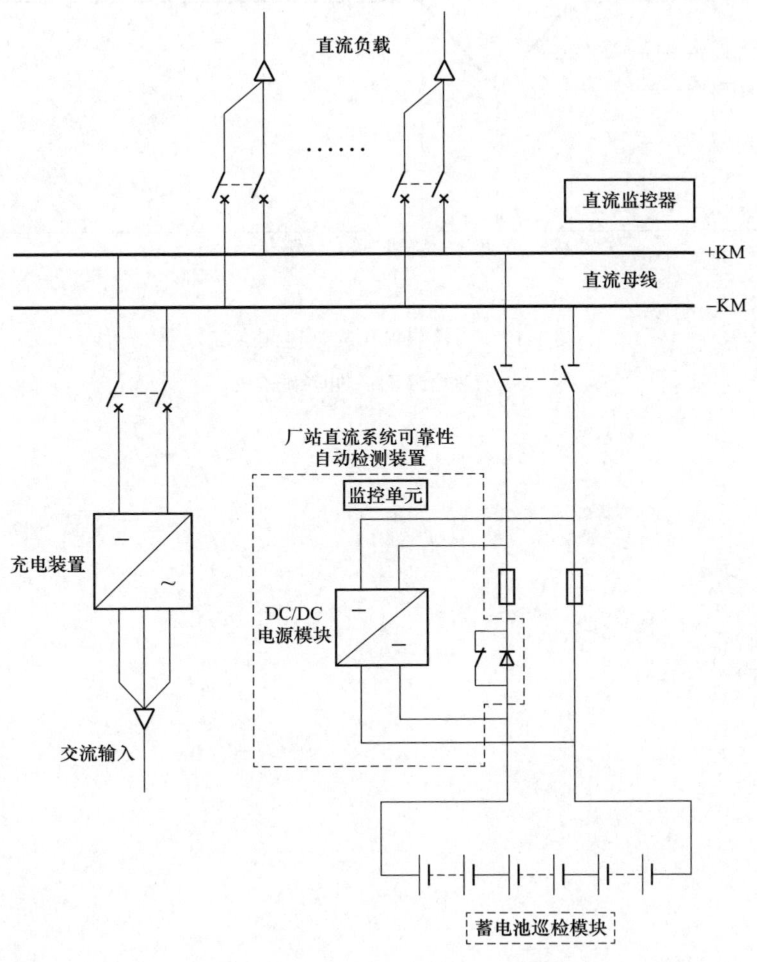


图 1-16　厂站直流电源监测示意图

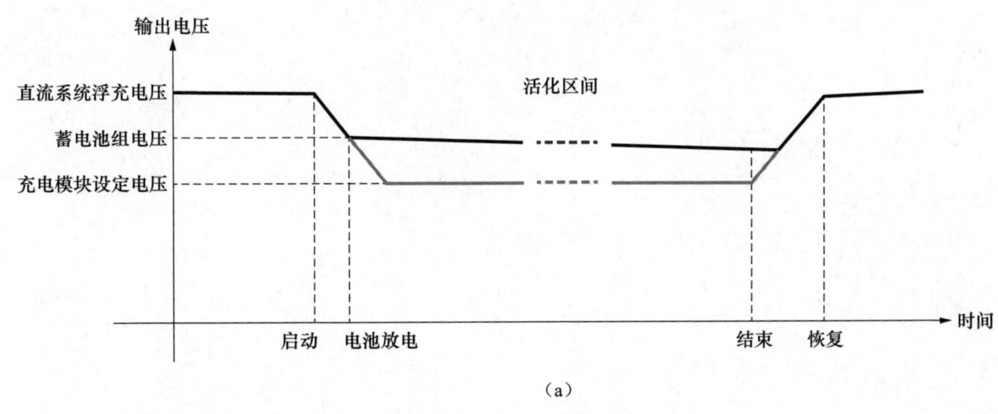


图 1-17　直流电源可靠性监测（一）

（a）直流电源可靠性无问题

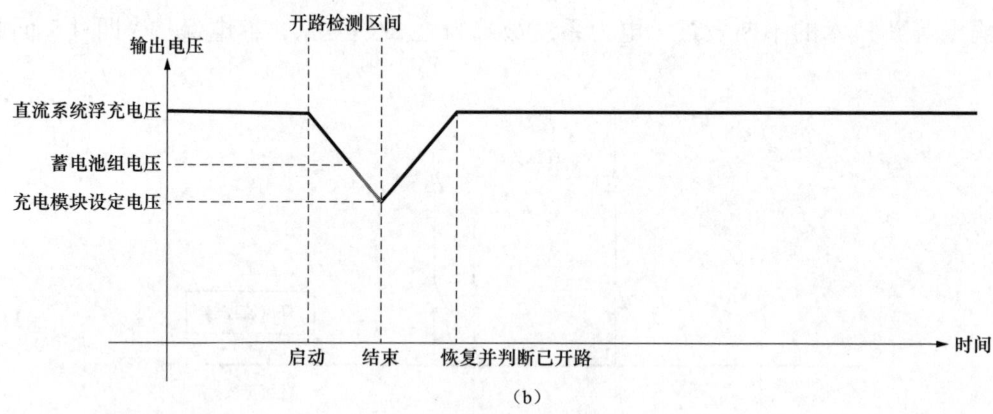


图 1-17　直流电源可靠性监测（二）

（b）直流电源开路（电压跌落快）

# 第二章

# 继电保护装置类异常事件

## 案例 1　采样算法不合理导致发电机复压过流保护误动

### 一、事件简述

某月某日 00 时 46 分 56 秒，某电厂 500kV 甲线 B 相永久性故障，纵联差动保护动作，重合闸动作不成功，500kV 甲线失压；安全稳定控制装置（简称稳控装置）动作，切除厂内#2 发电机、#3 发电机、#4 发电机负荷共 1791MW。#2 发电机、#4 发电机复压过流保护动作，跳开#2 发电机、#4 发电机的机端断路器（简称 GCB），同时跳开#2、#4 变压器的高压侧断路器，导致#2、#4 变压器停电。

事故前运行方式为：500kV 甲线、乙线运行；500kV#1 母线、#2 母线运行；500kV 第一串、第二串、第三串断路器合环运行；#1、#2、#3、#4 变压器运行；#1 发电机运行、#2 发电机运行、#3 发电机运行、#4 发电机运行；全厂负荷 2400MW；天气为雷雨。

某电厂部分电气一次主接线示意图如图 2-1 所示。

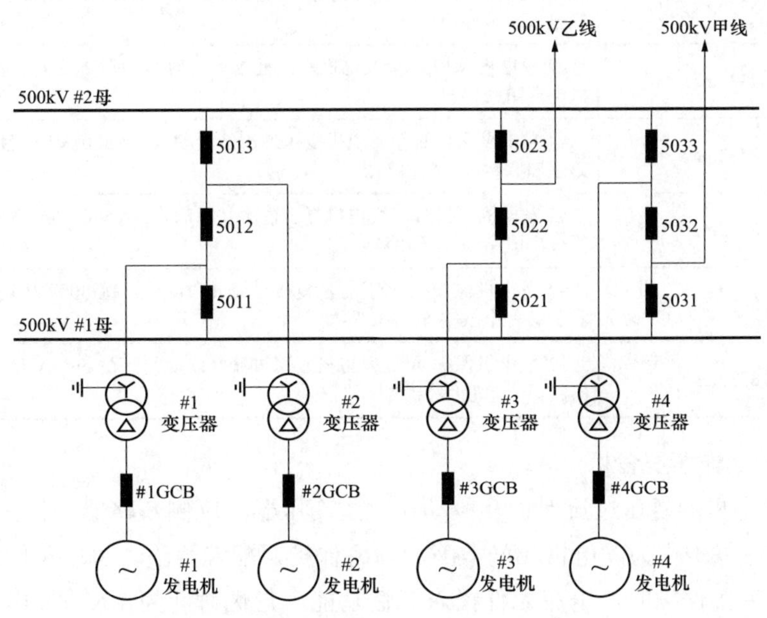


图 2-1　某发电厂部分电气一次主接线示意图

## 二、事件分析

### （一）保护动作情况

本次线路故障过程中，500kV 甲线线路保护正确动作，重合于故障线路跳闸后，稳控装置正确动作切机，机组频率快速升高，频率变化情况如下：500kV 母线最高电压为545.138kV，最低频率为 49.832Hz；#2 发电机甩负荷后最高机端电压为 18.64kV，最高频率为 72.03Hz；#3 发电机甩负荷后最高机端电压为 21.014kV，最高频率为 72.49Hz；#4 发电机甩负荷后最高机端电压为 18.992kV，最高频率为 71.295Hz。#3 发电机稳控切机后保持在空载状态。某发电厂保护和稳控装置动作时序如表 2-1 所示。

**表 2-1　　某发电厂保护和稳控装置动作时序**

| 序号 | 相对时间 | 描　述 |
|---|---|---|
| 1 | 0ms | 500kV 甲线发生 B 相故障 |
| 2 | 10ms | 500kV 甲线主一、主二差动保护动作，跳 B 相 |
| 3 | 1054ms | 5031 断路器重合于故障，5031、5032 断路器三跳 |
| 4 | 1171ms | 稳控 A 套甲线 *N*-1 动作，切#4、#2、#3 发电机 |
| 5 | 1172ms | 稳控 B 套甲线 *N*-1 动作，切#4、#2、#3 发电机 |
| 6 | 8233ms | #4 发电机保护 B 套发电机复压过流 I 段动作，跳#4 发电机灭磁开关，#4 发电机电气事故停机 |
| 7 | 8235ms | #4 发电机保护 A 套发电机复压过流 I 段动作，跳#4 发电机灭磁开关，#4 发电机电气事故停机 |
| 8 | 8235ms | #2 发电机保护 B 套发电机复压过流 I 段动作，跳#2 发电机灭磁开关，#2 发电机电气事故停机 |
| 9 | 8236ms | #2 发电机保护 A 套发电机复压过流 I 段动作，跳#2 发电机灭磁开关，#2 发电机电气事故停机 |
| 10 | 8532ms | #4 发电机保护 B 套发电机复压过流 II 段动作，跳 500kV#4 变压器 5033 断路器、第三串联络 5032 断路器 |
| 11 | 8532ms | #2 发电机保护 B 套发电机复压过流 II 段动作，跳 500kV#2 变压器 5013 断路器、第一串联络 5012 断路器 |
| 12 | 8533ms | #4 发电机保护 A 套发电机复压过流 II 段动作，跳 500kV#4 变压器 5033 断路器、第三串联络 5032 断路器 |
| 13 | 8533ms | #2 发电机保护 A 套发电机复压过流 II 段动作，跳 500kV#2 变压器 5013 断路器、第一串联络 5012 断路器 |

### （二）保护动作情况分析

#2、#4 发电机的复压过流保护 II 段动作跳主变压器高压侧断路器，扩大了停电范围。发电机复压过流保护作为发电机相间故障的后备保护，配置两段，每段 1 时限。当用于自并励发电机的后备保护时，电流元件投入记忆功能，记忆时间为 10s。发电机复压过流保护由复合电压元件、三相过流元件“与”构成。

1. 复合电压元件

满足下列条件之一时，复合电压元件动作。

$U_1 < U_{op}$，其中：$U_{op}$为低电压整定值，$U_1$为三个线电压最小值。

$U_2 > U_{2.op}$，其中：$U_{2.op}$为负序电压整定值，$U_2$为负序电压。

根据发电机保护装置录波数据分析（见图 2-2），线路故障保护启动时，发电机电流大于复压过流保护电流定值，负序电压大于负序电压启动值，满足电流记忆条件。稳控装置正确动作切机后，机组频率快速升高（2s 后达到 60Hz，5s 后达到约 70Hz），2s 后，复合电压判据的负序电压元件、低电压元件相继满足动作条件，复压过流Ⅰ段、Ⅱ段投入电流记忆功能，经延时Ⅰ段动作跳 GCB、Ⅱ段动作跳开主变压器高压侧断路器。查故障录波器的录波数据（见图 2-3），稳控装置切机后至发电机复压过流保护动作前，发电机的机端电压正常、无负序电压，与发电机保护装置测量值不一致。

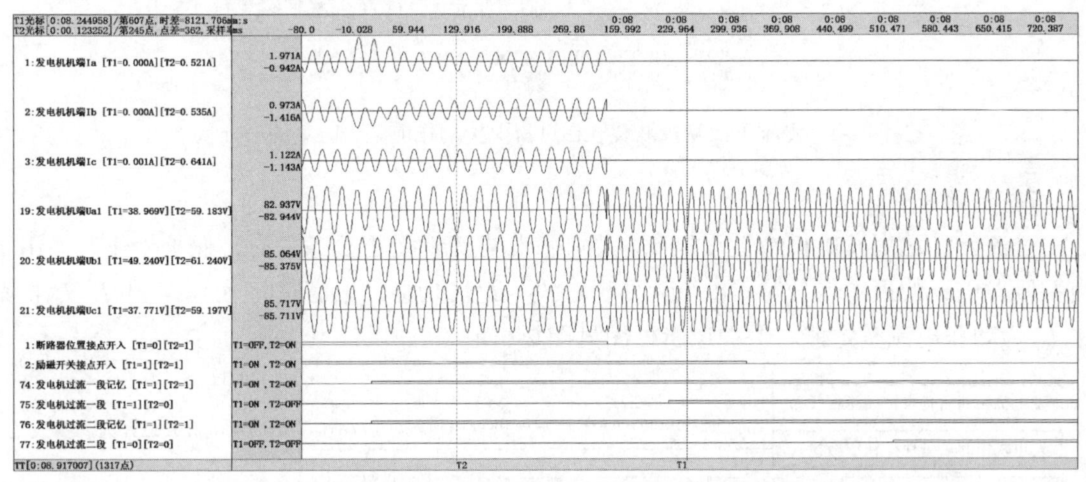


图 2-2　故障时刻发电机电压电流（保护装置波形，基波 50Hz）

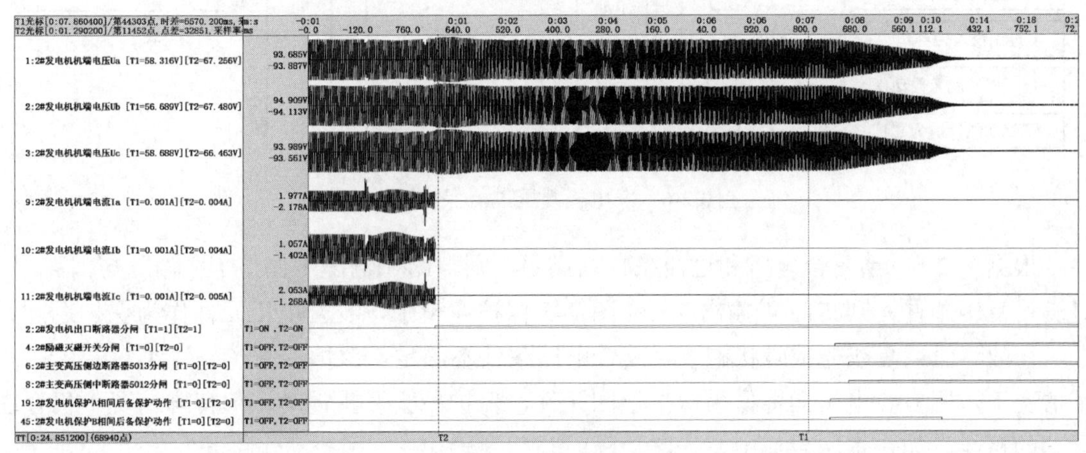


图 2-3　故障启动时刻发电机电压电流（录波器波形，真有效值）

通过对比故障录波在工频和测频两种情况下的序量分析也可以看出，发电机在频率升高后，工频下负序分量有较大的值，约 7.4V，而测频下负序分量的值基本为 0V（见图 2-4 和图 2-5）。

选择分析对象 | 隐藏无关通道 | 工频

| 序量 | 实部 | 虚部 | 向量 | 通道列表 |
|---|---|---|---|---|
| U1 | -41.069V | 44.360V | 42.746V∠132.794° | 1:2#发电机机端电压Ua |
| U2 | -6.643V | -8.170V | 7.446V∠-129.115° | 2:2#发电机机端电压Ub |
| 3U0 | 0.937V | -0.226V | 0.682V∠-13.539° | 3:2#发电机机端电压Uc |
| I1 | 0.000A | 0.001A | 0.000A∠70.054° | 9:2#发电机机端电流Ia |
| I2 | 0.000A | -0.000A | 0.000A∠-27.639° | 10:2#发电机机端电流Ib |
| 3I0 | 0.000A | -0.000A | 0.000A∠-28.170° | 11:2#发电机机端电流Ic |

图 2-4　工频下故障录波装置在过流保护动作前某一时刻的序分量

选择分析对象 | 隐藏无关通道 | 测频(dft修正法)

| 序量 | 实部 | 虚部 | 向量 | 通道列表 |
|---|---|---|---|---|
| U1 | -71.159V | -40.536V | 57.908V∠-150.332° | 1:2#发电机机端电压Ua |
| U2 | -0.185V | 0.094V | 0.146V∠153.098° | 2:2#发电机机端电压Ub |
| 3U0 | -0.095V | 0.672V | 0.480V∠98.087° | 3:2#发电机机端电压Uc |
| I1 | -0.000A | -0.000A | 0.000A∠-153.527° | 9:2#发电机机端电流Ia |
| I2 | -0.000A | -0.000A | 0.000A∠-143.119° | 10:2#发电机机端电流Ib |
| 3I0 | -0.000A | 0.000A | 0.000A∠125.413° | 11:2#发电机机端电流Ic |

图 2-5　测频下故障录波装置在过流保护动作前某一时刻的序分量

2. 过流元件

过流元件选用发电机中性点电流，当任一相电流满足下列条件时，保护动作。当用于自并励发电机的后备保护时，电流元件可选投入记忆功能，记忆时间为 10s，即 $I<I_{op}$，其中 $I_{op}$ 为动作电流整定值。保护逻辑框图见图 2-6。

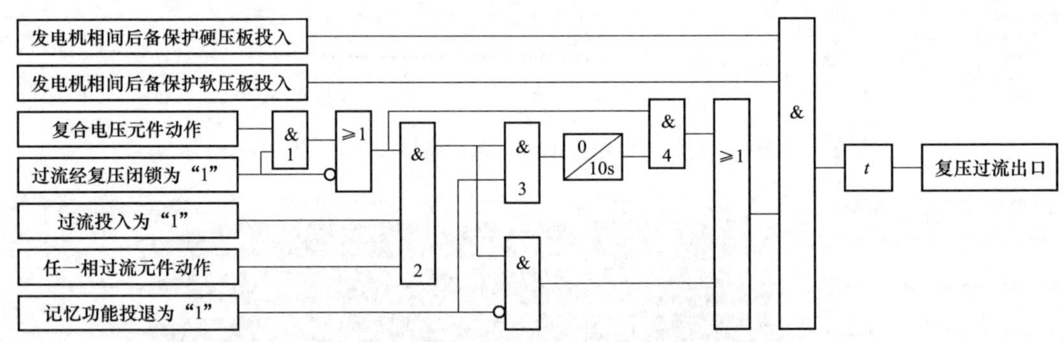


图 2-6　发电机复压过流保护逻辑

根据图 2-6，当复合电压和过流条件均满足，则与门 3 输出 1 保持 10s 输入与门 4，同时满足复压条件，则与门 4 输出 1。在图 2-6 保护逻辑中，复合电压元件作为保护返回元件，在故障已恢复或非故障状态下，复合电压条件不满足，保护返回（与门 4 输出 0），正常情况下，用复合电压元件作为保护返回元件，保护不会发生误动。但特殊情况下仍存在误动的可能，如在本次事件中，线路故障时与门 3 输出 1，稳控动作跳开发电机 GCB 后，发电机电流立即降为零，与门 3 的输出 1 继续保持。

当线路故障切除，机端电压复归后，复合电压条件不满足，与门 4 输出为 0，保护返回。此时与门 3 输出 1 仍在保持（保持 10s），因该厂的发电机复压过流保护未采用频率跟踪算法，频率出现较大波动时计算机端电压、负序电压产生较大的测量误差，2s 后保护计算负序电压、机端电压值相继满足复压动作条件，与门 4 输出 1，经延时动作跳闸。

## 三、暴露问题

（1）故障电流消失后保护未返回。

一是采样算法不合理，在频率偏离额定值较大的情况下未能正确采集机端电压的幅值和相角；二是逻辑判据不完善，未能区分正常区内故障时机端电流的衰减和区外故障切除后机端电流的骤减。

（2）复压过流保护动作扩大停电范围。

除了系统扰动稳控切机，如发电机发生相间故障，差动保护动作停机灭磁，低电压元件满足动作条件，电流记忆元件保持，发电机复压过流保护会动作，如保护某段或某时限动作跳主变压器高压侧断路器（有 GCB 时）或母联断路器（双母接线无 GCB 时），也会扩大停电范围。

## 四、防范措施

（1）优化频率跟踪算法，确保保护装置在频率偏离额定值较大的情况下能正确反应机端电压的幅值和相角。

（2）完善保护逻辑，提高发电机复压过流保护的防误性能。目前较成熟的方案是除了采用复合电压元件闭锁使保护返回，同时还有采用无流元件使保护返回。例如图 2-7，与门 4 有有流元件输入，无流（如：$<0.1I_n$）时与门 4 的输出 0，使电流元件复归，保护不会动作。

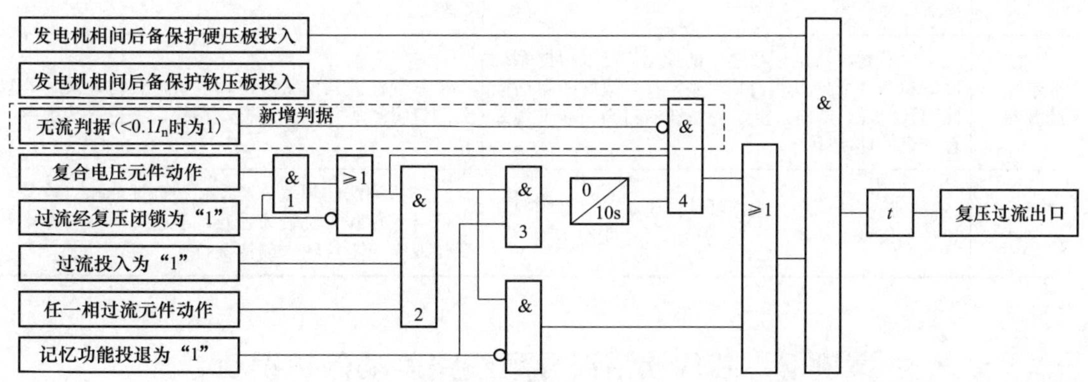


图 2-7　改进后发电机复压过流保护逻辑

（3）严格执行 DL/T 684—2012《大型发电机变压器继电保护整定计算导则》规定的发电机复压过流保护动作于全停的要求，合理整定发电机—变压器组保护的跳闸矩阵，当配置有 GCB 的发电机复压过流保护动作不应跳对应变压器高压侧断路器。

## 五、知识点延伸

### （一）自并励发电机配置带记忆过流保护的原因

对于自并励发电机，在发生短路故障时初始短路电流很大，但同时也伴随着机端电压的降低，由于其励磁电压的交流侧是并接于机端，励磁电压的降低会造成发电机内部电动势的降低，进而造成短路故障后故障电流衰减，最终稳定在某个数值。故障电流在过流保护动作出口前可能已小于过电流定值，因此，过电流元件必须带记忆功能，记忆元件延时按大于本保护动作时间整定。如记忆功能投入，过电流保护必须经复合电压闭锁。

### （二）常用频率跟踪算法比较

对于采用傅里叶算法进行采样的保护装置，傅里叶变换算法本身并不会直接导致电压幅值采样偏差较大，但在电压实际频率偏离额定频率较大时，傅里叶变换可能会受到频率分辨率和泄漏效应的影响，从而导致频谱分析的精度下降，间接影响到电压幅值采样的精度。

目前，常用的几种频率跟踪算法及其优缺点见表 2-2。

表 2-2　常用频率跟踪算法比较

| 算法 | 优　点 | 缺　点 |
|---|---|---|
| 锁相环（PLL）算法 | PLL 算法具有良好的跟踪性能和稳定性，可以在较大范围内跟踪信号的频率变化，并且可以适应不同类型的输入信号 | PLL 算法具有良好的跟踪性能和稳定性，可以在较大范围内跟踪信号的频率变化，并且可以适应不同类型的输入信号 |
| 小波变换算法 | 小波变换具有较好的频率分辨率和时频局部化特性，适用于处理非平稳信号和频率变化快的信号。同时，小波变换不需要调试参数，具有较好的自适应性 | 小波变换的计算复杂度较高，实时应用的实现可能会受到限制。此外，对于连续小波变换，尺度和平移参数的选择可能会影响分析结果，需要一定的经验 |
| 卡尔曼滤波器 | 卡尔曼滤波器是一种递归滤波器，可以根据系统模型和测量数据自动调整参数，具有较好的自适应性和稳定性。同时，卡尔曼滤波器对噪声和干扰具有一定的抑制能力 | 卡尔曼滤波器的实现比较复杂，需要对系统模型和测量噪声进行准确建模，参数调整也比较敏感 |
| 幅频检测法 | 幅频检测法简单直观，可以快速获取信号的幅度和频率信息，适用于一些简单的频率跟踪应用 | 幅频检测法的频率分辨率和跟踪性能相对较差，对信号噪声和干扰较为敏感，不适用于复杂的频率变化或噪声干扰较大的情况 |

# 案例 2　芯片软错误导致线路差动保护误动

## 一、事件简述

某月某日 06 时 54 分 33 秒，220kV MN 线路发生区外扰动，M、N 两侧线路主一保护动作跳 B 相并重合成功，主二保护仅重合闸动作。

## 二、事件分析

### （一）保护动作情况

220kV MN 线路两侧保护动作情况如表 2-3 所示，线路两侧保护装置动作行为基本一致。

表 2-3　　220kV MN 线路两侧保护动作情况

| | 主一保护 | 主二保护 |
|---|---|---|
| M 侧 | 30ms：保护启动 | 0ms：保护启动 |
| | 55ms：纵联差动保护动作 | — |
| | 1113ms：重合闸动作 | 1113ms：重合闸动作 |
| N 侧 | 0ms：保护启动 | 0ms：保护启动 |
| | 56ms：纵联差动保护动作 | — |
| | 1097ms：重合闸动作 | 1112ms：重合闸动作 |

### （二）保护动作情况分析

1. *动作原因分析*

220kV MN 线路两侧保护动作情况基本一致，以 M 侧为例进行分析。主一保护 B 相差流为 0.268A（见图 2-8），大于差动动作电流定值（0.25A），导致纵联差动保护动作跳 B 相；主二保护三相差流均小于 0.01A（见图 2-9），保护未动作。断路器跳开后，两套保护装置重合闸均正确动作，并重合成功。

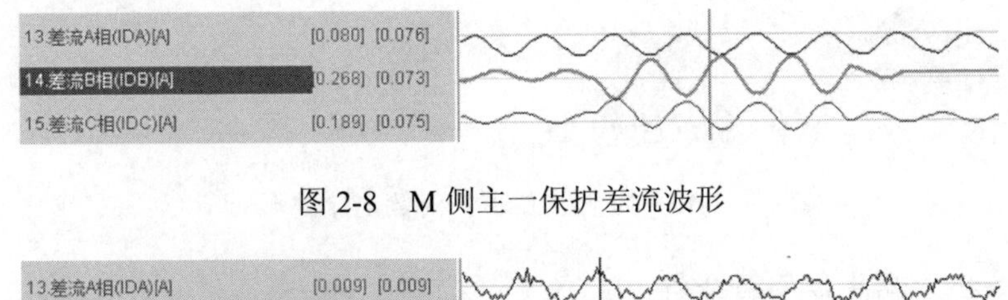


图 2-8　M 侧主一保护差流波形

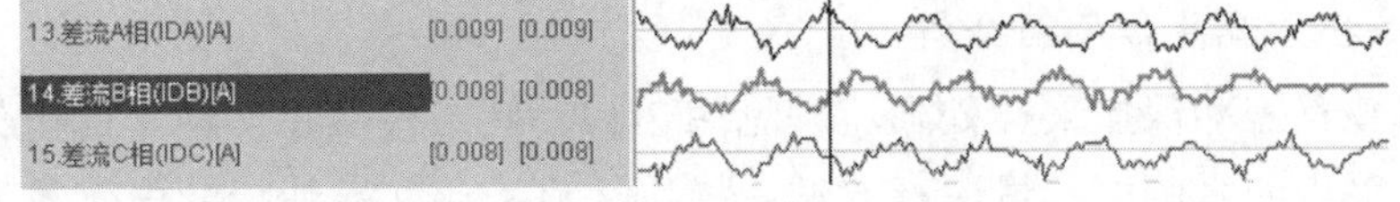


图 2-9　M 侧主二保护差流波形

对比扰动期间 220kV MN 线路主一、主二保护装置波形文件可知，主一、主二保护装置采样回路及接收到的对侧电流均正常。本次事件推断为主一保护装置计算差流异常，并最终导致区外扰动时纵联差动保护动作，进一步分析导致主一保护装置计算差流异常的原因。M 侧主一保护电流和电压波形如图 2-10 所示，M 侧主二保护电流和电压波形如图 2-11 所示，M 侧主二保护电流和电压波形如图 2-12 所示，M 侧主二保护对侧电流波形如图 2-13 所示。

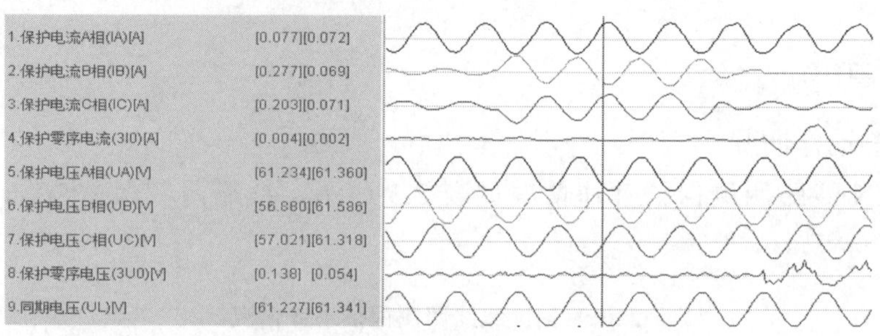


图 2-10　M 侧主一保护电流和电压波形

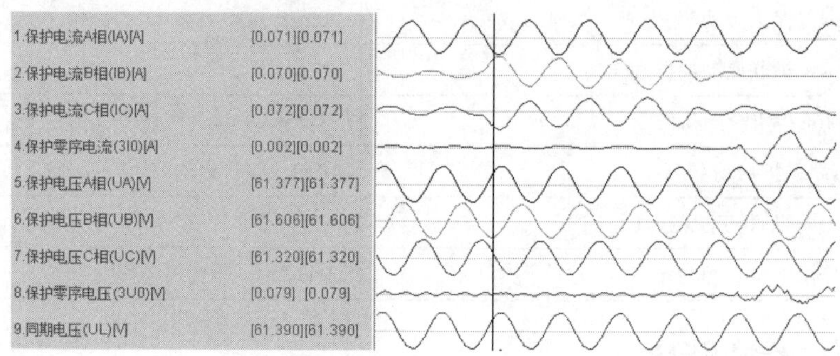


图 2-11　M 侧主二保护电流和电压波形

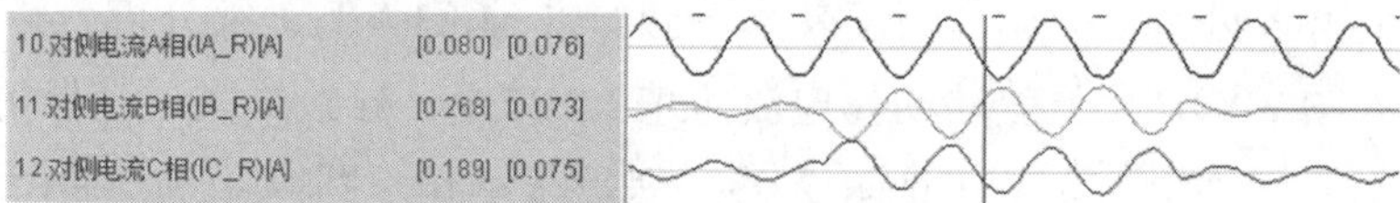


图 2-12　M 侧主一保护对侧电流波形

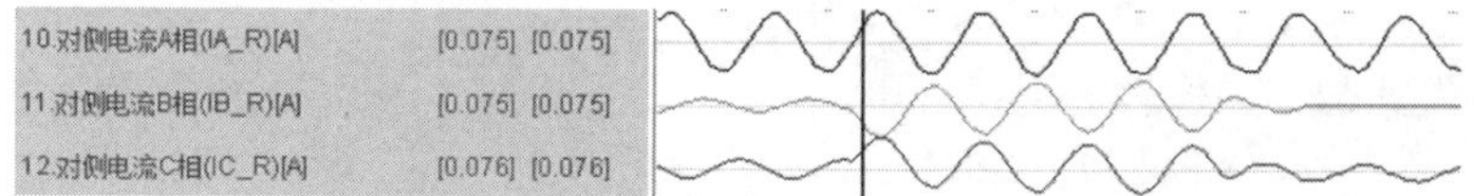


图 2-13　M 侧主二保护对侧电流波形

2. 主一保护差流异常原因分析

主一保护装置差动保护采样处理流程见图 2-14。其中模块 1 实现本侧电气量采集；模块 2 对模块 1 采集的本侧电气量进行滤波；模块 3 将模块 2 滤波后的电气量发送给对侧保护；模块 4 接收对侧保护发送过来的电气量；模块 5 根据模块 2 处理后的本侧电气量进行启动判别和后备保护运算，并结合模块 4 接收的对侧电气量进行差动保护运算。

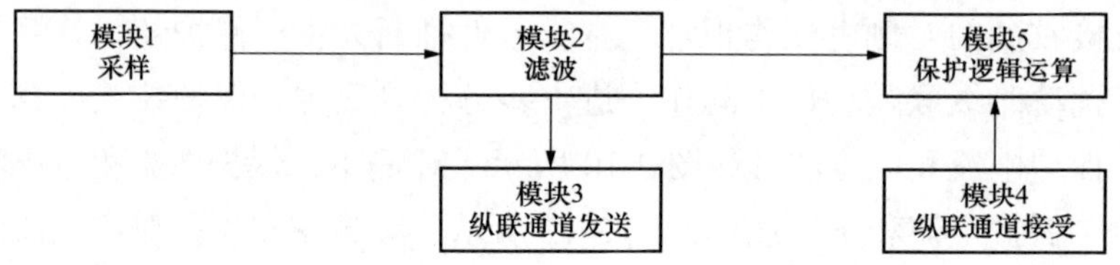


图 2-14　主一保护装置差动保护采样处理流程

主一保护装置录波文件记录了模块 1 的采样结果见图 2-10，装置录波文件记录的本侧同步电流是模块 2 滤波后的结果见图 2-15。

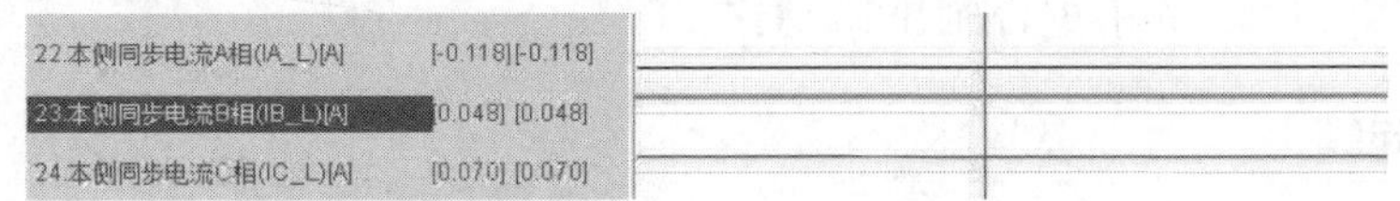


图 2-15　M 侧主一保护滤波后同步电流波形

根据主一保护装置采集的电流（见图 2-10）和对侧电流（见图 2-12）离线计算的差流波形见图 2-16：扰动期间，三相差流均不大于 0.009A，与主二保护装置计算差流（见图 2-9）一致，符合区外故障特征。

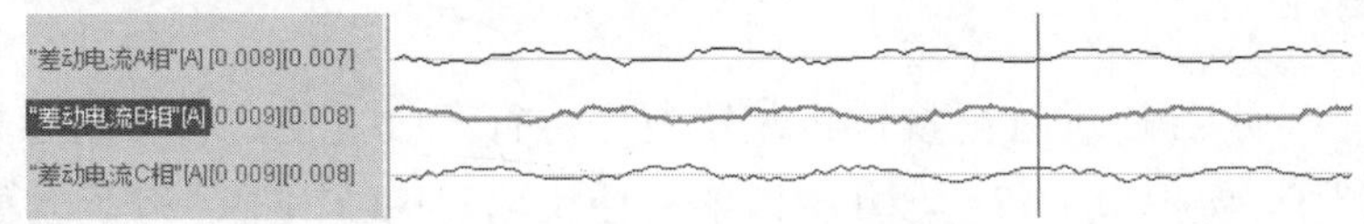


图 2-16　M 侧主一保护离线计算差流波形（本侧采集电流和对侧电流）

根据主一保护装置滤波后的电流（见图 2-15）和对侧电流（见图 2-12）离线计算的差流波形见图 2-17：扰动期间，B 相差流 0.268A，大于差动动作电流定值（0.25A），与主一保护装置计算差流（见图 2-8）一致。

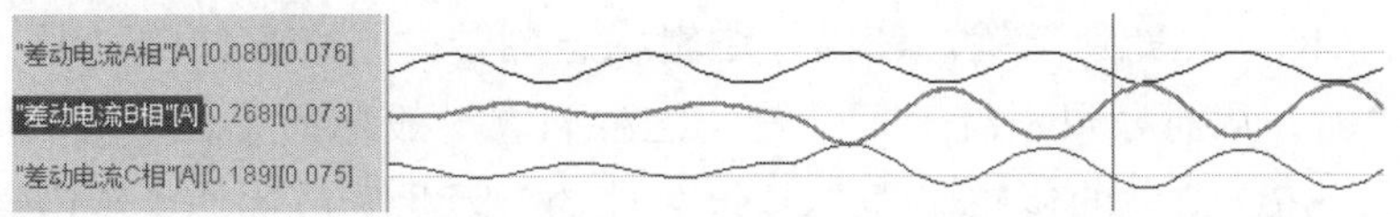


图 2-17　M 侧主一保护离线计算差流波形（本侧滤波后电流和对侧电流）

结合装置录波和图 2-16、图 2-17 离线分析波形可知，主一保护装置采样模块、纵联通道接收模块工作正常，滤波模块工作异常导致用于逻辑运算的电流异常，进而导致装置计算差流异常。

3. 主一保护滤波模块异常原因分析

通过分析滤波模块代码，结合装置动作波形，判断电流滤波模块的输出结果赋值语句执行异常。从现场主一保护装置上召滤波模块代码并与同型号其他装置对比，现场装置该段代码出现了单 bit 变位，由“0x82”变成了“0x02”，即二进制数 1000 0010 变为 0000 0010。该代码段内容被修改，造成电流滤波模块执行输出结果赋值失败，导致输出电流采样值不再刷新，即电流滤波模块输出结果为恒定值。进一步验证该部分代码变动导致的异常后果，通过在搭建主一保护装置运行环境并按现场的异常情况进行人为的内存破坏，装置保护电流由 0.08A 变为 0A，电压正常，和现场保护装置的异常情况基本一致。

因此基本可确定本次事件原因是：主一保护装置保护芯片内存出现单 bit 变位，导致电流滤波模块代码执行异常，输出保护电流为 0；使得计算的差流异常，并最终导致区外扰动时主一保护动作跳闸。现场重启保护装置后，液晶显示保护三相电流值恢复正常，进一步证实主一保护装置发生保护芯片内存软错误。线路保护投单相重合闸方式，主二保护由于断路器 B 相跳闸，单相重合闸出口动作。

## 三、暴露问题

（1）装置采用保护+启动 CPU 架构，在系统有扰动时，装置启动且计算差流异常，导致保护误动。

（2）装置发生芯片软错误后，未能自动校验出错数据并纠错恢复，装置数据校验及异常恢复能力不足。

## 四、防范措施

（1）对装置启动 CPU 进行更换，将装置程序进行升级，使之具备内存校验功能。

（2）采用保护+保护双 CPU 架构宜具备并使用内存 ECC/EDC 校验功能，采用保护+启动 CPU 架构应具备并使用内存 ECC/EDC 校验功能。

## 五、知识点延伸

### （一）内存软错误定义

半导体行业对内存软错误的定义是：在一些电磁、辐射环境比较恶劣的情况下，半导体集成电路（IC）会受到干扰，使器件逻辑状态翻转：原来存储的“0”变为“1”，或者“1”变为“0”，从而导致系统运行异常。这种问题一般称为单粒子翻转（Single Event Upsets，SEU），SEU 造成的逻辑错误不是永久性的，因此又被称作“软错误”，通过系统复位、重新加电或重新写入，硬件能恢复正常。外部射线造成的存储翻转现象图如图 2-18 所示。

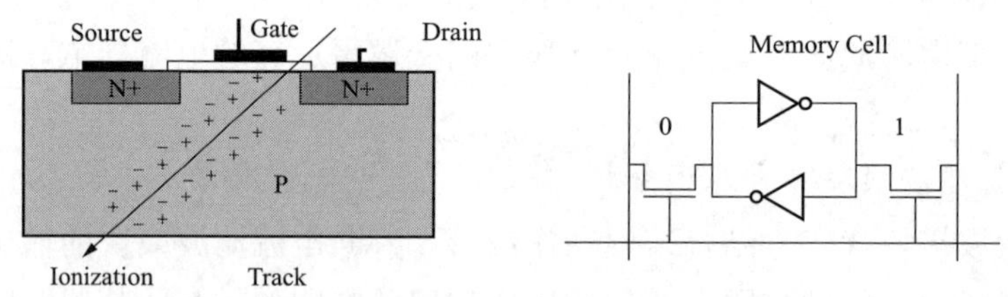


图 2-18　外部射线造成的存储翻转现象图

### （二）内存软错误风险

内存区内存储数据需要分成两类：一是运行过程不变的数据，如代码、定值等；二是运行过程中实时刷新的数据，如采样值、开关量等。对于实时刷新的数据，由于每个中断中都实时刷新，基本不会出现单 bit 翻转，即使出现，也会在下一个中断被刷新回来，基本不存在风险。对于运行过程中不变的内存区，出现单 bit 翻转后，由于无法自行恢复，可能会导致出现非预期的运行结果。

### （三）内存软错误应对措施

（1）采用具备纠错码校验（ECC）功能的芯片。存储器使用纠错码 ECC（Error Correcting Code），它是在逻辑电路中采用加固的锁存器/触发器以及并行的错误检测与重试技术，在内存中 ECC 能够容许错误，并可以将错误更正。ECC 校验的内存工作原理如图 2-19 所示。

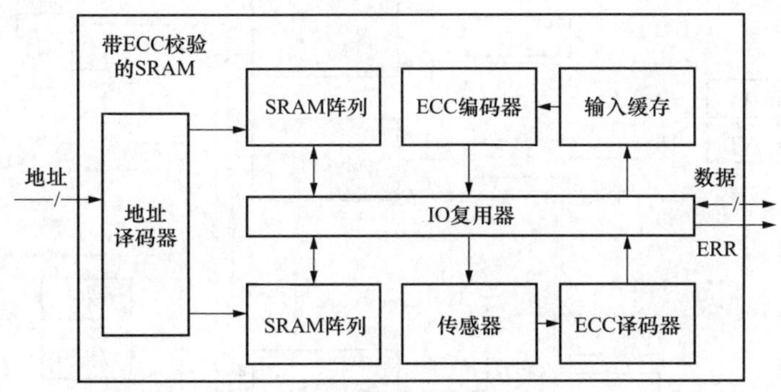


图 2-19 ECC 校验的内存工作原理

当向 SRAM 写入数据时，对应的 ECC 代码也同时保存。当读取数据时，将 ECC 代码和读取的数据进行对比，当不一致时，将对出现异常的数据进行解码确认，然后丢弃错误的数据，释放正确的数据，从而保证在单粒子翻转措施发生时 CPU 采集到的数据是正常的。在继电保护硬件系统设计时应优先选择具备 ECC 校验机制的元器件并设置使用该功能。

（2）通过双 CPU 冗余架构和内存自检校验等措施解决。高压继电保护装置从可靠性角度出发通常配置两块 CPU，即按照双 CPU 冗余架构进行设计。从实现角度上又有如下两种模式：

1）双 CPU（保护+保护）模式：双 CPU 均需要满足完整的动作逻辑才能动作出口，抗软错误性能较强。

2）双 CPU（启动+保护）模式：双 CPU 满足独立启动元件且单 CPU 满足动作逻辑才能动作出口，抗软错误性能较差。双 CPU（保护+保护）模式示意图如图 2-20 所示。

内存自检校验措施目前主要有代码自检、定值自检、常量自检、定点扫描等检测手段。当检测到任一异常时闭锁保护，采取告警和恢复措施。

## 六、内存软错误同类异常事件

### （一）芯片软错误（开出异常）导致断路器非计划停运

某月某日 11 时 02 分 45 秒，500kV MN 线路发生区外扰动，500kV MN 线 M 侧主一、主二保护启动，无保护动作信息，但主一保护 C 相跳闸、重合闸灯点亮，5051 断路器、5052 断路器操作箱第一组三相跳闸灯点亮。工作人员检查回路、定值均未发现异常。系统主接线图如图 2-21 所示。

对 500kV M 站 500kV MN 线主一保护 CPU 插件进行软硬件排查和故障现象模拟，查明保护误动原因是保护 CPU 内存软错误（单粒子翻转），造成数据段内存的跳闸数据模型出口位异常变位，导致保护出口跳闸。

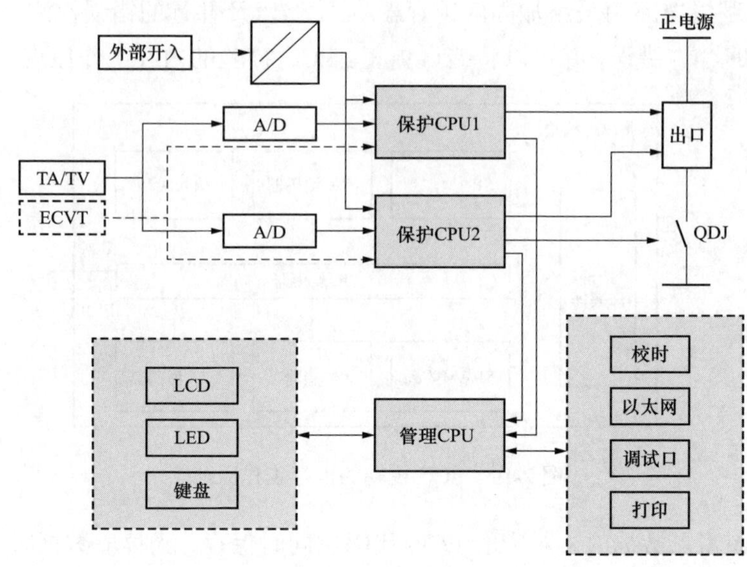


图 2-20　双 CPU（保护+保护）模式示意图

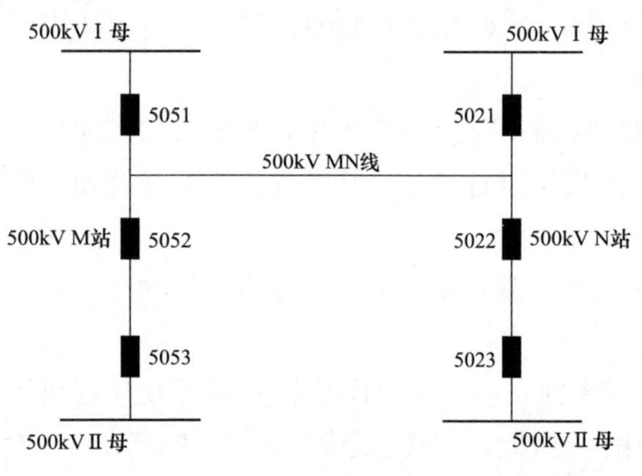


图 2-21　系统主接线图

具体来说，因主一保护本次异常涉及数据的内存地址较近，当模拟量数据模型指针由 0x00C081D1 修改为 0x00C080D1 时，就会造成模拟量数据指针指向了跳闸数据模型区域，排查程序中模拟量数据模型长度为 1680Byte，跳闸数据和录波状态数据均可能会被模拟量数据改写。保护程序中跳闸数据包括动作出口位及动作标志，当动作标志被修改为“非 0”时，开出相应的动作出口位，模拟量数据误写在动作标志所在地址时，虽然模拟量数据在变化，但一直为“非 0”，因此开出相应的动作出口位，在区外故障启动时，跳闸出口。主一保护装置部分数据内存地址如表 2-4 所示。

**表 2-4　　主一保护装置部分数据内存地址**

| 名称 | 结构变量 | 首尾地址 |
|---|---|---|
| 跳闸数据模型 | CTrip.memory | 0x00C080B8-0x00C08135 |
| 录波状态模型 | CWaveState.memory | 0x00C0813A-0x00C08198 |
| 模拟量数据模型 | CProtect.SectorList.pro_run_data | 0x00C081D1-0x00C08374 |

### （二）芯片软错误（时间计数异常）导致主变压器保护误动

某月某日 06 时 40 分 12 秒，110kV 甲线 B 相故障，甲线线路保护正确动作跳开线路 1162 断路器，与此同时，#2 变压器第 I 套保护高压侧复压过流 I 段动作，跳开#2 变压器三侧断路器，#2 变压器第 II 套保护未动作。系统主接线图如图 2-22 所示。

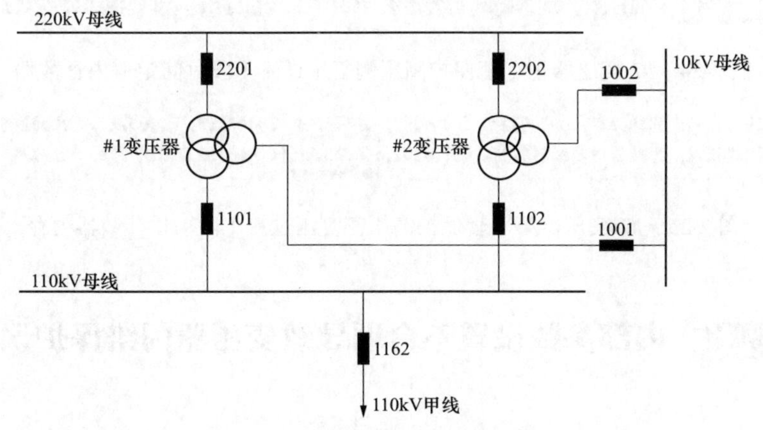


图 2-22　系统主接线图

#2 变压器双套保护型号一致，在 110kV 甲线发生故障的同时，#2 变压器第 I 套保护高压侧复压过流 I 段保护动作，故障电流为 2.12A，满足#2 变压器高压侧复压过流 I、II 段电流定值，但从故障录波的波形来看，该故障电流仅持续了 50ms，而装置定值过流保护动作时间为 4s，故障电流持续时间远未达到时间定值，#2 变压器第 I 套保护的高后备复压过流 I 段动作属于误动。#2 变压器第 I 套保护故障波形如图 2-23 所示。

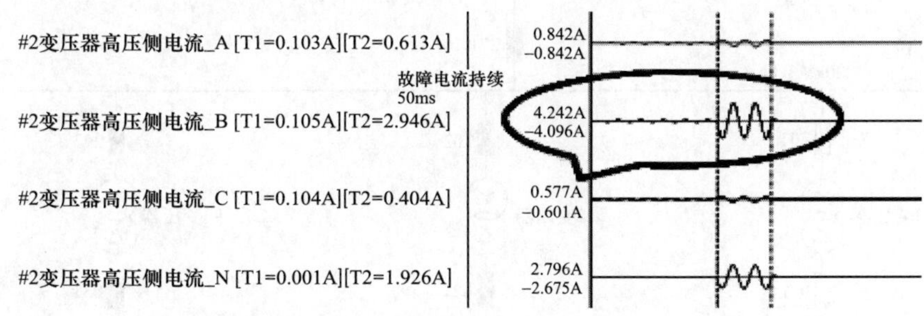


图 2-23　#2 变压器第 I 套保护故障波形

模拟#2 变压器第 I 套保护故障状态进行试验，结果显示高压侧复压过流 I 段动作时间均在 10ms 内，与装置定值（4s）不符，判断装置 CPU 板出现故障，导致在时间未达到定值的情况下保护误动。

调取异常的#2 变压器第 I 套保护装置内存数据，查看后备保护板内存中高压侧复压过流 I 段保护时间定值和相关动作计数器数据，经确认时间定值正确（注：4b0 对应高复压过流 I 段整定时间 4s），见图 2-24。

检查存储动作计数器的内存存在异常。正常情况下，高压侧复压过流 I 段动作计数器片内存储地址应为 0080024C，现场装置变为了 0000024C。该内存错误直接导致读取的保护动作时间计数器错误（见图 2-25），从而在 110kV 甲线故障电流持续时间未达到定值延时误动。

```
00000000, 00000000, 07921024, 09290e69, 002ba1d9, 00234ce1, 00064000, 0005a400
000004b0, 0000018f, 00000000, 00000000, 00064000, 0005a400, 000004b0, 0000018f
```

图 2-24　#2 变压器第 I 套保护高压侧复压过流 I 段时间定值内存数据

```
00800230, 00800237, 0080023e, 00800245, 00800299, 008002a0, 008002a7, 008002ae
0080027d, 00800284, 0080028b, 00800292, 0000024c, 00800253, 0080025a, 00800261
```

图 2-25　#2 变压器第 I 套保护高压侧复压过流 I 段动作计数器内存

## 案例 3　内部参数设置不合理导致变压器闪络保护误动

### 一、事件简述

某月某日 15 时 43 分，某发电厂 220kV #1 变压器空载合闸时第 II 套保护的闪络保护动作跳闸。

事故前运行方式：220kV A 线、220kV I 母、220kV #2、#3 变压器运行，220kV #1 变压器热备用。#1 发电机热备用，#2、#3 发电机运行。某发电厂电气主接线图如图 2-26 所示。

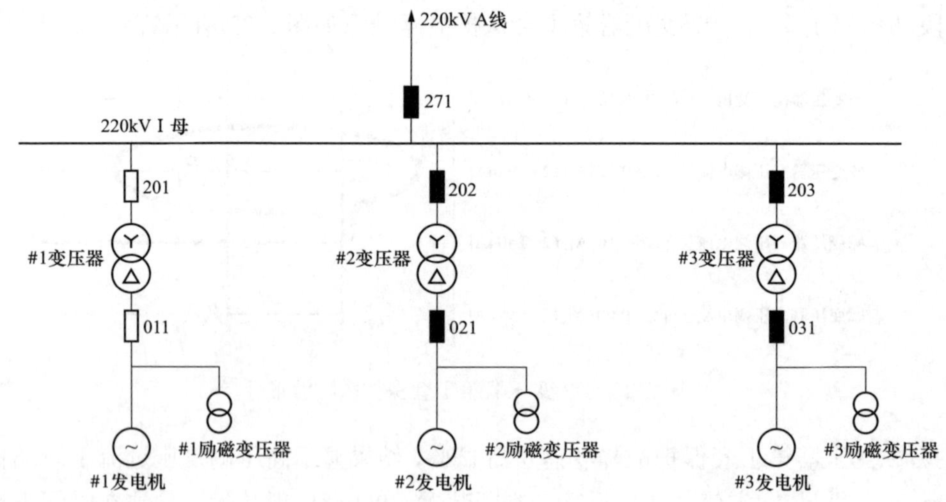


图 2-26　某发电厂电气主接线图

### 二、事件分析

#### （一）保护动作情况

某月某日 15 时 43 分，该发电厂组织开展 220kV #1 变压器第一次空载合闸试验，在完成 201 断路器合闸后，220kV #1 变压器第Ⅱ套保护的闪络保护动作出口，动作信息见表 2-5。

**表 2-5　　220kV #1 变压器第Ⅱ套保护动作信息**

| 序号 | 相对时间 | 描　　述 |
| --- | --- | --- |
| 1 | 0ms | 启动 |
| 2 | 113ms | 断路器闪络 1 时限 |
| 3 | 309ms | 断路器闪络 2 时限 |
| 4 | 333ms | 厂用变压器高侧大电流闭锁跳本断路器 |

## （二）保护动作情况分析

220kV #1 变压器第Ⅱ套保护中的断路器闪络保护定值如表 2-6 所示，闪络保护逻辑框图见图 2-27。根据图 2-27 可知：当条件①断路器三相位置触点均为断开状态；条件②负序过流元件动作；条件③发电机已加相当励磁，机端电压大于一固定值（线电压 45V）同时满足且保护启动、软硬压板投入，达到时间定值后闪络保护将动作出口。经调查分析，闪络保护定值整定及执行正确，保护软硬压板处于投入状态。

**表 2-6　　220kV #1 变压器第Ⅱ套保护断路器闪络保护定值**

| 项目 | 定值 | 时间 | 功　　能 |
| --- | --- | --- | --- |
| 断路器闪络保护 | 0.1A | 0.1s | 跳机端断路器 |
|  |  | 0.3s | 跳主变压器各侧，并启动失灵 |

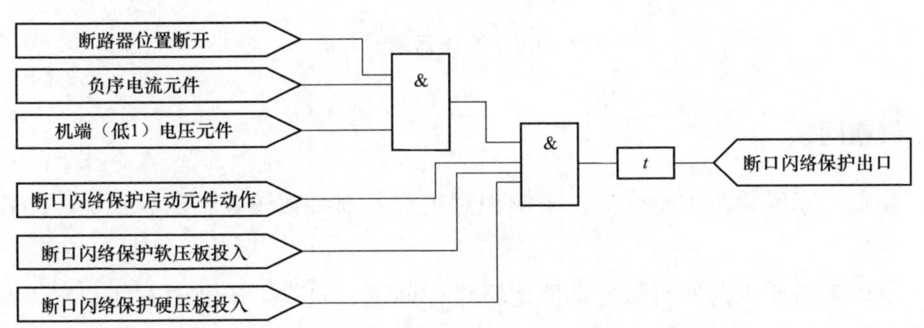


图 2-27　断路器闪络保护逻辑框图

进一步与主变压器保护厂家讨论得知：断路器闪络保护动作判据“断路器分位变合位”开入时间装置内部默认设置为 1000ms（装置说明书未提及该设置，即 1000ms 后装置才判断路器合闸成功），此设置时间远大于断路器闪络保护定值整定时间 0.3s，因此保护误判断路器在分位，条件①满足；因断路器已合闸，机端电压满足启动判据，条件③满足，此时

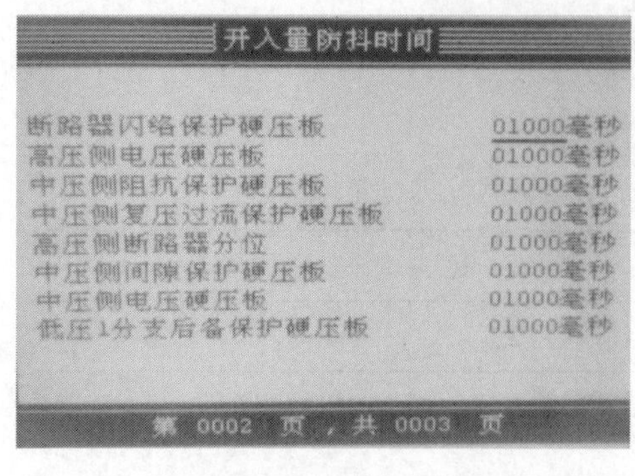


图 2-28　装置断路器量防抖时间设置情况

若负序电流达整定值将导致 220kV #1 变压器闪络保护动作跳闸。装置开关量防抖时间设置情况如图 2-28 所示。

对主变压器录波进行分析可知，在主变压器空载合闸时存在负序电流（−0.189A，350ms），如图 2-29 所示，条件②满足，220kV 1 号主变压器第Ⅱ套保护断路器闪络保护动作出口。因此本次异常事件是由于装置内部参数设置不当，误将“断路器分位变合位”确认时间设置 1000ms 所致。

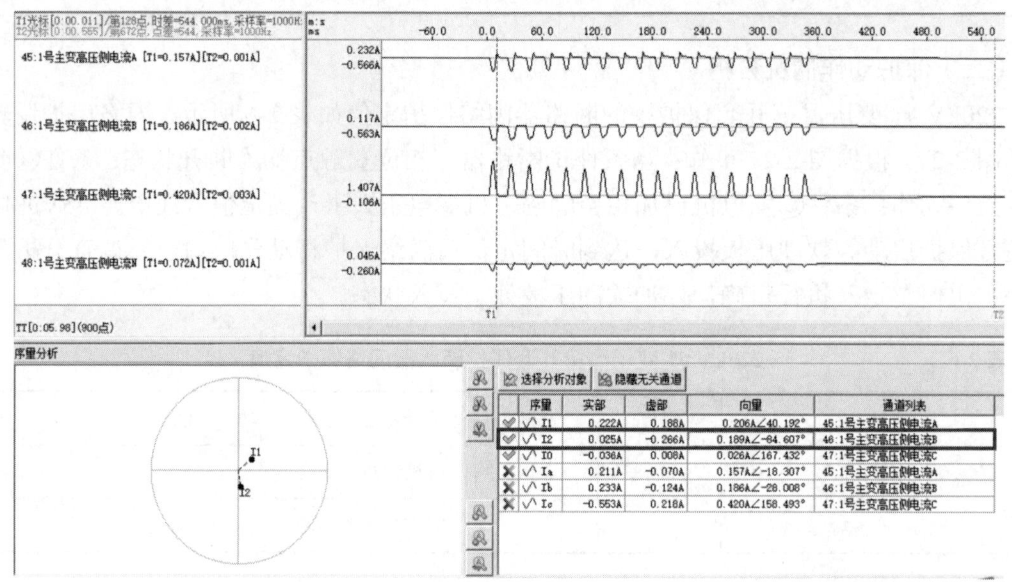


图 2-29　主变压器录波分析

## 三、暴露问题

（1）装置厂家风险辨识不全面。未辨识到装置内部参数设置不当导致保护动作跳闸的风险。

（2）现场未按要求对所有保护功能逻辑进行调试、验收，未及时发现装置“高压侧断路器由分位变合位”，需等待 1000ms 后才会判断并确认变压器高压侧断路器合闸成功。

## 四、防范措施

（1）将变压器保护装置内部参数中开入变位确认时间修改为 4ms，并在装置说明书中予以明确。

（2）加强试验过程管控，做好各环节质量把控。调试验收时严格按照规程规范，对各功能逻辑逐个进行试验验证，同时加强与设计、研发及整定人员的沟通交流，严格做到“四不”原则（工作人员不具备资质不调试、各项功能原理不掌握不调试、各项功能调试不清楚不放过、各项功能调试不验收不投运）开展调试验收。

# 案例 4　重合闸方式设置错误导致保护误动

## 一、事件简述

某月某日 02 时 19 分 01 秒，某变电站 220kV 甲乙线发生 B 相故障，线路主一保护、主二保护动作跳 B 相，K1 断路器保护动作跳三相，重合于永久性故障后加速动作跳三相并闭锁重合闸。主接线示意图如图 2-30 所示。

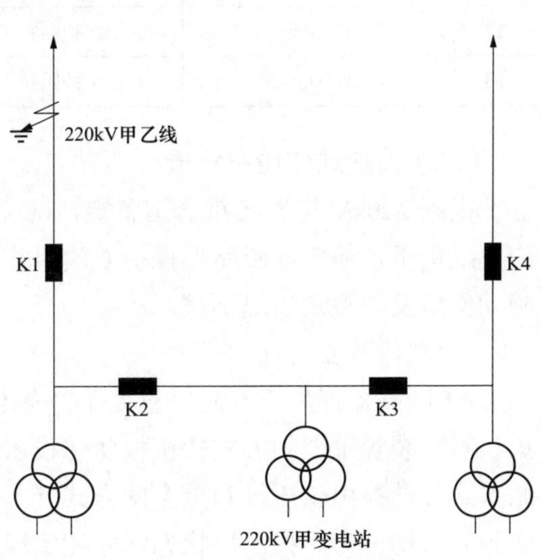


图 2-30　主接线示意图

## 二、事件分析

### （一）保护动作情况

220kV 甲乙线重合闸配置情况如表 2-7 所示，保护动作情况如表 2-8 所示。

表 2-7　　220kV 甲乙线重合闸配置情况表

| 序号 | 220kV 甲乙线相关保护配置 | 重合闸整定方式 |
|---|---|---|
| 1 | 主一保护 | 综重 |
| 2 | 主二保护 | 综重 |
| 3 | K1 断路器保护 | 综重（投功能不投出口） |
| 4 | K2 断路器保护 | 综重（投功能不投出口） |

表 2-8　　220kV 甲乙线重合闸配置情况表

| 序号 | 相对时间 | 描　　述 |
|---|---|---|
| 1 | 2ms | 220kV 甲乙线主一保护装置保护启动 |
| 2 | 3ms | 220kV 甲乙线主二保护装置保护启动 |
| 3 | 10ms | 主一保护分相差动动作跳 B 相 |
| 4 | 13ms | 主二保护差动动作跳 B 相 |
| 5 | 27ms | 主一保护 Ⅰ 段阻抗动作跳 B 相 |
| 6 | 29ms | 主二保护接地距离 Ⅰ 段动作跳 B 相 |
| 7 | 29ms | 断路器保护瞬时重跳 ABC 相 |
| 8 | 70ms | 主二保护重合闸启动 |

续表

| 序号 | 相对时间 | 描　　述 |
|---|---|---|
| 9 | 71ms | 主一保护重合闸启动 |
| 10 | 1083ms | 主一保护重合出口 |
| 11 | 1081ms | 主二保护重合出口 |
| 12 | 1188ms | 主一保护阻抗Ⅱ段加速出口跳 ABC 相 |
| 13 | 1190ms | 主二保护阻抗Ⅱ段加速出口跳 ABC 相 |

### （二）保护动作情况分析

根据 220kV 甲乙线重合闸整定情况（见表 2-7），220kV 甲乙线 B 相故障，断路器保护应单跳单重，但实际断路器保护发瞬时重跳三相命令，断路器三相跳闸，断路器保护重合闸动作情况与整定情况不符。

1. 现场检查情况

K1 断路器保护重合闸一直处于“充电中”状态，装置面板重合闸“充满电”灯处于熄灭状态，装置重合闸方式软压板状态投入，重合闸方式开入状态退出（该断路器保护重合闸方式的选择由软压板和重合闸方式开入以“与”的方式实现，即只有当相应软压板和重合闸开入均设为“投入”状态时才能实现相应的重合闸方式功能）。

经对照装置厂家出厂图、装置背板接线以及端子排接线，发现现场 K1 断路器保护装置未配置重合闸方式切换把手，通过装置背板接线将断路器保护的重合闸方式开入短接为“单重”方式，由于软压板投入“综重”方式，而重合闸方式的开入为“单重”方式，两者不对应，最终重合闸不能充电，故一直显示“充电中”状态。

2. 保护动作行为分析

220kV 甲乙线 B 相故障，线路主一、主二保护动作出口跳 B 相，因断路器保护重合闸未充电，沟通三跳触点闭合，在线路保护动作时满足了瞬时重跳三相功能动作逻辑，断路器保护动作跳开三相。

## 三、暴露问题

（1）断路器保护配置存在设计缺陷，未配置重合闸方式切换把手，在图纸设计时按惯例考虑“单重”方式，将断路器保护的重合闸方式开入短接为“单重”方式，且未对该项重要设计信息进行说明。

（2）对特殊保护配置情况下各保护间的配合认识不足。在开展线路重合闸方式变化调整时，对线路保护投入出口的重合闸方式更改比较重视，而对未使用出口的断路器保护重合闸重视不足。仅按照定值单调整了断路器保护重合闸软压板投退，而忽视了对外部重合闸开入接线的调整。同时，断路器保护定值更改后，对重合闸“充满电”灯不亮的异常现象不重视。

（3）检验工作中未采用多套保护的联动调试，未发现断路器保护功能与线路保护配合存在问题。作业人员在开展单重方式改综重方式作业中，仅考虑到线路保护重合闸方式调整，重合闸出口使用的是线路保护出口，在现场整组传动过程中，采用逐台保护装置投退的方式进行整组传动，未能发现在断路器保护装置同时投入运行的情况下单相故障时三跳三重的异常现象。

### 四、防范措施

（1）对于非 3/2 接线形式下配置了断路器保护、线路保护的，应在制定保护配置方案时明确重合闸功能的设置及使用，断路器保护、线路保护均应配置重合闸方式切换把手，便于现场灵活调整重合闸方式，严禁采用直接固定短接单一重合闸方式的形式来设置。

（2）继电保护定值更改工作需进行全面验证，确保装置实现所需功能，定值更改工作完成后需观察装置各运行灯是否正常、重合闸充电灯是否点亮，是否与定值单要求一致等。

（3）完善检验方法，开展间隔保护及二次回路整组传动试验时，必须将退出的相关二次设备恢复到正常运行时的工况，模拟故障量需要加入所有的保护装置进行总体试验，模拟实际运行中发生故障时的情况，通过整组试验验证保护之间的配合、动作逻辑是否正确。

## 案例 5 失灵开放逻辑不完善导致保护拒动

### 一、事件简述

某月某日 13 时 21 分，500kV 甲变电站 220kV 甲乙 2 线 C 相发生高阻接地故障，线路保护动作跳 C 相，重合闸动作合于 C 相故障后，500kV 甲变电站侧 220kV 甲乙 2 线 C 相断路器拒分，220kV 失灵保护未动作，500kV #1、#2 变压器后备保护动作跳开主变压器三侧断路器后 220kV 失灵保护方才出口跳母联和 220kV #2 母线上全部断路器（220kV 甲乙 2 线、甲丙 2 线、甲戊线），隔离故障。500kV 甲站运行方式示意图如图 2-31 所示。

### 二、事件分析

#### （一）保护动作情况

500kV 甲变电站侧 220kV 甲乙 2 线 C 相断路器拒分后，分为以下三个阶段：

第一阶段（甲乙 2 线 C 相断路器拒分至#1、#2 变压器跳闸），甲乙 2 线重合于故障后，线路差动保护动作跳三相开关，500kV 甲变电站侧 C 相断路器拒分，220kV 失灵保护未动作，#1、#2 变压器公共绕组零序过流保护动作跳三侧断路器。

第二阶段（#1、#2 变压器跳闸至母联断路器跳闸），#1、#2 变压器跳闸后，失灵保护动作跳母联断路器。

第三阶段（母联断路器跳闸至 220kV #2 母线跳闸），母联断路器跳开后，失灵保护多次启动又返回，14534ms 时失灵保护开入持续超过 450ms，失灵保护动作跳 2 号母线上所有支路断路器。

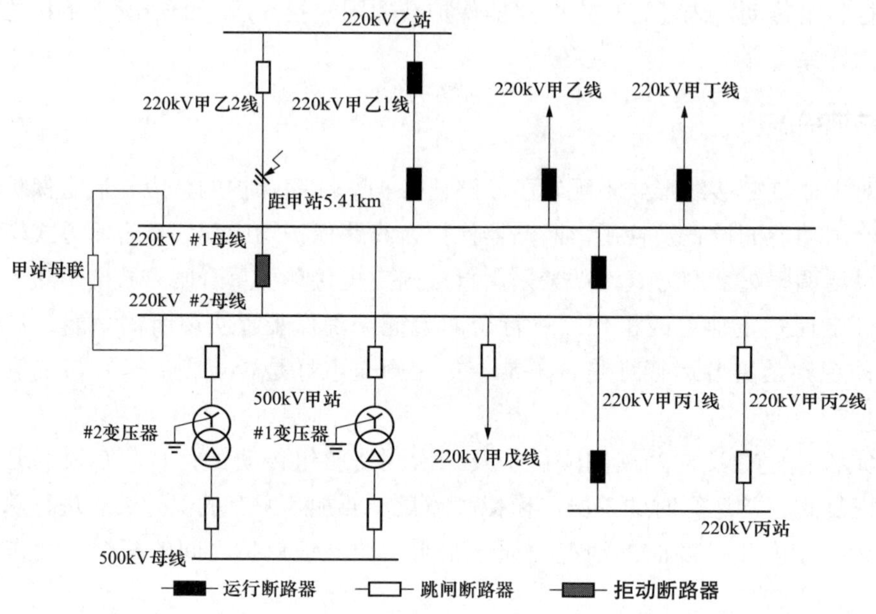


图 2-31　500kV 甲变电站运行方式示意图

500kV 甲变电站保护动作跳闸时序图如图 2-32 所示。

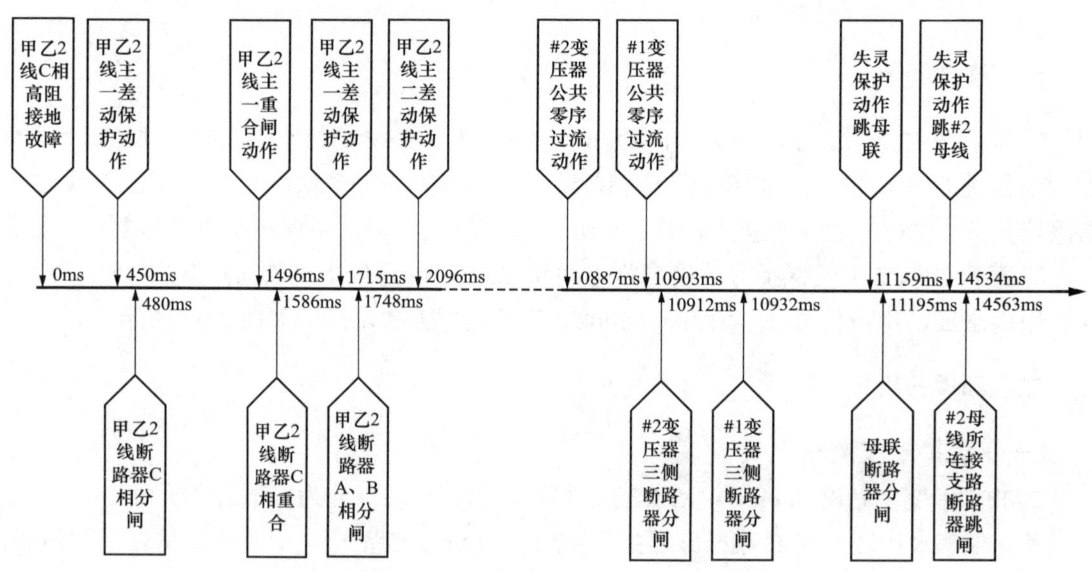


图 2-32　500kV 甲变电站保护动作跳闸时序图

## （二）保护动作情况分析

1. 根据故障录波文件分析为三个阶段

第一阶段，甲乙 2 线故障电流出现反复和波动，过渡电阻变化很大，相电压变化非常小，零序电压、负序电压很小，变化幅度较小。

第二阶段，#1、#2 变压器跳闸后，220kV 电压失去 500kV 电网支撑，零序电压、负序电压立即变大，且持续较稳定维持，过渡电阻、故障电流均较稳定。

第三阶段，母联 210 断路器跳开后，故障电流再次出现反复和波动，过渡电阻变化较大，零序电压、负序电压随过渡电阻变化呈较大幅度变化。

各阶段故障电流、序电压、过渡电阻变化范围（正常运行电压 61.1V）如表 2-9 所示。故障录波图如图 2-33 所示。

**表 2-9　各阶段故障电流、序电压、过渡电阻变化范围（正常运行电压 61.1V）**

| 阶段 | 故障相电流（A） | 电压（V） | | | 接地过渡电阻（Ω，一次值） |
|---|---|---|---|---|---|
| | | 相电压 | 负序电压 | 零序电压 | |
| 第一阶段 | 0.04～0.34 | 60.9～61.1 | 0.19～0.89 | 0.15～1.88 | 158～2211 |
| 第二阶段 | 0.26～0.31 | 59.8～61.4 | 5.5～6.4 | 8.1～8.9 | 175～206 |
| 第三阶段 | 0.10～0.30 | 59.3～64.5 | 2.3～8.1 | 5.4～17.7 | 166～651 |
| 整定值 | 0.24 | 46 | 3 | 6 | — |

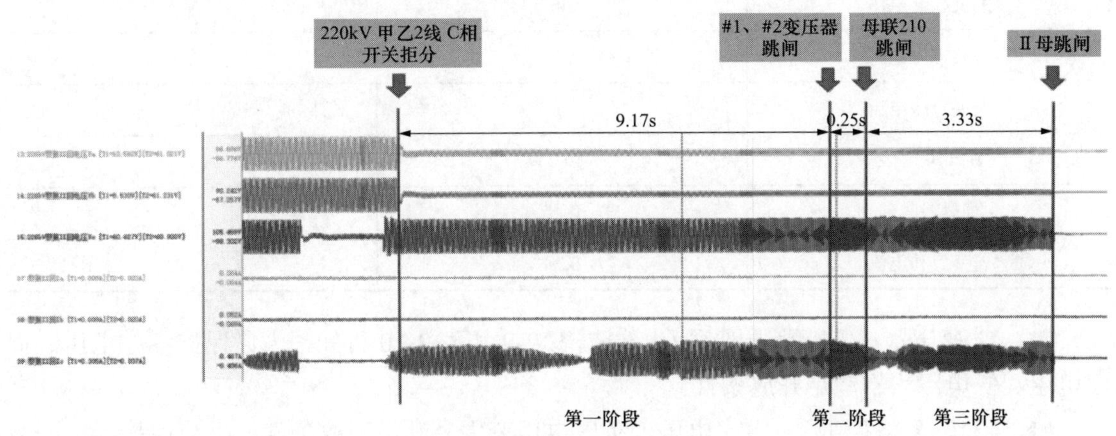


图 2-33　故障录波图

2. 线路及变压器保护动作分析

甲乙 2 线 C 相故障后线路保护最大差流 0.19A（定值 0.16A），保护动作出口跳 C 相，重合于故障，保护动作跳断路器三相，A、B 相跳开，C 相断路器未分闸。4602ms 时差动再次动作三跳，8870ms 时零序过流Ⅲ段动作，12135ms 时单相运行三跳出口，整个过程 C 相均未能分闸，故障持续。

甲乙 2 线 C 相断路器拒分后，故障持续且出现反复和波动，保护动作元件也随之反复启动、返回，约 9.2s 后，#1、#2 变压器公共绕组零序电流持续达到 0.13～0.2A（定值 0.13A），

#1、#2 变压器公共绕组零序过流保护动作跳主变压器三侧。

甲乙 2 线 C 相故障呈高阻接地特征（过渡电阻在 158～2211Ω 范围波动），故障电流最大为 0.77kA，最小为 0.011kA，并随故障过渡电阻呈反复波动。线路及主变压器保护动作符合装置逻辑。

3. 失灵保护动作分析

失灵保护定值配置见表 2-10，失灵保护相关说明如下：

（1）220kV 失灵保护经复压闭锁作用：为有效防范失灵误开入、误碰等原因导致失灵保护误动作切除母线，造成不必要的负荷损失；

（2）失灵保护复压闭锁逻辑：当相电压、零序电压、负序电压任意一项满足条件，开放失灵保护；

（3）复压定值取值分析：不同标准对失灵保护复合电压闭锁的整定均要求负序电压、零序电压应可靠躲过正常情况下不平衡电压，低电压闭锁元件应在母线最低运行电压下不动作。

**表 2-10　失灵保护定值**

| 定值项 | 定值 | 单位 |
|---|---|---|
| 失灵相低电压 | 46 | V |
| 失灵零序电压 | 6 | V |
| 失灵负序电压 | 3 | V |
| 跳母联时限 | 0.2 | s |
| 跳母线时限 | 0.45 | s |
| 失灵启动电流 | 0.24 | A |

#1、#2 变压器三侧断路器跳闸前，根据表 2-9 和表 2-10 可知，失灵保护零序电压、负序电压、低电压均不满足开放条件。

#1、#2 变压器跳闸后，零序电压、负序电压变大，满足开放条件，失灵保护经 200ms 延时跳母联断路器。母联断路器跳开后，甲乙 2 线故障电流、母线电压故障特征再次变弱，失灵保护动作条件不能持续满足，失灵保护返回。

母联断路器跳闸后，网架结构发生变化，甲乙 2 线故障相电流在 0.1～0.3A 间波动，零序电压、负序电压也出现反复和较大变化，失灵保护多次启动后又返回。14534ms 时，失灵保护满足稳定的动作条件动作跳 220kV #2 母线，隔离故障。失灵保护动作符合装置逻辑。

## 三、暴露问题

在高阻接地故障时，复合电压闭锁元件存在不能开放的风险，造成失灵保护拒动。

## 四、防范措施

### （一）优化 220kV 母线保护线路高阻故障断路器失灵开放逻辑

目前，国内主流保护厂家的失灵开放逻辑为母线电压闭锁开放，取低电压、负序电压和零序电压，三者任意满足一个条件即可开放。在线路高阻接地故障且间隔断路器失灵时，母线电压闭锁开放条件可能无法满足，造成母线失灵保护拒动，可新增失灵闭锁开放的辅助判据，如图 2-34 所示。

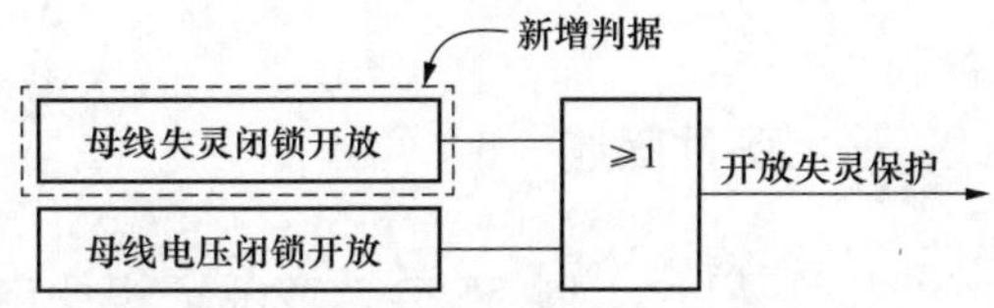


图 2-34　优化后的母线保护开放失灵逻辑图

1. 失灵闭锁开放辅助判据

新增的失灵闭锁开放辅助判据由变化量或稳态的 $3U_0$ 和支路零序电流“与”门构成，原复压闭锁开放能够动作时，闭锁新增的辅助开放判据。可采取以下开放条件：

（1）支路 $3I_0$ 满足零序电流定值，该定值通过整定与线路的零序保护相配合。

（2）母线 $3U_0$ 变化量或稳态值大于二次值 1V，确保过渡电阻缓慢变化期间不低于线路保护零序电压启动的灵敏度。

（3）线路保护三个分相启动失灵至少满足有两相开入，或线路保护单个三跳启动失灵满足开入条件。

2. 3 $U_0$ 变化量的计算方法

失灵闭锁开放辅助判据中需要计算 $3U_0$ 的变化量，利用变化量作为判据的目的是为了降低系统或 TV 等自身不平衡产生的零序电压，采用当前 $3U_0$ 零序电压幅值与记忆的故障起始时刻的 3 $U_0$ 零序电压幅值作差，如图 2-35 所示。

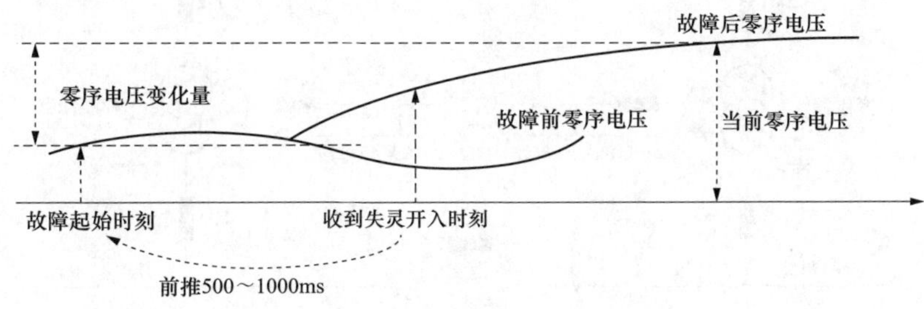


图 2-35　$3U_0$ 计算方法示意图

判别故障起始时刻的目的是为了记忆故障起始时刻的零序电压，在新增的辅助开放判据中计算 $3U_0$ 的变化量，可采取如下方法：在收到单相启动失灵开入或收到三跳失灵开入时，故障起始时刻（$T_0$）=失灵保护首次收到线路保护启动失灵开入时间（$T_1$）−前推时间（$t$）。前推时间可以取 500～1000ms，具体可以根据实际情况决定。

3. 优化失灵保护复压闭锁定值

在满足相关整定规程规范的前提下，适当降低失灵保护用 $3U_0$ 和 $U_2$ 的定值，提高定值灵敏度。

（二）500kV 变压器加装中性点小电抗

对于 500kV 自耦变压器，在中性点加装小电抗可提高失灵保护零序电压开放能力。

## 案例 6 电流互感器断线闭锁逻辑不合理导致变压器保护越级动作

### 一、事件简述

某月某日 11 时 55 分，220kV 甲变电站 110kV 甲乙线 C 相高阻接地，线路保护未动作。故障持续约 41s 后，220kV#1、#2 变压器中压侧零序过流Ⅲ段相继动作，跳开主变压器三侧断路器，最终导致 220kV 甲站 110kV、10kV 母线失压，110kV 乙变电站全站失压。

事故前运行方式为：220kV 甲变电站 2 台变压器 110kV 侧中性点均接地，110kV Ⅰ、Ⅱ组母线并列运行，110kV 出线中 7 个变电站中性点接地。其运行方式如图 2-36 所示。

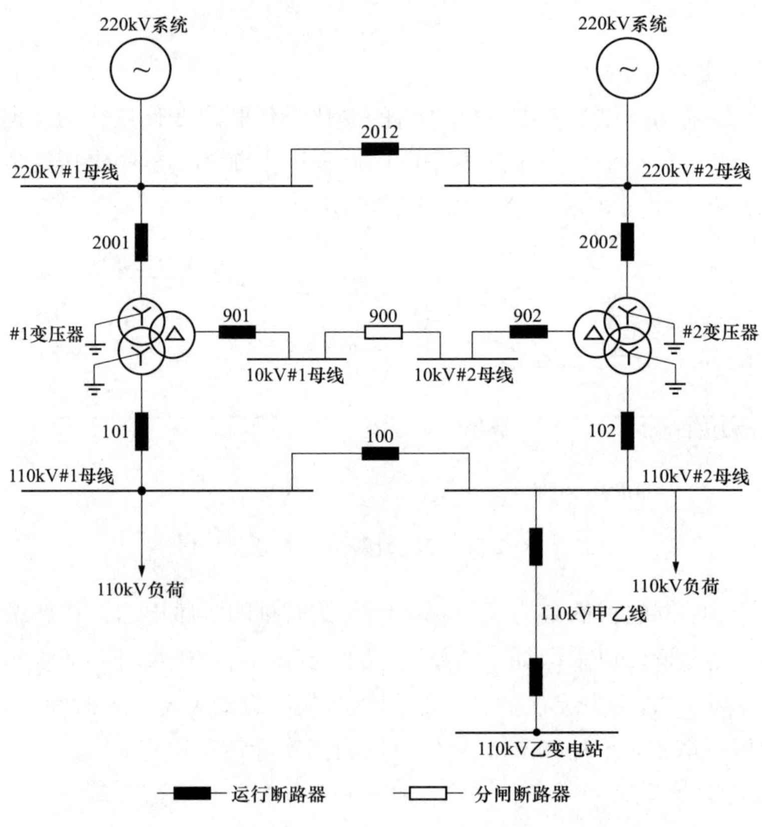


图 2-36 事故前电网运行方式

## 二、事件分析

### （一）保护动作情况

甲变电站110kV甲乙线由于树障引起线路C相高阻接地，线路保护未动作。41s后，#2变压器中压侧零序保护Ⅲ段1时限动作跳开#2变压器三侧断路器，#2变压器动作1.9s后，#1变压器中压侧零序保护Ⅲ段1时限动作跳开#1变压器三侧断路器。保护动作时序图如图2-37所示。甲变电站相关保护定值及配置如表2-11所示。

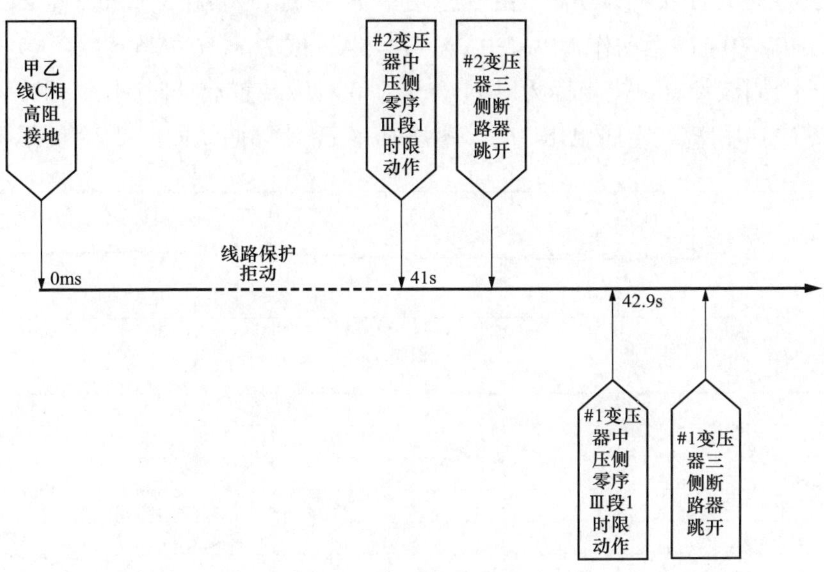


图2-37　保护动作时序图

**表2-11　　甲变电站相关保护及定值配置**

| 元件 | 保护定值及配置 | | 动作值 | 动作情况 |
|---|---|---|---|---|
| 110kV甲乙线线路保护 | 零序Ⅳ段（136A，0.8s） | 带方向 | — | 未动作 |
| #1变压器中压侧零序保护 | 零序Ⅰ段1时限（150A，2.8s跳母联）<br>零序Ⅰ段2时限（150A，3.1s跳本侧） | 带方向 | — | 未动作 |
| | 零序Ⅲ段1时限（150A，3.6s跳三侧） | 不带方向 | 305A | 第Ⅰ、Ⅱ套保护跳闸 |
| #2变压器中压侧零序保护 | 零序Ⅰ段1时限（150A，2.8s跳母联）<br>零序Ⅰ段2时限（150A，3.1s跳本侧） | 带方向 | — | 未动作 |
| | 零序Ⅲ段1时限（150A，3.6s跳三侧） | 不带方向 | 152A | 第Ⅰ套跳闸<br>第Ⅱ套未动 |

注：甲变电站变压器中后备零序保护配置Ⅰ段两时限、Ⅱ段三时限、Ⅲ段两时限。为满足零序保护两段三时限的整定要求，采用装置的Ⅱ段实现整定值的Ⅰ段三时限，用装置的Ⅰ、Ⅲ段实现整定值的Ⅱ段三时限。

## （二）保护动作情况分析

1. 110kV 甲乙线线路保护动作分析

（1）零序正方向元件可靠不动作。

甲变电站 110kV 甲乙线由于树障引起线路 C 相高阻接地，在装置启动后约 41s 内零序电流间断性满足零序过流Ⅳ段定值（0.57A，0.8s），但由于零序过流Ⅳ段带方向，保护动作还需满足零序方向元件。

该保护装置零序方向元件判据如下：

零序正反方向元件（$F_{0+}$、$F_{0-}$）由零序功率 $P_0$ 决定，$P_0$ 由 $3U_0$ 和 $3I_0 \times Z_d$ 的乘积取得（$Z_d = 1\angle 78°$）。$P_0 > 0$ 时 $F_{0-}$动作，$P_0 < -1$VA（$I_N$=5A）或 $P_0 < -0.2$VA（$I_N$=1A）时 $F_{0+}$动作。以启动后的 6 个周波计算，横坐标为时间（ms），0 对应装置启动时刻，纵坐标分别为零序电压 $3U_0$ 及零序功率 $P_0$。零序电压 $3U_0$、零序功率 $P_0$ 计算曲线如图 2-38 所示。

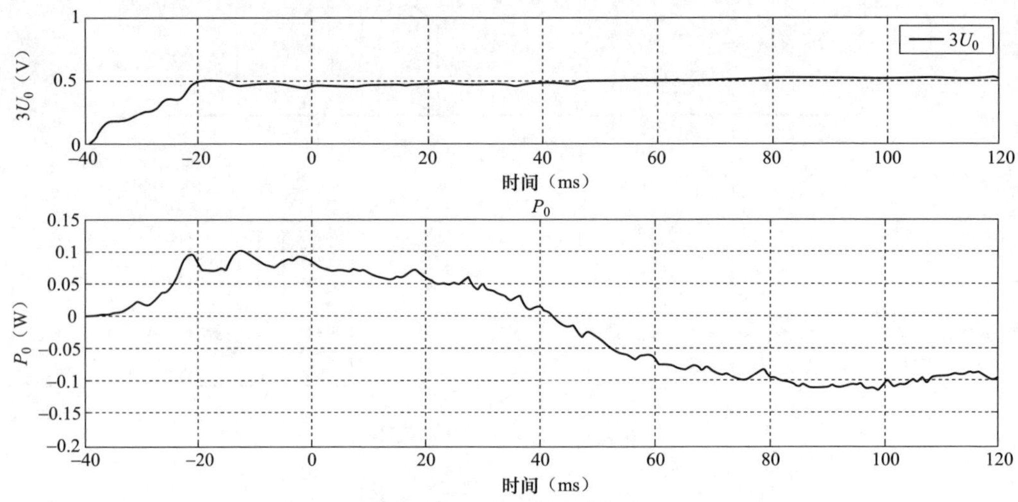


图 2-38　零序电压 $3U_0$、零序功率 $P_0$ 计算曲线

零序电压为 0.5V 左右，零序功率 $P_0$ 不满足小于−1VA（$I_N$=5A）的动作要求，零序正方向元件可靠不动作。

（2）TA 断线闭锁零序启动元件。

为避免 TA 断线时装置长期启动降低保护动作可靠性，当判别为 TA 断线时，将闭锁零序电流启动元件。如图 2-39 所示，保护装置感受的故障分量持续满足 TA 断线条件（$3I_0 > 0.1I_N$，$3U_0 < 3$V），在装置启动约 27s 后发“TA 断线”告警信号，闭锁零序启动元件。

（3）电流变化量启动元件未动作。

如图 2-40 所示，以#2 变压器零序保护动作前 3.6s 进行计算，多个窗口零序特征量满足线路保护零序过流Ⅳ段的动作条件，但零序启动元件早已被 TA 断线闭锁，同时其后故障发展较为缓慢，始终不满足电流变化量启动条件，最终导致零序过流Ⅳ段始终未动作。

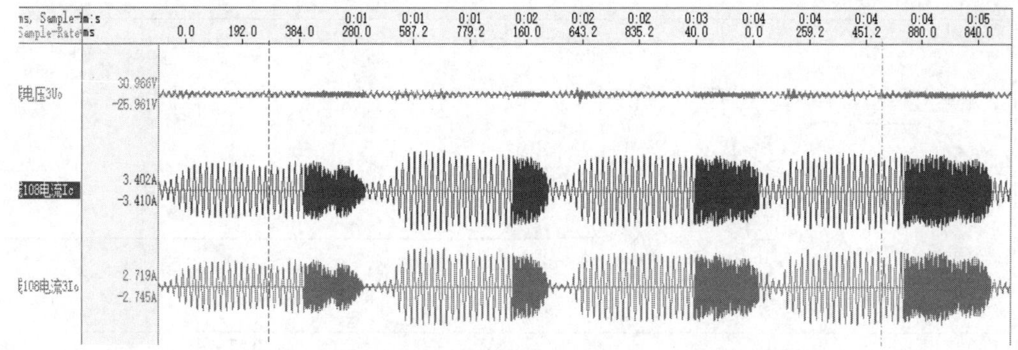

图 2-39　断续性高阻接地故障波形图

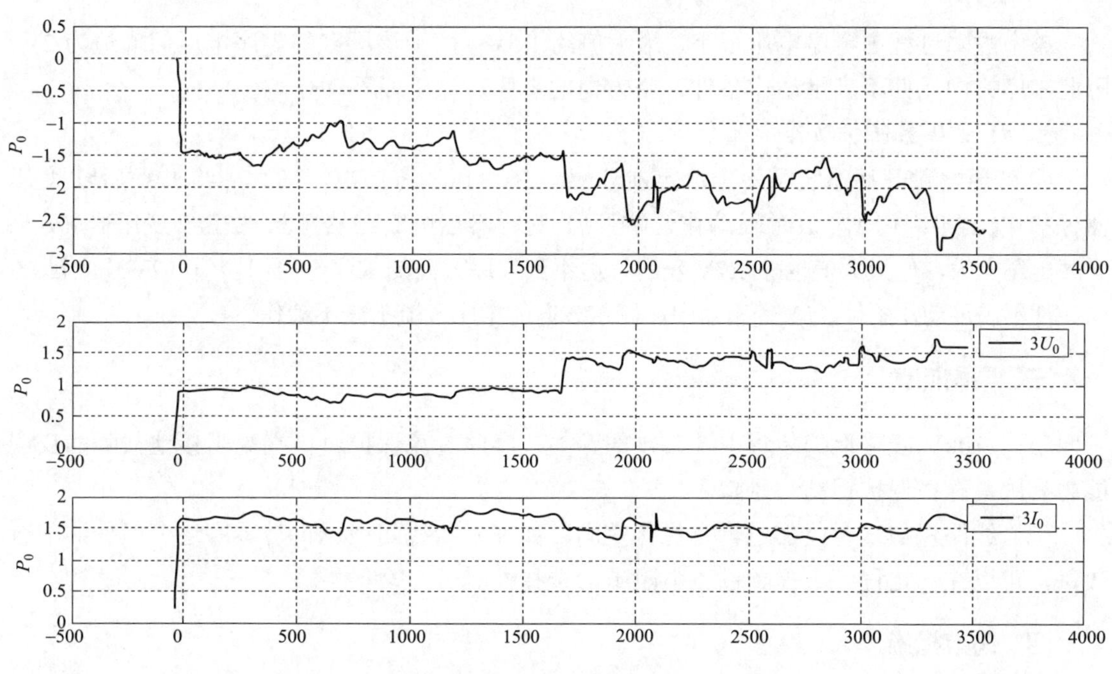

图 2-40　#2 变压器动作前 3.6s 的零序分量

2. #2 变压器保护动作情况分析

（1）第Ⅰ套保护动作分析。

录波采样电流以 $I_N$ 为单位，在满足保护动作条件期间内零序电流最小的有效值为 0.38×5=1.90A（见图 2-41），零序电流略大于零序过流Ⅲ段定值，且累计动作时间达到延时定值（定值 1.88A，延时 3.6s），故零序过流Ⅲ段保护动作。

（2）第Ⅱ套保护未动作原因分析。

#2 变压器第Ⅰ、Ⅱ套保护外接零序电流波形相似，但第Ⅱ套保护相较第Ⅰ套保护外接零序电流幅值略小。由于第Ⅰ套保护动作的零序电流值在定值门槛附近，受高阻故障缓慢变化、TA 采样误差等的影响，故第Ⅱ套保护未动作，保护动作行为正确。

（3）带方向的零序Ⅰ段未动作原因。

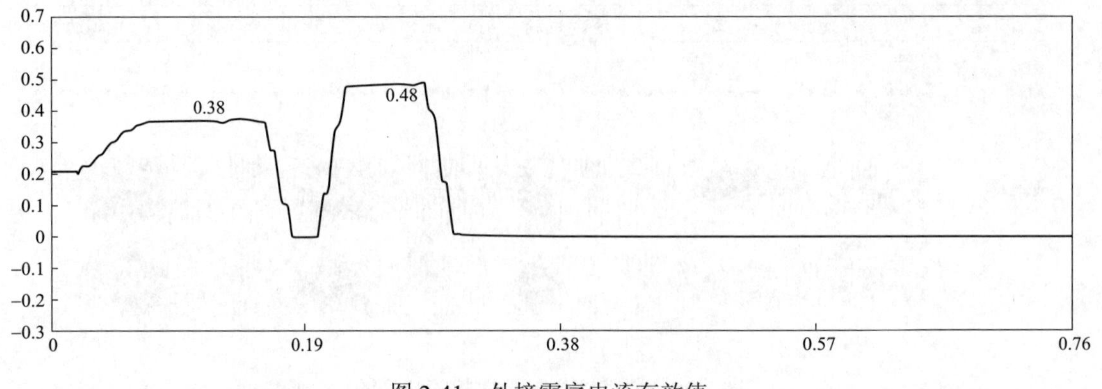


图 2-41　外接零序电流有效值

整个故障过程中零序电压很小，最大值约 1.5V；由于该厂家的零序电压门槛值为 2V，因此零序方向元件不满足动作条件，带方向的零序过流Ⅰ段不动作。

3. #1 变压器保护动作情况分析

#2 变压器跳开后系统零序电流重新分配，#1 变压器零序电流增大，约 1.9s 后#1 变压器保护中压侧零序Ⅲ段 1 时限动作，跳开#1 变压器三侧断路器。虽然在#2 变压器跳开后零序电压变大，但最大值也才 1.7V 左右，达不到零序方向的零序电压门槛值（2V），因此方向元件不满足动作条件，#1 变压器中压侧带方向的零序过流Ⅰ段不动作。

## 三、暴露问题

（1）110kV 线路保护装置中，常规的距离、零序过流保护对极端高阻接地故障的反应能力有限，存在保护拒动的风险。

（2）线路保护装置内部逻辑有优化空间，如 TA 断线闭锁逻辑与零序过流保护的配合改进，可以在一定程度上提高过渡电阻下的选择性。

## 四、防范措施

（1）提高线路差动保护配置率。差动保护具有绝对选择性，在整定上无需与其他保护配合且灵敏度高，在反应高阻接地故障上有很大优势，应大力提高 110kV 线路差动保护的配置率。

（2）优化 110kV 线路保护的功能逻辑。提高对缓慢变化的高阻接地的适应性，可采取：零序电压二次值 $3U_0$ 不小于 1V 的情况下，应保证零序方向元件的正确性、TA 断线判别后不闭锁零序电流启动与动作元件等措施。

（3）优化零序过流保护整定配合原则。当 220kV 变电站 110kV 出线对侧厂站变压器无中性点接地的情况下，应退出 110kV 出线零序电流保护方向元件，同步退出 220kV 变压器 110kV 侧零序电流保护的方向元件。

## 五、知识点延伸

对于未配置差动保护的 220kV 线路、220kV 变电站 110kV 出线，可按照如下方法校核排查高阻故障零序电压不开放风险：

（1）校核保护安装处母线在全网大方式下的系统零序等值阻抗 $Z_{0s}$（有名值）。

（2）根据保护装置说明，确认可能导致线路零序电流保护闭锁的零序电压启动门槛 $3U_{0QD}$（一次值），零序过流保护零序方向元件（可只考虑投入零序方向元件的装置）和 TA 断线闭锁零序启动元件（部分未升级装置存在闭锁逻辑）中取较大者作为 $3U_{0QD}$。

（3）确认零序过流保护最末段定值 $3I_0$（一次值），对于 220kV 变电站的 110kV 线路保护，可取 220kV 变压器中压侧零序电流高阻不带方向段定值，例如一次值 300A。

（4）未配置差动保护且满足 $Z_{0s}\times3I_0<3U_{0QD}$ 的线路，即存在高阻故障零序电压不开放风险。

## 案例 7　TA 断线闭锁逻辑不合理导致线路零序保护拒动

### 一、事件简述

某月某日 16 时 36 分 04 秒，220kV E 牵引线发生高阻接地故障，17s 后零序保护闭锁（牵引站供电线路，对侧牵引站未配置保护，差动保护不具备投入条件），故障持续发展，107s 后 C 发电厂 220kV AC 线两侧保护动作跳闸，111s 后 B 变电站 220kV AB Ⅰ回、AB Ⅱ回线路跳闸，118s D 变电站 220kV AD 线线路跳闸，220kV A 变电站四回 220kV 进线全部跳开，导致 220kV A 变电站、3 座 110kV 变电站和 2 座 35kV 变电站失压。片区电网接线图如图 2-42 所示。

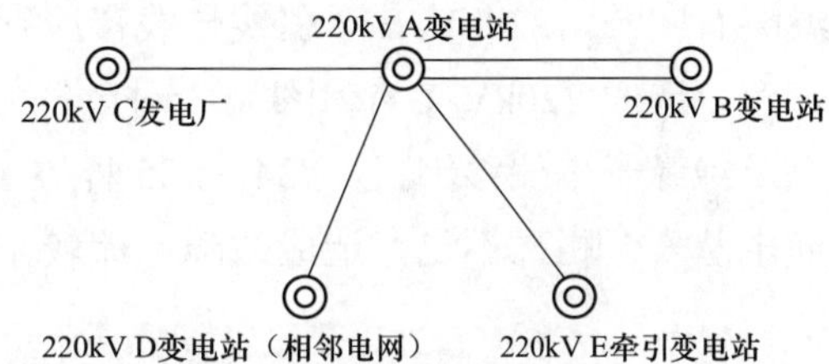


图 2-42　片区电网接线图

### 二、事件分析

#### （一）保护动作情况

保护动作情况及保护动作时序见表 2-12 和图 2-43。通过录波分析，A 变电站 220kV AB Ⅰ回、Ⅱ回、AC 线、AD 线故障特征为反方向，E 牵引线故障特征为正方向，判断故障位于 E 牵引线。A 变电站 220kV E 牵引线保护拒动，其余线路保护动作正确。

表 2-12　保护动作情况

| 序号 | 相对时间 | 描　　述 |
|---|---|---|
| 1 | 0ms | 故障开始，出现零序电流 |
| 2 | 17142ms | A 变电站 220kV E 牵引线保护报 TA 不平衡，零序保护闭锁 |
| 3 | 107143ms | C 发电厂 220kV AC 线零序Ⅳ段动作，跳开三相断路器，并远跳 A 站侧 AC 线断路器 |
| 4 | 111768ms | B 变电站 220kV AB Ⅰ回线零序Ⅲ段动作，跳开三相断路器 |
| 5 | 111773ms | B 变电站 220kV AB Ⅱ回线零序Ⅲ段，跳开三相断路器 |
| 6 | 118719ms | D 变电站 220kV AD 线零序Ⅲ段动作，跳开三相断路器 |

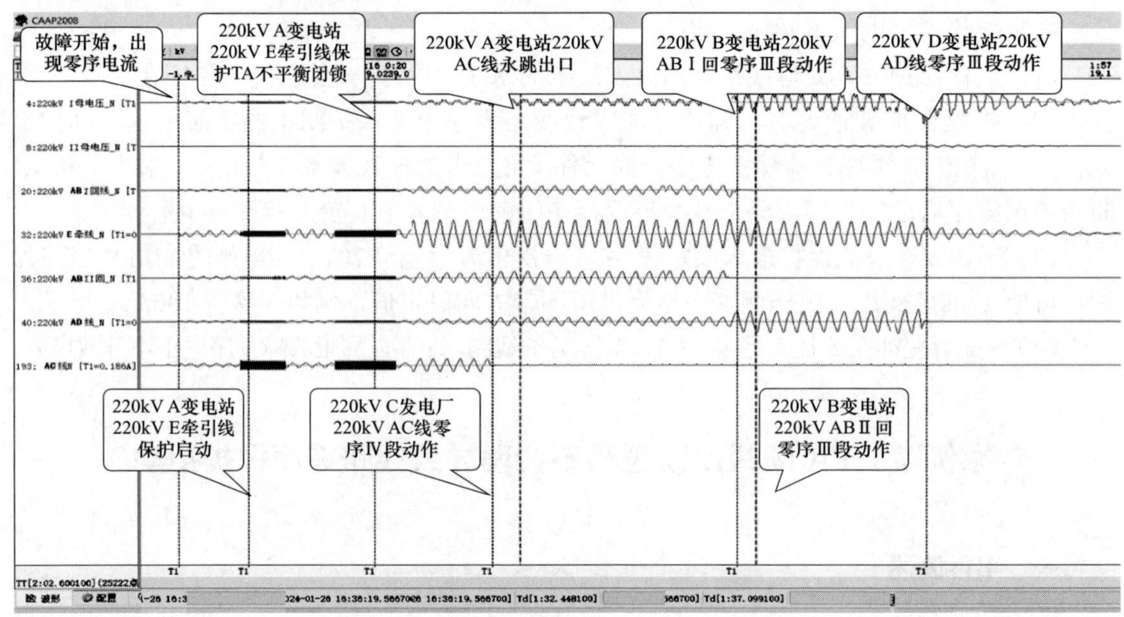


图 2-43　保护动作时序图

## （二）保护动作情况分析

1. 一次设备检查情况

如图 2-44 所示，本次故障属于缓慢渐变性高阻接地故障。事故当日 16 时，该地区气温略有回升，220kV E 牵引线导线覆冰存在化冰现象，#34～#37（耐张段）杆塔段脱冰不一致，造成 220kV E 牵引线#035 杆塔（直线塔）A 相导线线夹滑移约 1.5m，线路覆冰严重及绝缘子串偏移因素，#34～#35 杆段 A 相导线弧垂大幅下坠约 8.25m，与地面 1m 高的灌木丛安全距离不足，造成故障电流较小的缓慢发展性高阻接地故障。

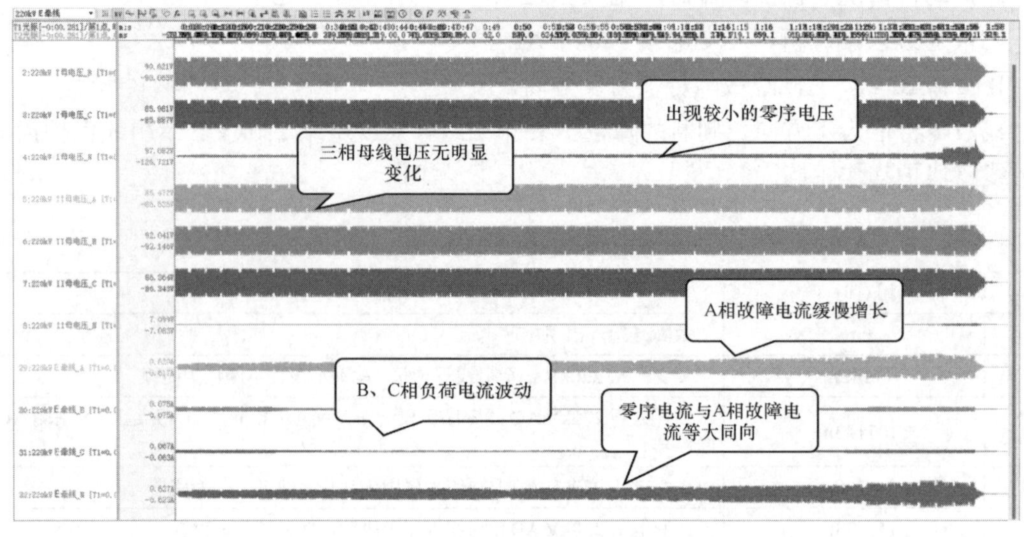


图 2-44　220kV E 牵引线动作录波图

2. 220kV E 牵引线拒动原因分析

220kV E 牵引线发生缓慢渐变性高阻接地故障，零序电流长期启动，保护装置误判 TA 不平衡，闭锁零序保护，且 E 牵引线未配置差动保护，导致保护装置拒动。

220kV E 牵引线保护 TA 不平衡逻辑框图见图 2-45。该逻辑主要用于防止零序回路异常，例如系统不平衡、TA 断线等异常工况下，零序电流长期存在，可能造成零序电流启动元件持续满足、保护长期启动，导致保护装置出口继电器负电长期开放，可能带来误出口风险。同时，保护装置长期启动期间若发生故障，距离保护需经振荡闭锁开放。

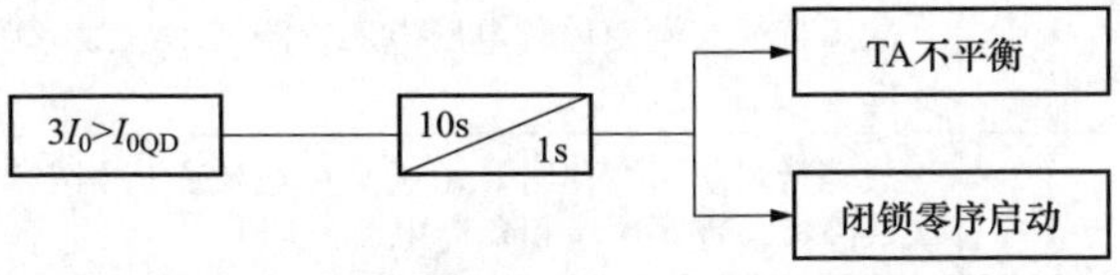


图 2-45　220kV E 牵引线 TA 不平衡逻辑框图

图 2-45 中零序电流 $3I_0$ 大于零序电流启动定值，持续 10s 后报“TA 不平衡”，并闭锁零序电流启动元件，当零序电流返回 1s 后，零序电流启动元件重新投入。零序电流启动元件闭锁期间，电流突变量启动元件正常开放，当线路发生故障且满足电流突变量启动条件时，保护装置可以启动并动作跳闸。本次事件中，零序电流幅值维持在零序启动电流定值 0.1A 附近，6.6s 时刻开始，零序电流开始缓慢升高且持续大于零序电流启动值 0.1A，于 16.6s 时刻报“TA 不平衡”，闭锁零序电流启动，后续电流大于零序Ⅲ段定值，但由于零序电流启动元件已闭锁，零序保护功能被闭锁。

## 三、暴露问题

（1）对高阻接地故障的认识不够充分。本次缓慢渐变性高阻故障特征不明显，故障发展超出了行业对于高阻接地故障的认知。故障持续时间 117s 远超于历年高阻接地故障持续时间（以往最长 14s），如表 2-13 所示。此次事件中线夹滑移（1.5m）过程缓慢，故障电流缓慢增加，没有传统的山火、树障等高阻故障的电流突变放大过程。

**表 2-13　　近年高阻故障电流持续时间一览表**

| 序号 | 高 阻 特 征 | 达到电流定值的时间 | 故障持续时间 |
|---|---|---|---|
| 1 | 500kV 某线 A 相快速发展性高阻 | 0.3s | 2.3s |
| 2 | 220kV 某线 C 相高阻故障（第 5 节） | 0.4s | 14s |
| 3 | 220kV AB 线 A 相长时间发展高阻故障（本次） | 20.5s | 117s |

高阻接地故障时，装置感受到的电气量特征和 TA 断线类似，容易误判为 TA 断线，极端高阻故障保护存在闭锁风险。本次故障导线弧垂下坠缓慢，对灌木丛放电，故障电流从 0.1A 变化到动作值 0.13A 历时约 20.5s，远超 TA 断线判别时间。

对各厂家线路保护逻辑进行梳理，极端高阻接地故障情况下都可能存在 TA 断线误闭锁、延时开放风险。可能拒动的高阻故障形态如表 2-14 所示。

表 2-14　可能拒动的高阻故障形态

| 序号 | 可能拒动的高阻形态 | 涉及厂家 |
|---|---|---|
| 1 | 故障特征缓慢增大（类似本次故障特征） | 国电南自 |
| 2 | 故障特征缓慢变化时电压电流阶跃（本次故障后半段发生线路接地） | 南瑞继保、南瑞科技、长园深瑞、许继电气 |
| 3 | 故障特征缓慢变化时，由于负荷电流叠加相电流归零（类似本次故障特征零序电流和负荷电流反向） | 北京四方、长园深瑞 |

（2）TA 断线（TA 不平衡）保护是否要跳闸，在一定程度上影响了高阻故障判别逻辑的设计。防高阻接地故障拒动和 TA 断线防误动存在矛盾。国标要求 TA 断线时，应发告警信号，除母线保护外，允许跳闸。TA 断线时闭锁相关保护，能防止 TA 断线时保护误动，但增加了保护拒动风险；TA 断线允许保护跳闸可能存在区外故障，保护误动风险。

（3）220kV E 牵引线未配置差动保护，故障无法实现快切，对后备保护的要求更高。

## 四、防范措施

（1）评估 TA 断线（TA 不平衡）的风险及影响。研究 TA 断线后保护处置原则，制定取消 TA 断线闭锁逻辑或优化 TA 断线判别及再开放的技术方案。

（2）全面分析电气量闭锁判据对各类型保护的影响以及异常判别、启动、动作元件的逻辑配合关系，完善各类型电气量闭锁判据之间的配合。

（3）加快推进 220kV 及以上线路差动保护的配置，牵引线路应按《防止电力生产事故的二十五项重点要求》（2023 年版）要求“220kV 及以上电压等级输电线路（含电铁牵引站及引入线路）两端均应配置双重化线路纵联保护”配置主保护。

# 案例 8　功率倒向逻辑不合理导致线路纵联保护误动

## 一、事件简述

某月某日 14 时 01 分 01 秒，220kV 甲乙Ⅱ回线发生 C 相接地瞬时故障，甲变电站及乙变电站的 220kV 甲乙Ⅱ回线主一、主二保护动作，甲乙Ⅱ回线两侧断路器 C 相跳闸，重合成功。与此同时，甲变电站及乙变电站的 220kV 甲乙Ⅰ回线主二保护动作，甲乙Ⅰ回线断路器 C 相跳闸，重合成功。

220kV 甲乙双回线保护动作示意图如图 2-46 所示。

## 二、事件分析

### （一）保护动作情况

220kV 甲乙Ⅱ回线发生 C 相接地瞬时故障，甲变电站侧故障电流为 38.8kA，乙变电站故侧障电流为 1.44kA，甲乙Ⅱ回线甲变电站侧主一保护工频变化量距离、电流差动保护瞬时动作，重合闸动作，主二保护纵联距离、纵联零序保护瞬时动作，重合闸动作；乙变电站侧主一保护电流差动动作，重合闸动作；主二保护纵联距离、纵联零序动作，重合闸动作。C 相断路器跳开，重合闸成功，保护正确动作。

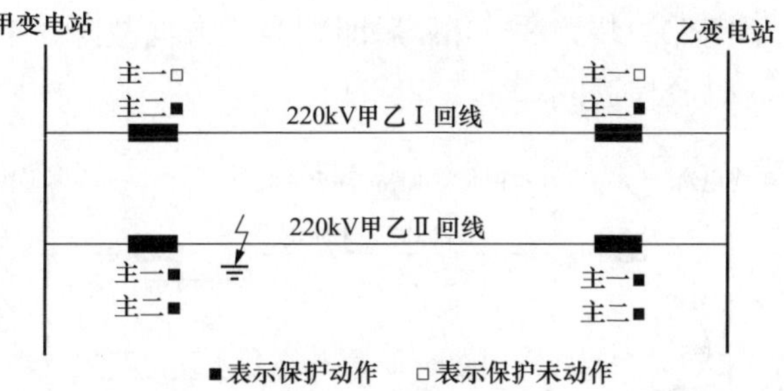


图 2-46　220kV 甲乙双回线保护动作示意图

220kV 甲乙Ⅰ回线在 220kV 甲乙Ⅱ回线故障时，甲变电站侧主一保护未动作，主二保护 48ms 纵联距离保护动作，C 相断路器跳开，重合闸动作成功；乙变电站侧主-保护未动作，主二保护 170ms 纵联零序方向保护动作，C 相断路器跳开，重合闸成功。

## （二）保护动作情况分析

220kV 甲乙Ⅰ回线主二保护配置了超范围允许式纵联保护，根据主二保护装置动作报文，得出动作时序图和 220kV 甲乙双回线功率倒向示意图见图 2-47、图 2-48。

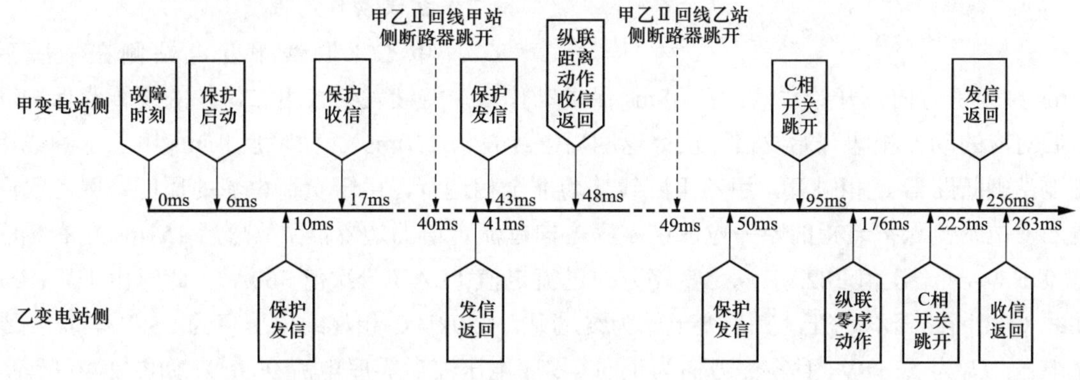


图 2-47　220kV 甲乙Ⅰ回线主二保护动作时序图

### 1. 220kV 甲乙Ⅰ回线甲变电站侧主二保护误动作原因

在 220kV 甲乙Ⅱ回线故障瞬间，故障点在甲变电站侧出口，220kV 甲乙Ⅰ回线乙变电站侧主二保护判断为正方向故障，启动发信，在故障发生 40ms 时，甲乙Ⅱ回线甲变电站侧断路器跳开，甲乙Ⅰ回线发生功率倒向。甲乙Ⅰ回线甲变电站侧主二保护在甲乙Ⅱ回线甲变电站侧断路器跳开后判断为正方向故障，保护装置没有进入功率倒向逻辑，同时收到对侧的发信信号，经过 5ms 确认延时后跳闸。

保护装置未进入功率倒方向逻辑的原因主要为以下两方面：

（1）故障在 40ms 内快速切除。甲乙Ⅱ回线甲侧保护动作时间快（工频变化量阻抗元件 4ms 即动作出口），断路器跳闸时间也快（保护发出跳令到断路器完全断弧仅 36ms），故障后 40ms 断路器完全断弧切除故障。因断路器跳开后导致甲乙Ⅰ回线发生功率倒方向，甲侧保护装置3～4ms后即判为正方向故障，43ms保护发信，48ms时纵联距离元件动作，同时收信返回。

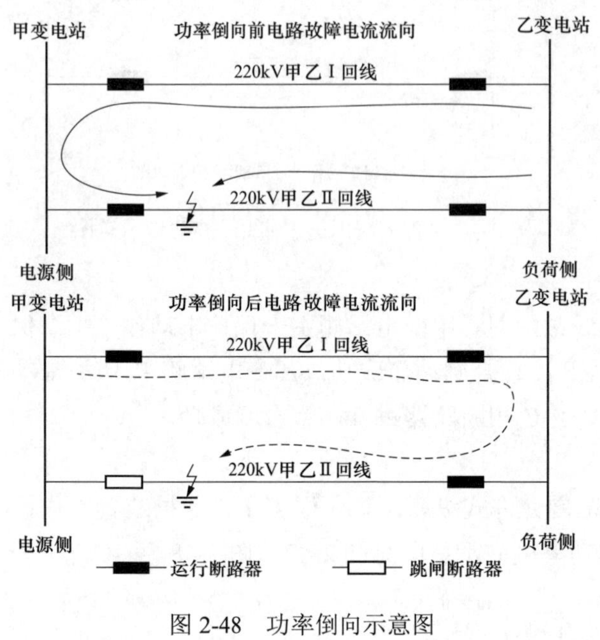


图2-48 功率倒向示意图

（2）甲乙Ⅰ回线保护启动较慢。由于乙侧为负荷侧，在甲乙Ⅱ回线发生故障时，流过甲乙Ⅰ回线的故障电流不大，保护启动较慢，甲乙Ⅰ回线甲侧主二保护在故障后6ms启动。相对保护启动时刻而言，功率倒向发生在保护启动34ms时刻，主二保护装置进入功率倒向逻辑的条件是：启动保护40ms之内，若不满足区内故障条件（正方向且有收信），纵联距离25ms延时出口，显然保护并未进入功率倒向逻辑，延时5ms纵联保护动作出口。

2. 220kV甲乙Ⅰ回线乙变电站侧主二保护误动作原因

甲乙Ⅰ回线甲变电站侧在故障后43ms判为正方向，开始发信；在48ms保护动作后，持续发信（主二保护的逻辑为保护动作后对应的动作相即开始发信，跳令返回后继续发信150ms）。故障后95ms甲乙Ⅰ回线甲变电站侧断路器C相跳开，甲乙Ⅰ回线变为非全相运行，由于负荷电流的原因，甲乙Ⅰ回线乙变电站侧保护装置的零序电流在零序方向过流定值的边界，在故障后151ms左右零序电流1.59A（一次值382A）满足零序方向过流定值1.5A（一次值360A）。此时由于甲乙双回线C相断路器均跳开，且乙变电站为终端站，220kV C相母线电压仅为53.2V，产生零序电压$3U_0$为22.98V，且零序方向为正向（零序电压滞后零序电流96.6°），如图2-49所示。同时，又收到甲变电站侧的C相允许信号，延时25ms甲乙Ⅰ回线乙变电站侧纵联零序保护在故障后176ms动作出口跳C相断路器。

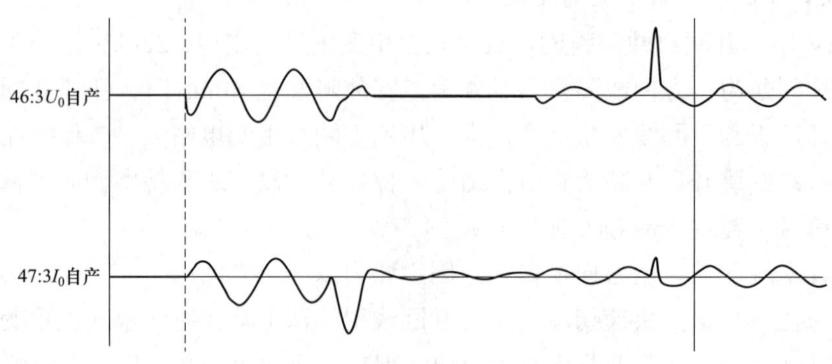


图2-49 甲乙Ⅰ回线乙变电站侧零序方向图

## 三、暴露问题

在装置功率倒向逻辑设计时，未能充分考虑各种不同运行方式下不同类型故障的解决方法，导致极端情况下发生保护误动。

结合本次事故存在隐患的功率倒向逻辑包括：

（1）保护启动 40ms 之内，若满足区内故障条件（正方向且有收信），纵联距离 8ms 延时出口；若不满足区内故障条件（正方向且有收信），纵联距离 25ms 延时出口。

（2）满足以下条件之一，则进入功率倒向逻辑：保护启动 40ms 后、保护启动 20ms 后且有反方向元件动作、静稳电流启动后。功率倒向前动作逻辑为保护收信确认 5ms 动作（允许式）或保护无收信确认 4ms 动作（闭锁式）。功率倒向后动作逻辑为保护正方向发信（停信）延时 10ms；保护动作延时 20ms（闭锁式）或 30ms（允许式）。

## 四、防范措施

### （一）优化功率倒向判别逻辑

可采取如下防误动风险的逻辑：

（1）反方向转正方向，保护判为由反方向转为正方向故障，纵联保护延时 40ms 停信（允许式为发信），确认通道满足条件 20ms 后纵联保护动作。对于扰动情况，若保护启动 50ms 内还没有停信（允许式为发信），50ms 后保护判为了正方向故障，纵联保护延时 40ms 停信（允许式为发信），确认通道满足条件 20ms 后纵联保护动作。

（2）保护启动且反方向元件动作 10ms 后，转为正方向，保护进入功率倒向逻辑，延时确认 25ms 出口。

### （二）采用性能更好的主保护

双重化配置的两套保护均采用光纤电流差动保护作为主保护，有特殊需求（如旁路代路和重冰区线路）时，可配置集成纵联距离保护的光纤电流差动保护。

## 五、知识点延伸

### （一）平行双回线对零序阻抗的影响

正常运行方式下，输电线路可以看成 3 个“导线—大地”回路，当通过零序电流时，就 1 个“导线—大地”回路来说，另两个“导线—大地”回路产生助磁作用，于是输电线路的零序阻抗比正序阻抗大得多。如果是平行双回线路，则其中一条线路的一个“导线—大地”回路的零序阻抗必须再计及另一条线路 3 个“导线—大地”回路互阻抗对其的影响，从而使输电线路的零序阻抗进一步增大。

平行双回线路一回线停电检修时，平行双回线路将变成单回线路运行。由于停电检修的线路两侧是可靠接地的（见图 2-50），其中乙线路停电检修，甲线线路运行。$K$ 点发生故障时，$3I_{10}$ 为流过甲线的零序电流，$3I_{20}$ 为流过乙线的零序电流，$3I_{g0}$ 为流过大地的零序电流，$3I_{10}=3I_{20}+3I_{g0}$。因为 $3I_{10}$ 与 $3I_{20}$ 方向相反，产生去磁作用，因此零序阻抗将减小。

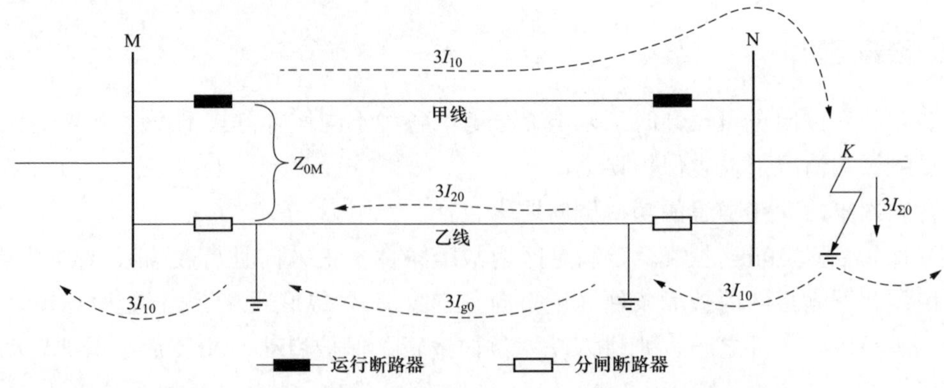


图 2-50　平行双回线路一回线停电检修时零序电流示意图

由于零序阻抗减小，接地故障时会使通过的零序电流增大，为保证继电保护的选择性，在进行接地保护整定计算时应考虑这种运行方式。如果零序电流保护Ⅰ段按平行双回线路两回线运行方式整定，则出现上述方式线路末端发生接地故障时，线路零序电流增大有造成零序保护误动作可能。同理对于距离保护，当出现上述运行方式时，因零序阻抗减小使实际的零序补偿系数减小，导致接地故障时母线电压降低，同时保护装置仍设定原有零序补偿系数，从而继电器的测量阻抗减小，有可能造成保护区伸长发生非选择性动作。

### （二）平行双回线路对纵联零序方向保护的影响

在平行线路间存在有线间互感，如果这些线路架设在同一杆塔上时线间互感更大。当某一线路发生故障时，故障线路的电流通过线间互感在非故障线路上将产生感应电动势。用相序分量概念来看，故障线路的三相正序电流幅值相等相位相差 120°，再加上线路有良好的换位时正负序的值更小。但是故障线路的三相零序电流幅值相等相位相同，在某些参数条件下可能使非故障线路保护安装处的零序电压相位发生翻转，使非故障线路两端零序方向继电器都判为正方向短路进而造成纵联零序方向保护的误动。

设两条平行线路间的零序互感为 $Z_{0m}$，两回平行线在某一侧的联系阻抗为 $Z_{0L3}$，各侧系统侧零序阻抗为 $Z_{0M}$、$Z_{0N}$、$Z_{0P}$、$Z_{0Q}$，两回线路的零序阻抗为 $Z_{0L1}$、$Z_{0L2}$，假设在乙线上 $K$ 点发生故障，零序网络示意图如图 2-51 所示。

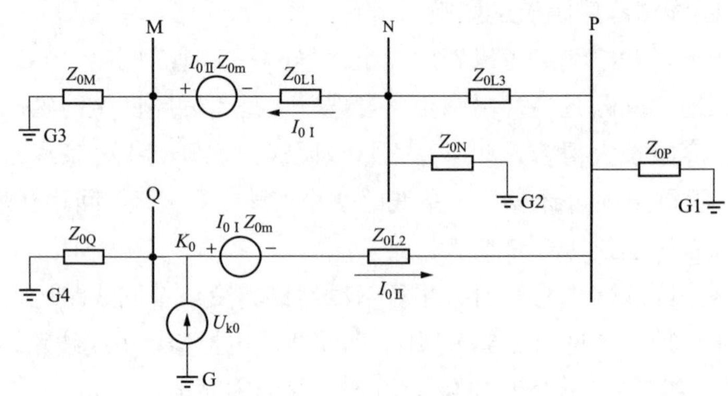


图 2-51　零序网络示意图

可以推导，如果 $Z_{0L3}$ 较大，即两条线路是弱电联系时，非故障线路的纵联零序方向保护容易误动；如果线间互感阻抗 $Z_{0m}$ 越大，即两条线路是强磁联系时，例如有相当长度的线路是架在同一杆塔上的，非故障线路的纵联零序方向保护容易误动；$Z_{0M}$、$Z_{0P}$ 越小，尤其是 $Z_{0P}$ 越小，N 端越容易判为正方向短路。当 $Z_{0P}=0$ 时（P 母线上的综合零序阻抗为零），只要 $Z_{0L3}<0$，N 端零序方向继电器就可判为正方向短路。

为解决同杆并架线路强磁弱电联系时非故障线路的纵联零序方向保护的误动问题，可以不采用纵联零序方向保护而采用纵联负序方向保护，依靠负序电压、负序电流的门槛防止负序方向元件误动。

## 案例 9　重投闭锁逻辑不合理导致串补误投入

### 一、事件简述

某月某日 23 时 53 分 09 秒，220kV MN 串补联络线路发生区内发展性故障，线路保护单跳单重后相间故障三相跳闸，线路故障被切除，但串补保护在线路三相跳闸后仍动作串补重投。

事故前运行方式：正常运行时，串补旁路断路器 2401 断路器在分位，24011、24012 在合位。线路两侧保护重合闸方式均为单重；串补保护重投方式为线路单跳单相旁路暂时闭锁重投（经 1300ms 延时后重投），线路三跳三相旁路后闭锁重投。220kV 固定串补站主接线图如图 2-52 所示。

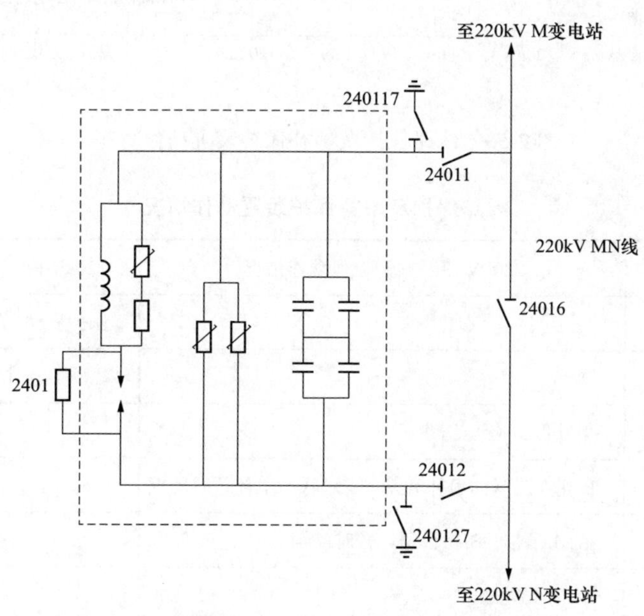


图 2-52　220kV 固定串补站主接线图

## 二、事件分析

### （一）保护动作情况

线路保护及串补保护装置动作情况如表 2-15 所示。线路保护及串补保护装置动作时序如图 2-53 所示。

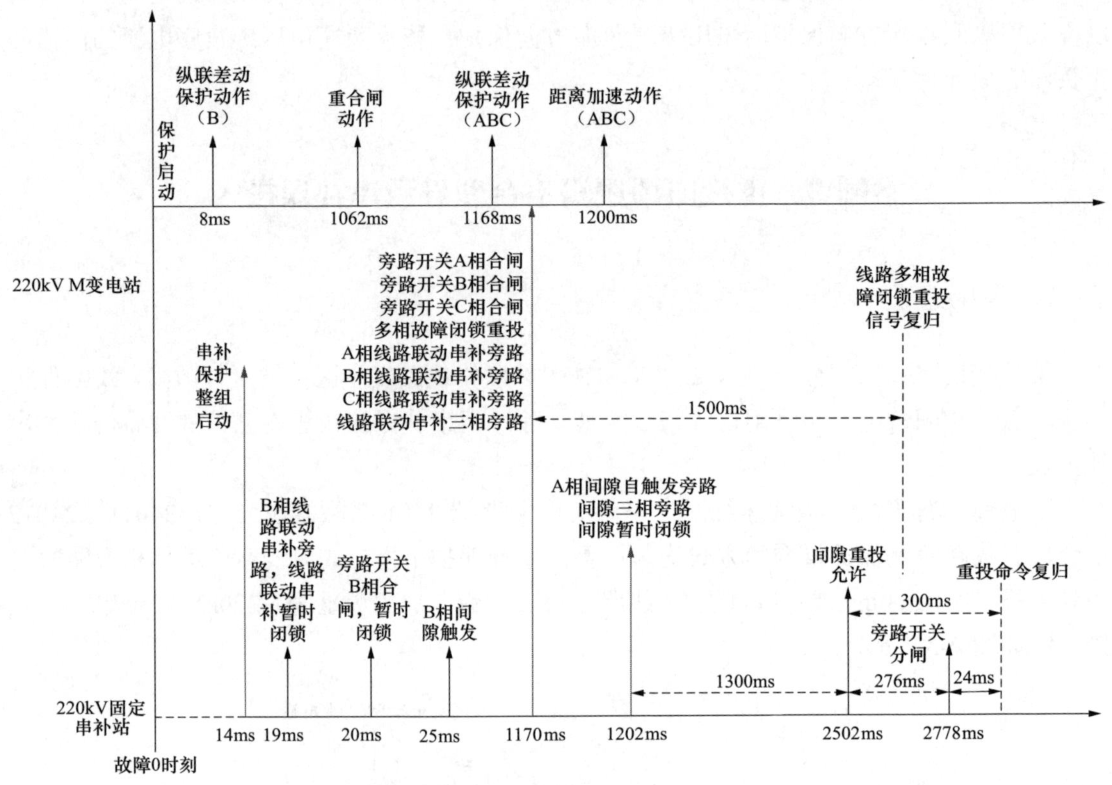


图 2-53 线路保护及串补保护装置动作时序

**表 2-15** 线路保护及串补保护装置动作情况

| 序号 | 相对时间 | 220kV 串补站侧控保动作情况 | 220kV M 站侧线路保护动作情况 |
|---|---|---|---|
| 1 | 0ms | — | 保护启动 |
| 2 | 8ms | — | 纵联差动保护动作（B） |
| 3 | 14ms | 串补保护整组启动 | — |
| 4 | 19ms | B 相线路联动串补旁路，线路联动串补暂时闭锁 | — |
| 5 | 20ms | 旁路断路器 B 相合闸，暂时闭锁 | — |
| 6 | 25ms | B 相间隙触发 | — |
| 7 | 1168ms | — | 纵联差动保护动作（ABC） |

续表

| 序号 | 相对时间 | 220kV 串补站侧控保动作情况 | 220kV M 站侧线路保护动作情况 |
|---|---|---|---|
| 8 | 1170ms | 旁路断路器 A 相合闸，旁路断路器 B 相合闸，旁路断路器 C 相合闸，多相故障闭锁重投，线路联动串补三相旁路 | — |
| 9 | 1200ms | — | 距离加速动作（ABC） |
| 10 | 1202ms | A 相间隙自触发旁路，间隙三相旁路，间隙暂时闭锁 | — |
| 11 | 2502ms | 间隙重投允许 | — |
| 12 | 2778ms | 旁路断路器分闸 | — |

## （二）保护动作情况分析

1. 线路联动串补分析

当线路发生内部故障时，线路两侧的保护装置动作发出单相或三相远跳信号，串补保护装置收到信号后，根据故障相别立即旁路串补并启动重投闭锁，以避免线路故障对串补系统造成损害，同时减少线路断路器分闸时暂态恢复电压（TRV）的影响。由于线路故障多为瞬时性单相故障，为提高线路输送能力，在单相瞬时性故障时应能将串补重投。线路联动串补保护逻辑框图见图 2-54 和图 2-55。

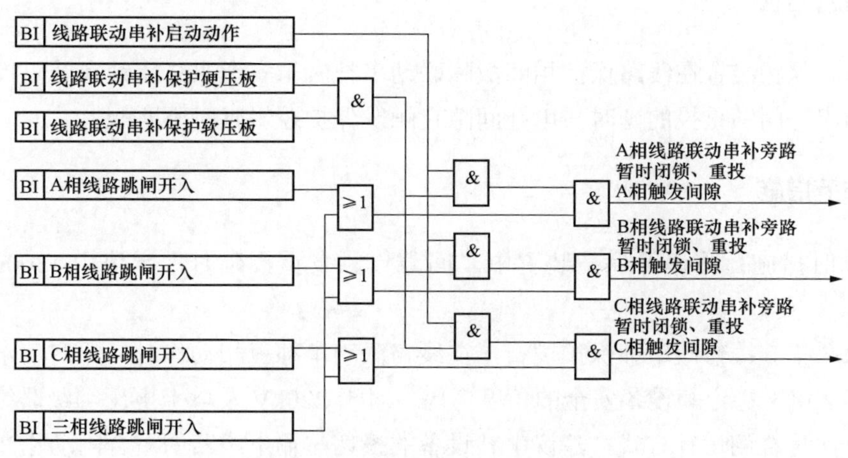


图 2-54　线路联动串补保护动作逻辑

本次事件中，MN 线 B 相发生故障，6ms 联动串补 B 相动作，1170ms MN 线出现 A 相发展性故障，线路联动串补三相动作，启动暂时闭锁，闭锁命令展宽延时 1500ms，即闭锁期为 1170+1500ms=2670ms。

2. 间隙自触发保护动作行为分析

在串补保护收到线路三跳信号、启动串补三相旁路时，虽然旁路断路器 B 相已在合闸位置，但 A、C 相仍处于分位，此时，串补 A 相电容器组两端电压升高，但 A 相间隙有流，

1202ms MN 线串补 A 相间隙自触发保护动作，发旁路三相断路器命令，并启动暂时闭锁（延时 1300ms 后重投）。

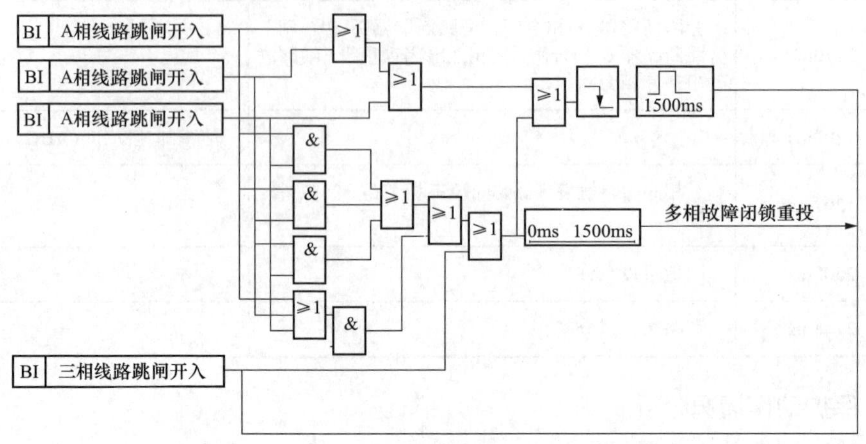


图 2-55 线路联动串补多相故障保护动作逻辑

2502ms 时，间隙自触发重投动作，该信号动作展宽 300ms，重投出口时间 2502ms+300ms＞2670ms，线路三跳闭锁重投命令已经复归，间隙自触发重投命令有效，故旁路断路器分闸命令出口动作，重投串补。

## 三、暴露问题

线路串补保护装置在线路保护相间故障联动串补时未实现永久闭锁串补重投。线路多相故障联动串补闭锁重投的延时与串补间隙自触发保护逻辑延时不匹配。

## 四、防范措施

（1）临时措施：将串补保护装置中“间隙自触发重投延时”定值由 1300ms 缩短为 1150ms。

（2）永久措施：修改串补保护逻辑，在线路联动串补三相动作时，即启动永久闭锁，退出串补。从电网稳定和设备安全的角度考虑，对于 220kV 及以上电压等级联络线路，均采用单相一次重合闸运行方式，建议串补设备的投切与输电线路的重合闸动作实现紧密联动，在线路保护永跳出口时永久闭锁重投。

# 案例 10　断路器重合判断逻辑不合理导致保护延时跳闸

## 一、事件简述

某月某日 15 时 25 分 49 秒，500kV 甲乙线区内先发生 BN 故障、970ms 后发生 AC 故障，线路两侧保护先瞬时跳 B 相，然后三跳，由于重合闸时间接近再次发生故障时间，AC 相断路器跳开后，B 相断路器重合到故障上，线路保护在 B 相重合后延时 136ms 再次跳闸。主接线示意图如图 2-56 所示。

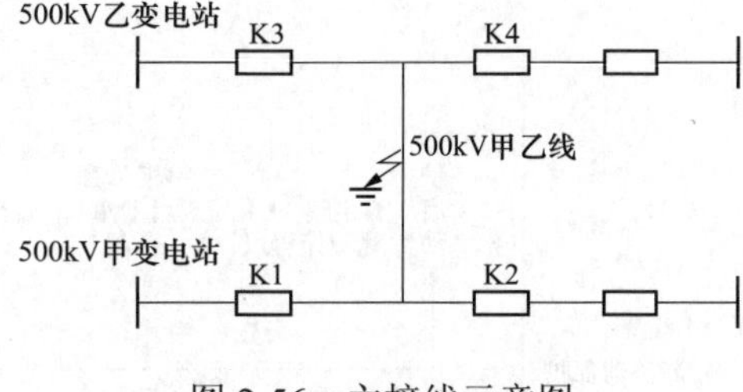

图 2-56　主接线示意图

## 二、事件分析

### （一）保护动作情况

500kV 甲乙线线路双套保护型号一致，甲、乙变电站侧两套线路保护动作行为一致，B 相重合闸动作后线路主保护未瞬时动作，以甲变电站为例进行分析。

保护动作时序表如表 2-16 所示。500kV 甲站侧保护装置动作时序图如图 2-57 所示。

表 2-16　　保护动作时序表

| 相对时间 | 500kV 甲变电站侧动作信息 | | |
|---|---|---|---|
| | 线路主保护 | K1 断路器保护 | K2 断路器保护 |
| 3ms | 保护启动 | — | — |
| 9ms | — | 保护启动 | 保护启动 |
| 18ms | 纵联分相差动保护动作跳 B 相 | — | — |
| 39ms | — | B 相跟跳动作 | B 相跟跳动作 |
| 53ms | B 相断路器分位 | B 相断路器分位 | B 相断路器分位 |
| 99ms | — | — | B 相单跳启动重合闸 |
| 102ms | — | B 相单跳启动重合闸 | — |
| 990ms | 纵联差动发展动作跳 ABC 三相 | — | — |
| 1000ms | 距离 I 段发展动作跳 ABC 三相 | — | — |
| 1003ms | — | 重合闸动作 | — |
| 1006ms | — | 三相跟跳动作，三跳闭锁重合闸，沟通三相跳闸动作 | 三相跟跳动作，三跳闭锁重合闸，沟通三相跳闸动作 |
| 1018ms | A、C 相断路器分位 | A、C 相断路器分位 | A、C 相断路器分位 |
| 1054ms | A、B、C 三相跳闸命令返回 | — | — |
| 1104ms | B 相断路器合位 | B 相断路器合位 | B 相断路器合位 |
| 1220ms | 纵联分相差动保护动作跳 ABC 三相 | — | — |
| 1221ms | 距离加速动作跳 ABC 三相 | — | — |
| 1240ms | — | 三相跟跳动作，沟通三相跳闸动作 | — |
| 2009ms | — | — | 重合失败 |

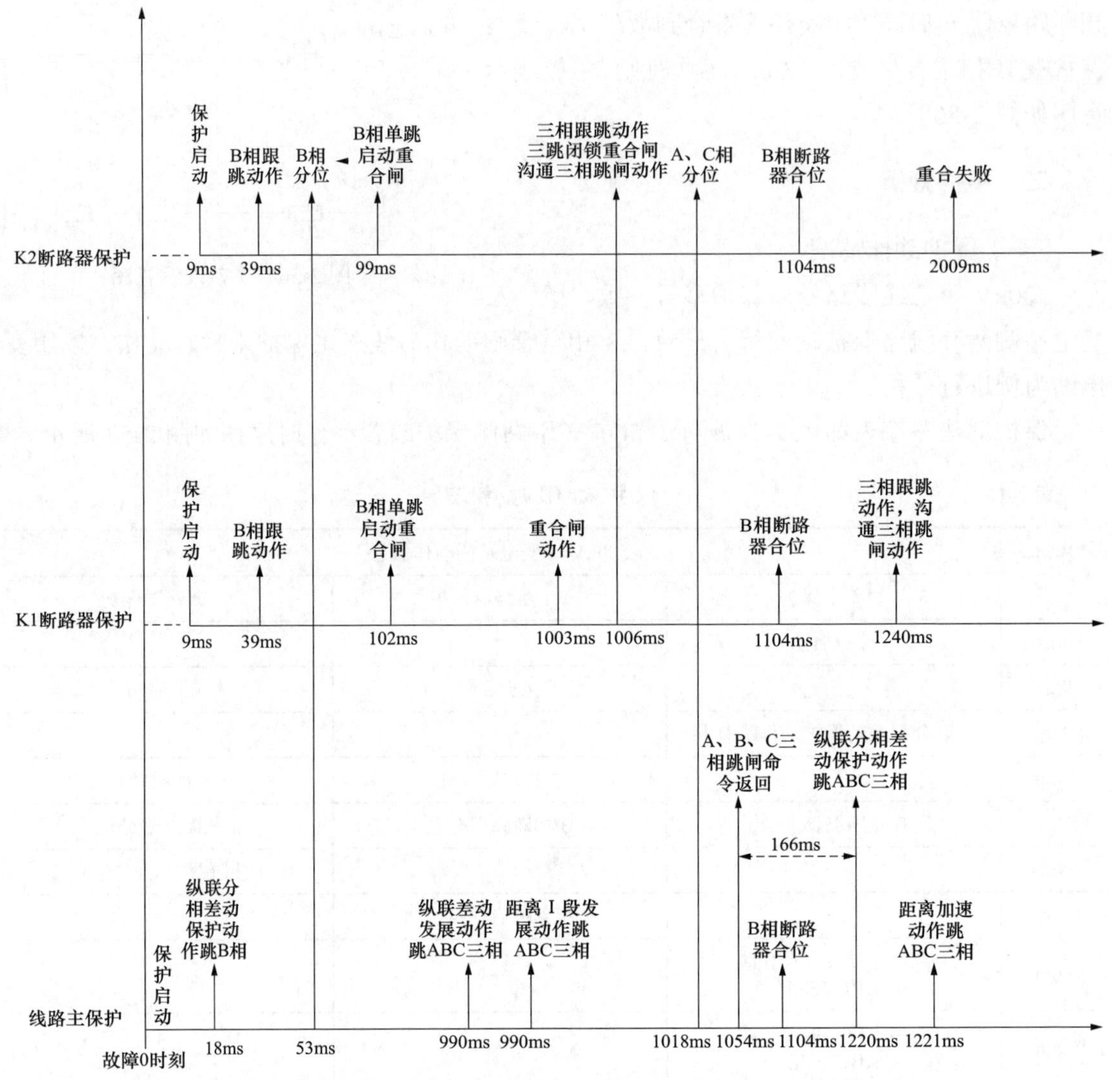


图 2-57　500kV 甲变电站侧保护装置动作时序图

结合保护装置动作情况及故障录波（见图 2-58）：K1 断路器重合时刻发生 AC 故障，此时由于 B 相断路器已经跳开，线路保护、断路器保护发出 ABC 三相跳闸命令时，B 相跳闸回路处于断开状态，合闸回路处于导通状态，重合脉冲发出后 B 相断路器重合成功。B 相断路器重合于故障后，线路保护延时动作出口切除故障。

### （二）保护动作情况分析

1. 保护逻辑简述

500kV 甲乙线线路保护逻辑为：在完成跳闸逻辑后，原跳闸相延时 150ms 后再判断跳开相恢复有电流，才再投入重合后加速保护。其逻辑如图 2-59 所示（以 A 相为例）。

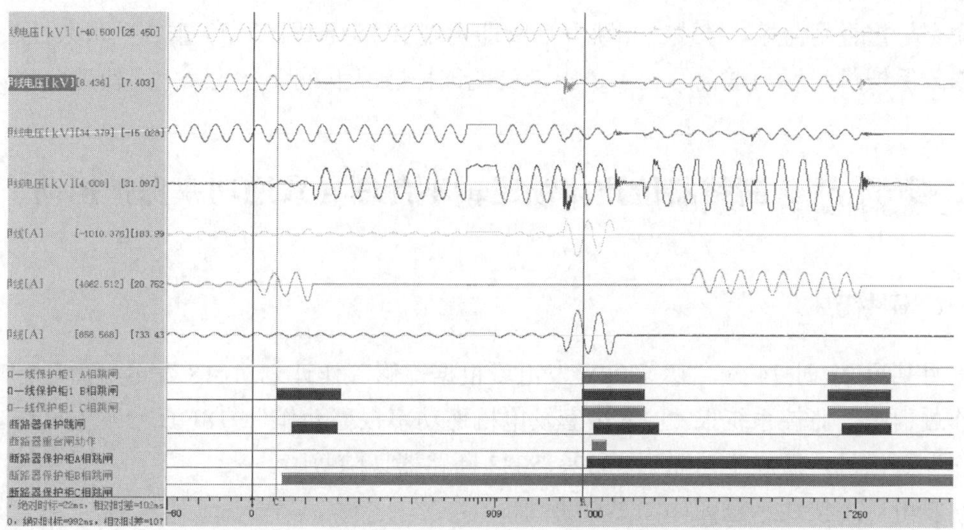

图 2-58 500kV 甲变电站侧故障录波装置录波图

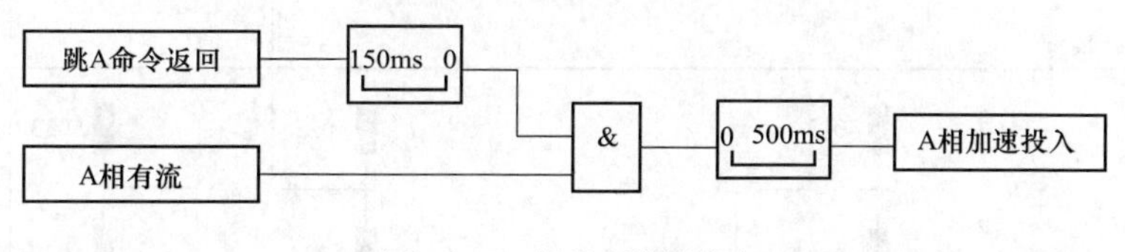


图 2-59 保护逻辑框图

2. B 相断路器重合分析

K1、K2 断路器重合时刻发生 AC 故障，此时由于 B 相断路器已经跳开，线路保护、断路器保护跳闸时 B 相跳闸线圈已断开，合闸回路属于导通状态，录波器显示重合脉冲达到 37ms 以上，故出现 B 相断路器重合。

3. B 相重合后线路保护未及时动作分析

为防止短时内断路器多次跳闸导致一次设备损坏，线路保护装置逻辑在保护动作后 150ms 内暂时闭锁原故障相，150ms 后该相别保护逻辑再行开放。因此，出现 B 相重合后保护延时动作现象。

## 三、暴露问题

线路保护设计逻辑存在漏洞，在完成跳闸逻辑后，原跳闸相延时 150ms 后再判断跳开相恢复有电流，才再投入重合后加速保护。保护增加短延时确认环节，在极端情况下会出现保护动作增加额外延时，导致故障切除时间偏长。220kV 及以上线路发生类似故障时，部分线路将无法满足电网故障极限切除要求，并可能导致系统失稳。若考虑断路器失灵，不满足极限切除时间的线路数量将进一步扩大，严重威胁电网安全稳定运行。

## 四、防范措施

完善保护动作逻辑。为提高保护的速动性，针对本次发展性故障情况下几乎同时发生跳闸命令与重合闸命令，导致三相跳开后立即出现B相（原跳开相）重合至永久性故障上，通过修改保护跳闸后判重合的相关逻辑，实现该种情况下重合至故障上后快速跳闸。

## 案例11 断路器位置闭锁逻辑不合理导致逆功率保护拒动

### 一、事件简述

某月某日23时34分，某500kV发电厂根据检修工作计划对#18发电机由运行转冷备用操作过程中，监控系统报“18F A套发电机逆功率报警动作”“18F B套发电机逆功率报警动作”等信号，后经手动断开5032、5033断路器切除故障。

某发电厂主接线示意图如图2-60所示。

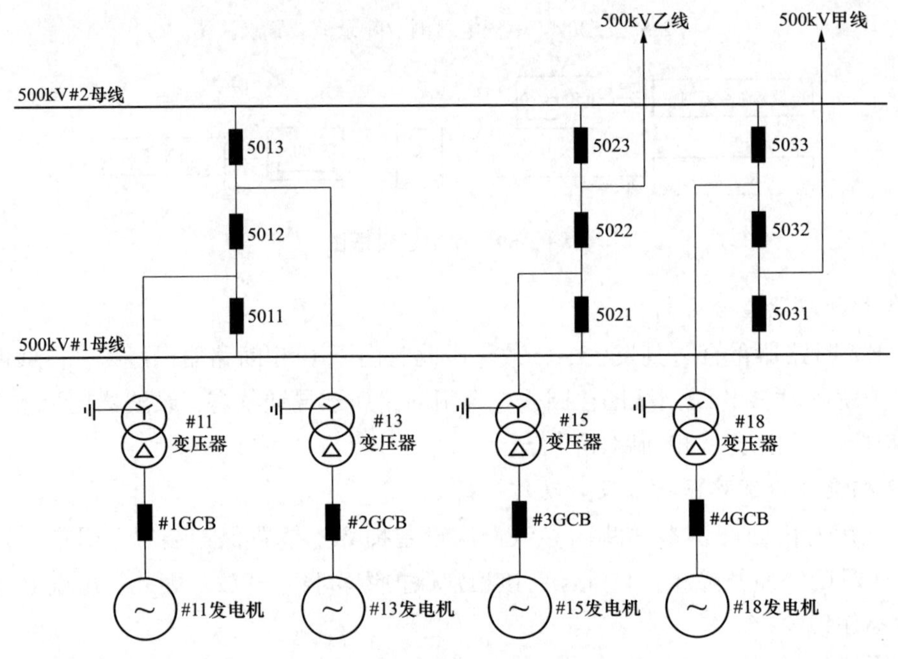


图2-60 某发电厂主接线示意图

### 二、事件分析

#### （一）保护动作情况

现场检查#18发电机双套保护装置在机组逆功率过程中仅有报警报文，无动作信息。#18发电机停机后，对#4GCB机端断路器本体进行检查，发现断路器操作机构连杆断裂，断路器操作机构动作，断路器本体三相均未分闸。对故障录波进行分析发现：在初始时刻（见图2-61），监控系统收到机端断路器分闸信号（操作机构动作，分闸位置触点动作），按停机顺控流程触发停机、灭磁；随后，机端电压由额定相电压11.6kV逐渐下降至9.9kV，机端电流由接近空载状态上升至20.5kA（额定电流24.699kA）。至稳定状态（见图2-62）后，发电机有功功率稳定在−75MW左右，发电机无功功率稳定在−609Mvar左右，发电机处于逆功率且吸收无功的异常运行状态。

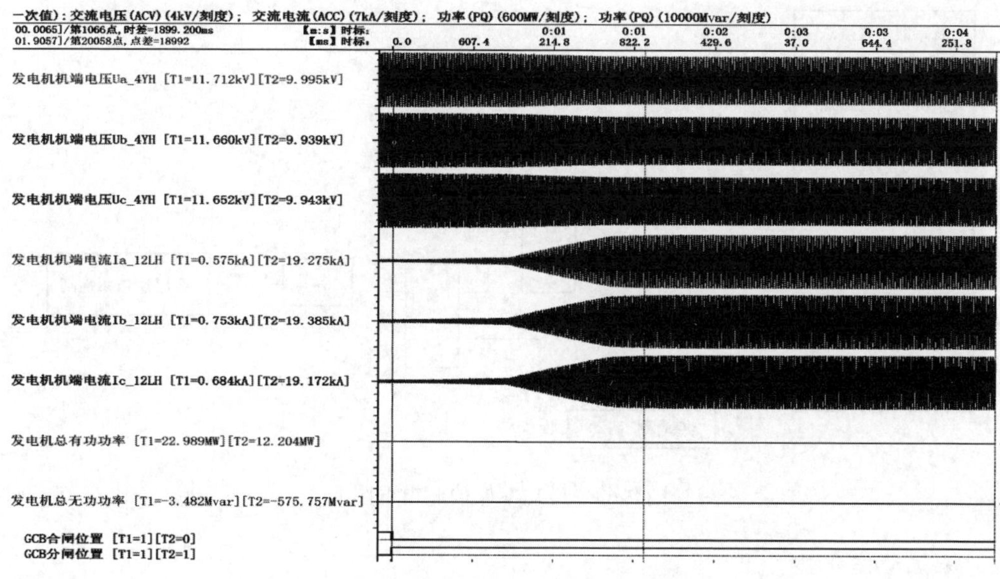


图2-61　断路器分闸初始时刻波形图（23:34）

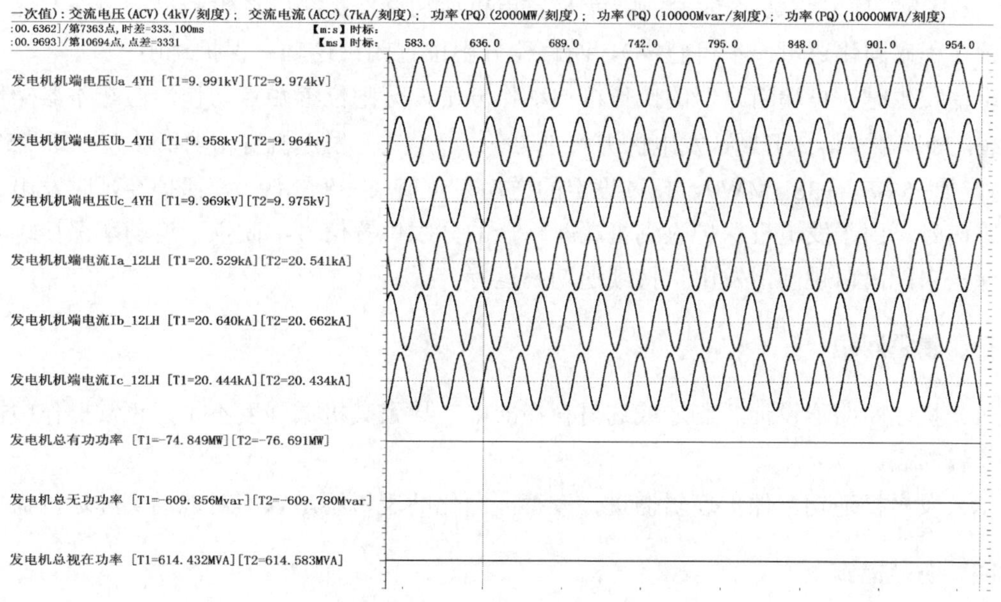


图2-62　逆功率运行期间波形图（23:55）

## （二）保护动作情况分析

### 1. 发电机逆功率保护

逆功率保护是为发电机因各种原因导致失去原动力变为电动机运行而设置的保护。

当大电机功率小于整定值时延时动作于跳闸。另外，根据保护装置版本差异，部分版本设置了经断路器位置触点和导水叶位置触点闭锁。逆功率保护逻辑框图如图 2-63 所示。

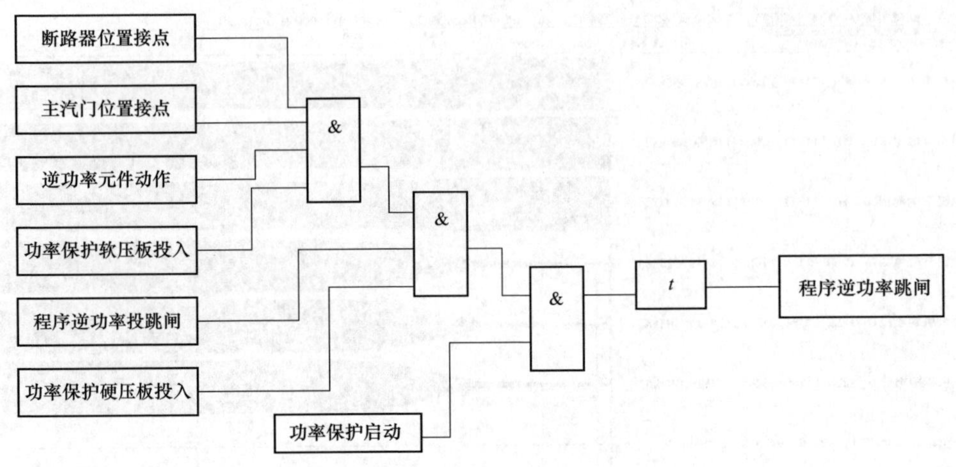


图 2-63　逆功率保护逻辑框图

2. 保护动作分析

本次事件中的发电机逆功率保护定值为−5%$P_n$（$P_n$=770MW，−5%$P_n$=−38.5MW），延时 3s 发出告警信号，延时 5s 跳闸。#18 发电机逆功率保护跳闸逻辑经机端断路器位置信号闭锁（程序固化逻辑，不可整定），断路器分闸位置闭锁逆功率保护跳闸。

事件发生时，机端断路器的操作机构动作分闸，分闸位置触点动作，但断路器操作连杆断裂，断路器实际未开断，发电机进入逆功率运行状态，发电机有功功率最大达到−75MW（＞整定值−5%$P_n$=−38.5MW），超过设定的逆功率定值（−38.5MW），保护经延时发出逆功率告警信号。由于发电机保护收到机端断路器的分闸位置信号，闭锁了逆功率保护跳闸逻辑，保护未能出口跳闸，发电机持续逆功率运行。

## 三、暴露问题

（1）机端断路器设计、制造或选材存在缺陷，导致其机械强度不足，正常操作中操作机构连杆断裂。

（2）发电机逆功率保护逻辑需进行完善，固化的逻辑不足以应对现场实际运行需要。

## 四、防范措施

（1）检查机端断路器操作机构、灭弧室等设备受损情况，对断路器进行深入的解体分析，彻底查明断路器操作机构连杆断裂原因。

（2）发电机逆功率保护断路器辅助触点闭锁逻辑增加控制字，由用户根据实际情况选择是否需经断路器辅助触点闭锁。

# 案例 12　开出插件故障导致线路非计划停运

## 一、事件简述

某月某日 09 时 11 分 52 秒，500kV 甲串补站（以下简称 500kV 甲变电站）操作投入 500kV 甲线串补，串补 B 套控制保护装置发永久旁路串补命令并联动线路，500kV 甲线非计划停运。

串补站部分电气一次主接线示意图如图 2-64 所示。

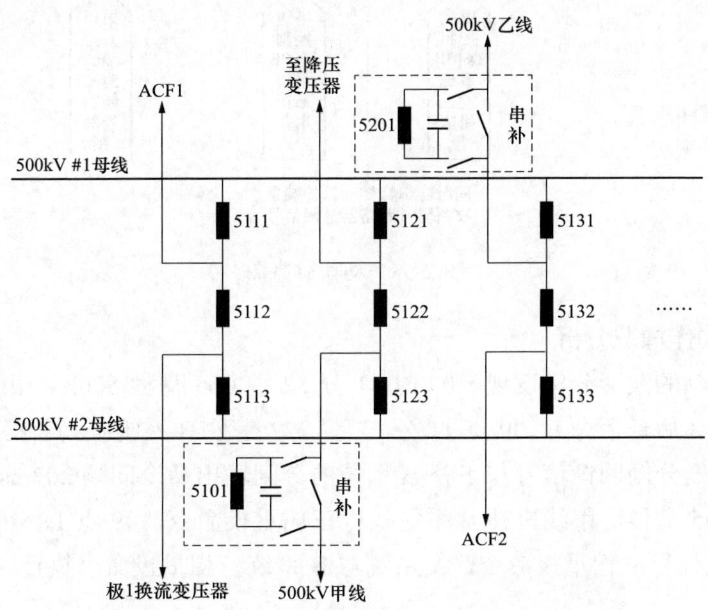


图 2-64　串补站部分电气一次主接线示意图

事故前运行方式为：

（1）±500kV 直流系统：极 1、极 2 换流变压器在运行状态，极 1、极 2 在运行状态，直流控制级别为主站，双极功率 2300MW。

（2）500kV 交流系统：500kV 5111、5112、5113、5121、5122、5123、5131、5132、5133 断路器在运行状态；500kV 甲线、乙线在运行状态；500kV 交流滤波器（ACF）断路器在自动位置，自动投切；500kV 甲线、乙线串补在旁路状态。

## 二、事件分析

### （一）保护动作情况

09 时 11 分 52 秒 219 毫秒，串补工作站后台报：甲线控制保护系统 2：旁路断路器 5101 故障、三相永久旁路；09 时 11 分 52 秒 447 毫秒，甲线控制保护系统 2：跳线路；09 时 11 分

52 秒 447 毫秒，甲线 5123 断路器、第二串联络 5122 断路器跳闸。动作时序图如图 2-65 所示。

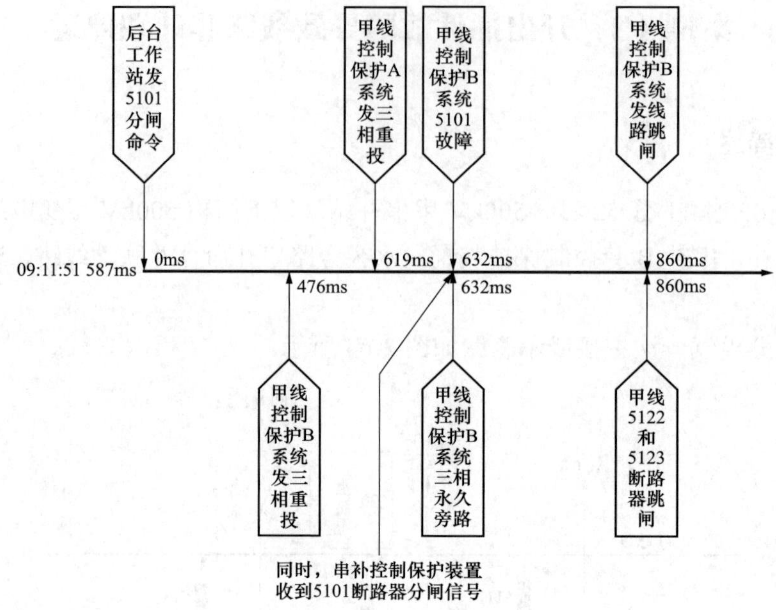


图 2-65　动作时序图

## （二）保护动作情况分析

通过故障时刻的波形分析发现，09 时 11 分 52 秒 065 毫秒 500kV 甲线串补 B 系统执行三相重投命令（后台下令），09 点 11 分 52 秒 272 毫秒 B 系统收到断路器分闸信号，甲线串补旁路断路器分闸回馈信号与串补 B 系统的分闸输出命令间隔 207ms，见图 2-66。09 点 11 分 52 秒 065 毫秒，甲线串补 B 系统执行三相重投命令，09 点 11 分 52 秒 209 毫秒，甲线串补 A 系统执行三相重投命令，A 系统与 B 系统三相重投命令执行时间相差 144ms，见图 2-67。

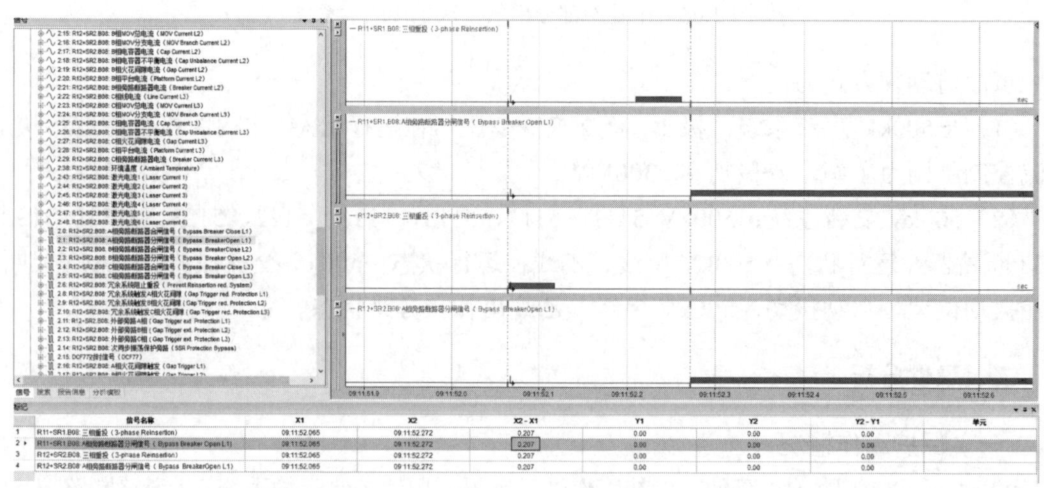

图 2-66　500kV 甲线串补 B 系统分闸命令与反馈信号情况

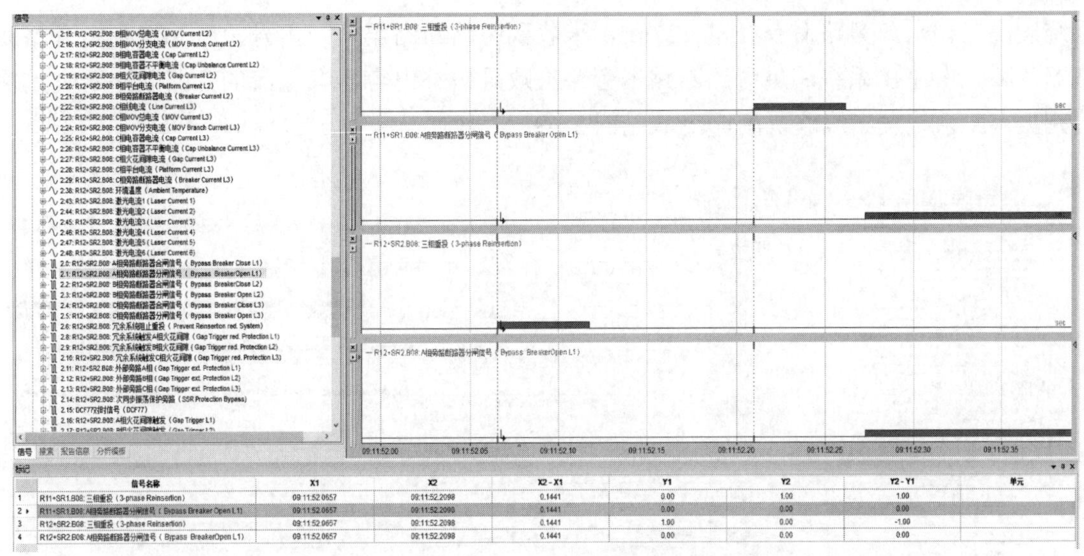

图 2-67 甲线串补控制保护 A、B 系统三相重投情况

09 点 11 分 52 秒 209 毫秒，甲线串补 A 系统执行三相重投命令，09 点 11 分 52 秒 230 毫秒 A 系统收到冗余系统阻止重投信号，A 系统未发阻止重投信号；09 点 11 分 52 秒 272 毫秒 A 系统收到旁路断路器分闸信号；断路器分闸回馈信号与串补控制 A 系统的分闸输出命令间隔 63ms，满足控制保护系统正常情况下断路器反馈信号滞后控制保护系统命令时间（150ms 以内），从旁路断路器电流采样情况看，断路器分闸信号与旁路断路器电流采样为零同时产生，A 系统动作响应情况正确。初步判断旁路断路器分闸由 A 系统控制执行完成。甲线串补 A 系统响应情况如图 2-68 所示。

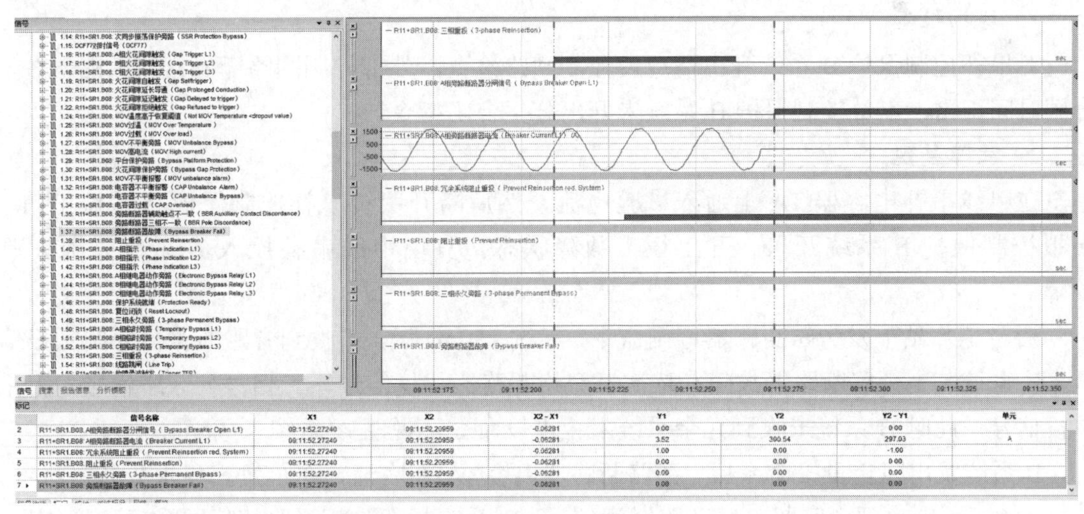

图 2-68 甲线串补 A 系统响应情况

甲线串补 B 系统执行三相重投命令经过 155ms 后，未收到旁路断路器分闸信号，B 系统判定旁路断路器故障，同时发出旁路断路器故障信号和三相永久旁路。从波形上看，B

系统发出三相永久旁路命令经过 227ms，未收到旁路断路器合闸信号，B 系统判定旁路断路器故障。此时 B 系统满足旁路断路器旁路失败且串补电容器有电流的旁路断路器失灵保护判据，B 系统发出线路跳闸命令，见图 2-69。

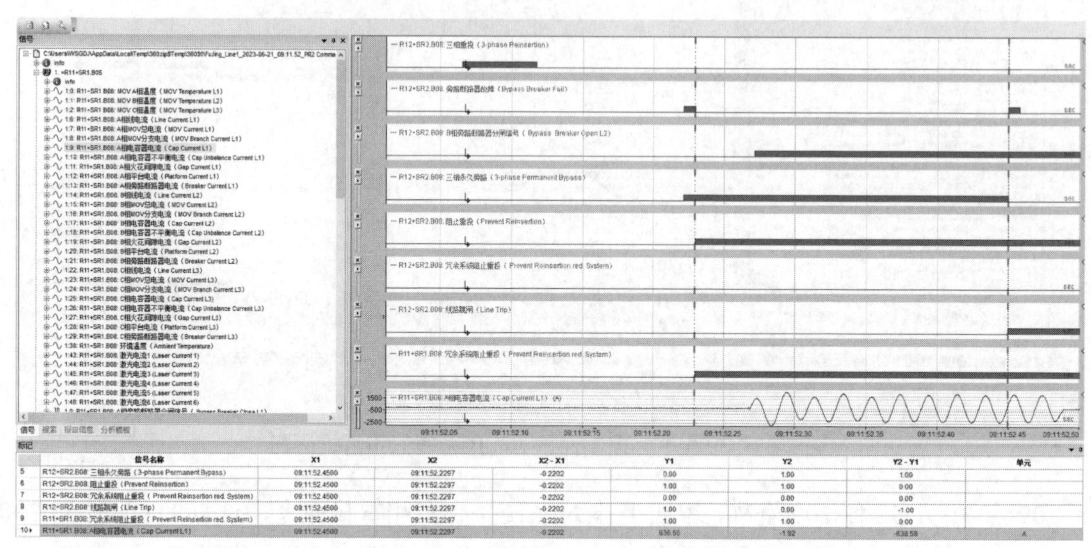

图 2-69　甲线串补 B 系统保护动作情况

甲线串补控制保护 A 系统正确动作，甲线串补控制保护 B 系统三相重投指令已发出，但分、合闸指令执行异常，需对控制保护装置 B 系统开出情况、控制保护 B 系统控制回路进行检查。

## （三）串补控制保护 B 系统指令执行异常情况分析

### 1. 现场检查

对串补控制保护 B 系统开出情况及控制回路检查，外部控制回路无异常，断路器分、合闸时间正常，串补控制保护 B 系统未开出分、合闸指令。

### 2. 故障复现

在甲线串补电容器 TA 上通入试验电流、然后断开甲线串补控制保护 B 系统出口，模拟控制保护 B 系统开入、开出板卡故障状态，复现甲线串补投入 B 系统分闸失败故障。

后台工作站下发旁路断路器分闸命令，经过 150ms 后，未收到旁路断路器分闸回报信号，B 系统判定旁路断路器故障，依次发旁路断路器故障信号、三相永久旁路信号、阻止重投信号，此时 B 系统未收到冗余系统阻止重投命令，说明 A 系统未故障。

B 系统发出阻止重投命令后，旁路断路器电容器 TA 有流，继续发三相永久旁路命令。经过 160ms，未收到旁路断路器旁路合闸信号，B 系统判旁路断路器故障同时报故障信号。

再次模拟控制保护 B 系统开入开出板卡故障状态，在甲线串补电容器 TA 上通流的情况下遥控分闸旁路断路器，其相应过程与故障时甲线串补投入失败联动线路保护工作情况一致，进一步佐证系统控制保护 B 系统未开出分、合闸指令。故障复现录波图如图 2-70

所示。

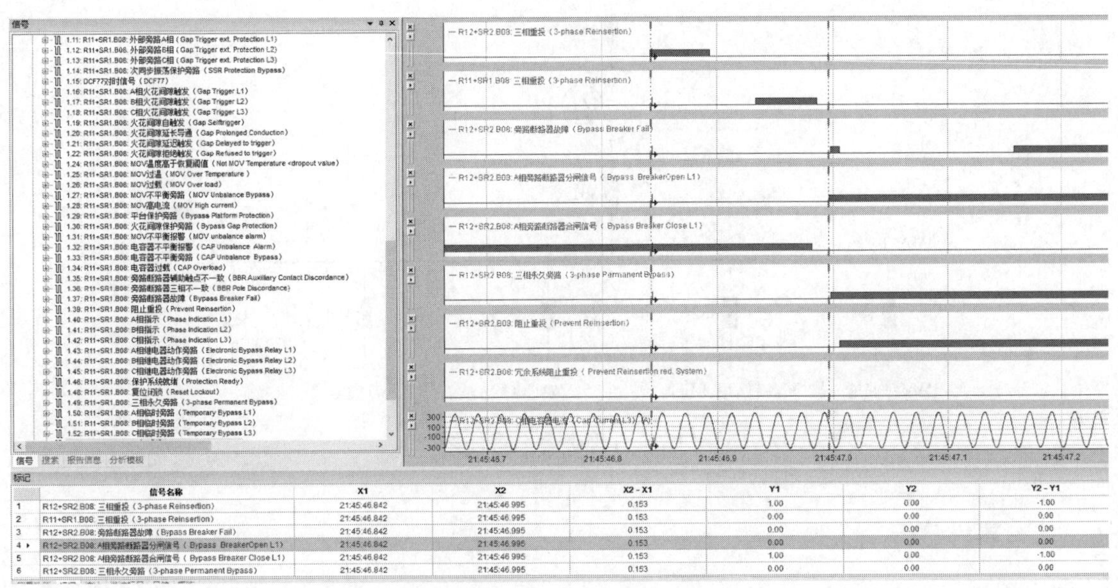


图 2-70　故障复现录波图

3. 板卡更换

对甲线控制保护 B 系统开入、开出板卡进行更换后，单独采用 B 系统远方遥控分、合闸旁路断路器，遥控成功。

本次串补投运异常是由串补控保 B 系统开出故障造成的，串补 B 套动作不正确，线路保护收远跳令后正确动作。

## 三、暴露问题

装置厂家设备运行不稳定，出现偶发性故障。

## 四、防范措施

将故障的串补 B 套控保装置开出插件送厂家检测，并做好备品备件储备工作，出现异常时能够尽快消除故障。

# 案例 13　芯片虚焊导致变压器高后备间隙过流保护误动

## 一、事件简述

某月某日 16 时 07 分 56 秒，110kV 某变电站#1 变压器无故障，高后备间隙过流保护动作，#1 变压器非计划停运。电气主接线图如图 2-71 所示。

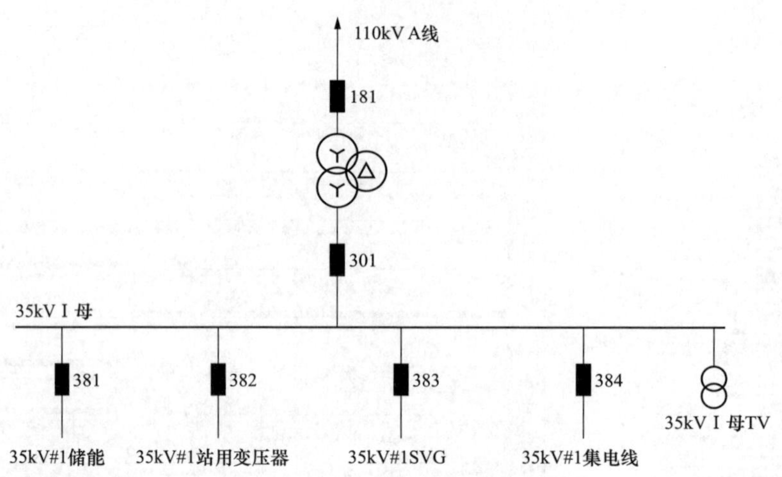


图 2-71　电气主接线图

## 二、事件分析

### （一）保护动作情况（见表 2-17）

表 2-17　　保护动作情况

| 序号 | 描　　述 | 动作时间 | 动作类型 |
|---|---|---|---|
| 1 | #1 变压器高后备保护装置启动 | 16:07:55:907 | 变压器高后备保护启动 |
| 2 | #1 变压器高后备保护间隙 1 时限动作出口 | 16:07:56:405 | 变压器高后备保护间隙 1 时限动作出口 |
| 3 | #1 变压器低压侧 301 断路器分位动作 | 16:07:56:435 | #1 变压器低压侧 301 断路器由合到分 |
| 4 | 110kV A 线 181 断路器分位动作 | 16:07:56:443 | 110kV A 线 181 断路器由合到分 |
| 5 | 35kV #1SVG 383 断路器分位动作 | 16:07:59:328 | 35kV #1SVG 断路器由合到分 |

### （二）保护动作情况分析

故障发生后，工作人员对变压器集气盒、变压器套管检查未发现异常、对变压器绝缘油进行油色谱分析，油色谱数据无异常，相关二次回路及继电器无异常，110kV #1 变压器无故障，110kV #1 变压器高后备间隙过流保护误动，110kV #1 变压器高后备采集电压 $3U_0$ 远大于保护定值（定值 150V），延时 0.5s 保护动作跳变压器两侧。

1. 110kV #1 变压器高后备间隙过流保护误动原因分析

检查保护模拟量，发现除 $U_a$ 外，其余保护模拟量均异常，如图 2-72 和图 2-73 所示。

遥测模拟量和保护模拟量计算均采用傅里叶变换，即

$$X = X_r + jX_i = \frac{2}{N}\sum_{n=0}^{N-1} x(n)e^{-j\frac{2n\pi}{N}} = \sum_{n=0}^{N-1} x(n)\left[\frac{2}{N}\cos\left(\frac{2n\pi}{N}\right) - j\frac{2}{N}\sin\left(\frac{2n\pi}{N}\right)\right]$$

式中：$x(n)$ 为模拟量采样值，$\frac{2}{N}\cos\left(\frac{2n\pi}{N}\right)$ 和 $-\frac{2}{N}\sin\left(\frac{2n\pi}{N}\right)$ 分别为傅里叶变换实部、虚部

的系数，装置中采样值 $x(n)$ 为交流插件模拟量采样。傅里叶变换通过软件模块实现，傅里叶变换的实部、虚部系数 $\frac{2}{N}\cos\left(\frac{2n\pi}{N}\right)$ 和 $-\frac{2}{N}\sin\left(\frac{2n\pi}{N}\right)$ 作为常量存放，计算后的数据存放至 DDR 芯片。显示、通信、保护逻辑都从对应 DDR 取实时计算值。

| | | | |
|---|---|---|---|
| _Ua | FLOAT_TYPE | C6305AF0 | 60.68644 |
| _Ub | FLOAT_TYPE | C6305AF4 | 60.90067 |
| _Uc | FLOAT_TYPE | C6305AF8 | 60.55488 |
| _Ia | FLOAT_TYPE | C6305AFC | 0.00014 |
| _Ib | FLOAT_TYPE | C6305B00 | 0.00012 |
| _Ic | FLOAT_TYPE | C6305B04 | 0.00013 |

图 2-72　#1 变压器高后备保护装置遥测模拟量采样值

| | Type | Addr | |
|---|---|---|---|
| _UA].fAm | FLOAT_TYPE | F0270C | 57.57011 |
| _UB].fAm | FLOAT_TYPE | F02718 | 19.43299 |
| _UC].fAm | FLOAT_TYPE | F02724 | 450.70712 |
| _IA].fAm | FLOAT_TYPE | F02730 | 25.14698 |
| _IB].fAm | FLOAT_TYPE | F0273C | 19151820.00 |
| _IC].fAm | FLOAT_TYPE | F02748 | 58.06310 |

图 2-73　#1 变压器高后备保护装置保护模拟量采样值

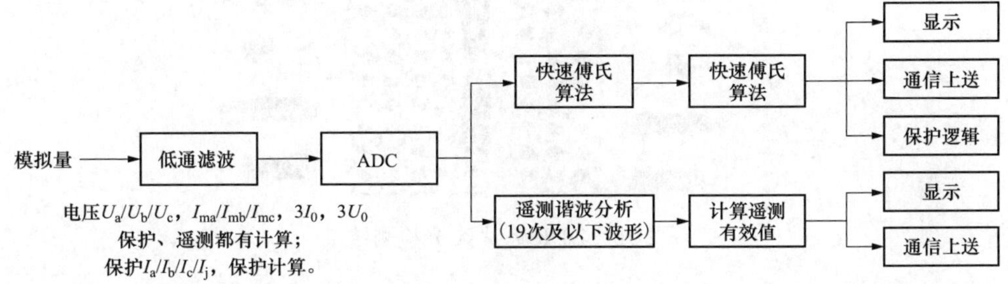


图 2-74　装置数据流图

分析可知，装置有效值计算主要受采样值、傅里叶系数和傅里叶变换的软件模块、DDR 芯片影响。

（1）采样值：遥测量与保护量采用相同采样值，遥测量显示和变量值正确表明采样值无问题，因此可排除交流插件和相关采集回路异常。

（2）傅里叶系数和傅里叶变换的软件模块：由于所有保护量均采用相同傅里叶系数，计算调用相同的软件模块，保护量中 $U_a$ 显示和变量值正确表明傅里叶系数和傅里叶变换软件模块无问题。

（3）DDR 芯片：由于保护量计算后存放至 DDR 芯片，显示的数据也取自 DDR 芯片，正常采样值经过正确的傅里叶变换软件模块处理存放至 DDR 芯片后数据异常，可以判定 DDR 芯片出现异常致使输出结果异常。

2. DDR 芯片异常分析

开展 DDR 芯片异常验证，主要验证内容如下：

（1）对装置进行常规模拟量精度验证，保护逻辑测试，测试结果未见异常。

（2）将装置放到电磁兼容试验平台开展静电放电试验、浪涌试验、快速瞬变试验，相关电磁兼容试验中均未出现保护模拟量数据异常情况。

（3）将装置置入高温实验箱进行高温（70℃）烘烤，烤机 5h 左右，装置保护模拟量出现与现场异常数据一致现象，如图 2-75 所示。

图 2-75　装置试验采样信息

（4）由于保护模拟量存储在 DDR 芯片内，对 DDR 芯片做 X 光检测，检测发现箭头所指焊点存在虚焊现象，判断 DDR 芯片存在 BGA 焊接不良，如图 2-76 所示。

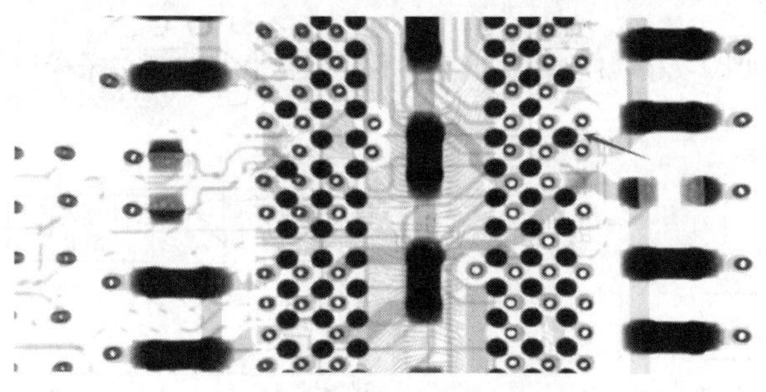

图 2-76　DDR 芯片 X 光检测结果

（5）将 DDR 芯片重新焊接之后的装置进行常规的模拟量精度验证、高温实验，保护逻辑测试及模拟量测试均未见异常。

综合分析可知：本次异常事件直接原因是 DDR 芯片虚焊致使主变压器高后备间隙过流保护误动作。

## 三、暴露问题

（1）设备制造商出厂验收技术手段不足，致使安全隐患未能及时发现。

（2）装置动作逻辑待优化，装置在监视到内存数据异常后，应记录异常且能自恢复，或闭锁装置并告警。

## 四、防范措施

加强品控管理，提升现场设备供货质量。

# 案例 14　操作箱故障导致非全相保护误动

## 一、事件简述

某月某日，某发电厂 220kV 母联 212 断路器在运行过程中，C 相断路器跳闸，导致 220kV 母线非全相保护动作，母联 212 断路器跳闸。

## 二、事件分析

### （一）保护动作情况

保护动作时序图表 2-18 所示。监控系统记录时序如表 2-19 所示。

表 2-18　　保护动作时序

| 序号 | 相对时间 | 描　　述 |
| --- | --- | --- |
| 1 | 0ms | 220kV 母联 212 断路器 C 相跳闸 |
| 2 | 13ms | 220kV 母线保护装置Ⅰ套母联 212 断路器非全相保护启动 |
| 3 | 13ms | 220kV 母线保护装置Ⅱ套母联 212 断路器非全相保护启动 |
| 4 | 513ms | 220kV 母线保护装置Ⅰ套母联 212 断路器非全相保护动作 |
| 5 | 512ms | 220kV 母线保护装置Ⅱ套母联 212 断路器非全相保护动作 |
| 6 | 563ms | 220kV 母联 212 断路器跳闸位置动作 |

表 2-19　　监控系统记录时序

| 序号 | 相对时间 | 描　　述 |
| --- | --- | --- |
| 1 | 0ms | 220kV 母联 212 断路器第一组出口跳闸动作（C 相） |
| 2 | 2ms | 220kV 母联 212 断路器合闸位置复归（C 相） |
| 3 | 23ms | 220kV 母联 212 断路器分闸位置动作（C 相） |
| 4 | 416ms | 220kV 母联 212 断路器位置不一致动作 |
| 5 | 543ms | 220kV 母线 A 套保护跳母联（分段）动作 |
| 6 | 546ms | 220kV 母线 B 套保护跳母联（分段）动作 |
| 7 | 556ms | 220kV 母联 212 断路器第一组出口跳闸动作 |
| 8 | 557ms | 220kV 母联 212 断路器第二组出口跳闸动作 |

结合监控后台报文及保护装置动作报文：母联 212 断路器在运行过程中，直流系统正常运行无接地或窜电信号，212 断路器 C 相无保护动作信号及远方跳闸信号。因 C 相断路器跳闸，母联 $3I_0$ 实际电流值为 0.16A（大于定值单定值 0.1A），上述条件满足母联 212 断

路器非全相动作条件，延时 0.5s 导致 220kV 母线第Ⅰ、Ⅱ套保护非全相保护出口动作，母联 212 断路器跳闸。

## （二）保护动作情况分析

1. 母联非全相保护原理

运行中的母联断路器某相断开，母联非全相运行时，由母联 TWJ 和 HWJ 触点启动，采用零序和负序电流作为动作的辅助判据。在母联非全相保护投入时，有 THWJ 开入且母联零序电流大于母联非全相零序电流定值，或母联负序电流大于母联非全相负序电流定值，经整定延时跳母联断路器。母联非全相保护逻辑框图如图 2-77 所示。

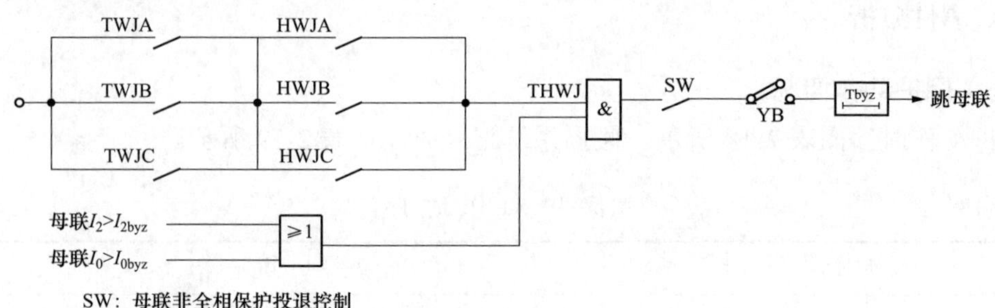


图 2-77　母联非全相保护逻辑框图

2. 212 母联断路器操作箱检查分析

（1）经检查 212 母联断路器操作箱指示灯，断路器三相处于分闸位置，“跳闸信号Ⅰ”A、B、C 相三相跳闸灯亮，“跳闸信号Ⅱ”只有 A、B 相两相跳闸灯亮（见图 2-78）。

图 2-78　212 操作箱动作情况

“跳闸信号Ⅰ”三相灯全亮的原因分析：“跳闸信号Ⅰ”C 相跳闸灯在最初的第一组 C 相跳闸出口时点亮，第Ⅰ、Ⅱ套母线保护母联非全相保护动作后点亮 A、B 相跳闸灯。

“跳闸信号Ⅱ”中 C 相灯未点亮原因分析：因为第Ⅰ、Ⅱ套母线保护母联非全相动作时 C 相已处于分位，第Ⅰ、Ⅱ套母线保护母联非全相动作只启动“跳闸信号Ⅰ”“跳闸信号Ⅱ”的 A、B 相跳闸灯。

（2）分别对操作箱外观检查、操作箱功能试验、三相跳闸继电器启动电压及功率、跳闸保持继电器启动电流试验、跳闸触点绝缘试验均为正常。

3. 操作回路检查分析

对 220kV 母联 212 断路器操作回路的控制电源、回路绝缘、跳闸线圈阻值、母线保护屏柜及本体汇控柜二次接线检查，212 断路器多次分合闸试验，未发现异常情况。

4. 212 断路器 C 相跳闸分析

根据母联 212 断路器操作箱回路图（见图 2-79），启动 212 断路器 11TBIJC 线圈动作的回路只有 11TJQ、11TJR、11TJF、11STJ、11TBIJC 触点，没有其他回路启动 11TBIJC，但 11TJQ、11TJR、11TJF 继电器动作时同时跳 212 断路器三相，STJA、STJB、STJC 继电器线圈相互串联在同一回路中，同时动作跳 212 断路器三相，11TBIJC 触点和线圈在同一回路用来自保持、不能启动 11TBIJC 线圈。

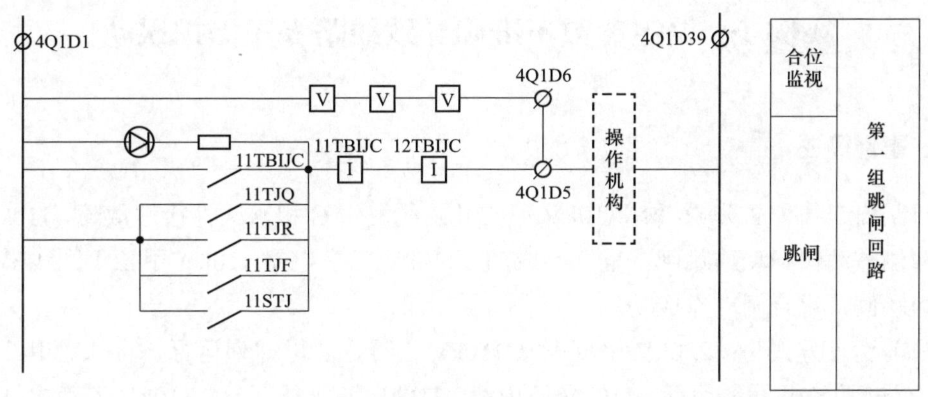


图 2-79 C 相跳闸回路

经现场检查，220kV 母联 212 断路器操作箱除本身手跳（STJ）出口外仅使用第一组、第二组 TJR 跳闸继电器（TJQ、TJF 外部无外部回路配线），且第一组、第二组 TJR 外回路只有分别来自第Ⅰ、Ⅱ套母线保护。因此，C 相跳闸的故障点发生在 220kV 母联 212 断路器操作箱内，TBIJC 继电器收到扰动误动的可能性较大。

综上所述，本次事件中 220kV 母联 212 断路器非全相保护动作逻辑和结果正确，事件原因为 212 断路器操作继电器箱 C 相跳闸回路 TBIJC 继电器前部所接 TJR 继电器触点存在偶发性闭合开出 C 相单跳令导致，母联 212 断路器跳闸。

## 三、暴露问题

母联操作箱跳闸继电器触点不可靠，受到干扰后会误动。

## 四、防范措施

更换 220kV 母联继电器操作箱。

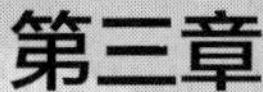

# 第三章

# 继电保护定值类异常事件

## 案例 1　整定参数不准确导致线路零序保护误动

### 一、事件简述

某月某日 11 时 03 分 56 秒，110kV 甲乙Ⅱ回线发生 C 相永久性接地故障，110kV 甲乙Ⅱ回线两侧差动保护动作跳闸，重合不成功。110kV 乙变电站 110kV 甲乙Ⅰ回线零序过流Ⅰ段出口跳闸，重合闸动作成功。

事故前运行方式为：220kV 甲变电站 110kV Ⅰ母、Ⅱ母并列运行，110kV 甲乙Ⅰ回线运行，110kV 甲乙Ⅱ回线运行，110kV 乙丙线、110kV 乙丁线运行，110kV 乙变电站 110kV 分段断路器热备用。

系统接线图如图 3-1 所示。

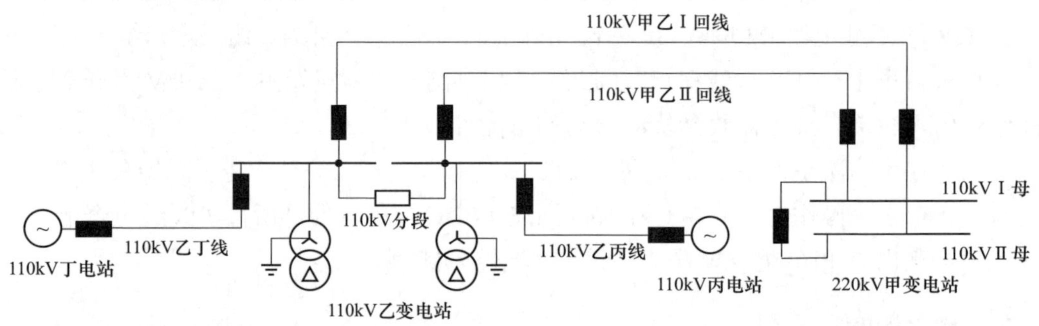


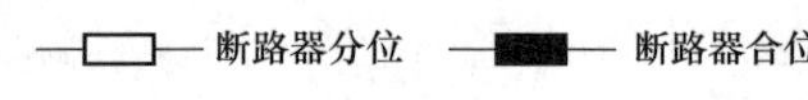


图 3-1　系统接线图

### 二、事件分析

#### （一）保护动作情况

保护动作情况如表 3-1、表 3-2 所示。

**表 3-1　　220kV 甲变电站保护动作时序**

| 序号 | 相对时间 | 描　　述 |
|---|---|---|
| 1 | 0ms | 110kV 甲乙Ⅱ回线保护启动 |

续表

| 序号 | 相对时间 | 描　　述 |
| --- | --- | --- |
| 2 | 510ms | 110kV 甲乙Ⅱ回线纵联差动保护动作 |
| 3 | 2073ms | 110kV 甲乙Ⅱ回线重合闸动作 |
| 4 | 2156ms | 110kV 甲乙Ⅱ回线纵联差动保护动作 |
| 5 | 2190ms | 110kV 甲乙Ⅱ回线距离加速保护动作 |

**表 3-2　　110kV 乙变电站保护动作时序**

| 序号 | 相对时间 | 描　　述 |
| --- | --- | --- |
| 1 | 0ms | 110kV 甲乙Ⅱ回线保护启动 |
| 2 | 486ms | 110kV 甲乙Ⅰ回线保护启动 |
| 3 | 595ms | 110kV 甲乙Ⅱ回线纵联差动保护动作 |
| 4 | 610ms | 110kV 甲乙Ⅱ回线零序过流Ⅰ段保护动作 |
| 5 | 1771ms | 110kV 甲乙Ⅰ回线零序过流Ⅰ段保护动作 |
| 6 | 3350ms | 110kV 甲乙Ⅰ回线重合闸动作 |

### （二）保护动作情况分析

1. 110kV 甲乙Ⅱ回线保护动作情况分析

经查，110kV 甲乙Ⅱ回线 N21 塔 C 相小号侧耐张线夹导线脱出接地。

220kV 甲变电站 110kV 甲乙Ⅱ回线差流 41.73A（二次值），纵联差动保护定值 2.5A（二次值），纵联差动保护动作跳闸，重合闸动作不成功。110kV 乙变电站 110kV 甲乙Ⅱ回线差流 55.65A（二次值），纵联差动保护定值 3.33A（二次值），纵联差动保护动作跳闸，因 110kV 甲乙Ⅱ回线甲变电站侧重合闸动作不成功。110kV 甲乙Ⅱ回线保护正确动作。

2. 110kV 乙变电站 110kV 甲乙Ⅰ回线保护动作情况分析

110kV 甲乙Ⅱ回线故障点在 110kV 乙变电站侧，接地故障点零序电流通过 110kV 甲乙Ⅱ回线→流入 220kV 甲变电站 110kV 母联→流入 110kV 甲乙Ⅰ回线，对 110kV 乙变电站 110kV 甲乙Ⅰ回线零序保护而言满足正方向条件。

110kV 甲乙Ⅱ回线 C 相接地故障，110kV 乙变电站 110kV 甲乙Ⅰ回线感受到正方向故障电流，故障电流 9.32A（二次值），故障电流达到零序过流Ⅰ段定值（二次值 9.09A，时限 0s）动作跳闸，110kV 乙变电站 110kV 甲乙Ⅰ回线重合闸动作成功。零序电流方向图如图 3-2 所示。

3. 110kV 乙变电站 110kV 甲乙Ⅰ回线定值整定情况分析

110kV 乙变电站 110kV 甲乙Ⅰ回线的零序Ⅰ段按照躲本线末端最大零序电流原则进行计算，可靠系数取 1.3，零序Ⅰ段一次值整定为 1090A，定值时限 0s，故障时实际零序电流一次值为 1118A。110kV 甲乙Ⅰ回线和甲乙Ⅱ回线全线同杆双回架设，线路长度 6.8km，线路间零序互感影响较大，定值整定时线路参数按照理论值取值，未考虑零序互感影响，实际故障时由于参数不准确引起零序Ⅰ段保护范围超越导致越级跳闸。

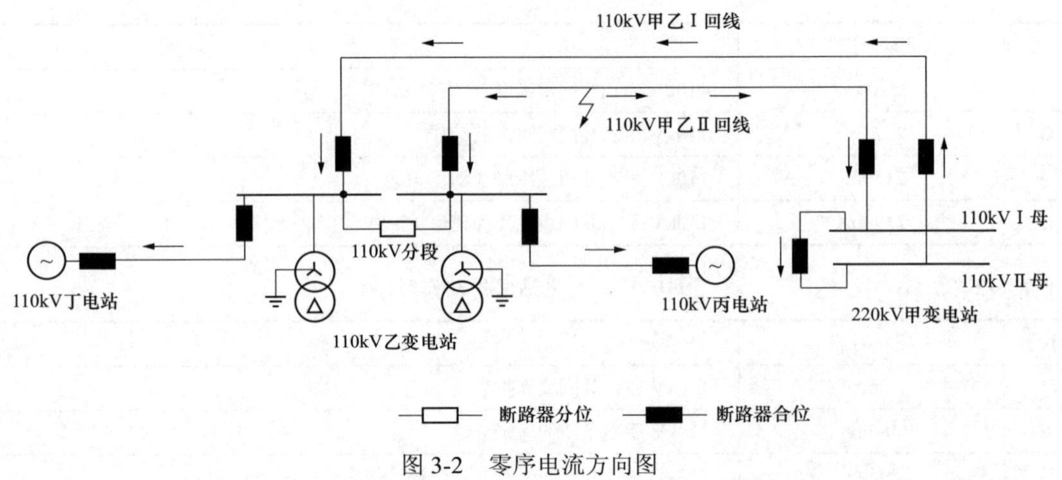


图 3-2 零序电流方向图

## 三、暴露问题

（1）零序Ⅰ段保护范围超越风险考虑不足。整定计算时未充分辨识 110kV 甲乙Ⅰ、Ⅱ回线全线同杆架设且为超短线路风险，整定时未退出 110kV 甲乙Ⅰ回线零序Ⅰ段保护，造成区外故障零序Ⅰ段误动。

（2）110kV 线路参数管理不到位。110kV 甲乙Ⅰ回线未采用实测值计算定值，未考虑零序互感的影响，实际故障时由于参数不准确引起零序Ⅰ段保护范围超越导致越级跳闸。

## 四、防范措施

（1）规范零序Ⅰ段保护整定。终端线为并列双回线、所供变电站为桥接线或有 110kV 母联、联络隔离开关等情况时，宜将零序电流Ⅰ段退出；小电源侧零序电流Ⅰ段退出；有相邻下级线路的 110kV 联络线、220kV 变电站之间的 110kV 联络线，原则上零序电流Ⅰ段按退出整定。环网运行或多级串供的 110kV 线路，如果投入零序电流Ⅰ段可以改善级差配合，可在不受互感影响的适当位置投入零序Ⅰ段，并结合网架变化评估影响开展校核，防止超越。

（2）加强线路实测参数管理。66kV 及以上架空线路和电缆线路的阻抗、平行线之间的零序互感阻抗应使用实测值，无实测参数的线路应进行参数补测。

# 案例 2 整定参数收资不全导致变压器中性点电阻烧毁

## 一、事件简述

某月某日 17 时 09 分 52 秒，某 220kV 光伏电站 35kV #8 集电线 C 相接地故障，35kV #8 集电线保护未及时切除故障导致 220kV #1 变压器 35kV 侧中性点接地电阻烧毁。

一次主接线图如图 3-3 所示。

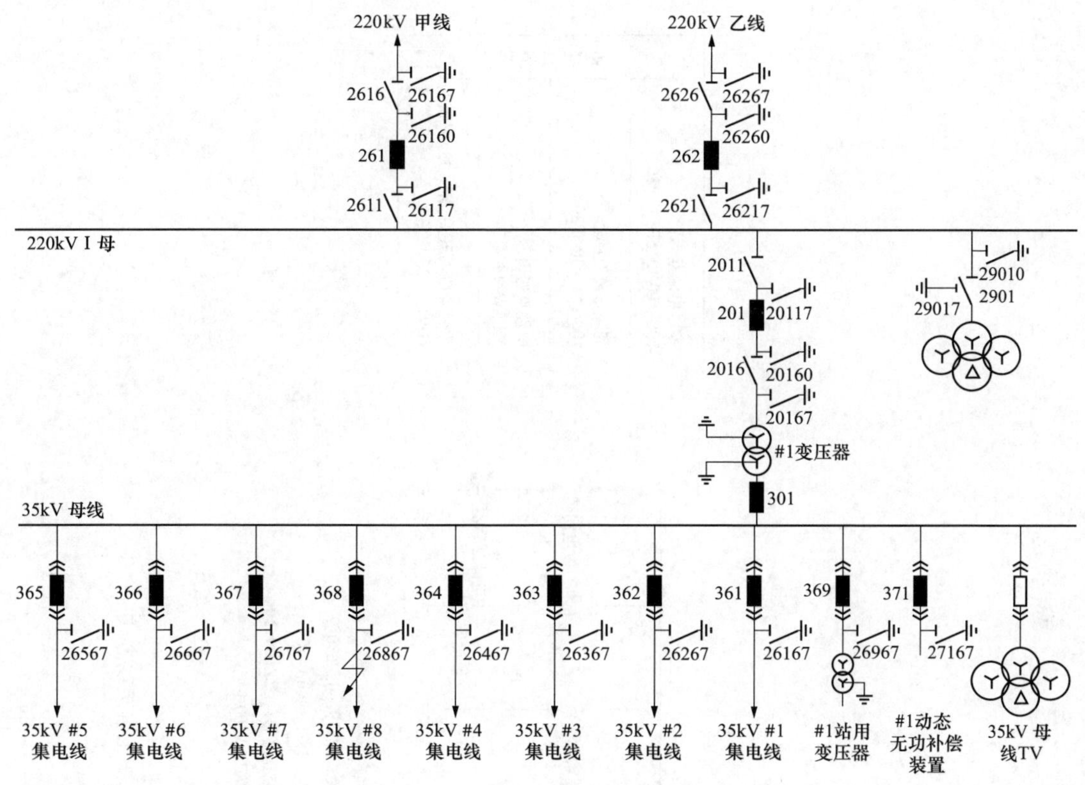


图 3-3　一次主接线图

## 二、事件分析

### （一）保护动作情况

保护动作时序如表 3-3 所示。

**表 3-3**　　保 护 动 作 时 序

| 序号 | 相对时间 | 描　　述 |
|---|---|---|
| 1 | 0ms | 35kV 8 号集电线保护启动 |
| 2 | 410ms | 35kV 8 号集电线保护零序过流 I 段保护动作 |

### （二）保护动作情况分析

1. 220kV #1 变压器 35kV 侧中性点接地电阻烧毁分析

该光伏电站设计容量为 160MW/208MWP，安装一台 160MW 的三绕组变压器，变压器的接线形式为 YNy0+d11，变压器接地方式为高压侧直接接地，低压侧经小电阻接地，小电阻阻值为 53.4Ω，变压器接线方式如图 3-4 所示。

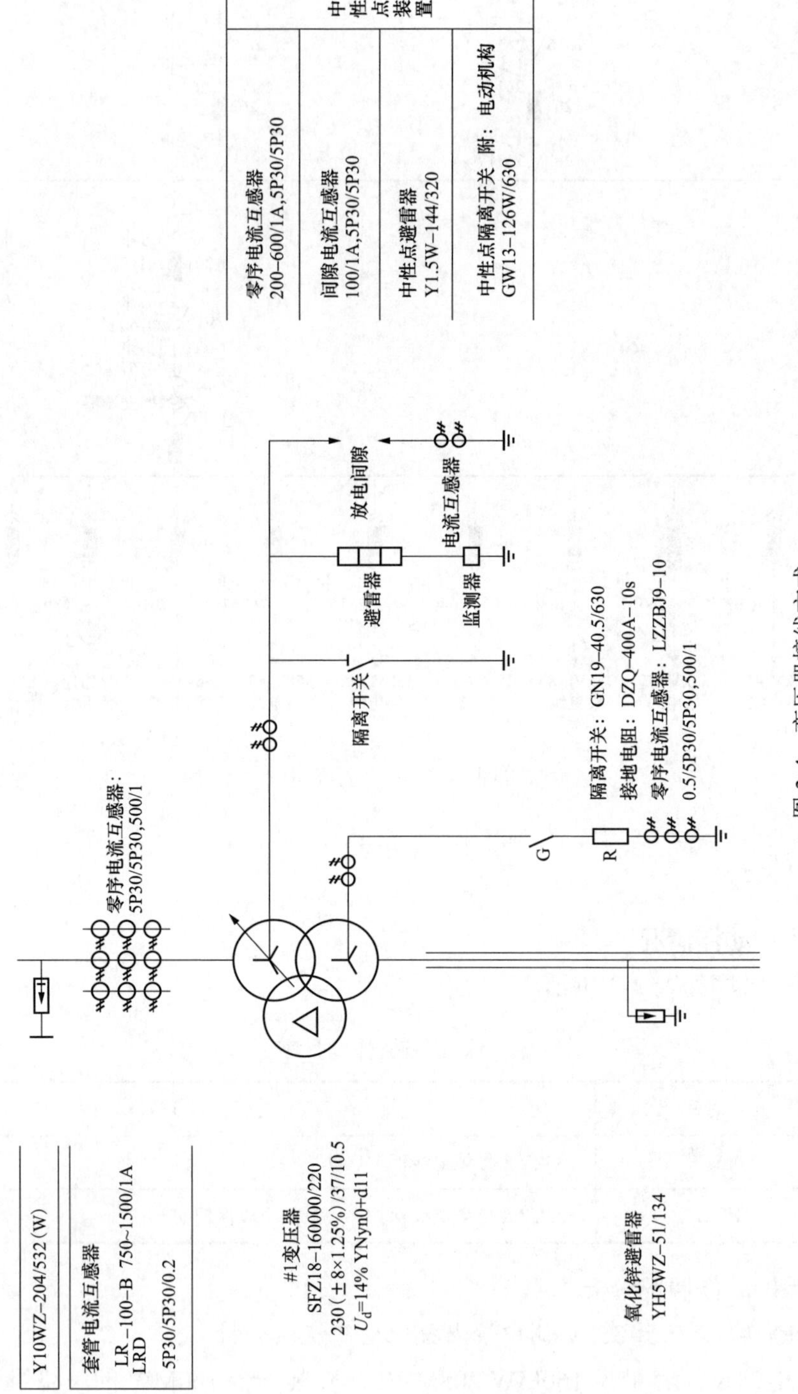
Y10WZ-204/532 (W)
套管电流互感器
LR-100-B 750~1500/1A
LRD
5P30/5P30/0.2
#1变压器
SFZ18-160000/220
230（±8×1.25%）/37/10.5
$U_d$=14% YNyn0+d11
氧化锌避雷器
YH5WZ-51/134
零序电流互感器：
5P30/5P30,500/1
G
R
隔离开关
避雷器
监测器
放电间隙
电流互感器
隔离开关：GN19-40.5/630
接地电阻：DZQ-400A-10s
零序电流互感器：LZZBJ9-10
0.5/5P30/5P30,500/1
零序电流互感器
200-600/1A,5P30/5P30
间隙电流互感器
100/1A,5P30/5P30
中性点避雷器
Y1.5W-144/320
中性点隔离开关 附：电动机构
GW13-126W/630
中性点装置

图 3-4 变压器接线方式

从图 3-4 可知，35kV 中性点电阻设计最大可承受电流为 400A，持续时间为 10s。根据配电系统中性点接地电阻器（DL/T 780）规定，小电阻的额定发热时间是 10s，额定温升小于 760K，如果电流达不到额定电流，发热时间可根据热量等效公式进行计算，即

$$I_1^2 \times R_1 \times \Delta T_1 = I_2^2 \times R_2 \times \Delta T_2$$

式中　$I_1$——额定电流 400A；

$\Delta T_1$——额定发热时间；

$I_2$——故障电流 300A。

由于小电阻为不锈钢 304 材质，受热时阻值会变化，发热过程中温度无法计算，只能根据到达临界状态时的温度进行阻值计算，即按照达到最大温升时的温度（$\theta_1$=785℃）计算阻值为

$$R_2 = R_1 \times [1 + \alpha(\theta_2 - \theta_1)]$$

式中：$\alpha$=0.00105，可计算出温度升高 785℃时的电阻值，计算出阻值 $R_1$=53.4[1+0.00105×(785℃−0℃)]=97.4Ω。不锈钢 304 材质的熔点温度为 1398−1454℃，按照 $\theta_2$=1350℃计算，可计算得到烧毁时（温度升高 1350℃）阻值约为 $R_2$=53.4[1+0.00105×(1350℃−0℃)]=129Ω，将以上数值代入热量等效公式中，可以计算出在电流为 300A 时，达到烧毁所用的时间为

$$\Delta T_2 = (I_1^2 \times R_1 \times \Delta T_1) / (I_2^2 \times R_2) = (400 \times 400 \times 97.4 \times 10) / (300 \times 300 \times 129) = 13.4(\mathrm{s})$$

通过计算，当故障电流达到 300A 时，小电阻最多可承受 13.4s，因保护失效，本次故障一直持续 15s，持续时间大于极限承受时间 13.4s，最终造成电阻烧毁。

中性点电阻烧毁后，35kV 系统变为直接接地系统，故障电流瞬间由 300A 左右上升至 3000A，零序过流Ⅰ段启动，并经延时后跳闸，跳开 368 断路器，此时故障隔离。

2. 35kV 8 号集电线保护动作分析

故障时，C 相一次电流为 374A，远远小于过流保护整定值（见表 3-4 原定值），故过流保护Ⅰ段、Ⅱ段、Ⅲ段均无法启动，过流保护失效。

故障外接零序电流达到 366A，故障初始电流大于零序过流Ⅱ段整定值（320A/2.4s 跳闸），满足零序过流Ⅱ段动作条件，不满足零序过流Ⅰ段整定值（570A/0.15s 跳闸）动作条件，但检查保护装置运行定值发现零序保护Ⅱ段控制字未按定值通知单要求投入，零序Ⅱ段保护失效。

## 三、暴露问题

（1）整定计算人员在收集整定计算资料时未考虑 220kV #1 变压器中性点电阻，定值整定过程中未计及 35kV 侧中性点小电阻，导致 35kV 集电线保护定值整定错误。

（2）35kV #8 集电线保护定值执行错误，未按定值通知单要求将零序过流Ⅱ段保护控制字投入。

## 四、防范措施

考虑 220kV #1 变压器中性点电阻，对原保护定值进行校核和修改并按最新定值通知单

执行定值。新老定值对比如表 3-4 所示。

表 3-4　新老定值对比

| 定值项名称 | 原定值（一次值） | 新定值（一次值） |
|---|---|---|
| 过流Ⅰ段定值 | 9420A | 2100A |
| 过流Ⅰ段时间 | 0s | 0s |
| 过流Ⅱ段定值 | 6540A | 528A |
| 过流Ⅱ段时间 | 0.2s | 0.45s |
| 过流Ⅲ段定值 | 720A | 退出 |
| 过流Ⅲ段时间 | 0.6s | 退出 |
| 零序过流Ⅰ段定值 | 570A | 190A |
| 零序过流Ⅰ段时间 | 0.15s | 0.15s |
| 零序过流Ⅱ段定值 | 320A | 25A |
| 零序过流Ⅱ段时间 | 2.4s | 0.45s |

## 五、知识点延伸

变压器中性点小电阻选型方法包含以下步骤：

### （一）计算电容电流

1．架空线路的电容电流计算式

$$I_c = (2.7/3.3)U_e \bullet L/1000$$

式中　$L$——线路长度（35kV 母线所接电缆总长度约为 26.8824km，架空线路长度为 3.417km），km；

$U_e$——额定线电压，kV；

$I_c$——电网电容电流（同杆双回线路的电容电流为单回路的 1.3～1.6 倍），A；

2.7——系数，用于无架空地线的线路；

3.3——系数，用于有架空地线的线路。

2．电缆线路的电容电流计算式

$$I_e = 0.1U_e \times L$$

此外，电缆电容电流还与电缆截面有关，精确计算时需考虑。

3．变电站电气设备引起的电容电流增加值（见表 3-5）

表 3-5　电气设备引起的电容电流增加值

| 标称电压（kV） | 10 | 35 |
|---|---|---|
| 电容电流增值（%） | 16 | 13 |
| 系统增容系数 $K$ | 1.16 | 1.13 |

$I_c = 1.13 \times (0.1 \times 37 \times 26.8824 + 3.3 \times 37 \times 3.417 / 1000) = 112.9\text{A} > 10\text{A}$，因此本次事件中站点 35kV 系统采用中性点经小电阻接地方式。

（二）接地电流值选取

$I_R = (2\sim4)I_c = 225.8\sim451.6\text{A}$，接地电流值选取 400A，满足规范要求。

（三）小接地电阻的选取

$$R = U_e / I / \sqrt{3} = 37\text{kV} / 400\text{A} / \sqrt{3} = 53.4(\Omega)$$

## 案例 3　整定参数收资错误导致过流保护误动

### 一、事件简述

某月某日 17 时 30 分 17 秒，某 220kV 风电场 35kV 集电Ⅰ回线线路保护过流Ⅱ段动作，出口跳开 35kV 集电Ⅰ回线 381 断路器，该回线上 5 台风电机组解列。

风电厂主接线图如图 3-5 所示。

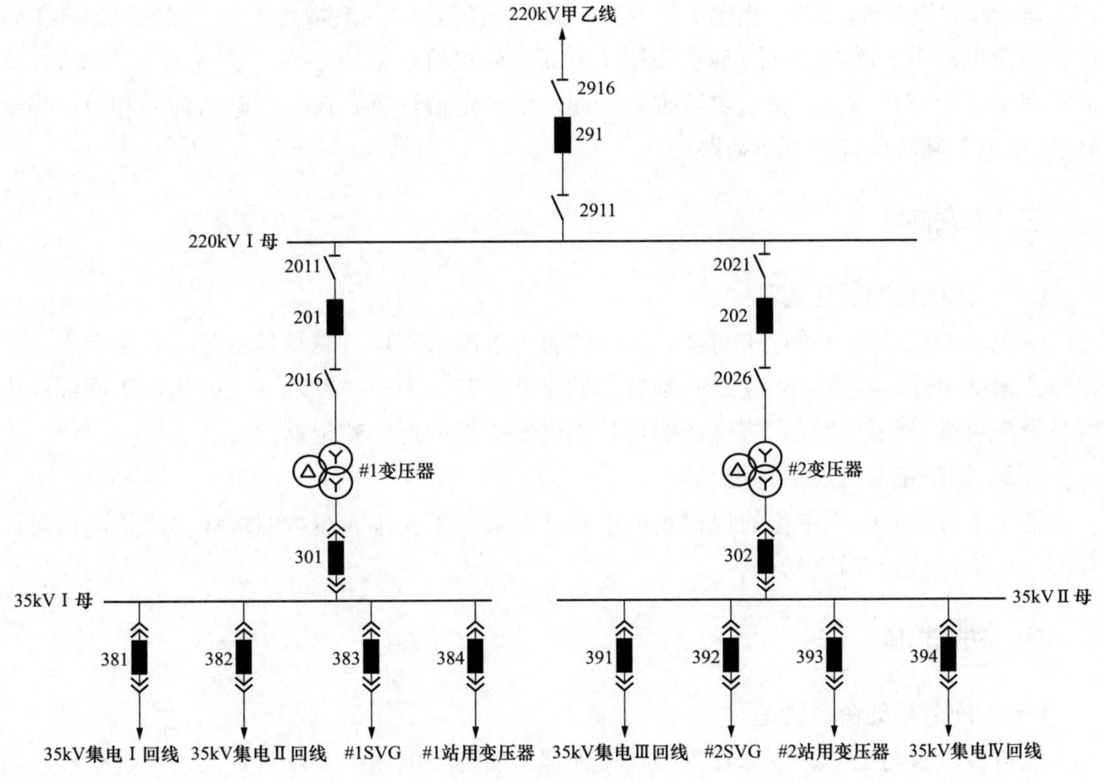


图 3-5　风电厂主接线图

## 二、事件分析

### （一）保护动作情况

19 时 30 分 17 秒 215 毫秒，35kV 集电Ⅰ回线保护启动，保护动作情况如表 3-6 所示。

表 3-6　　保护动作情况

| 线路名称 | 启动绝对时间 | 相对时间 | 保护动作情况 |
| --- | --- | --- | --- |
| 35kV 集电Ⅰ回线 | 19 时 30 分 17 秒 215 毫秒 | 0ms | 保护启动 |
| | | 4037ms | 过流Ⅱ段动作 |
| | | 4037ms | 保护动作 |

### （二）保护动作情况分析

经查 35kV 集电Ⅰ回线一二次设备无异常，跳闸时现场风速较大，35kV 集电Ⅰ回线所属 41～45 号风机负载增大（A 相电流 0.432A，B 相电流 0.43A，C 相电流 0.434A），超过了 35kV 集电Ⅰ回线过流Ⅱ段保护动作定值（0.43A，0.7s），过流Ⅱ段保护动作，跳开 35kV 集电Ⅰ回线 381 断路器，35kV 集电Ⅰ回线过流Ⅱ段保护属于误动。

进一步检查发现，35kV 集电Ⅰ回线保护整定计算书内风机台数为 3 台，容量为 21.3MW，最大负荷电流为 332.4A，而 35kV 集电Ⅰ回线实际风机台数为 5 台，负载为 33.7MW，最大负荷电流为 525.86A，整定参数收资错误，保护定值计算负荷与实际负荷不相符，导致 35kV 集电Ⅰ回线运行中过负荷跳闸。

## 三、暴露问题

### （一）基础资料管理混乱

风电场在电站建设过程中对基础资料的管理过度依赖项目总承包单位，未派专人全程跟踪监督继电保护收资，未建立基础资料的管理机制，未及时发现 35kV 集电Ⅰ回线风机容量及风机编号统计错误，将错误的参数提供给委托的定值整定单位。

### （二）保护定值管理不到位

业主单位收到委托单位的保护定值单及计算书，未安排人员按照现场实际情况核对计算书，定值审核管理缺失。

## 四、防范措施

### （一）规范基础资料管理

安排专人参与电站建设基础资料收集管理，明确继电保护专业负责人，负责审核现场设备的继电保护基础资料。基础资料经业主单位继电保护专业负责人、场站负责人审核无误后，报送定值计算人。

### （二）建立继电保护定值审核机制

保护定值及整定计算书出具后，场站负责人协同继电保护专业负责人审核定值单及整定计算书，根据现场实际设备参数进行核对，校核无误后下发执行。

## 案例 4　整定用 TA 变比错误导致变压器保护越级动作

### 一、事件简述

某月某日 09 时 11 分 03 秒，E 光伏电站 35kV 丁线线路故障，零序过流保护动作跳闸，重合闸动作成功。重合后，E 光伏电站#1 变压器低后备零序保护动作，跳#1 变压器两侧断路器，造成 E 电站全站失压、35kV A 变电站 35kV Ⅱ母失压。35kV A 变电站 35kV Ⅱ母失压后，35kV 备自投动作成功，35kV A 变电站 35kV Ⅱ母转由 35kV 甲线供电。

网架联络图如图 3-6 所示。

事故前运行方式为：某变电站网架联络图如图 3-6 所示，110kV 乙线供 110kV D 电站，通过 110kV 丙线供 110kV E 光伏电站 110kV#1 变压器，经 35kV 丁线供 35kV A 变电站 35kV Ⅱ段母线。35kV 甲线供 35kV A 变电站 35kV Ⅰ段母线。35kV A 变电站 35kV 分段 312 断路器分位，35kV 备自投投入。

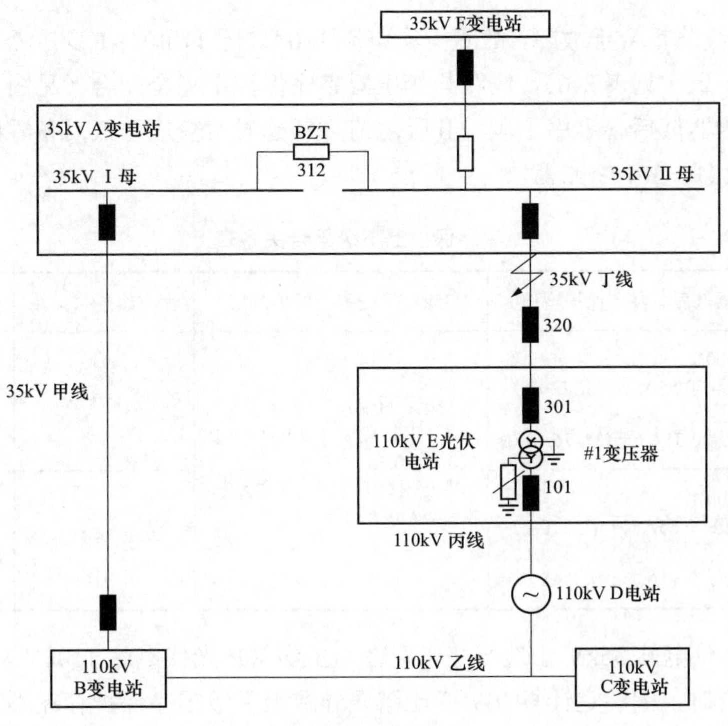


图 3-6　网架联络图

## 二、事件分析

### （一）保护动作情况

110kV E 光伏电站保护动作情况如表 3-7 所示。

表 3-7　　保护动作时序

| 序号 | 故障时间 | 相对时间 | 保护动作情况 |
|---|---|---|---|
| 1 | 09 时 11 分 03 秒 537 毫秒 | 0ms | 35kV 丁线整组启动 |
| 2 | | 722ms | 35kV 丁线零序过流Ⅰ段保护动作跳闸，故障电流 $I_0$=0.215A（一次值 129A） |
| 3 | | 2825ms | 35kV 丁线重合闸动作成功 |
| 4 | | 4225ms | #1 变压器低后备零序过流Ⅱ段动作，跳变压器两侧断路器。故障电流 $I_0$=0.55A（一次值 110A） |

### （二）保护动作情况分析

经查，09 时 11 分 03 秒 537 毫秒 35kV 丁线 21 号杆 A 相发生高阻接地，故障电流较小且上下波动，在故障 399ms 后故障零序电流超过线路保护零序过流Ⅰ段定值（见表 3-8）并持续 323ms，35kV 丁线零序过流Ⅰ段保护动作跳 320 断路器，重合闸动作成功。

35kV 丁线线路重合于故障，故障一次电流 110A，因 110kV #1 变压器计算定值用变比与实际变比不一致（见表 3-6），线路与变压器零序保护不完全配合（见图 3-7），实际故障电流已达到变压器低后备零序Ⅰ段、Ⅱ段定值，经延时后变压器低后备零序Ⅰ段、Ⅱ段先后分别动作跳 101、301 断路器。

表 3-8　　零序保护上下级配合关系表

| 项目 | 主变压器低后备零序保护定值 | 35kV 丁线零序保护定值 | 上下级配合关系 | 备注 |
|---|---|---|---|---|
| 整定用 | 变比：400/1<br>零序Ⅰ段：0.55A（一次 220A）/0.75s<br>零序Ⅱ段：0.55A（一次 176A）/1s | 变比：600/1<br>零序Ⅰ段：0.2A（一次 120A）/0.3s<br>零序Ⅱ段（告警）：0.17A（一次 102A/0.7s | 完全配合 | 用错变比，误以为实现完全配合 |
| 实际用 | 变比：200/1<br>零序Ⅰ段：0.55A（一次 110A）/0.75s<br>零序Ⅱ段：0.44A（一次 88A）/1s | | 不完全配合 | 变比正确情况下存在不完全配合 |

综上，E 光伏电站 35kV 丁线零序Ⅰ段在与上级（E 光伏电站 110kV #1 变压器低压侧零序保护）配合时，因整定计算 TA 变比错误导致上下级零序保护存在不完全配合，最终导致 35kV 丁线故障时 E 光伏电站 110kV #1 变压器低压侧零序保护越级跳闸。

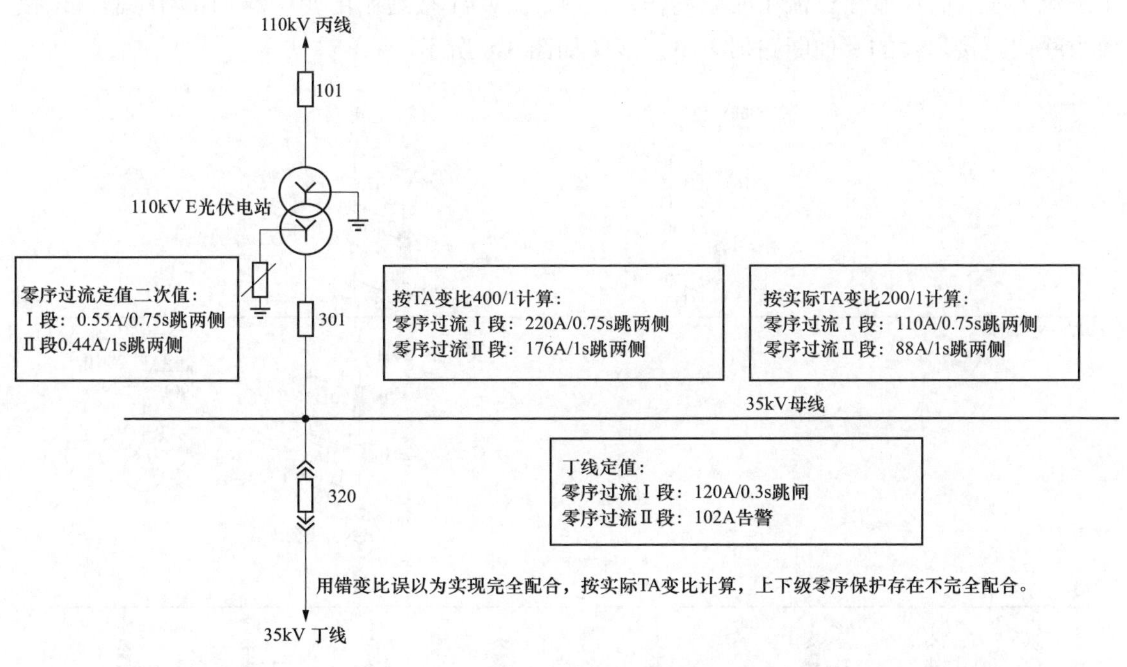


图 3-7　定值配合关系图

### 三、暴露问题

（1）整定计算人员粗心大意，在进行一次值折算时误将 E 光伏电站变压器低后备保护 200/1 的变比错误用成 400/1。

（2）保护定值单审核过程中，审核依据单一，仅使用整定人提供的定值配合图开展审核，未查阅上级设备定值，导致审核环节失去发现问题的机会。

### 四、防范措施

（1）TA 变比错误将直接导致保护整定的计算错误，定值单上的 TA 变比也是定值整定项目，整定人员应反复核对 TA 变比，特别是在改扩建工程中更应该注意该问题。

（2）做好交界面定值管理，110kV E 光伏电站 110kV #1 变压器定值为电站自行整定定值，当系统侧定值有变化时，调度机构应及时传达给用户，电站侧做好定值校核。

## 案例 5　跳闸矩阵整定不符合规程导致接地变压器保护不正确动作

### 一、事件简述

某日 35kV #1 接地站用变压器高压侧 B、C 相电缆头击穿，35kV #1 接地站用变压器保护过流Ⅰ段、高压零序过流Ⅰ时限动作，仅跳35kV #1接地站用变压器316断路器，未按要求联切所接母线的其他断路器。主接线图如图3-8所示。

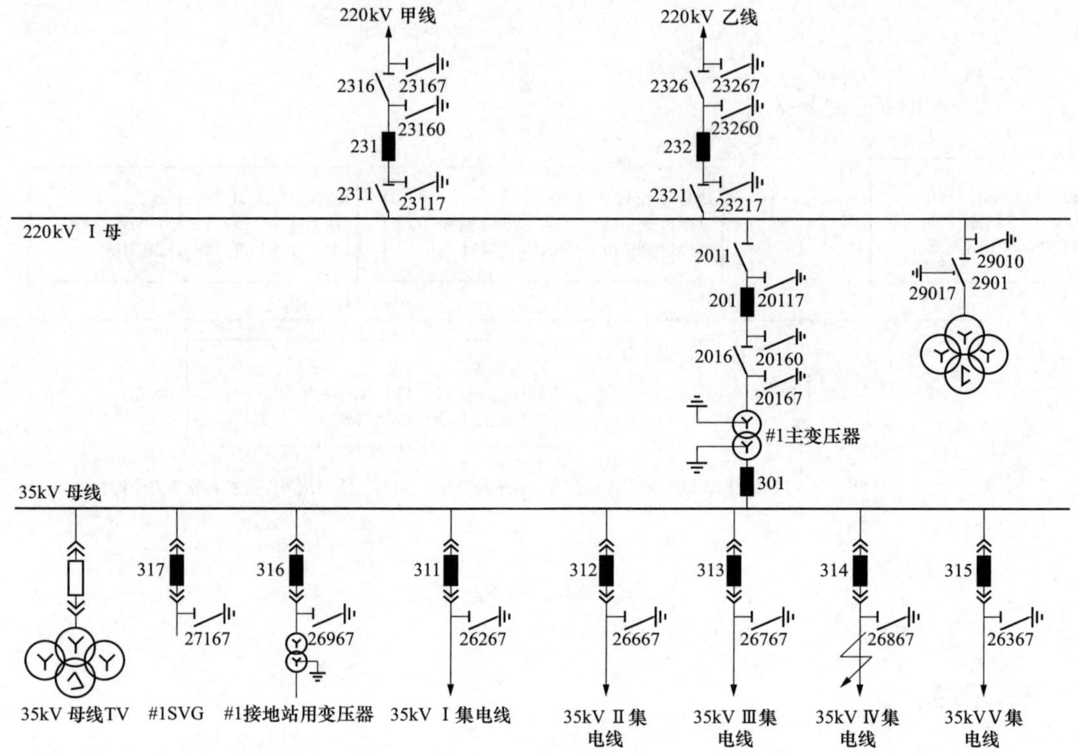


图3-8　主接线图

## 二、事件分析

### （一）保护动作情况

保护动作时序如图3-9所示。

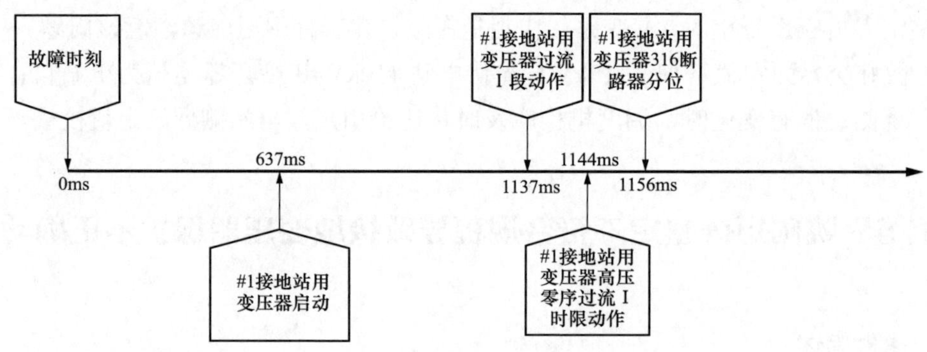


图3-9　保护动作时序

### （二）保护动作情况分析

按照《光伏发电站继电保护技术规范》（GB/T 32900—2016）5.8.3 在汇集母线分段断路器断开情况下，接地变压器电流速断保护、过电流保护及零序电流保护动作跳所接母线的所有断路器。35kV #1 接地变压器保护动作情况不符合要求。

经现场核查，35kV #1 接地站用变压器未联切同级并网断路器及变压器低压侧断路器的原因是 35kV #1 接地站用变压器保护跳闸矩阵漏整定，如图 3-10 所示。

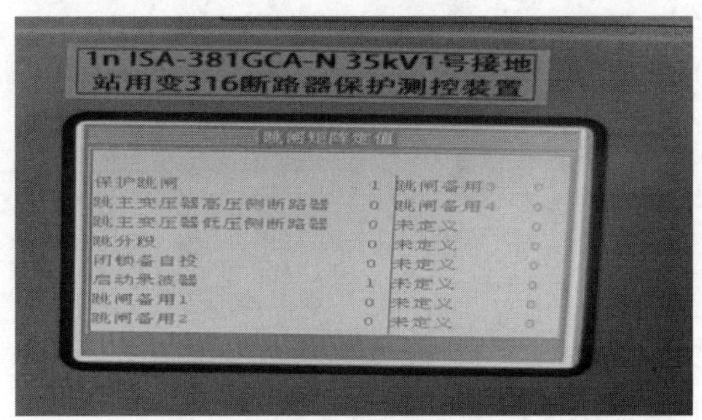


图 3-10　35kV #1 接地站用变压器保护跳闸矩阵

## 三、暴露问题

整定计算人员不熟悉规范要求，审核人员的专业技能深度及专业不全面，不能起到审核把关作用，审核、批准环节把关不严未发现整定错误。

## 四、防范措施

加强继电保护装置运行管理要求及相关行业标准规范的学习，掌握光伏场站继电保护整定计算要求。整定计算单位严格落实三级审批制度，避免整定错误类似事件再次发生。

# 案例 6　定值校核不及时导致保护失配越级动作

## 一、事件简述

某月某日 07 时 50 分 16 秒，某电厂 110kV 甲乙线因树障发生 C 相永久性接地故障，110kV 甲变电站侧零序Ⅲ段动作、重合于故障后零序加速动作、重合闸动作不成功，110kV 乙水电站侧零序Ⅳ段保护动作、重合闸停用，110kV 乙水电站侧#1 变压器零序过流Ⅱ段保护动作。

事件发生前区域系统运行方式为：110kV 丁、丙、乙水电站经联络线后通过 110kV 甲乙线并入 110kV 甲变电站运行，110kV 乙水电站#1 变压器带发电机组并网运行。接地方式安排为各变电站、水电站均有一台变压器中性点接地运行。

110kV 系统电气连接图如图 3-11 所示。

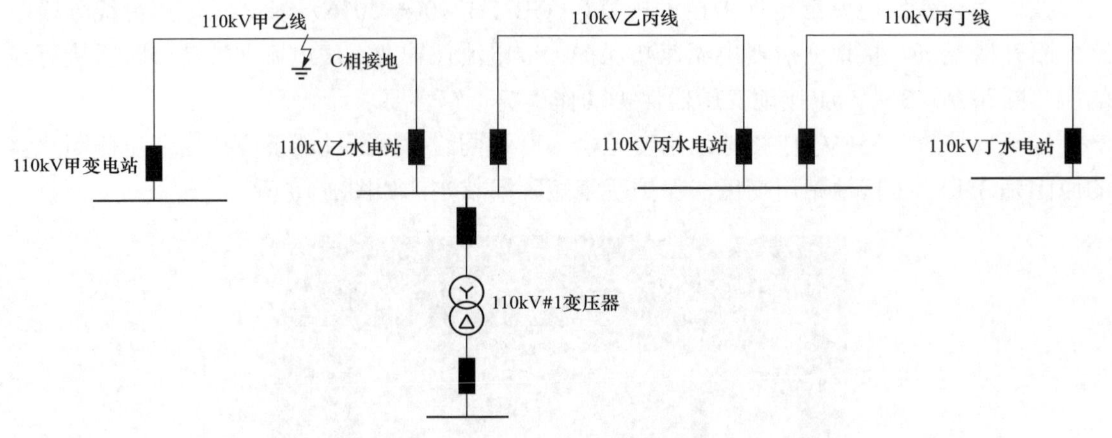


图 3-11　110kV 系统电气连接图

## 二、事件分析

### （一）保护动作情况

110kV 甲乙线线路发生 C 相高阻接地故障后，110kV 系统保护动作情况如图 3-12 所示。

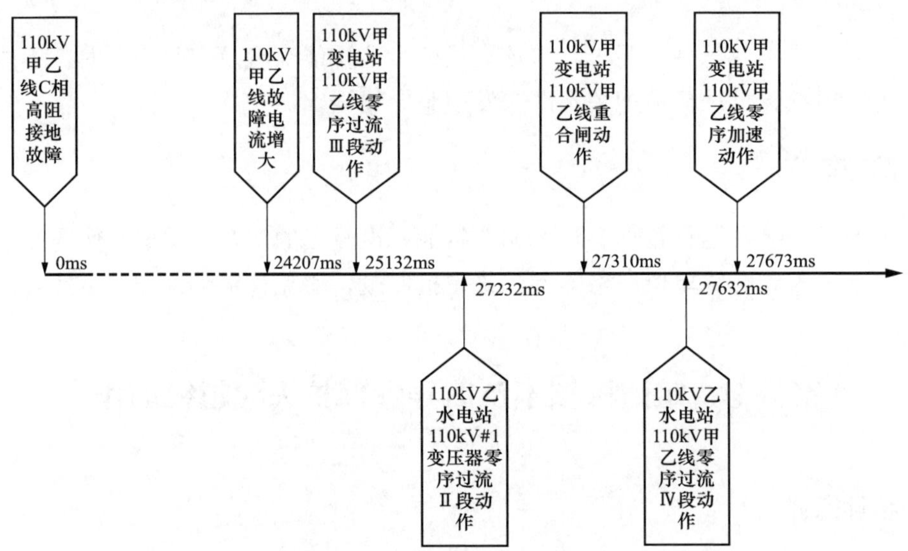


图 3-12　110kV 系统保护动作时序图

### （二）保护动作情况分析

110kV 甲乙线因线路 C 相高阻接地故障，持续约 24207ms 后故障电流增大，110kV 甲变电站侧线路保护达到零序过流Ⅲ段定值后跳闸，重合闸动作合于故障后加速跳闸，保护动作正确。110kV 乙水电站侧线路保护达到零序过流Ⅳ段定值后跳闸，重合闸停用，保护动作正确。

经现场检查，系统实际故障点为 110kV 甲乙线 4～5 号塔之间的线路 C 相上有树木搭接，其余设备未发现故障点，判断 110kV 乙水电站#1 变压器保护越级误动。

110kV 系统保护相关定值及分析如表 3-9 所示。

**表 3-9　　110kV 系统保护相关定值及分析**

| 保护装置 | TA 变比 | 保护功能 | 故障电流值 | 整定值（二次值） | 结论 |
|---|---|---|---|---|---|
| 110kV 甲变电站侧 110kV 甲乙线线路保护 | 400/5 | 零序过流Ⅱ段 | 一次值：384.8A<br>二次值：4.81A | 5A，0.6s | / |
| | | 零序过流Ⅲ段 | | 3A，0.9s | 正确动作 |
| 110kV 乙水电站侧 110kV 甲乙线线路保护 | 600/5 | 零序过流Ⅲ段 | 一次值：264.54A<br>二次值：2.2A | 2.5A，1.5s | / |
| | | 零序过流Ⅳ段 | | 1.25A，3.4s | 正确动作 |
| 110kV 乙水电站#1 变压器保护 | 30/5 | 零序过流Ⅰ段 | 一次值：58.2A<br>二次值：9.7A | 19.99A，2s | / |
| | | 零序过流Ⅱ段 | | 9.58A，3s | 越级动作 |

对 110kV 乙水电站#1 变压器相关保护定值进行校核，正常运行时 110kV 乙水电站#1 变压器与 110kV 甲乙线配合最大分支系数为 0.22。

#1 变压器零序过流Ⅱ段按照与 110kV 甲乙线零序过流Ⅳ段（150A，3.4s）配合，则 $I_{02}$=1.1×0.22×150A=36.3A，3.7s。

经校核，#1 变压器零序过流Ⅱ段（57.48A，3s）与 110kV 甲乙线零序Ⅳ段失配（150A，3.4s），导致保护越级动作。

### 三、暴露问题

并网电厂定值管理不到位，未按照调度机构下发的交界面等值阻抗及定值限额对厂站内设备定值进行校核。

### 四、防范措施

发电企业应按相关规定进行涉网继电保护的整定计算，并认真校核与电网侧保护的配合关系。加强对主设备及厂用系统的继电保护整定计算与管理工作，安排专人每年对所辖设备的整定值进行全面复算和校核，当厂用系统结构或参数发生变化时应对所辖设备的整定值进行全面复算和校核，当系统阻抗变化较大时应对系统阻抗相关的保护进行校核，严防因厂用系统保护不正确动作，扩大事故范围。

## 案例 7　不同原理保护定值失配导致变压器保护越级动作

### 一、事件简述

某月某日 03 时 57 分，110kV 乙丙线发生雷击三相短路故障，110kV 丙电站 110kV 乙丙线相间距离保护动作，跳开 110kV 乙丙线 K1 断路器，110kV 乙变电站由于 110kV 乙丙线保护装置电源插件损坏，保护未动作。220kV 甲变电站#2 变压器中后备保护动作跳开#2 变压器三侧断路器，220kV 甲变电站 110kVⅡ段母线失压，事件导致 220kV 甲变电站供 3 个 110kV 变电站（A、B、乙变电站）失压。系统接线图如图 3-13 所示。

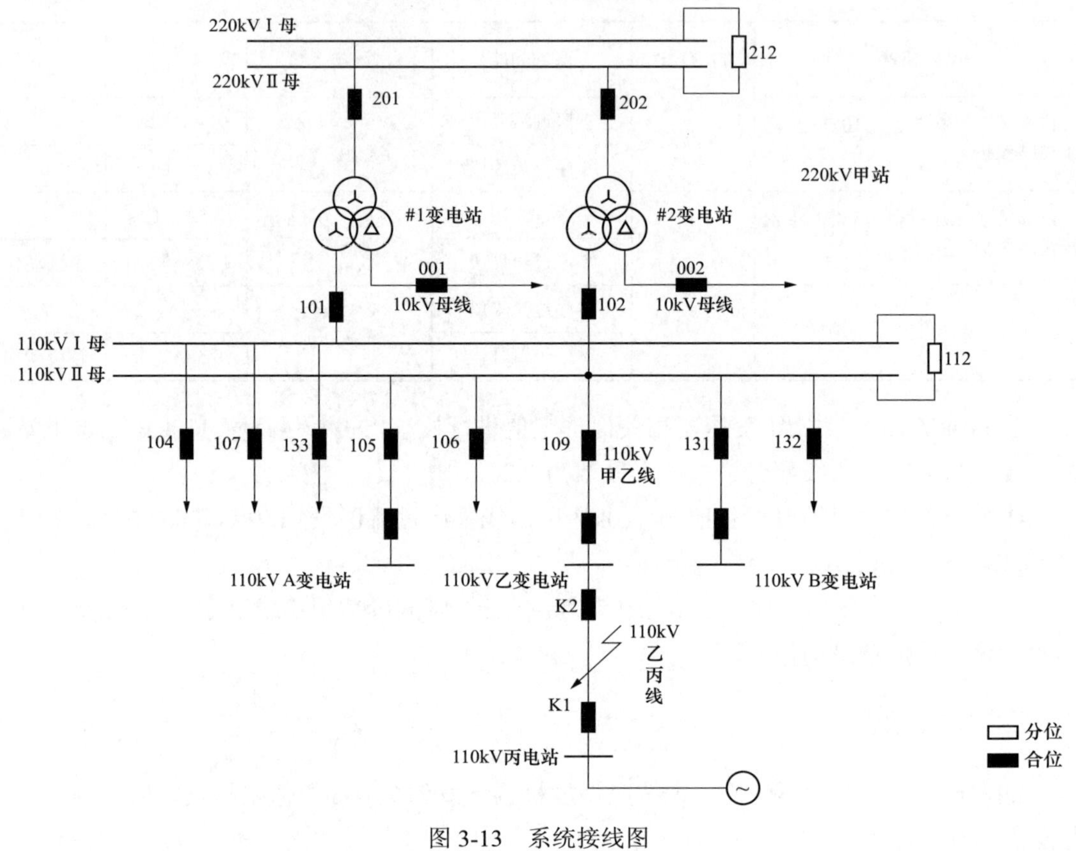

图 3-13　系统接线图

## 二、事件分析

### （一）保护动作情况

现场检查发现 110kV 乙变电站侧 110kV 乙丙线保护装置电源插件损坏，其余保护装置运行正常。以 220kV 甲变电站#2 变压器反映的 110kV 乙丙线故障时刻为 0 时刻，各站各装置时间统一折算，故障时序如图 3-14 所示。

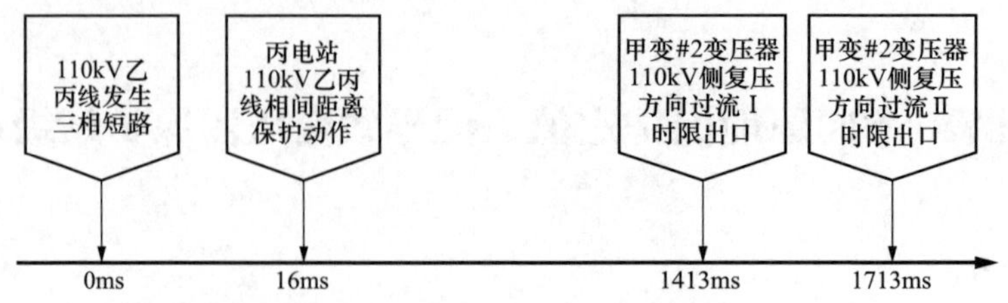

图 3-14　保护动作时序图

### （二）保护动作情况分析

1. 110kV 丙电站侧 110kV 乙丙线保护动作分析

110kV 乙丙线发生雷击三相短路故障，110kV 丙电站 110kV 乙丙线相间距离保护动作，跳开 110kV 乙丙线 K1 断路器，保护动作正确。

2. 220kV 甲变电站侧 110kV 甲乙线保护未动作分析

110kV 乙丙线发生故障时，110kV 乙变电站侧 110kV 乙丙线保护电源插件损坏，110kV 乙变电站 110kV 乙丙线保护装置拒动，故障应由 220kV 甲变电站侧 110kV 甲乙线保护动作切除故障。经现场检查发现，220kV 甲变电站侧 110kV 甲乙线保护测量阻抗进入了Ⅲ段阻抗内，由于相间阻抗Ⅲ段动作时间为 3.0s，其动作时间大于变压器保护的中后备复压方向过流Ⅰ段时间 1.7s，因此 110kV 甲乙线只启动未出口切除故障。

3. 220kV 甲变电站#2 变压器保护动作分析

220kV 甲变电站#2 变压器 110kV 侧电流 6.8A，达到 110kV 侧复压方向过流Ⅰ段定值 3A，延时 1.7s 越级跳闸。

4. 定值整定分析

该电网 220kV 变压器中压侧均未配置距离保护，220kV 变压器中后备复压过流保护与 110kV 出线距离Ⅱ段之间存在两种不同原理保护的配合。110kV 甲乙线定值整定时，距离Ⅱ段的整定主要是考虑保证对线路末端有 1.5 以上的灵敏度，以及不要伸出所供变压器中、低压侧为原则，未对 110kV 距离Ⅱ段与 220kV 变压器中压侧复压过流Ⅰ段的配合情况进行充分的考虑。

为防止越级动作，在保护范围上应该要求 220kV 变压器中压侧复压方向过流Ⅰ段的保护范围不能超出 110kV 出线距离Ⅱ段的保护范围，否则将发生相邻线路故障而断路器（或保护）拒动时，220kV 变压器保护越级跳闸，扩大事故停电范围。

## 三、暴露问题

（1）工作人员漏监视，未及时发现 110kV 乙变电站 110kV 乙丙线保护装置故障信息。“乙变电站乙丙线保护装置告警”“乙变电站乙丙线保护装置故障”“乙丙线保护装置通信中断”3 个告警信息已于 6 个月前上送监控告警窗，但工作人员未引起重视，未及时上报进行检查处理。

（2）220kV 变电站变压器中后备复压过流Ⅰ段在保护范围上与 110kV 线路距离Ⅱ段不配合。220kV 变压器中压侧复压方向过流Ⅰ段的保护范围超出了 110kV 出线距离Ⅱ段的范围，两级保护的时间定值失配。

## 四、防范措施

（1）做好设备运维、监视工作。在监视过程中发现异常信号要及时核实，查明原因，避免因保护装置故障拒动导致保护越级跳闸。

（2）做好 220kV 变电站变压器后备保护与 220kV 变电站 110kV 出线的定值配合核查

工作，避免不同原理保护间配合。

（3）对变压器保护装置进行升级改造，220kV 及以上变压器保护高、中压侧应按要求增加阻抗保护，以解决变压器保护与线路保护定值配合困难的问题。

# 案例 8　定值失配导致变压器间隙保护误动

## 一、事件简述

某月某日 06 时 26 分 02 秒，某 220kV 风电场送出线路 220kV 甲线因鸟害发生 B 相接地故障，220kV 甲线线路主一、主二保护纵联保护动作和重合闸动作成功。在 220kV 甲线 291 断路器 B 相重合之前，220kV#1 变压器两套保护的高间隙过流保护动作，220kV#1 变压器非计划停运。

事件发生前运行方式为：220kV 甲线、220kV #1 变压器、220kV #2 联络变压器、110kV 乙线、35kV Ⅰ母及Ⅱ母运行。220kV#1 变压器高压侧中性点间隙接地运行、220kV #2 联络变压器高压侧中性点直接接地运行、220kV #2 联络变压器 110kV 中压侧中性点直接接地运行。

电气主接线图如图 3-15 所示。

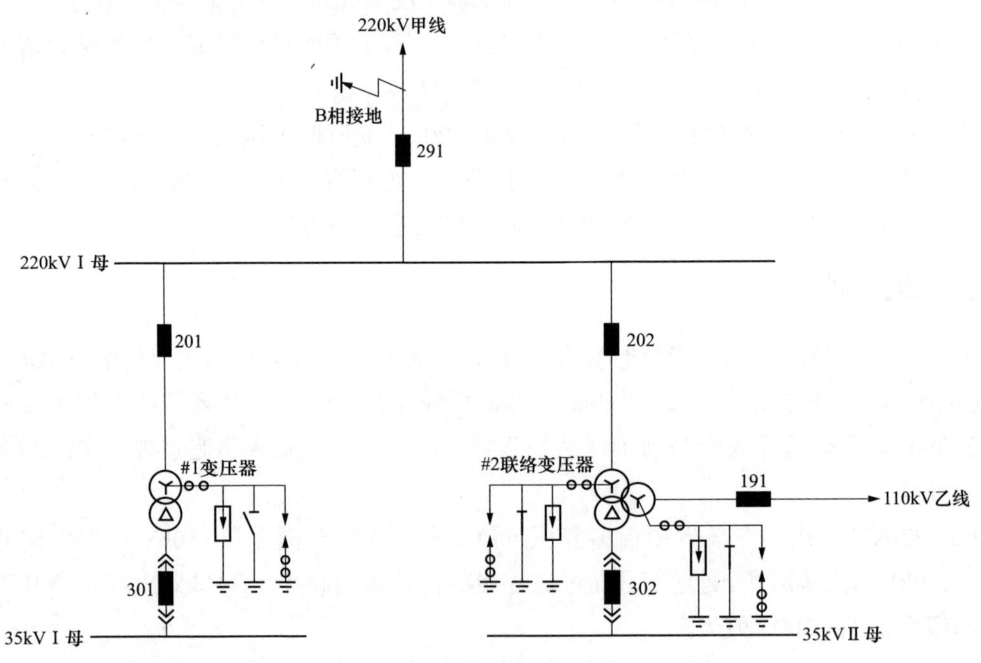


图 3-15　电气主接线图

## 二、事件分析

### （一）保护动作情况

220kV 甲线因鸟害发生 B 相接地故障，220kV 甲线线路主一、主二保护纵联保护动作，跳 220kV 甲线 291 断路器 B 相，重合闸动作成功。在 220kV 甲线 291 断路器 B 相重合之前，220kV #1 变压器两套保护高间隙过流保护动作，跳开 220kV #1 变压器高压侧 201 断路器、低压侧 301 断路器。保护动作时序图如图 3-16 所示。

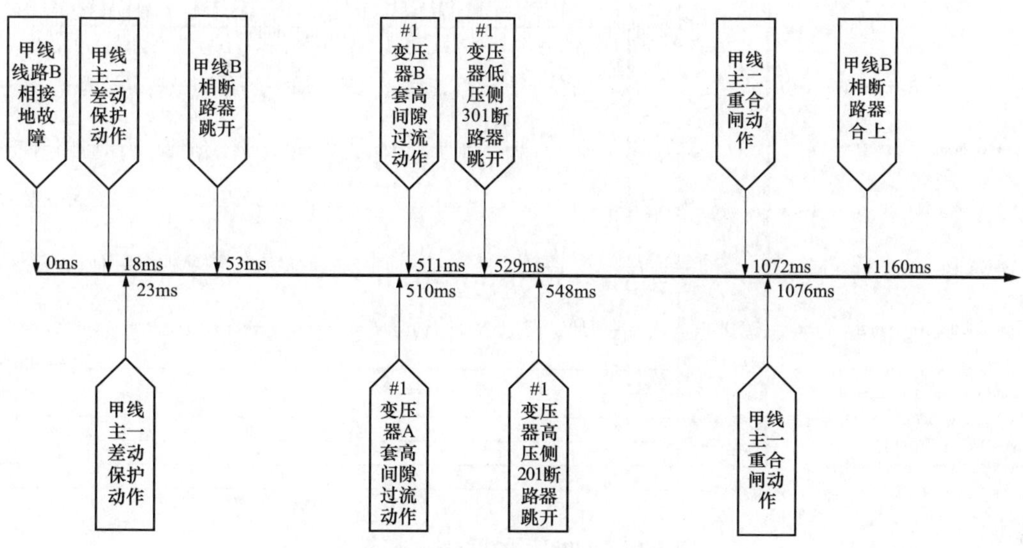


图 3-16　保护动作时序图

## （二）保护动作情况分析

220kV 甲线线路 B 相电压降低、B 相电流增大，出现零序电压、电流，表明线路 B 相发生接地故障。

220kV 甲线线路主一保护纵联差动保护动作，差动电流 2.598A（保护定值 0.43A），动作时间 23ms，220kV 甲线 291 断路器 B 相跳闸，保护正确动作，1076ms 主一保护重合闸动作（重合闸方式为“单重”，重合闸时间 1s），重合闸正确动作。

220kV 甲线线路主二保护纵联差动保护动作，差动电流 3.52A（保护定值 0.29A），动作时间 18ms，220kV 甲线 291 断路器 B 相跳闸，保护正确动作。1072ms 主二保护重合闸动作（重合闸方式为“单重”，重合闸时间 1s），重合闸正确动作。

220kV 甲线线路故障录波如图 3-17 所示。

220kV #1 变压器高压侧中性点过电压保护装置采用无间隙氧化锌避雷器，避雷器型号为 YH1.5W-144/320，棒间隙型号为 BJX-220- MOA，高压侧中性点放电间隙距离现场按照试验电压 103.6kV 放电 10 次调整为 284mm。220kV 甲线线路发生 B 相瞬时接地故障，220kV #1 变压器高压侧中性点电位产生位移电压达到 109kV，中性点位移电压高于间隙击穿电压 103.6kV，造成放电间隙击穿产生间隙零序电流。间隙零序电流最小值达到 3.57A，大于高间隙过流定值 1A，且间隙零序电流持续时间达到高间隙过流时间定值 0.5s。220kV #1 变压器 A 套保护高间隙过流保护 510ms 动作，B 套保护高间隙过流保护 511ms 动作，跳开 220kV #1 变压器高、低压侧断路器。#1 变压器故障录波如图 3-18 所示。

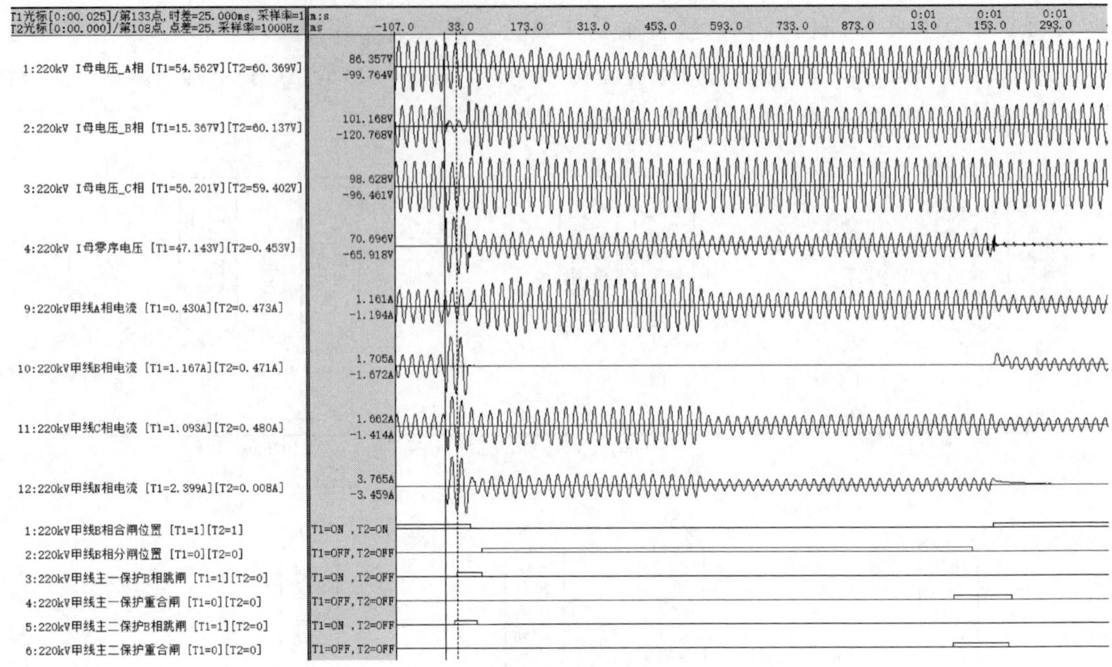


图 3-17　220kV 甲线线路故障录波

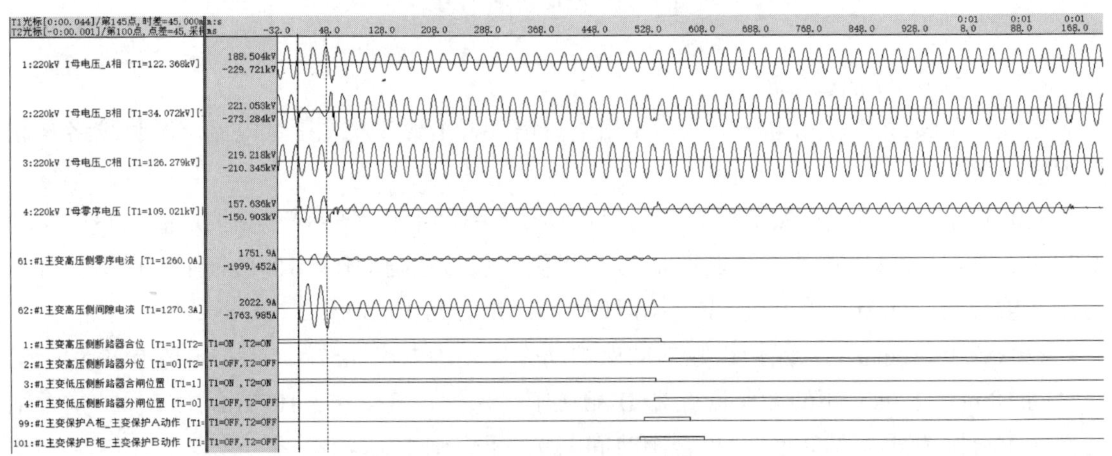


图 3-18　#1 变压器故障功能录波

经查，220kV#1 变压器高间隙过流保护延时定值整定错误，220kV#1 变压器高间隙过流保护动作时间（整定值为 0.5s）未躲过 220kV 甲线单相重合闸时间（整定值为 1s），导致 220kV#1 变压器高间隙过流保护动作跳开 220kV#1 变压器各侧断路器。按照整定配合原则，变压器高间隙过流保护动作时间 $T$ 应为

$$T = T_{ZH} + \Delta T = 1s + 0.3s = 1.3s$$

式中　$T_{ZH}$ ——220kV 线路单相重合闸时间；

$\Delta T$ ——时间级差，一般取 0.3～0.5s。

## 三、暴露问题

风电场在定值整定时未按照变压器继电保护整定计算规程要求考虑变压器高间隙过流保护与 220kV 送出线路单相重合闸时间的配合问题，导致变压器高间隙过流保护与 220kV 送出线路单相重合闸失配误动。

## 四、防范措施

严格按照规程规范开展定值计算及校核，及时对存在高间隙过流保护与 220kV 送出线路单相重合闸失配情况的厂站进行定值修改。严格执行计算、审核、批准的整定计算三级责任制度，确保定值正确、合理。

## 五、知识点延伸

（1）国家能源局《防止电力生产事故的二十五项重点要求（2023 版）》14.3.2 为防止在有效接地系统中不接地变压器中性点出现高幅值的雷电、工频过电压，对中性点额定雷电冲击耐受电压大于 185kV 的 110～220kV 不接地变压器，中性点过电压保护应采用无间隙避雷器保护；对于 110kV 变压器，当中性点额定雷电冲击耐受电压不大于 185kV 时，原则上应优先采用水平布置的间隙保护方式，对已采用间隙并联避雷器的组合保护方式仍可继续保留使用。对于间隙，在雷雨季节前或间隙动作后，应检查间隙的烧损情况并校核间隙距离。

（2）变压器中性点间隙保护的运行状况存在较多不确定性，比如曾多次出现以下情况：在 220kV 线路单相故障时产生较高暂态电压导致变压器中性点间隙放电击穿，线路单相跳闸后非全相运行期间由于线路负荷重，间隙维持较大零序电流难以熄弧，如果变压器中性点间隙零序电流保护整定时间较短，躲不过故障线路的重合闸时间，会造成变压器断路器先于故障线路重合闸动作而误跳变压器。因此考虑在满足设备过压承受能力的前提下适当延长间隙零序电流保护动作时限，以避免在线路瞬时故障期间主变压器非计划停运。基于上述考虑，220kV 变压器 220kV 侧中性点间隙零序电流动作时间要考虑与 220kV 线路单相重合闸配合；220kV 变压器 110kV 侧中性点间隙零序电流动作时间，考虑要与 110kV 线路保护全线有灵敏度段动作时间配合。间隙零序过压保护，需校核一次设备承受过压的能力来确定保护动作时间，以便更有效地保护变压器，并且要求 110kV 变压器间隙零序过电压动作跳变压器时间与 220kV 变压器 110kV 侧间隙零序过电压保护动作时间配合，防止 110kV 系统过压时 110kV 变压器大量跳闸，对供电可靠性带来不利影响。

（3）220kV 与 110kV 变压器间隙零序过流、零序过电压保护配置及整定宜满足如下要求：

1）间隙零序过电压应取 TV 开口三角电压；间隙零序电流应取中性点间隙专用 TA；间隙零序电压、零序电流宜各按两时限配置；对于全绝缘变压器或中性点放电间隙满足取消条件的变压器（例如：中低压侧无电源且中性点绝缘等级为 66kV 的 110kV 变压器），间隙零序过流保护应退出，间隙零序过电压保护可保留。

2）间隙保护动作逻辑应采用逻辑简图如图 3-19 所示：变压器间隙零序过电压元件单独经较短延时 T11 和 T12 出口；变压器间隙零序过流和零序过电压元件组成“或门”逻辑，经较长延时 T21 和 T22 出口。间隙电压和间隙过流保护时间定值具备两个独立时限，可以第一时限先切除小电源，有利于故障熄弧。间隙过流和零序过压“或”的关系，零序过压和零序过流元件动作后相互保持，可以解决在间隙击穿过程中零序过流和零序过压可能交替出现的情况。

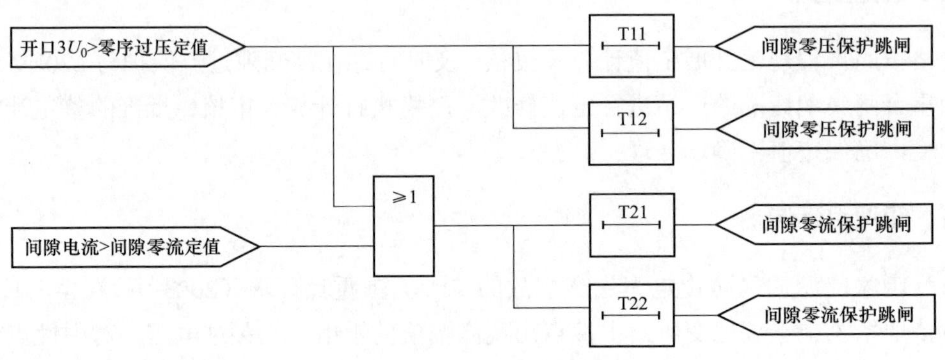


图 3-19　间隙保护逻辑简图

3）间隙保护动作时间整定要求如下：①变压器间隙零序过电压保护动作跳变压器时间应满足变压器中性点绝缘承受能力要求。②110kV 变压器间隙零序过电压动作跳变压器时间宜取 220kV 变压器的 110kV 侧间隙零序过电压保护动作时间加一个时间级差。③中低压侧有小电源上网的 110kV 变压器间隙零序过电压动作后第一时限先跳小电源进线开关，第二时限跳变压器。④变压器 220kV 侧中性点间隙零序过流动作跳变压器时间与 220kV 线路单相重合闸周期（故障开始至线路开关单相合闸恢复全相运行）配合，110kV 侧中性点间隙零序过流动作跳变压器时间与 110kV 线路保护全线有灵敏度段动作时间配合，级差宜取 0.3～0.5s。⑤110kV 变压器中、低压侧有小电源上网时，间隙零序电流动作后第一时限先跳小电源进线开关，与 110kV 线路保护全线有灵敏度段动作时间配合，第二时限跳变压器。⑥110kV 变压器中、低压侧没有小电源上网时，间隙零序电流动作跳变压器，时间与 110kV 线路后备保护距离Ⅲ段及零序Ⅳ段动作时间配合，并宜与 220kV 变压器 110kV 侧间隙零序过流保护动作时间配合。

## 案例 9　定值未躲过合闸冲击电流导致误上电保护误动

### 一、事件简述

某电厂#1 发电机 011 断路器并网时，两套发电机保护的误上电保护动作跳开#1 发电机 011 断路器。电厂主接线图如图 3-20 所示。

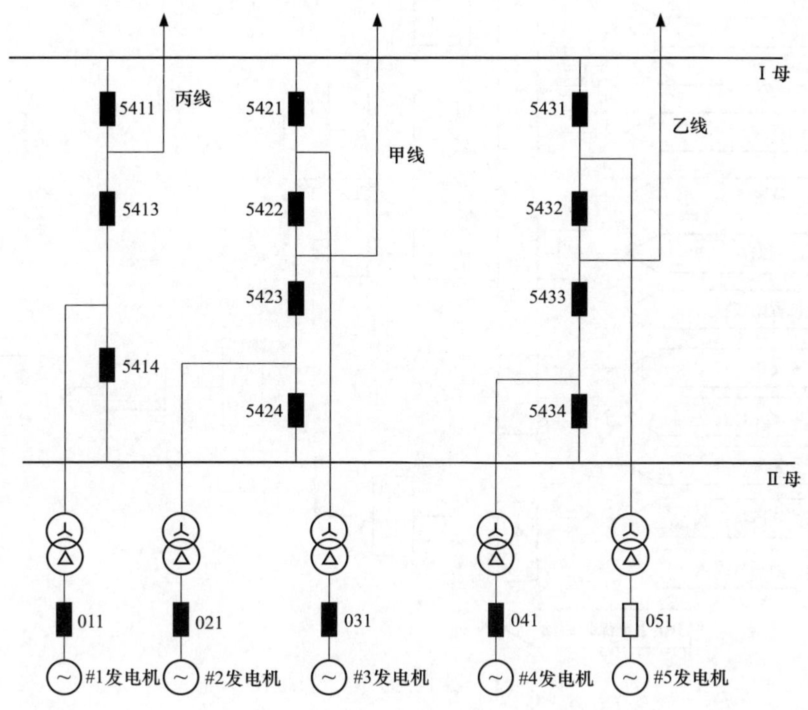


图 3-20　电厂主接线图

## 二、事件分析

### （一）保护动作情况

经检查，#1 发电机一、二次设备无异常，#1 发电机误上电保护误动。误上电保护定值如表 3-10 所示。

**表 3-10**　　　　误上电保护定值

| 误合闸频率闭锁定值 | 45.00Hz |
|---|---|
| 误合闸电流定值 | 0.24A |
| 误合闸延时定值 | 0.10s |
| 误合闸跳闸控制字 | 00F9 |

### （二）保护动作情况分析

因#1 发电机两套保护配置及动作行为一致，以#1 发电机第 I 套保护为例进行分析，误上电保护逻辑图如图 3-21 所示，其中①断路器跳开位置采用机组出口断路器跳闸位置常闭触点接入，断路器无流判据为机端电流以及中性点电流均小于 0.04A；②延时继电器 $t_3$、$t_4$ 独立计时，装置程序内固有设置为 0.5s，在断路器合位变分位后经 $t_3$ 延时后开放保护，在断路器分位变合位后经 $t_4$ 延时后闭锁保护。

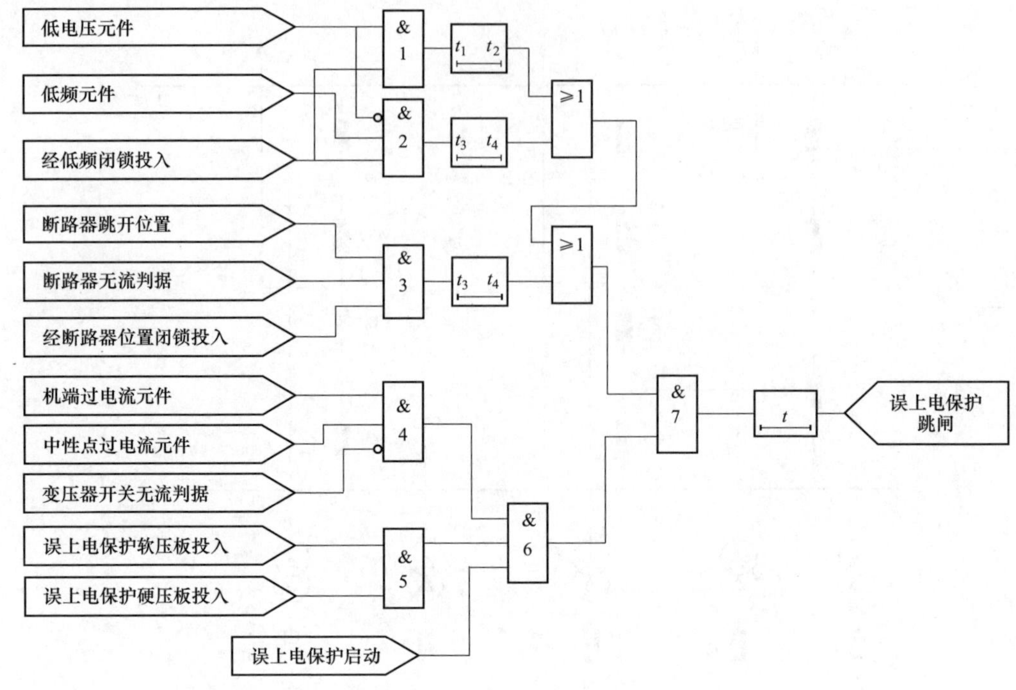


图 3-21　误上电保护逻辑框图

从图 3-22、图 3-23 可知，发电机并网时产生了冲击电流，持续大约 0.2s，发电机机端及中性点电流有效值均大于误上电保护电流定值 0.24A，且持续时间大于 0.1s。因此，#1 发电机并网后，出口断路器由分到合，断路器有流，逻辑图与门 3 经 $t_4$（装置内部固化为 0.5s）延时闭锁保护。机组并网约 40ms 后机端、中性点过流动作元件均满足，与门 4 开放，由于闭锁延时 $t_4$ 未达到，与门 3 继续开放，经延时 $t$=0.1s 动作出口跳闸。

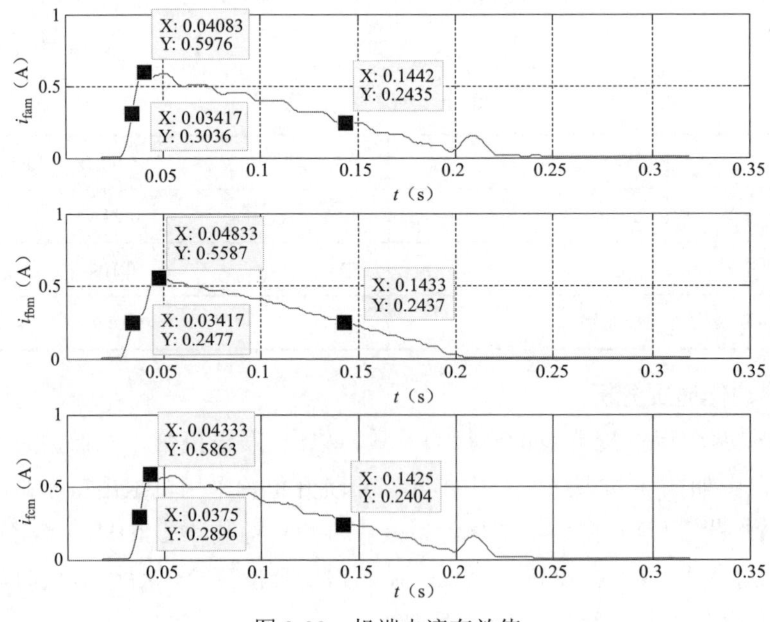


图 3-22　机端电流有效值

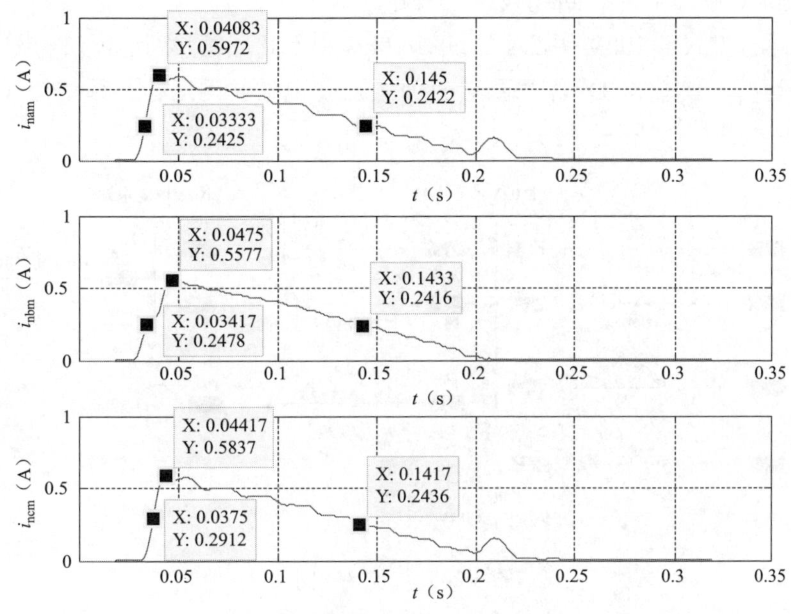


图 3-23　中性点电流有效值

## 三、暴露问题

误上电定值整定不合理，未考虑误上电保护与机组同期合闸配合问题，未估算机组同期合闸最大角差下的合闸冲击电流与定值整定配合是否合理，未考虑下限值能否躲过机组同期合闸产生的最大冲击电流，将误上电保护动作电流定值整定为 DL/T 684—2012《大型发电机变压器继电保护整定计算导则》规定的下限值 $0.3I_{gn}$，导致#1 发电机正常同期并网后误上电保护未能躲过并网产生的最大合闸冲击电流而动作出口。

## 四、防范措施

关注误上电保护与机组同期合闸配合问题，估算机组同期合闸最大角差下的合闸冲击电流与定值整定配合是否合理，结合 DL/T 684—2012《大型发电机变压器继电保护整定计算导则》合理取值。

# 案例 10　无功过大导致线路距离Ⅲ段保护误动

## 一、事件简述

某月某日 02 时 02 分 20 秒，110kV 甲变电站 110kV 甲乙Ⅰ回线 162 断路器相间距离Ⅲ段保护动作跳闸，02 时 02 分 24 秒 110kV 甲乙Ⅱ回线 152 断路器相间距离Ⅲ段保护动作跳闸，经查 110kV 甲乙Ⅰ、Ⅱ回线线路无故障。

跳闸前的运行方式：110kV 甲乙Ⅰ回线、110kV 甲乙Ⅱ回线并列运行，A 电厂通过 110kV 甲变电站并网运行，B、C、D 电厂通过 110kV 乙变电站并网运行。系统接线图如图 3-24 所示。

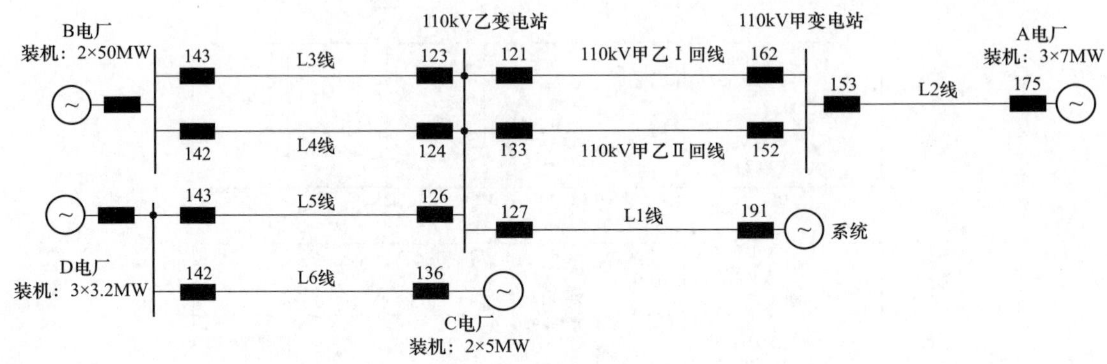


图 3-24　系统接线图

## 二、事件分析

### （一）保护动作情况

110kV 甲乙Ⅰ、Ⅱ回线距离保护为四边形特性。02 时 02 分 20 秒，110kV 甲变电站 110kV 甲乙Ⅰ回线 162 断路器相间距离Ⅲ段保护动作跳闸，动作阻抗（52+j141Ω）。02 时 02 分 24 秒，110kV 甲变 110kV 甲乙Ⅱ回线 152 断路器相间距离Ⅲ段保护动作跳闸，动作阻抗（39.25+j120Ω）。110kV 甲乙Ⅰ、Ⅱ回线保护装置报文如表 3-11 所示。

**表 3-11　110kV 甲乙Ⅰ、Ⅱ回线保护装置报文**

| 变电站 | 保护装置 | 绝对时间 | 保护动作情况 |
|---|---|---|---|
| 110kV 甲变电站 | 110kV 甲乙Ⅰ回线 | 02 时 02 分 16 秒 727 毫秒 | 0ms 保护启动<br>3900ms 相间距离Ⅲ段 $X$=141Ω，$R$=52Ω |
|  | 110kV 甲乙Ⅱ回线 | 02 时 02 分 20 秒 698 毫秒 | 3ms 保护启动<br>3904ms 相间距离Ⅲ段 $X$=120Ω，$R$=39.25Ω |

### （二）保护动作情况分析

1. 110kV 甲乙Ⅰ回线保护动作情况分析

跳闸前，110kV 甲乙Ⅰ回线轻载运行，对应的负荷为 $P$=2.52MW，$Q$=8.76MW，对应一次电流 45A、二次电流 0.38A，功率因数仅为 0.3 左右，电压超前电流 70°。故障录波装置显示 110kV 母线二次相电压为 60V 左右，110kV 甲乙Ⅰ回线二次电流 0.382A，对应的测量阻抗为 157Ω∠70°左右，定值 150Ω，测量阻抗落入距离Ⅲ段动作特性区，保护动作。

110kV 甲乙Ⅰ回线故障录波装置测量阻抗如图 3-25 所示。

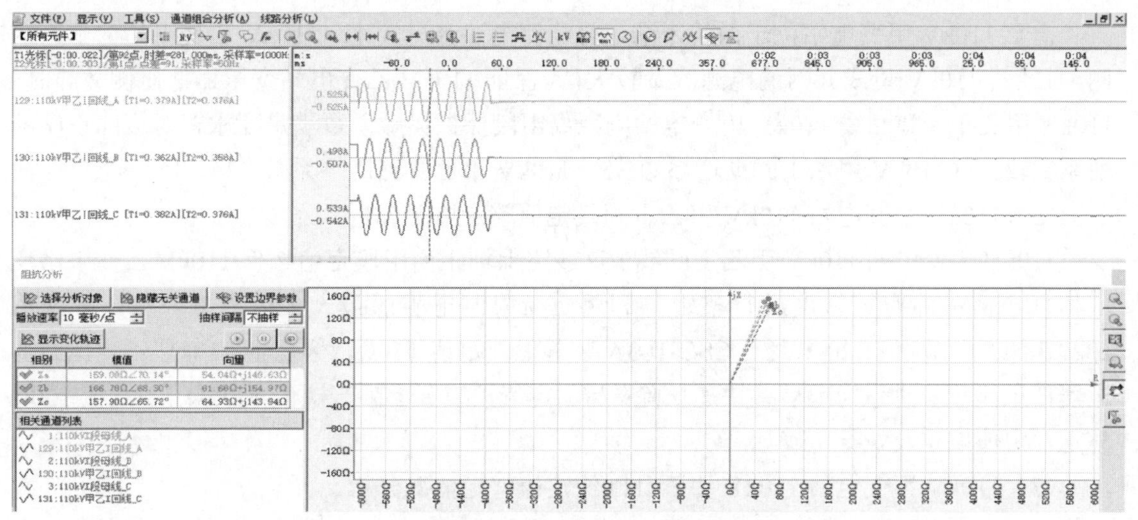


图 3-25 110kV 甲乙 I 回线故障录波装置测量阻抗

2. 110kV 甲乙Ⅱ回线保护动作情况分析

110kV 甲乙Ⅱ回故障录波装置测量阻抗如图 3-26 所示。

跳闸前，110kV 甲乙Ⅱ回线轻载运行，对应的负荷为 $P$=0.53MW，$Q$=3.44MW，对应一次电流 17A、二次电流 0.14A，功率因数仅为 0.15 左右，电压超前电流 80°。110kV 甲乙 I 回线跳闸后，负荷转移到 110kV 甲乙Ⅱ回线，跳闸前，故障录波装置显示 110kV 母线二次相电压为 60V 左右，110kV 甲乙Ⅱ回线二次电流 0.508A，对应的测量阻抗二次值为 119Ω∠71°左右，定值 150Ω，测量阻抗落入距离Ⅲ段动作特性区，保护动作。

3. 定值整定情况分析

（1）110kV 甲乙 I 、Ⅱ回线助增系数。

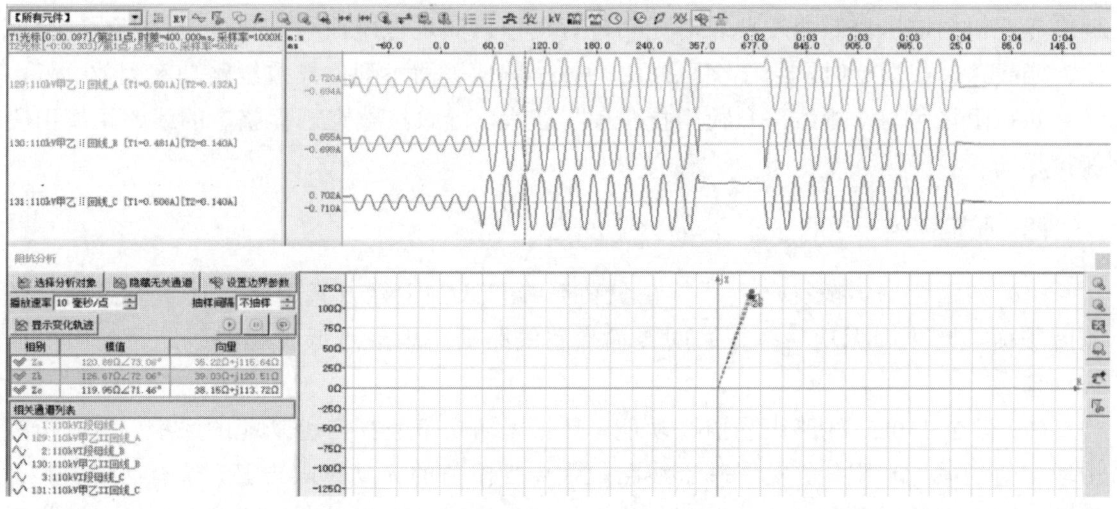


图 3-26 110kV 甲乙Ⅱ回故障录波装置测量阻抗

由于110kV甲变电站位于系统末端，且背侧电源容量较小，110kV乙变电站位于系统侧，且经其110kV母线并网的电源容量较大，为保证110kV乙变电站变压器低压侧故障时，110kV甲乙Ⅰ、Ⅱ回线110kV甲变电站侧距离Ⅲ段保护灵敏系数满足要求，对应的正序助增系数较大（110kV甲乙Ⅰ回助增系数35，110kV甲乙Ⅱ回助增系数57）。

（2）110kV甲变电站110kV甲乙Ⅰ回线定值整定情况分析。

110kV甲变电站110kV甲乙Ⅰ回线162线路保护距离Ⅲ段定值按保110kV乙变电站变压器低压侧故障有灵敏度进行整定，利用负荷限制电阻躲最大负荷电流，整定一次值2020.385Ω，二次值220Ω大于CSC-163A装置上限定值150Ω，为保证110kV乙变电站变压器低压侧故障时作为远后备快速切除故障，定值按装置上限一次值1375Ω，二次值150Ω整定，定值整定及执行正确。

（3）110kV甲变电站110kV甲乙Ⅱ回线定值整定情况分析。

110kV甲变电站110kV甲乙Ⅱ回线152线路保护距离Ⅲ段定值按保110kV乙变电站变压器低压侧故障有灵敏度进行整定，利用负荷限制电阻躲最大负荷电流，整定一次值3305.97Ω，二次值360Ω大于CSC-163A装置上限定值150Ω，为保证110kV乙变电站变压器低压侧故障时作为远后备快速切除故障，定值按装置上限一次值1375Ω，二次值150Ω整定，定值整定及执行正确。

（4）距离Ⅲ段保护定值整定分析。

110kV甲乙Ⅰ、Ⅱ回保护定值均按照规程进行整定，但是由于跳闸前线路输送无功较大，输送有功较小，110kV甲乙Ⅰ、Ⅱ回负荷阻抗角为70°左右，负荷阻抗角靠近正序阻抗灵敏角（Ⅰ回73°，Ⅱ回65°），导致测量阻抗落入距离Ⅲ段动作特性区。

## 三、暴露问题

当前对功率因数的要求多为0.95，实际运行过程中由调度机构下达电压控制曲线，调度专业根据电压控制曲线要求对无功进行调控以满足电压曲线，未对功率因数进行关注。当线路轻载运行时，由于变电站无功补偿就地平衡不到位导致线路功率因数过低，线路负荷阻抗角与常规线路负荷阻抗角差异较大，导致按整定规程整定的线路距离Ⅲ段保护误动。

## 四、防范措施

（1）加强无功平衡管理。系统在负荷高峰和低谷运行方式下，无功功率做到分层分区平衡，防止因无功功率在站间传输导致线路功率因数过低引起的线路距离Ⅲ段保护动作。

（2）健全110kV线路无功监视功能。具备无功功率监视告警功能的系统，根据距离Ⅲ段定值明确无功限值，实现基于线路最大无功限值的无功越限告警，确有必要时，可结合实际情况采取其他监视告警模式（例如基于线路功率因数0.8以下时的最大负荷限值告警）。

# 案例 11　双套保护定值不一致导致线路重合不成功

## 一、事件简述

某月某日 17 时 22 分 15 秒，某 110kV 水电站送出线 110kV 甲线因风偏发生 BC 相间短路接地故障，线路保护零序过流 I 段保护动作跳闸，重合闸失败（未动作）；同时该线路在运的另一套保护装置偷跳启动重合闸，重合闸未动作。电气一次主接线图如图 3-27 所示。

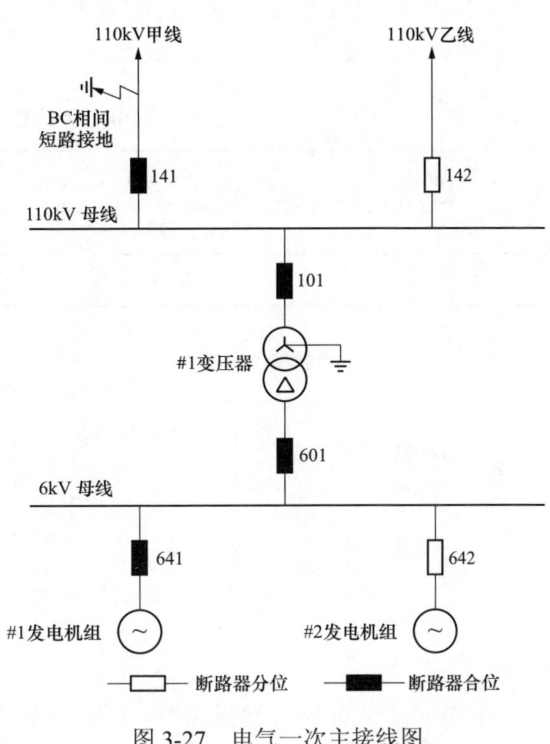


图 3-27　电气一次主接线图

## 二、事件分析

### （一）保护动作情况

17 时 22 分 15 秒 759 毫秒，110kV 甲线发生 BC 相间短路接地故障，110kV 甲线因保护改造、运行管理疏漏，导致在运保护（以下称保护 1）及应退运保护（以下称保护 2）均处于运行状态，具体保护动作情况如表 3-12 所示。

表 3-12　　保护动作情况

| 序号 | 相对时间 | 保护动作情况 |
|---|---|---|
| 1 | 0ms | 110kV 甲线保护 1、2 两套保护装置保护启动 |
| 2 | 9ms | 110kV 甲线保护 2 零序过流 I 段保护动作 |
| 3 | 87ms | 110kV 甲线 141 断路器断开 |
| 4 | 128ms | 110kV 甲线保护 1 装置发断路器偷跳启动重合闸 |
| 5 | 1008ms | #1 发电机组高周保护动作停机 |
| 6 | 1061ms | 110kV 甲线因线路对侧重合成功后，带有线路电压 |

### （二）保护动作情况分析

110kV 甲线保护 2 采集到故障零序电流 12.25A，零序过流 I 段保护动作。#1 发电机组 1s 后高周保护动作跳闸停机，导致 110kV 母线无压，而该装置重合闸方式整定为“检同期”，故装置在母线无压后无法实现检同期重合闸，重合闸失败。

110kV 甲线的保护 1 采集到故障零序电流大于整定值，但因未到整定延时 0.1s，故而保护未动作。在保护启动后 128ms，保护装置收到断路器变位信号，发断路器偷跳启动重合闸，该装置重合闸方式整定为“检线路有压母线无压加检同期”。因该保护装置的线路电压接线错误接入了计量母线电压 A 相且电压极性接线错误，装置未能实际采到线路电压，不满足重合闸“检线有压母无压”条件，重合闸未动作。

110kV 甲线线路保护相关定值如表 3-13 所示。线路保护装置同期电压接线示意图如图 3-28 所示。

**表 3-13　　110kV 甲线线路保护相关定值**

| 保护装置 | 零序过流 I 段定值 | 重合闸方式及时间 |
|---|---|---|
| 保护 2 | 11A，0s | 检同期，1s |
| 保护 1 | 11A，0.1s | 检线路有压母线无压、检同期，1s |

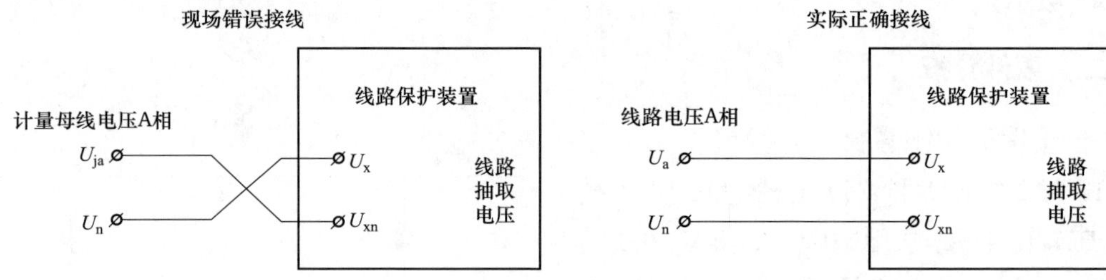


图 3-28　线路保护装置同期电压接线示意图

110kV 甲线线路建设投运时，线路保护为保护 2（同时具备测控功能），在后期进行保护装置更换时，仅将保护 2 的保护功能更换为保护 1，测控功能仍由保护 2 实现。保护更换后，整定人员按照保护整体更换的方式进行了新装置定值的整定下达，未能及时将保护 2 中的保护功能退出。现场两套保护装置同时运行，但零序过流保护、重合闸方式设置不同，且定值设置正确的保护 2 线路电压接线错误，导致线路故障时两套保护动作行为不一致，重合闸不成功。

## 三、暴露问题

工作人员对保护设备配置、运行状态不清楚，现场施工、调试、验收工作流于形式，未能及时发现 110kV 线路两套保护装置同时运行，未能发现两套装置的零序保护、重合闸定值不一致的情况，未能发现保护装置二次回路误接线的隐患。

## 四、防范措施

加强施工、调试、验收工作，做好二次设备及图档管理，全面核对保护配置与定值通知单一致，按照“一套装置一份定值通知单”的原则进行定值单规范整改。对关键的模拟量采样、跳合闸出口回路检验及整组试验进行实际检验，及时发现并消除隐患。

# 案例 12 多区定值切换时漏改软压板导致保护越级误动

## 一、事件简述

某月某日 02 时 53 分 32 秒，110kV 丙水电站送出线路 110kV 乙丙线线路发生 B 相瞬时性接地故障，110kV 丙水电站 110kV 乙丙线零序Ⅱ段动作跳闸、重合闸成功，同时 220kV 甲变电站 110kV 甲丙线零序Ⅱ段动作跳闸、重合闸未动作。110kV 丙水电站 10.5kV #2、#3 发电机过频切机动作跳闸。

事件发生前运行方式为：35kV 丁、戊变电站通过 110kV 丙水电站#4 变压器并入 110kV 丙水电站，110kV 丙水电站 10.5kV #1、#2、#3 发电机及 110kV #1、#2、#3、#4 变压器运行，#2 变压器中性点直接接地运行，110kV 丙水电站通过 110kV 甲丙线并入 220kV 甲变电站运行。110kV 系统电气主接线图如图 3-29 所示。

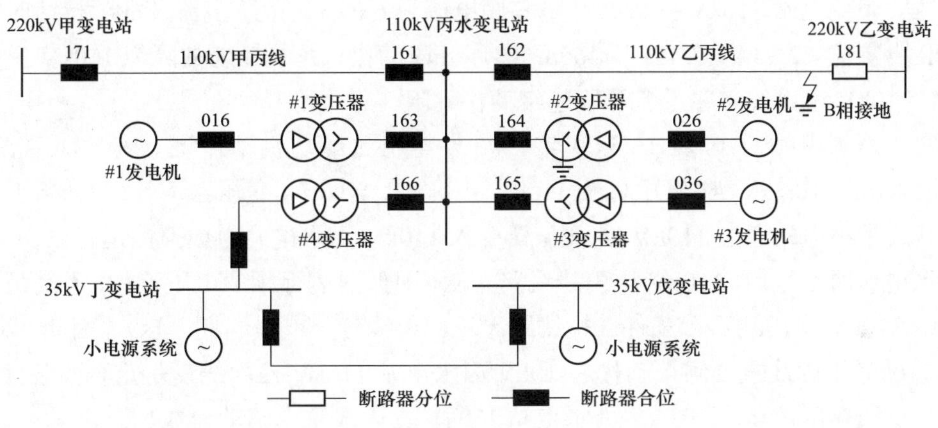


图 3-29 110kV 系统电气主接线图

## 二、事件分析

### （一）保护动作情况

02 时 53 分 32 秒 110 毫秒，110kV 乙丙线发生 B 相瞬时性接地故障，保护动作情况见表 3-14。

表 3-14 110kV 乙丙线线路故障时相关保护动作情况

| 序号 | 相对时间 | 保护动作情况 |
|---|---|---|
| 1 | 0ms | 110kV 甲丙线、110kV 乙丙线线路保护启动 |
| 2 | 460ms | 110kV 丙水电站 110kV 乙丙线零序Ⅱ段动作，故障相别 B 相 |
| 3 | 465ms | 220kV 甲变电站 110kV 甲丙线零序Ⅱ段动作，故障相别 B 相 |

续表

| 序号 | 相对时间 | 保护动作情况 |
|---|---|---|
| 4 | 479ms | 110kV 丙水电站 110kV 乙丙线 162 断路器跳开 |
| 5 | 485ms | 220kV 甲变电站 110kV 甲丙线 171 断路器跳开 |
| 6 | 1288ms | 110kV 丙水电站 10.5kV #2、#3 发电机过频切机动作 |
| 7 | 1498ms | 110kV 丙水电站 110kV 乙丙线重合闸动作 |
| 8 | 1608ms | 10kV 丙水电站 110kV 乙丙线 162 断路器合上 |

### （二）保护动作情况分析

1. 110kV 丙水电站 110kV 乙丙线保护动作情况分析

110kV 丙水电站 110kV 乙丙线故障零序电流为 9.59A，故障电流及故障持续时间均达到零序Ⅱ段定值（2.83A，0.45s），460ms 零序Ⅱ段动作，但故障量值也已达到零序Ⅰ段定值（3.7A，0.15s），零序Ⅰ段保护拒动。

2. 220kV 甲变电站 110kV 甲丙线保护动作情况分析

220kV 甲变电站 110kV 甲丙线故障零序电流为 6.09A，故障电流及故障持续时间均达到零序Ⅱ段定值（2.83A，0.45s），465ms 零序Ⅱ段动作。系统接地故障为 110kV 甲丙线区外故障，110kV 甲丙线零序过流Ⅱ段越级动作跳闸。

110kV 丙水电站约 1s 后 10.5kV #2、#3 发电机过频切机动作跳 026、036 断路器，110kV 丙水电站 10.5kV #1 发电机及 110kV #1、#2、#3、#4 变压器运行，35kV 丁、戊变电站及其所带小电站通过 110kV #4 变压器并入 110kV 丙水电站组成孤网运行。

小水电孤网运行后，110kV 甲丙线线路有压，因孤网运行频率电压不稳，不满足 220kV 甲变电站 110kV 甲丙线重合条件（检线路无压、母线有压或检同期，1s），因此 220kV 甲变电站 110kV 甲丙线重合闸未动作。110kV 丙水电站 110kV 乙丙线满足重合闸条件（检线路无压、母线有压，1s），110kV 丙水电站 110kV 乙丙线重合闸动作成功。

3. 110kV 丙水电站 110kV 乙丙线零序Ⅰ段保护拒动、220kV 甲变电站 110kV 甲丙线零序过流Ⅱ段越级动作原因分析

110kV 甲丙线零序过流Ⅱ段越级误动的原因是 110kV 丙水电站 110kV 乙丙线零序Ⅰ段未动作，导致 220kV 甲变电站 110kV 甲丙线越级动作。经进一步核查，110kV 丙水电站 110kV 乙丙线零序Ⅰ段未动作的原因是零序Ⅰ段在退出状态。110kV 丙水电站 110kV 乙丙线保护装置更换投产后，运行方式调整将 110kV 丙水电站由 220kV 乙变电站并网倒由 220kV 甲变电站运行，按要求 110kV 丙水电站 110kV 乙丙线线路保护定值由 2 区切换至 1 区运行。

2 区定值按与 220kV 乙变电站其他出线配合且小电侧零序Ⅰ段退出的要求整定，只投入零序Ⅱ、Ⅲ段。1 区定值考虑上下级配合，且为终端线，投入零序Ⅰ、Ⅱ、Ⅲ、Ⅳ段。110kV 乙丙线 RCS-943AM 线路保护装置的软压板属于公共定值，不随定值区切换而变化，现场进行保护定值切区后没有根据定值单核对装置定值，没有发现软压板的投退要求变化，

没有发现1区运行时漏投零序Ⅰ、Ⅳ段软压板，导致本次故障时220kV甲变电站110kV甲丙线线路保护越级误动。

110kV丙水电站110kV乙丙线线路保护相关定值如表3-15所示。

**表3-15　110kV丙水电站110kV乙丙线线路保护相关定值**

| 1区定值 | | 2区定值 | |
|---|---|---|---|
| 定值项名称 | 整定值 | 定值项名称 | 整定值 |
| 零序过流Ⅰ段 | 3.7A，0.15s | 零序过流Ⅰ段 | 99A，10s |
| 零序过流Ⅱ段 | 2.83A，0.45s | 零序过流Ⅱ段 | 1.76A，0.95s |
| 零序过流Ⅲ段 | 2.18A，0.75s | 零序过流Ⅲ段 | 1A，3.2s |
| 零序过流Ⅳ段 | 1.68A，1.05s | 零序过流Ⅳ段 | 1A，10s |
| 投零序Ⅰ段软压板 | 1 | 投零序Ⅰ段软压板 | 0 |
| 投零序Ⅱ段软压板 | 1 | 投零序Ⅱ段软压板 | 1 |
| 投零序Ⅲ段软压板 | 1 | 投零序Ⅲ段软压板 | 1 |
| 投零序Ⅳ段软压板 | 1 | 投零序Ⅳ段软压板 | 0 |

### 三、暴露问题

工作人员对保护装置设置多区定值时切区作业风险辨识不到位，二次设备运维不到位，保护装置定值切区后未根据保护定值单全面核对装置定值的正确性。

### 四、防范措施

保护定值置入保护装置或进行切区操作后，定值执行人员应打印定值（或通过保护装置人机对话屏调出定值）与保护定值单逐项核对定值的执行情况，确认无误后签字交现场工作人员，现场工作人员再次逐项核对无误后签名。

## 案例13　重合闸方式与运行方式不一致导致重合闸拒动

### 一、事件简述

某月某日，110kV A变电站110kV甲线164断路器跳闸，重合闸未动作。

事故前运行方式：110kV A变电站110kV甲线164断路器运行，110kV B变电站110kV甲线152断路器热备用，110kV甲线运行方式如图3-30所示。

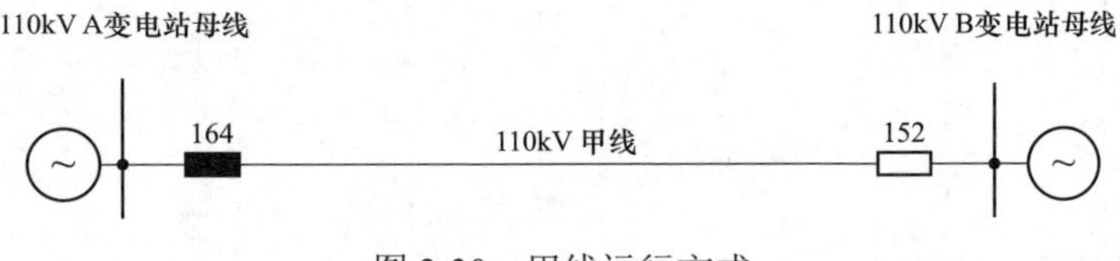


图3-30　甲线运行方式

## 二、事件分析

### （一）保护动作情况

110kV A 变电站 110kV 甲线 164 断路器分相差动保护动作、相间距离Ⅰ段保护动作跳闸，重合闸未动作。

### （二）保护动作情况分析

经调查，为适应线路的不同运行方式，110kV 甲线 110kV A 变电站侧保护重合闸方式设置两套定值区，因 110kV 甲线 110kV A 变电站侧定值区未及时调整至（02 区）运行，110kV A 变电站 110kV 甲线重合闸方式与线路运行方式不适应，造成 110kV A 变电站 110kV 甲线 164 断路器保护动作跳闸后重合闸未动作，甲线运行方式对应重合闸方式如表 3-16 所示。

表 3-16　甲线运行方式对应重合闸方式

| 运行方式 | 110kV A 变电站重合闸方式 | 110kV B 变电站重合闸方式 |
|---|---|---|
| 110kV 甲线 A 变电站侧热备用或临时运行 | （01 区）检母线无压、线路有压，自转检同期 | 检线路无压、母线有压，自转检同期 |
| 110kV 甲线 B 变电站侧热备用 | （02 区）检线路无压母线有压，自转检同期 | |

## 三、暴露问题

（1）线路保护运行定值区与现场一次设备运行方式不对应。

（2）面对频繁调整的运行方式，对热备用间隔空充线路的重视度不足，未能辨识出方式变化后引起的线路保护定值切换的问题。

## 四、防范措施

（1）结合实际运行方式，对重合闸方式、多区运行的线路保护定值进行全面核对排查，确保所有线路的重合闸方式、定值区都与运行方式相适应。

（2）临时方式变更应确保各项措施无遗漏，每半年开展一次定值全面核查工作，同时结合风险预警动态核查。

第四章

# 继电保护压板类异常事件

## 案例 1　充电保护压板误投入导致断路器非计划停运

### 一、事件简述

某月某日 14 时 46 分 00 秒，工作人员在线路复电过程中遥控合上 500kV 第二串联络 5822 断路器，500kV 某甲线 5823 断路器充电保护动作，跳开 5823 断路器。一次接线图如图 4-1 所示。

### 二、事件分析

#### （一）保护动作情况

500kV 某甲线 5823 断路器充电保护动作，5823 断路器跳闸。保护动作时序图如图 4-2 所示。

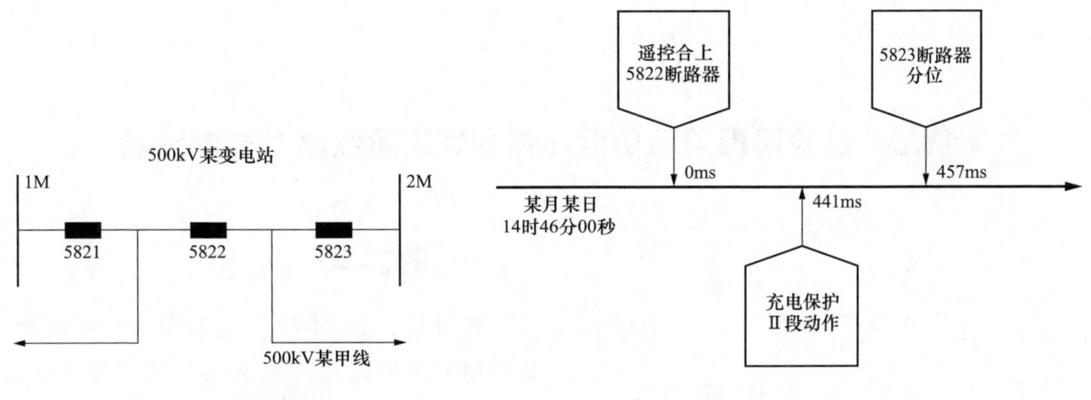


图 4-1　一次接线图　　　　图 4-2　保护动作时序图

#### （二）保护动作情况分析

500kV 第二串联络 5822 断路器同期合环时，500kV 某甲线 5823 断路器充电保护动作，跳开 5823 断路器。经调查，工作人员复电前未按要求检查压板位置，未将“500kV 某甲线 5823 断路器保护充电保护投入压板”恢复到操作前的退出状态，导致 5822 断路器送电后 5823 断路器保护动作跳闸。

### 三、暴露问题

工作人员在 5823 断路器对线路充电成功后未将 5823 断路器充电保护退出。

## 四、防范措施

在操作前严格落实压板投退要求，对二次设备状态进行核对检查，保证一次设备操作前各保护功能压板正确投入。

## 五、知识点延伸

220kV 及以上过流保护主要目的为实现线路充电保护功能。过流保护的整定一般有三种模式：①按装置最小值整定（$0.1I_n$，控制字、软压板投入）；②按躲正常负荷电流整定（控制字、软压板投入）；③按装置最大值整定（控制字、软压板退出）。三种模式各有优缺点。

（1）模式①优点：一次设备出现故障的情况下，作为主保护的一种补充，灵敏度高，有助于提高故障快切能力，防范主保护非预期退出的风险。缺点：一是新投需要下临时定值、退保护改定值；二是一旦压板误投必跳。

（2）模式②优点：一是兼顾了模式③正常时防误动的能力和模式①新设备投产方式下强化故障快速切除的能力；二是简化了新设备投产流程、降低了误整定、误置入定值风险；三是构建了一道防范主保护失去的快速应急处置防线。缺点：现场发生误投入后，少数过负荷情况下可能发生误动。

（3）模式③优点：过流保护压板误投不会发生误动作。缺点：新设备投产需要下临时定值、退保护改定值。

# 案例 2 试验误投差动功能压板导致误跳线路对侧断路器

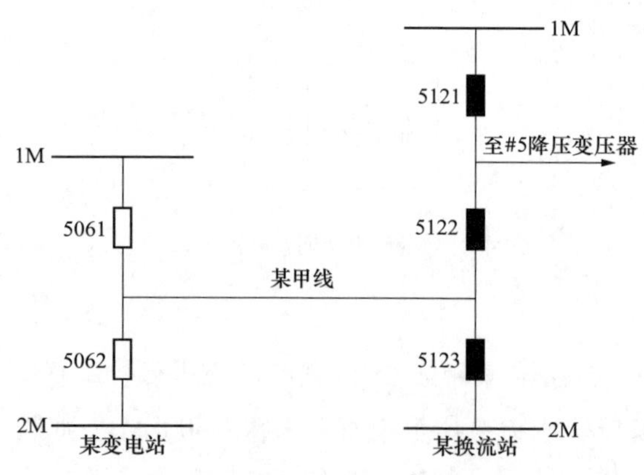

图 4-3 某 500kV 系统一次接线

## 一、事件简述

某月某日 16 时 44 分至 16 时 49 分 49 秒，某 500kV 变电站在开展 500kV 某甲线线路保护出口传动工作过程中，误跳开对侧某换流站侧 5122、5123 断路器 A 相三次，均重合成功。某 500kV 系统一次接线如图 4-3 所示。

## 二、事件分析

工作人员在执行密封、隔离电流电压回路、拔出光纤通道尾纤等全部安全措施后开展传动作业。作业结束后，工作人员开始恢复二次措施，先行恢复了 500kV 某甲线两套线路保护的通道尾纤后，发现 5061、5062 断路器在合位，现场暂停恢复其他二次措施，计划用主一保护的接地距离 II 段出口三跳断路器后，再继续恢复其他安全措施。

工作人员在已恢复线路保护光纤通道、不满足作业安全要求的情况下，采用主一、主二保护电流回路串接的方式，分相 3 次模拟接地距离保护动作，由于主二保护通道一差动压板在投入状态，两侧主二差动保护 3 次动作，造成换流站侧断路器跳合 3 次。

## 三、暴露问题

（1）擅自扩大作业范围。在已恢复了部分安全措施且现场作业条件不满足作业安全要求的情况下，进行加量调试。

（2）作业风险辨识不全面。未辨识线路对侧一次设备接线情况、运行方式、保护投退情况，未将对侧断路器视为运行设备。

## 四、防范措施

（1）二次措施单所列二次安全措施应在作业前执行完毕；在工作结束且恢复二次安全措施后，严禁进行作业。

（2）现场作业前，应全面开展作业风险辨识，辨识线路对侧一次设备接线情况、运行方式、保护投退情况。当一次设备转冷备用或检修状态后，在其保护装置及其二次回路上工作时，线路对侧断路器应视为运行设备。

# 案例 3　纵联压板投退错误导致旁路代供期间保护误动

## 一、事件简述

某月某日，220kV G 变电站 110kV A 线旁路代供操作期间，110kV B 线发生 B 相永久性接地故障，110kV H 变电站 110kV A 线纵联距离、纵联零序保护动作跳闸，重合不成功。

110kV 系统一次接线如图 4-4 所示。

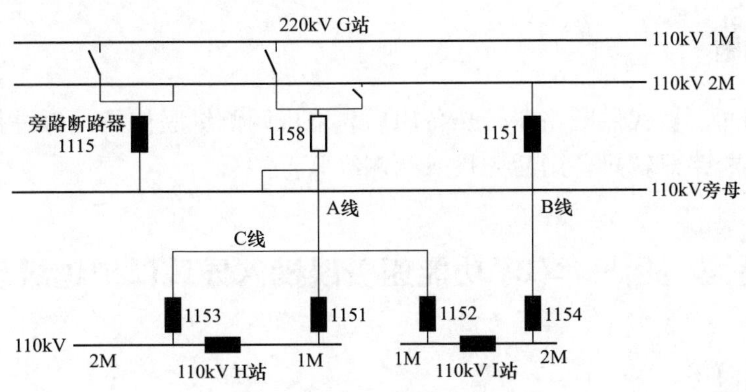


图 4-4　110kV 系统一次接线

## 二、事件分析

### （一）保护动作情况

110kV B 线发生 B 相永久性接地故障，110kV H 变电站 110kV A 线纵联距离、纵联零序保护动作跳闸，属于保护误动。保护动作时序见图 4-5。

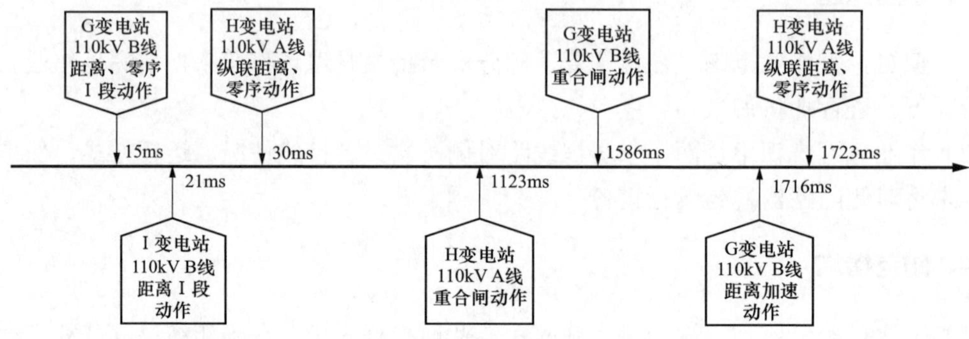


图 4-5　保护动作时序

### （二）保护动作情况分析

220kV G 变电站 110kV A 线断路器旁代操作期间，110kV B 线 N1-N2 段 B 相电缆中间熔接头绝缘击穿造成线路 B 相接地故障。由于 A 线两侧纵联保护正常投入，110kV A 线 H 变电站侧感受到正方向故障，发信给 220kV G 变电站保护。220kV G 变电站 110kV A 线断路器分位，收到 110kV H 变电站允许信号后启动跳位发信逻辑，纵联保护满足动作逻辑，110kV H 变电站 A 线路保护动作跳开 1151 断路器。

## 三、暴露问题

旁路代路操作期间，防本线路故障拒动和防区外故障误动难以兼顾。为防止旁代期间发生保护拒动，旁路保护不具备纵联保护切换条件时，应在旁代后再退出线路纵联保护。而本次区外故障发生在旁代操作期间，在 110kV A 线断路器转热备用后未立即退出线路纵联保护压板，而是先进行线路断路器热备用转冷备用操作，造成保护失配风险时间延长。

## 四、防范措施

旁代操作期间，被代供断路器转热备用后先退出两侧纵联保护，再进行后续操作。旁代结束后被代供断路器转热备用后先投入两侧纵联保护。

# 案例 4　距离、零序功能压板误投入导致保护越级动作

## 一、事件简述

某月某日 19 时 42 分 05 秒，110kV 乙丙线故障，220kV 甲变电站 110kV 甲乙Ⅰ、Ⅱ

回线线路保护越级跳闸，导致 110kV 甲乙Ⅰ、Ⅱ回线环网供电片区孤网稳住运行。

某片区 110kV 乙丙线故障前运行方式如图 4-6 所示。

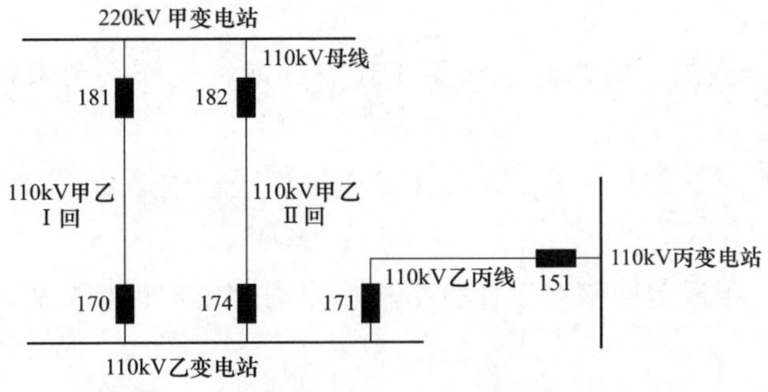


图 4-6　某片区 110kV 乙丙线故障前运行方式

## 二、事件分析

### （一）保护动作情况（见表 4-1）

表 4-1　　保护动作报文

| 相对时间 | 动作情况 |
|---|---|
| 0ms | 220kV 甲变电站、110kV 乙变电站 110kV 甲乙Ⅰ、Ⅱ回线路保护启动 |
| 0ms | 110kV 乙变电站 110kV 乙丙线保护启动 |
| 2806ms | 220kV 甲变电站 110kV 甲乙Ⅰ、Ⅱ回零序Ⅲ段出口动作跳闸 |
| 3870ms | 220kV 甲变电站 110kV 甲乙Ⅰ、Ⅱ回重合闸出口动作，重合闸成功 |
| 7251ms | 220kV 甲变电站 110kV 甲乙Ⅰ、Ⅱ回零序Ⅲ段出口动作永久性跳闸 |

### （二）保护动作情况分析

（1）220kV 甲变电站 110kV 甲乙Ⅰ、Ⅱ回线线路保护故障时零序电流大于零序Ⅲ段定值，小于零序Ⅱ段定值，经延时后重合成功，保护动作行为正确。

（2）220kV 甲变电站 110kV 甲乙Ⅰ、Ⅱ回线线路保护重合成功后再次发生单相接地故障，零序电流大于零序Ⅲ段定值，保护再次出口跳闸后，重合闸因未完成充电，重合闸未动作，保护动作行为正确。

（3）110kV 乙变电站 110kV 甲乙Ⅰ、Ⅱ回线线路保护仅启动，未动作出口，经现场检查，故障时零序电流大于零序Ⅲ段定值，因零序Ⅲ段方向投入，故保护未动作出口，保护动作情况正确。

（4）故障点位于 110kV 乙变电站 110kV 乙丙线，110kV 乙丙线保护拒动，经现场检查，故障时刻因 110kV 乙变电站 110kV 乙丙线线路保护零序和距离保护硬压板未投入，故仅有保护启动信息，保护未动作。

## 三、暴露问题

（1）验收把关不到位。检修作业结束工作终结前，工作人员未将压板恢复至许可前状态。

（2）复电操作检查不全面。工作人员在复电操作过程中，未核查110kV乙丙线线路保护压板状态。

（3）专项核查、压板定期核对工作打折扣。未对照继电保护装置压板逐项开展检查。

## 四、防范措施

（1）将保护装置许可前压板状态记录及恢复步骤固化至作业指导书，由工作负责人监护执行，现场管控人监督确认。

（2）修编运行规程、验收表单，明确和完善保护装置压板检查核对要求。

（3）完善典型操作票复电操作过程中的保护压板投切状态检查项目及要求。

# 案例5 阻抗保护压板误投入导致变压器保护误动

## 一、事件简述

某月某日16时26分44秒，某500kV电厂#6机组并网时500kV #6变压器阻抗Ⅰ段保护动作，500kV #6变压器高、低压侧断路器跳闸，导致500kV #6变压器停运。

某电厂一次主接线如图4-7所示。

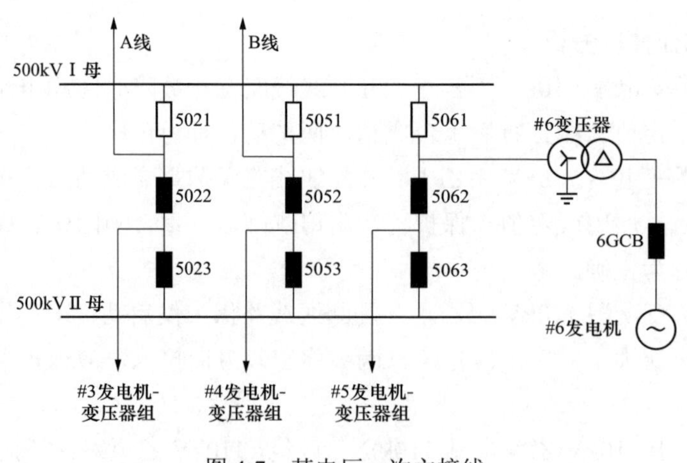


图4-7 某电厂一次主接线

## 二、事件分析

### （一）保护动作情况

后台监控机报文如表 4-2 所示。

表 4-2　后台监控机报文

| 相对时间 | 动作情况 |
|---|---|
| 0ms | <#6 机组>发电机出口断路器 6GCB 状态位置合闸 |
| 179ms | 500kV #6 变压器保护 A、B 套保护启动 |
| 2154ms | 500kV #6 变压器保护 A、B 套相间后备保护动作 |
| 2188ms | 5062、6GCB 断路器状态位置分闸，#6 发电机-变压器组保护 A、B 套动作启动电气事故停机报警 |

后台监控机报文时序如图 4-8 所示。

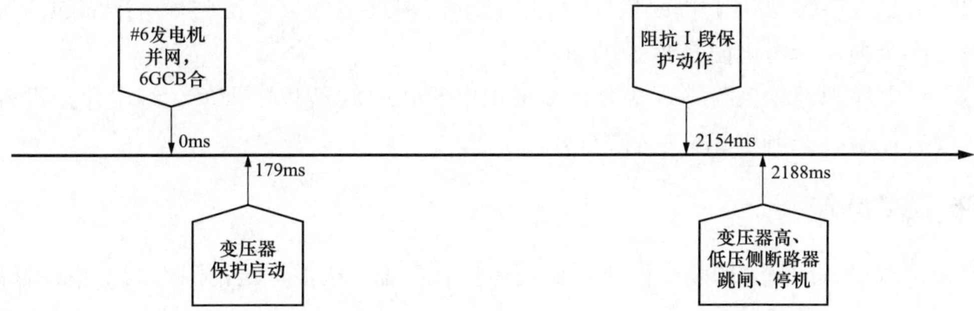


图 4-8　后台监控机报文时序

### （二）保护动作情况分析

500kV #6 变压器主一、主二保护装置高压侧电压取自 500kV Ⅰ段母线电压，电流取自 5061、5062 断路器和电流，#6 机组并网前，500kV #6 变压器属于空载运行，电流基本为 0，500kV Ⅰ段母线正在开展检修，500kV #6 变压器保护高压侧电压为 0，但不满足 TV 断线告警逻辑（TV 断线告警逻辑为：①正序电压小于 18V，且任一相电流大于 $0.04I_n$；②负序电压大于 8V，满足上述任一条件，延时 10s 发相应 TV 断线信号，在电压恢复正常后延时 10s 恢复）。阻抗Ⅰ段整定值如表 4-3 所示。

表 4-3　阻抗Ⅰ段整定值

| 序号 | 定值项 | 整定值 |
|---|---|---|
| 1 | 阻抗Ⅰ段正向定值 | 40.8Ω |
| 2 | 阻抗Ⅰ段反向定值 | 1.2Ω |
| 3 | 阻抗Ⅰ段延时 | 1.7s |
| 4 | 阻抗Ⅰ段跳闸控制字 | 0027F（跳各侧、停机） |

#6 机组并网时，因母线电压为 0，测量阻抗为 0，小于阻抗 I 段定值；因从开机并网令至主变压器保护动作跳闸仅为 2s，不满足 TV 断线告警，保护未被闭锁；当#6 机组同期并网瞬间，根据主变压器保护动作波形，阻抗启动元件满足启动条件，阻抗保护动作跳闸，保护正确动作。

经调查，工作人员在开展 500kV Ⅰ段母线检修工作时将 500kV #6 变压器高压侧相间后备复压过流保护退出，高压侧阻抗保护未做调整，未将高压侧阻抗保护投入压板退出。#6 机组并网后，500kV #6 变压器高压侧阻抗保护动作，跳开 500kV #6 变压器高、低压侧断路器，#6 机组事故停机。

综上所述，本次跳闸的直接原因为 500kV Ⅰ段母线检修工作，工作人员针对 500kV Ⅰ段母线电压相关联的保护考虑不足，仅将 500kV #6 变压器高压侧相间后备复压过流保护控制字由 1 调整为 0，未考虑高压侧阻抗保护调整措施，即阻抗保护压板未退出。

### 三、暴露问题

（1）工作人员对 500kV 母线检修运行方式下，对继电保护设备运行所采取的二次安全措施考虑不全面，未考虑阻抗保护的影响。

（2）继电保护运行风险管理失效，未辨识出 500kV 母线停电期间，继电保护设备运行存在的固有风险，未制定相应的管控措施。

### 四、防范措施

完善一次设备配置，加装主变压器专用电压互感器，从根本上消除母线停电检修期间，主变压器保护的运行风险。

## 案例 6 试验误投出口压板导致断路器跳闸

### 一、事件简述

某月某日 16 时 02 分 23 秒，220kV 乙变电站在开展 220kV 第一套母线差动保护定检过程中，运行中的 220kV 甲线 252 断路器跳闸，使 220kV 乙变电站及其所供 110kV 变电站与主网解列。

某变电站 220kV 部分一次接线如图 4-9 所示。

### 二、事件分析

#### （一）保护动作情况

传动试验验证#2 变压器高压侧断路器失灵回路时，220kV 甲线 252 断路器跳闸。

#### （二）保护动作情况分析

220kV 甲线 252 断路器跳闸时，该厂站正在开展传动试验验证#2 变压器高压侧断路器失灵回路作业，误投入 220kV 母差保护屏跳 252 断路器 I 出口压板，导致在 220kV 母线保护装置逻辑试验中 220kV 母差保护动作跳开 252 断路器。

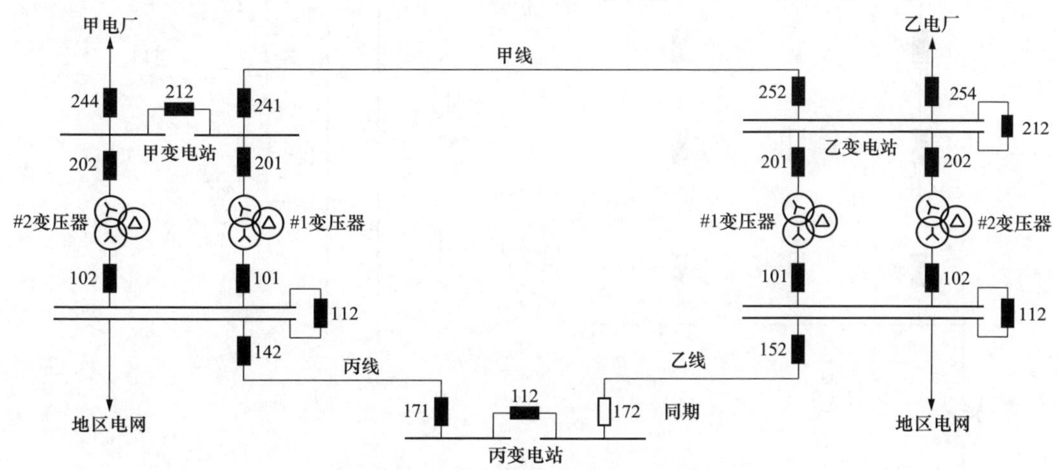


图 4-9　某变电站 220kV 部分一次接线

## 三、暴露问题

（1）风险控制措施不够细化，未充分考虑现场作业带来的电网风险，工作中需投切的压板不明确，未能辨识出工作中误投压板可能导致的后果。

（2）现场二次安措执行不到位，未采取密封压板或拆除接线的安全措施。

## 四、防范措施

（1）作业前，应对现场工作中存在的风险，进行认真辨识、分析，提出完善的安全措施，严格执行工作票制度和二次工作安全措施单制度。

（2）工作人员在作业前确保二次工作安全措施单中所列出口压板都已密封，二次工作安全措施票执行过程中要确保涉及其他运行间隔的出口接线已拆除。

# 案例 7　出口压板误退出导致逆功率保护拒动

## 一、事件概述

某月某日 09 时 22 分 07 秒，某 500kV 电厂 500kV #1 发电机-变压器组由 500kV #1 变压器 500kV 侧断路器与系统同期并列后，#1 发电机在冷态滑参数启动过程中机前主蒸汽过热度低，运行人员手动打闸汽轮机后，#1 发电机-变压器组保护程序逆功率、发电机失磁保护动作，但未出口跳 5011、5012 断路器。

某 500kV 电厂部分主接线如图 4-10 所示。

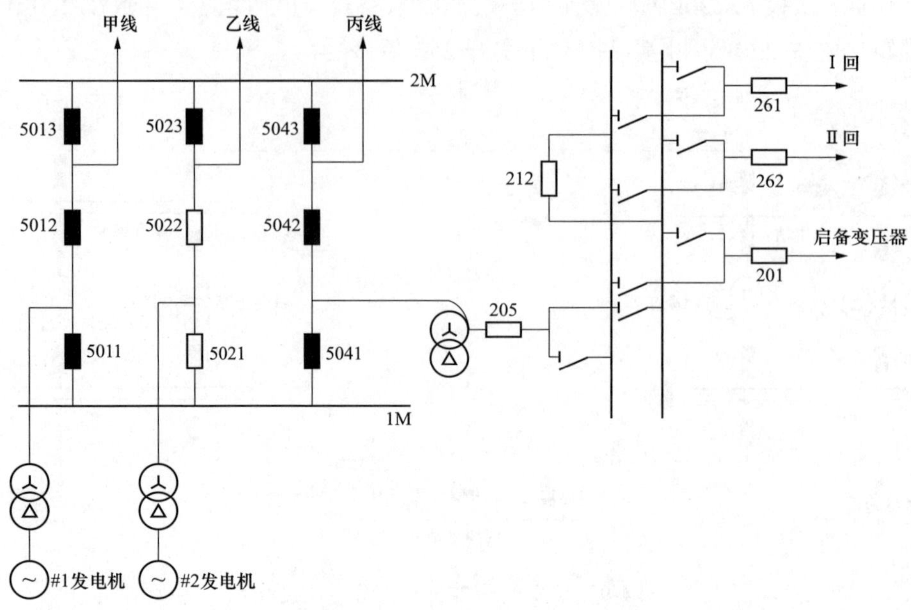


图 4-10　某 500kV 电厂部分主接线

## 二、事件分析

### （一）保护动作情况

保护动作情况如表 4-4 所示。

**表 4-4**　　　　保 护 动 作 情 况

| #1 发电机-变压器组 A 套保护 | | | #1 发电机-变压器组 B 套保护 | | |
|---|---|---|---|---|---|
| 序号 | 动作时间 | 保护动作情况 | 序号 | 动作时间 | 保护动作情况 |
| 1 | 09:22:07 654 | CPUB 程序逆功率动作 | 1 | — | — |
| 2 | 09:22:07 709 | CPUA 程序逆功率动作 | 2 | — | — |
| 3 | 09:22:10 357 | CPUB 发电机失磁 告警 | 3 | 09:22:10 745 | CPUA 发电机失磁 告警 |
| 4 | 09:22:10 869 | CPUA 发电机失磁 告警 | 4 | 09:22:11 519 | CPUB 发电机失磁 告警 |
| 5 | 09:22:11 374 | CPUB 发电机失磁 出口 | 5 | 09:22:11 744 | CPUA 发电机失磁 出口 |
| 6 | 09:22:11 880 | CPUA 发电机失磁 出口 | 6 | 09:22:12 530 | CPUB 发电机失磁 出口 |

保护动作时序图如图 4-11 所示。

### （二）保护动作情况分析

经查阅保护动作信息、故障录波等文件分析：#1 发电机在冷态滑参数启动过程中机前主蒸汽过热度低，操作人员手动打闸汽轮机后，触发锅炉 MFT 动作（汽轮机主汽门关闭），此时#1 发电机吸收的有功功率大于整定值，A 套保护程序逆功率保护经延时后正确动作

（B 套保护因主汽门关闭信号触点接线松动程序逆功率保护未动作），但#1 发电机-变压器组 500kV 侧 5011、5012 断路器未跳闸，经延时后 A、B 套保护发电机失磁保护动作。经现场检查发现#1 发电机-变压器组 A、B 套保护跳 5011、5012 断路器出口压板未投入。

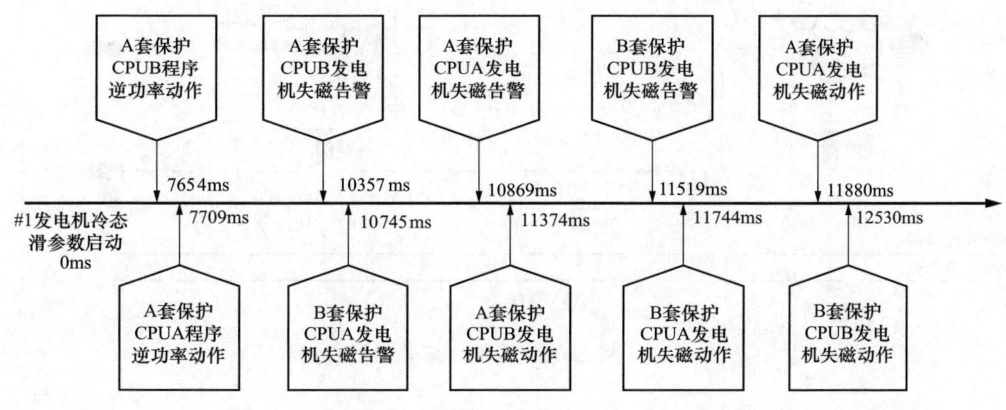


图 4-11 保护动作时序图

### 三、暴露问题

（1）并网前未按照规定开展保护压板状态检查，未及时发现#1 发电机-变压器组 A、B 套保护出口压板未投入。

（2）机组启动前，未按规定认真完成机组大联锁试验，未及时发现#1 发电机-变压器组 B 套保护“主汽门关闭”信号接线松动的缺陷。

### 四、防范措施

（1）完善运行制度，制定继电保护压板表并严格落实。

（2）细化定期检验工作内容，将二次回路接线紧固纳入作业指导书。

（3）严格按照调度指令、检修申请等要求投切压板、空开、把手，并网前认真核实压板、空开、把手已处于运行要求的状态。

## 案例 8 测量出口压板电位导致断路器非计划停运

### 一、事件简述

某月某日 14 时 23 分 39 秒，某 220kV 变电站#1 变压器第二套保护定值修改作业完成后投入保护过程中，在“测量待投入的出口压板电位”时误操作，造成#1 变压器中、低压侧断路器先后跳闸。

某 220kV 变电站部分主接线图如图 4-12 所示。

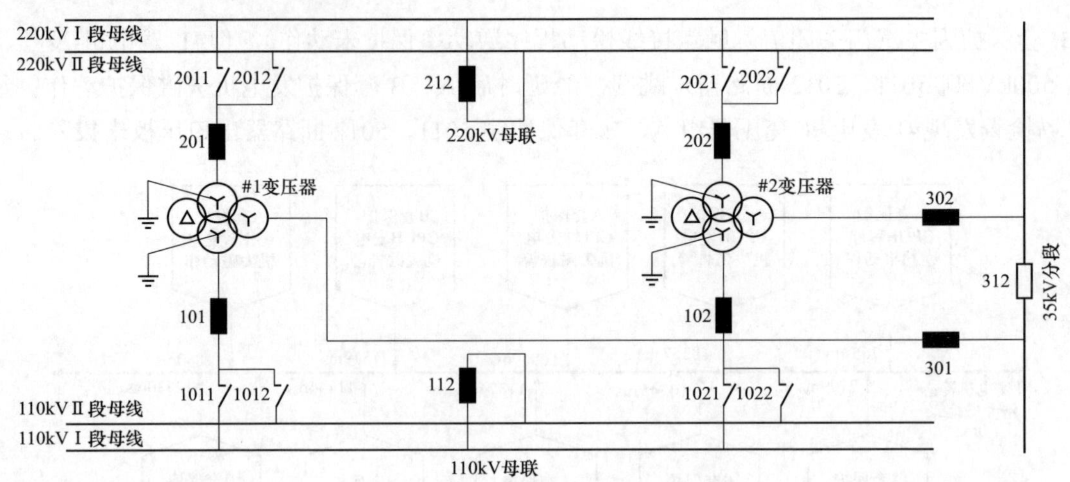


图 4-12　某 220kV 变电站部分主接线图

## 二、事件分析

经查，该站#1 变压器保护触点与中、低压侧操作箱 TBJ 之间通过屏中内部配线、保护小室屏间电缆连接，由于断路器分闸线圈动作功率较低，#1 变压器中、低压侧断路器操作箱的 TBJ 继电器动作电流较小，工作人员在测量出口压板时，错误使用万用表造成直流系统负极接地，导致直流系统对地电压升高，电容电流较正常情况下增大，变压器中、低压侧断路器因操作箱 TBJ 继电器动作电流未躲过电容电流而跳闸。

万用表错误档位测量压板电位示意图如图 4-13 所示。

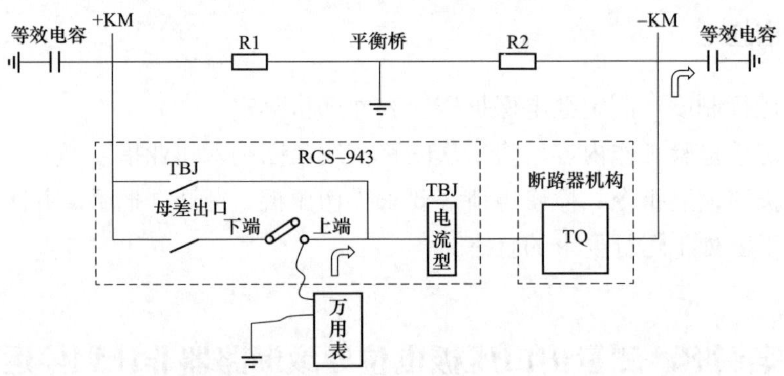


图 4-13　万用表错误档位测量压板电位示意图

## 三、暴露问题

在“测量待投入的出口压板电位”时，万用表档位使用错误。

## 四、防范措施

在进行出口压板电位测量时，应使用单功能的电压表或经封堵非电压测量档位的万用表。

在工作过程中严格执行安全规章制度，使用万用表前认真核对万用表档位和表笔连接线是否正确。

## 案例 9　出口压板接线松动导致变压器保护越级动作

### 一、事件简述

某月某日 19 时 34 分 18 秒，某风电场 35kV G 线路分接箱三相短路故障，35kV G 线路“过流 I 段”保护动作，220kV#1 变压器低后备保护动作跳开 301 断路器。

某风电场局部接线如图 4-14 所示。

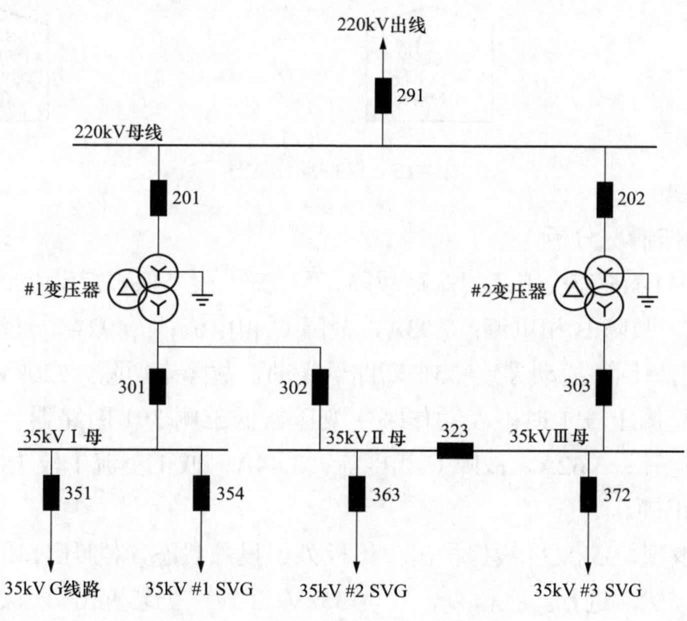


图 4-14　某风电场局部接线图

### 二、事件分析

#### （一）保护动作情况

保护动作报文如表 4-5 所示。

表 4-5　保 护 动 作 报 文

| 相对时间 | 动 作 情 况 |
|---|---|
| 0ms | 35kV G 线、220kV #1 变压器低后备保护启动 |

续表

| 相对时间 | 动 作 情 况 |
|---|---|
| 200ms | 35kV G 线线路保护“过流Ⅰ段”保护动作 |
| 424ms | 220kV #1 变压器保护低 1 复流Ⅰ段保护动作 |
| 472ms | 220kV #1 变压器低压侧 301 断路器合位分 |

保护动作时序如图 4-15 所示。

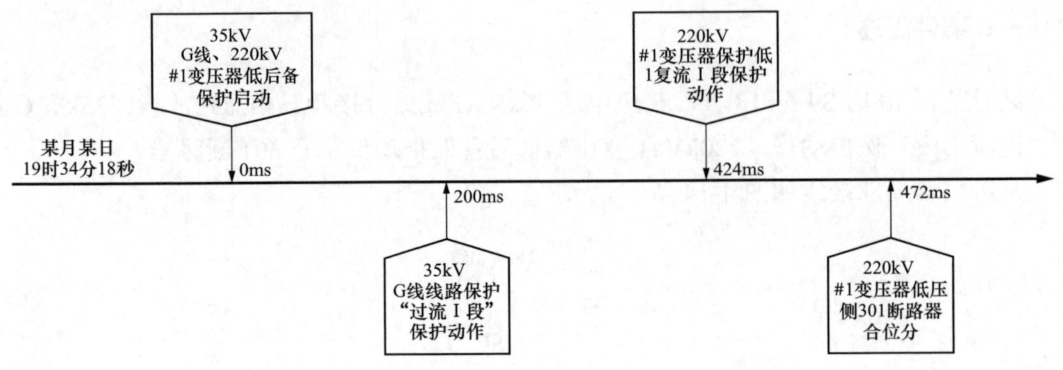


图 4-15　保护动作时序

## （二）保护动作情况分析

35kV G 线路 11-N5 分接箱三相短路故障，“过流Ⅰ段”保护启动 200ms 后动作（故障 A 相电流：7.42A，故障 B 相电流：7.93A，故障 C 相电流：7.492A，过流Ⅰ段定值：2A，0.2s），但因保护出口回路松动导致 351 断路器拒动，故障未切除。220kV#1 变压器在启动 424ms 后“低 1 复流Ⅰ段 1 时限”动作跳主变压器低压侧 301 断路器（故障 A 相电流：3.4A，故障 B 相电流：3.62A，故障 C 相电流：3.44A；低 1 复流Ⅰ段 1 时限定值：2.8A，0.4s），保护动作正确。

经现场检查发现，35kV G 线保护出口压板处于投入状态，对照出口回路图纸进行接线核对，接线无误，然后进行拉扯检查，发现 35kV G 线保护装置出口压板背部接线有松动（虚接）如图 4-16 所示。

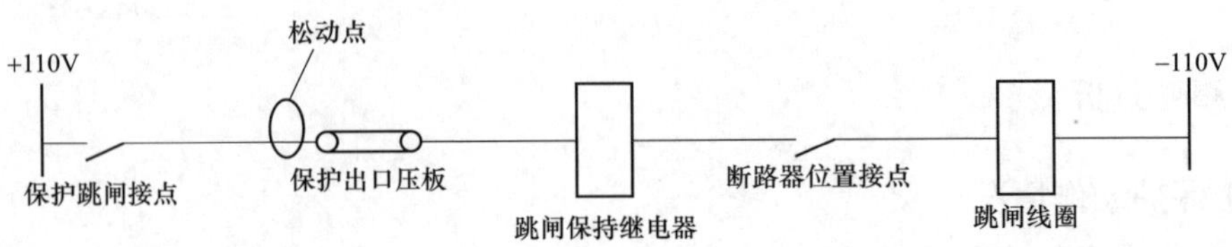


图 4-16　35kV G 线路保护出口回路示意图

## 三、暴露问题

工作人员定检过程工作不到位，没有关注压板背部接线状态，更没有按照规程对断路器进行出口传动试验。

## 四、防范措施

（1）工作人员定检过程中应对压板背部接线进行紧固，并严格按照规程对断路器进行出口传动试验，确保出口回路无异常。

（2）加强现场安全监督和技术监督能力，严格按照设计、国家及行业标准进行施工和试验。

# 案例 10　失灵压板误退出导致变电站全停

## 一、事件简述

某月某日，某 330kV G 变电站 330kV A 线故障，330kV G 变电站全停。

一次接线如图 4-17 所示。

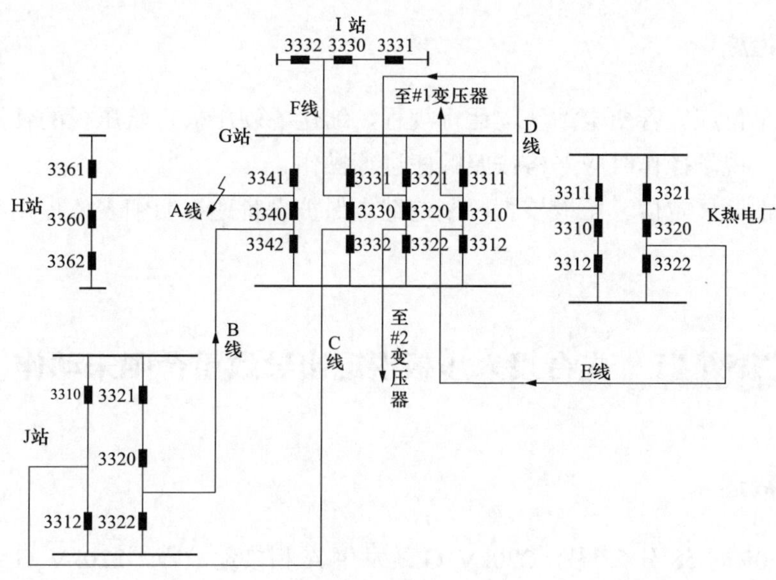


图 4-17　一次接线

## 二、事件分析

### （一）保护动作情况

某 330kV G 变电站 330kV A 线故障，线路保护动作，3341 断路器跳开，其余五回 330kV 线路对侧零序、距离Ⅲ段保护动作跳闸，330kV G 变电站全停。

### （二）保护动作情况分析

330kV G 变电站 330kV A 线故障，线路保护动作跳开 3341 断路器，3340 断路器因出口压板未投未跳开，未启动失灵保护，失灵保护拒动。因故障持续存在，其余五回 330kV 线路对侧零序、距离Ⅲ段保护动作跳闸，对侧保护正确动作。

前期 330kV G 变电站启用 330kV A 线，由于同串 330kV B 线未建成，从而 330kV A 线启用未投运 3340 断路器，仅投运 3341 断路器。后期，启用 330kV B 线及 3340、3342 断路器，投运过程中仅投入了 B 线两套保护相关压板，未投入已运行的 A 线两套线路保护跳 3340 断路器出口压板及启动 3340 断路器失灵压板。

## 三、暴露问题

（1）新设备启动工作方案、相关倒闸操作票编制审核及现场把关不严。

（2）工作人员业务技能欠缺，对设备二次回路不熟悉，倒闸操作票填写、审核过程中未发现保护压板投入遗漏。

（3）设备运行巡视质量不高，隐患排查工作不到位，未及时发现运行设备保护压板未投的严重隐患。

## 四、防范措施

（1）运维单位应完善变电站现场运行规程，细化各硬压板、软压板的使用说明，规范压板操作顺序，现场操作时应严格按照顺序进行操作。

（2）周期性开展定值、压板核查，制定继电保护设备巡视明细表，提高二次设备巡视工作质量。

# 案例 11　先合投入压板误退出导致重合闸未动作

## 一、事件简述

某月某日 09 时 58 分 27 秒，220kV G 线发生 A 相接地故障，220kV G 线主一、主二差动保护动作，A 相跳闸出口。220kV A 变电站 262 断路器保护装置重合闸启动但未出口，断路器保护三相不一致保护动作，跳开 262 断路器 B、C 相。

220kV A 站一次接线图如图 4-18 所示。

## 二、事件分析

### （一）保护动作情况

保护动作报文如表 4-6 所示。

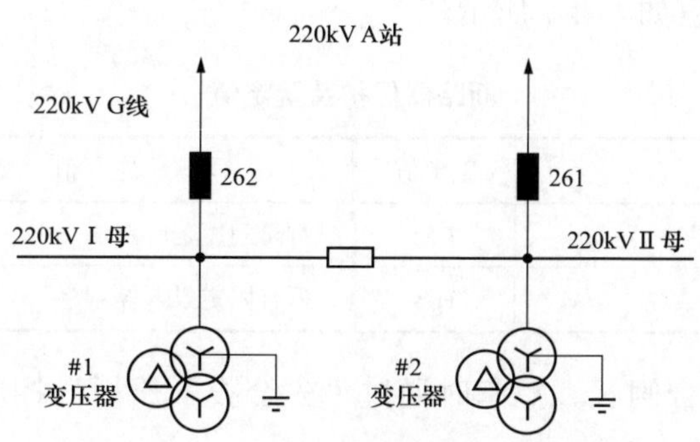


图 4-18 220kV A 变电站一次接线图

表 4-6 保护动作报文

| 时间 | 动作情况 | 时间 | 动作情况 |
|---|---|---|---|
| 0ms | 主一、主二、断路器保护启动 | 64ms | 主一、主二、断路器保护重合闸启动 |
| 13ms | 主一保护差动保护 A 跳出口 | 1061ms | 主一、主二保护重合闸出口 |
| 17ms | 主二保护差动保护 A 跳出口 | 1556ms | 断路器保护三相不一致动作 |
| 24ms | 断路器保护失灵重跳 A 相 | 1596ms | 断路器 B、C 相跳开 |
| 52ms | 断路器 A 相跳开 | | |

220kV A 变电站 220kV G 线保护动作时序如图 4-19 所示。

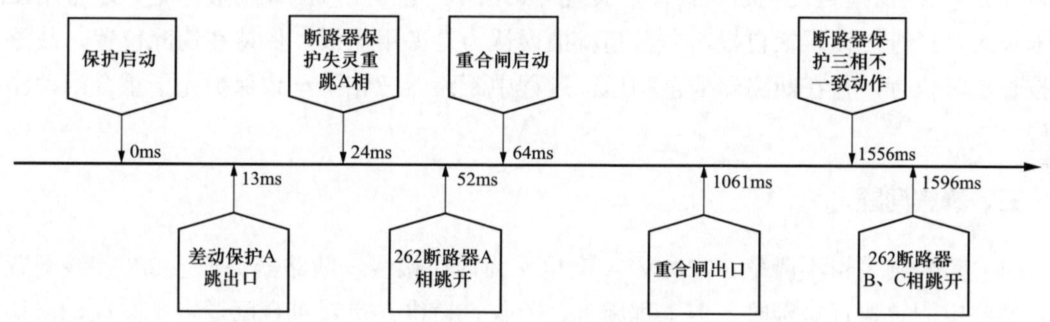


图 4-19 220kV A 变电站 220kV G 线保护动作时序

## （二）保护动作情况分析

220kV G 线主一、主二保护重合闸投功能但不投出口，断路器保护重合闸应投入单重短延时方式。220kV G 线发生 A 相单相接地，线路主一、主二 A 相差动保护动作出口，断路器保护收到 A 相跳令，启动单相重合闸。在重合闸出口前，262 断路器处于三相不一致状态，且满足电流条件，三相不一致保护延时 1556ms 动作出口，跳开 B、C 相断路器，三相不一致保护先于重合闸出口，导致重合闸未动作，重合闸未执行短延时出口，重合闸异常。

断路器保护装置定值如表4-7所示。

表4-7　　断路器保护装置定值

| 定　值　项 | 整定值 | 定　值　项 | 整定值 |
|---|---|---|---|
| 三相不一致保护动作时间 | 1.5s | 重合闸短延时定值 | 1.0s |
| 重合闸长延时定值 | 1.7s | 后合固定投入控制字 | 1 |

断路器保护装置重合闸长、短延时通过“先合投入压板”控制，相关原理如图4-20所示。

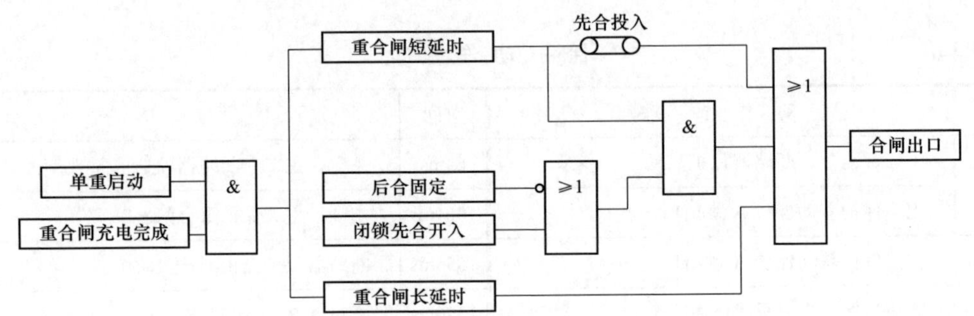


图4-20　断路器保护重合闸长、短延时原理简图

对现场装置、压板及回路进行检查，发现220kV G线断路器保护装置先合投入压板状态为“分”，进而检查发现断路器保护装置“15LP18 先合投入压板”被标记为了备用压板且未投入。经查，该压板自投产之日起就被误认为是备用压板，保持在切除位置，故重合闸按长延时执行，存在断路器非全相运行过程中断路器三相不一致保护先于重合闸动作的隐患。

## 三、暴露问题

（1）重合闸逻辑不清楚。220kV A变电站为内桥接线，断路器保护按3/2接线配置，重合闸整定固定执行短延时，但工程施工、验收、运维人员对重合闸逻辑不掌握，误认为装置已固定为短延时，未对压板进行操作。

（2）验收不到位，未按照检验标准严格进行调试分析，保护配置特殊时，未引起图纸设计、施工调试、验收人员的重视，图纸审查中未识别出“先合投入”压板的功能用途。

## 四、防范措施

（1）对断路器保护按3/2接线进行配置的，应在图纸设计、审查、施工调试、质检验收、运行管理环节，按照断路器保护二次接线、技术说明书等资料做好技术把关，核实明确重合闸相关压板功能用途及投退情况，明确运行要求。

（2）现场验收过程中应严格执行检验标准，制定试验方案，模拟实际故障，检验整套有配合关系的保护装置的动作行为，对动作信息、波形记录进行同步分析检查，核对动作逻辑、动作时限，确保整套保护及二次回路系统调试检验到位。

## 案例 12　先合投入压板误退出导致边中断路器同时重合

### 一、事件简述

某月某日 12 时 52 分 43 秒，500kV 甲乙线线路发生 B 相接地故障，甲变电站 500kV 甲乙线线路主一、主二保护动作跳开站内 K1、K2 断路器 B 相，经延时后同时重合于永久故障，重合后线路主一、主二差动保护动作跳断路器三相。

500kV 甲变电站电气一次主接线如图 4-21 所示。

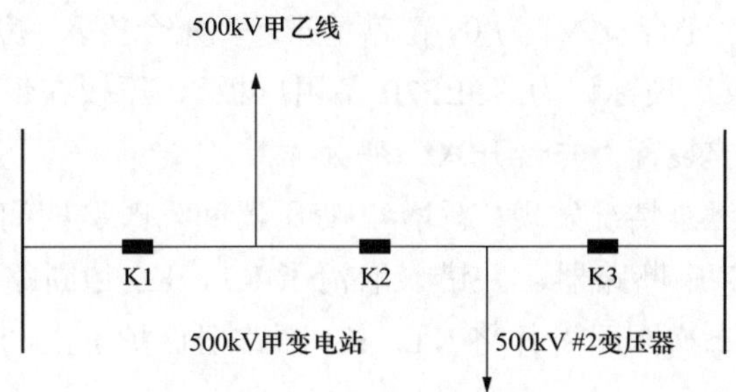


图 4-21　500kV 甲变电站电气一次主接线

### 二、事件分析

#### （一）保护动作情况

保护动作报文如表 4-8 所示。

表 4-8　　保 护 动 作 报 文

| 时间 | 动 作 情 况 | 时间 | 动 作 情 况 |
|---|---|---|---|
| 0ms | 500kV 甲乙线发生 B 相接地故障，线路保护装置启动 | 1512ms | K1、K2 断路器 B 相合闸 |
| 33ms | 主一、主二差动保护动作，故障相别 B 相 | 1699ms | 主一、主二差动保护动作，故障相别 B 相 |
| 47ms | K1、K2 断路器保护 B 相跟跳 | 1713ms | K1、K2 断路器保护沟通三跳 |
| 77ms | K1、K2 断路器 B 相跳闸 | 1754ms | K1、K2 断路器三相跳闸 |
| 1489ms | K1、K2 断路器保护 B 相重合闸动作 | | |

保护动作时序如图 4-22 所示。

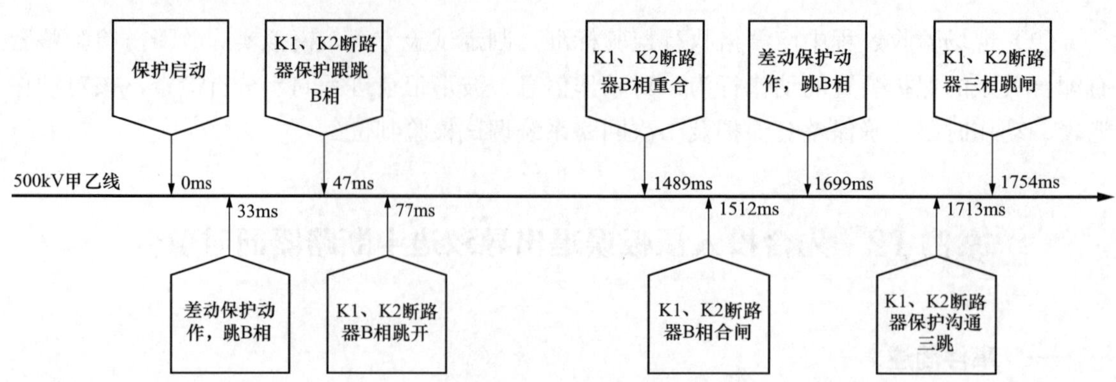


图 4-22　保护动作时序

### （二）保护动作情况分析

综合分析保护动作报文、录波文件，500kV 甲乙线 K1 边断路器保护 B 相重合闸未按整定的 0.9s 延时单相重合闸动作，实际动作时间 1.4s，重合闸误动。现场检查发现 K1 断路器保护装置动作报文“先合投入”为 0，正常情况下“先合投入”应为 1。原标识为“3LP20 K1 断路器先重投入压板”被标识为“3LP20 备用压板”，压板在退出位置。现场手动投入“3LP20 备用压板”，保护装置“先合开入”变为 1。

经查该变电站历史运维情况发现：新增#2 变压器间隔改造期间，于 500kV 甲乙线间隔所在不完整串新增了 K2 中断路器，并错误取消了 K1，K3 边断路器保护装置的“先合闭锁”开入、开出相关的二次回路，并将 K1、K3 断路器保护屏上的“先合投入”压板改为“备用”。

## 三、暴露问题

（1）二次调试人员技能技术水平不足。二次调试人员误认为 K1 断路器保护屏“先合投入”压板已经没有作用，误将压板改为备用并退出。

（2）二次回路变动管控、验收不到位。验收人员仅验收了新增的 K2 断路器保护相关二次回路验收，未开展 500kV 甲乙线保护带 K1、K2 断路器整组传动等主要试验。

（3）保护定值单执行不到位。工作人员在执行定值单时对定值单的备注内容不重视，未关注到定值通知单备注栏注明的“正常运行时要求投入‘先合投入压板’”的要求，未能及时发现装置缺少的硬压板。

## 四、防范措施

（1）新建、改扩建工程造成在运设备的二次回路及压板、空开、把手等的变动，应在设计说明中特别明确，在设计图纸审查时着重提出并经保护专业人员确认核实，在设计交底时进行重点交代。

（2）变电站扩建变压器、线路或回路发生变动时，应按照《继电保护和电网安全自动装置检验规程》（DL/T 995）等相关要求进行整组检查试验和装置的整定试验，以校验各装置在故障及重合闸过程中的动作情况和保护回路设计正确性及其调试质量，确保功能完整可用。

（3）严格、准确开展保护定值通知单执行工作，工作人员在操作前必须完整阅读定值通知单所有信息，正确理解备注要求，存在疑问时应立即中止执行并向定值整定人员联系，不得盲目执行。

## 案例13 非电量保护压板误投入导致变压器非计划停运

### 一、事件简述

某月某日00时55分18秒，某220kV光伏升压站220kV #1变压器（冷却器方式为自然油循环风冷）发风冷全停告警信号，02时54分16秒，220kV #1变压器非电量保护延时动作跳闸出口，220kV #1变压器高、低断路器跳闸，全站光伏阵解列。

220kV光伏升压站一次主接线如图4-23所示。

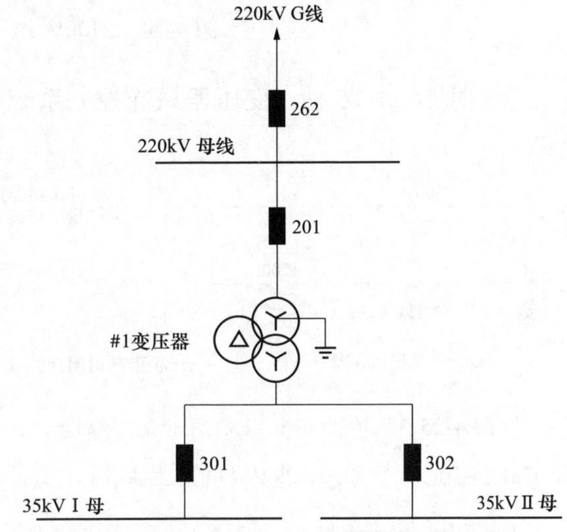


图4-23 220kV光伏升压站一次主接线

### 二、事件分析

#### （一）保护动作情况

后台监控机上报文如表4-9所示。

表4-9 后台监控机上报文

| 时间 | 动作情况 |
|---|---|
| 00时55分18秒 | #1变压器本体测控_风冷控制柜电源全停 |
| 01时54分16秒 | #1变压器本体测控_非电量01延时动作，#1变压器非电量保护_冷控失电 |
| 02时54分16秒 | #1变压器非电量保护_跳闸 |
| 02时54分16秒 | 220kV #1变压器高、低压侧断路器跳闸 |

220kV #1变压器后台报文时序如图4-24所示。

#### （二）保护动作情况分析

00时55分18秒，升压站400V系统电压上升至402.1V，大于相序继电器过压动作值（注：相序继电器过压动作值采用出厂设定值，为1.05$U_e$，即399V），冷却系统交流电源过压动作，失电常开辅助触点断开并自保持，断开冷却系统Ⅰ、Ⅱ路交流电源，发“风冷控制柜电源全停”告警信号，工作人员仅对该告警信号进行后台确认，未采取其他任何措施。

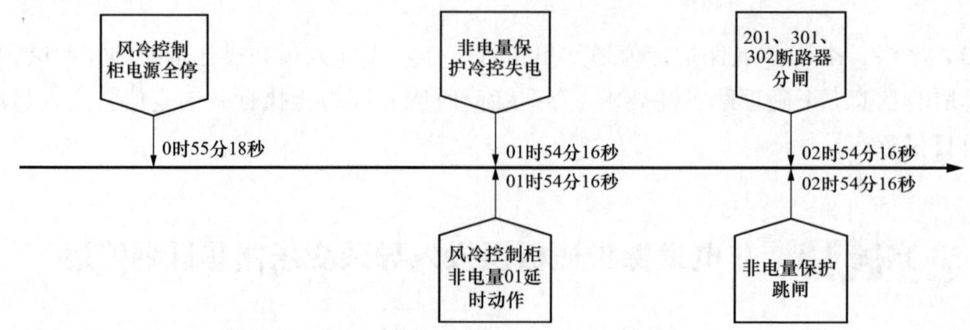


图 4-24　220kV #1 变压器后台报文时序

01 时 54 分 16 秒，变压器风冷控制系统 PLC“冷控失电”延时 3600s 后，开至变压器非电量保护装置冷控失电开入，非电量保护装置开始计时。风冷控制柜 PLC 风冷全停原理如图 4-25 所示。

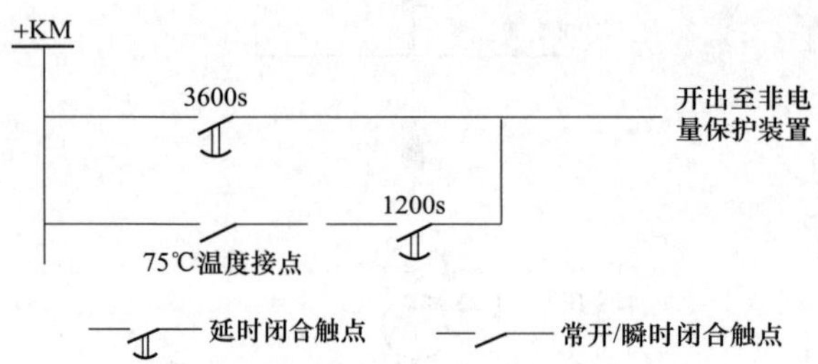


图 4-25　风冷控制柜 PLC 风冷全停原理

02 时 54 分 16 秒，220kV #1 变压器非电量保护装置延时 3600s 后，冷控延时跳闸出口。

现场未按定值通知单要求退出冷控延时跳闸功能，导致 220kV #1 变压器高、低压侧断路器跳闸，非电量保护误动。

## 三、暴露问题

（1）继电保护压板投退管理不规范，现场未按定值通知单要求开展压板投退。

（2）日常巡视、操作、监视工作质量不到位，日常巡视、操作中未对照定值通知单开展压板投退检查及操作，设备异常告警时，监视人员未对异常告警进一步核实及上报。

## 四、防范措施

（1）加强继电保护压板投退的管理，严格按照定值通知单要求开展压板投退。

（2）提高日常巡视、操作工作质量，将压板投退纳入日常巡视、操作执行项核对管理，加强监视人员继电保护技术技能学习，提高二次设备异常告警辨识、处置能力。

（3）严控工程验收质量关，严格对照有关技术标准开展现场验收。

# 第五章

# 继电保护回路类异常事件

## 案例 1 试验电流加入差动电流回路导致保护误动

### 一、事件简述

某月某日 10 时 30 分 25 秒，某电厂在开展 3 号机组 6kV 63C 段母线 63C 断路器过流保护装置调试时，#3 变压器高压侧 500kV 断路器 5031、5032、5 号、6 号高厂变（高压厂用变压器）低压侧各分支断路器 63A、63B、63D 发生跳闸。

跳闸前运行方式：#3 机组运行，#3 变压器带#5、#6 高厂变运行，#5 高厂变带 6kV 63A、63B 段母线运行，#6 高厂变带 6kV 63D 段母线运行，6kV 63C 段停电检修。

跳闸前运行方式如图 5-1 所示。

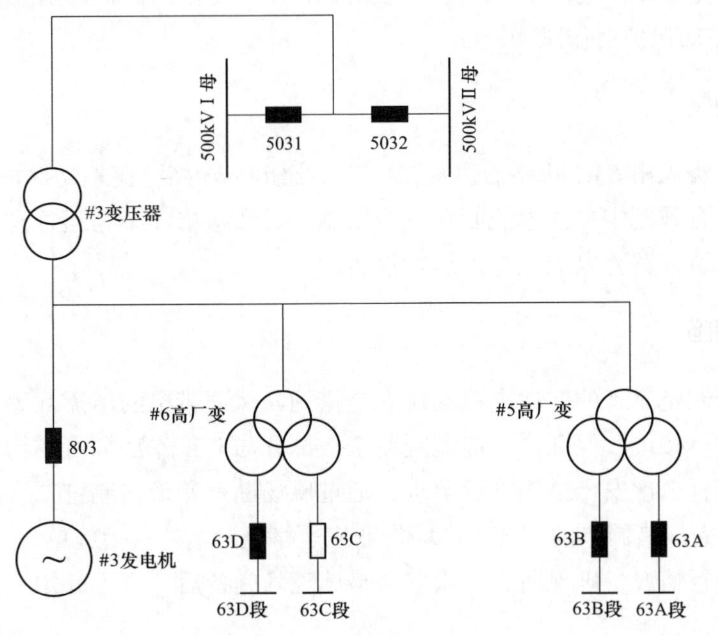


图 5-1 跳闸前运行方式

### 二、事件分析

#### （一）保护动作情况

#6 高厂变差动保护动作。

### （二）保护动作情况分析

跳闸时工作人员正在开展#3 机组 6kV 63C 段母线 63C 断路器保护装置调试，相关二次电流回路如图 5-2 所示，63C 断路器保护与#6 高厂变差动保护共用同一个 TA 二次绕组，电流回路串接。

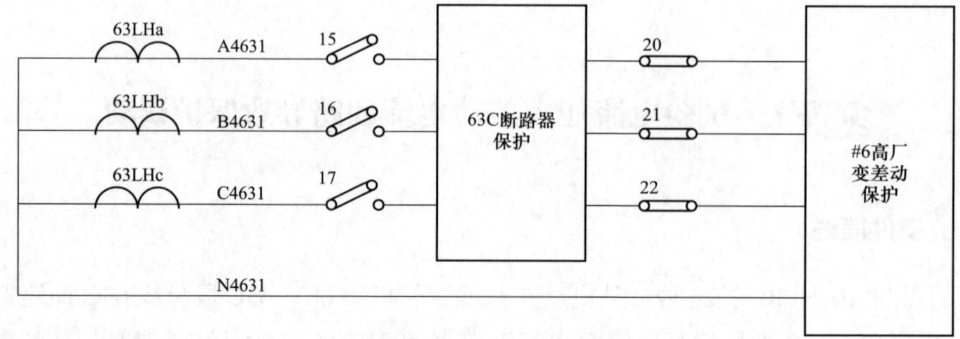


图 5-2　二次电流回路图

工作人员在对 63C 断路器保护调试前，打开了 15、16、17 二次电流端子连接片，20、21、22 二次电流端子连接片还处于正常接通状态。在 15、16、17 二次电流端子连接片靠 63C 断路器保护侧加试验电流时，试验电流加入#6 高厂变差动保护，造成差流大于动作值，造成#6 高厂变差动保护动作跳闸。

## 三、暴露问题

工作人员未辨识出 63C 断路器保护 TA 二次绕组与#6 高厂变差动保护 TA 二次绕组电流回路串接。未有效制定二次电流回路安全措施，导致检修设备与运行设备的二次电流回路未有效隔离，造成试验电流误加入运行设备。

## 四、防范措施

（1）作业前制定完善的二次电流回路安全措施，保证带电的电流互感器二次回路不开路、有且仅有一点接地、保证二次电流回路工作部分与非工作部分可靠物理隔离。

（2）严格履行二次安全措施管理要求。通过现场勘察等形式制定二次安全措施，编制《二次措施单》，完成措施单的审核；现场作业应严格执行《二次措施单》，执行后工作负责人应再次核对执行情况，确保所有二次安全措施正确完备后，方可开始工作。

## 五、知识点延伸

可用“两端观察法”分三步完成二次电流回路安全措施的制定：

（1）选取物理隔离点。选取作业设备与运行设备的二次电流回路物理隔离点，位于二次电流回路的工作侧与非工作侧之间，按照与工作地点就近的原则，选择电流端子连接片实现物理隔离。

（2）两端观察。在物理隔离点向二次电流回路两端（起点、终点）观察。两端观察法示意图如图 5-3 所示。

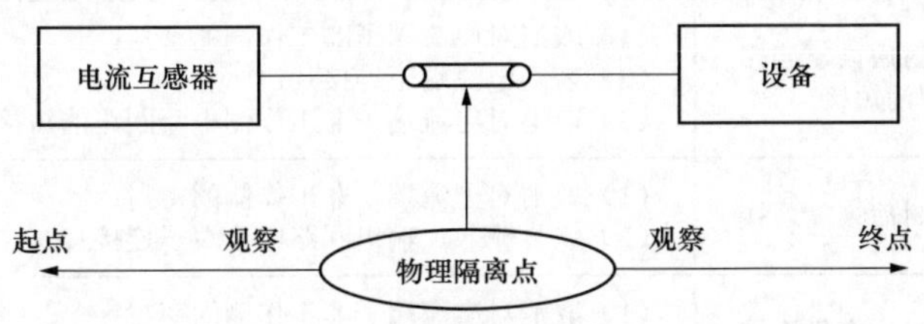


图 5-3 两端观察法示意图

向起点方向观察电流互感器是否带电，向终点方向观察下一级是否串接有设备。观察结果无非以下四种情况，如表 5-1 所示。

**表 5-1** 两端观察法观察结果汇总

| 情况 | 电流互感器是否带电 | 下一级是否串接有设备 |
|---|---|---|
| 一 | 带电 | 有设备 |
| 二 | 带电 | 无设备 |
| 三 | 停电 | 有设备 |
| 四 | 停电 | 无设备 |

（3）根据观察结果，由表 5-2、表 5-3 确定二次电流回路安全措施执行、恢复方法。

**表 5-2** 二次电流回路安全措施执行方法

| 情况 | 执行原则 | 执 行 方 法 |
|---|---|---|
| 一 | 先跨接后断开再密封 | （1）将电流端子非工作侧的同相电流回路跨接；<br>（2）断开电流端子连接片；<br>（3）密封电流端子非工作侧 |
| 二 | 先短接后断开再密封 | （1）将电流端子非工作侧的同一装置电流回路短接；<br>（2）断开电流端子连接片；<br>（3）密封电流端子非工作侧 |
| 三 | 断开并密封 | （1）断开输入、输出回路电流端子连接片；<br>（2）密封电流端子非工作侧 |
| 四 | 断开并密封 | （1）断开输入回路电流端子连接片；<br>（2）密封电流端子非工作侧 |

**表 5-3** 二次电流回路安全措施恢复方法

| 情况 | 恢复原则 | 恢 复 方 法 |
|---|---|---|
| 一 | 先取消密封后恢复连接再取消跨接 | （1）取消对电流端子非工作侧的密封；<br>（2）恢复电流端子连接片；<br>（3）取消对电流端子非工作侧电流回路的跨接 |

续表

| 情况 | 恢复原则 | 恢复方法 |
| --- | --- | --- |
| 二 | 先取消密封后恢复连接再取消短接 | （1）取消对电流端子非工作侧的密封；<br>（2）恢复电流端子连接片；<br>（3）取消对电流端子非工作侧电流回路的短接 |
| 三 | 先取消密封后恢复连接 | （1）取消对电流端子非工作侧的密封；<br>（2）恢复输入、输出回路电流端子连接片 |
| 四 | 先取消密封后恢复连接 | （1）取消对电流端子非工作侧的密封；<br>（2）恢复输入回路电流端子连接片 |

# 案例 2　安措执行不到位电流回路多点接地导致线路零序反时限保护误动

## 一、事件简述

某月某日 17 时 28 分 47 秒，500kV 某变电站内开展 B 套安全稳定控制装置安装调试工作，调试过程中 500kV 某乙线 5763 断路器、第六串联络 5762 断路器跳闸。

## 二、事件分析

### （一）保护动作情况

500kV 某乙线主二保护 $3I_0$ 故障电流为 0.11A，大于零序反时限过流整定值（0.08A），满足动作条件零序反时限保护动作。

### （二）保护动作情况分析

1. 故障录波分析

调阅主二保护故障录波发现故障时刻 $I_A$、$I_B$、$I_C$ 三相电流正常无故障电流，3I0 为 0.11A，如图 5-4 所示，说明自产零序电流和外接零序电流不一致，存在外接零序电流由其他地方注入情况。

2. 二次回路检查情况

经查，工作人员按照二次措施单要求完成打开安稳装置 500kV 某乙线电流回路试验端子连接片及其他所列安全措施，但未有效划开电流 N 相试验端子连接片。现场检查时未发现回路对侧主二线路保护电压断开点中 N 相已接入端子，故而未断开安稳 B 屏 500kV 某乙线电压 N 相试验端子连接片，现场安措实际实施情况如图 5-5 所示。

完成接试验线后的等效电路图如图 5-6 所示，电流、电压二次回路通过接地点、继电保护测试电流、电压 N 相，形成了一个闭合的回路。500kV 某乙线主二保护二次电流回路发生两点接地，由于两个接地点之间存在压差产生电流，500kV 某乙线主二保护零序反时限保护动作跳开 5763、5762 断路器。

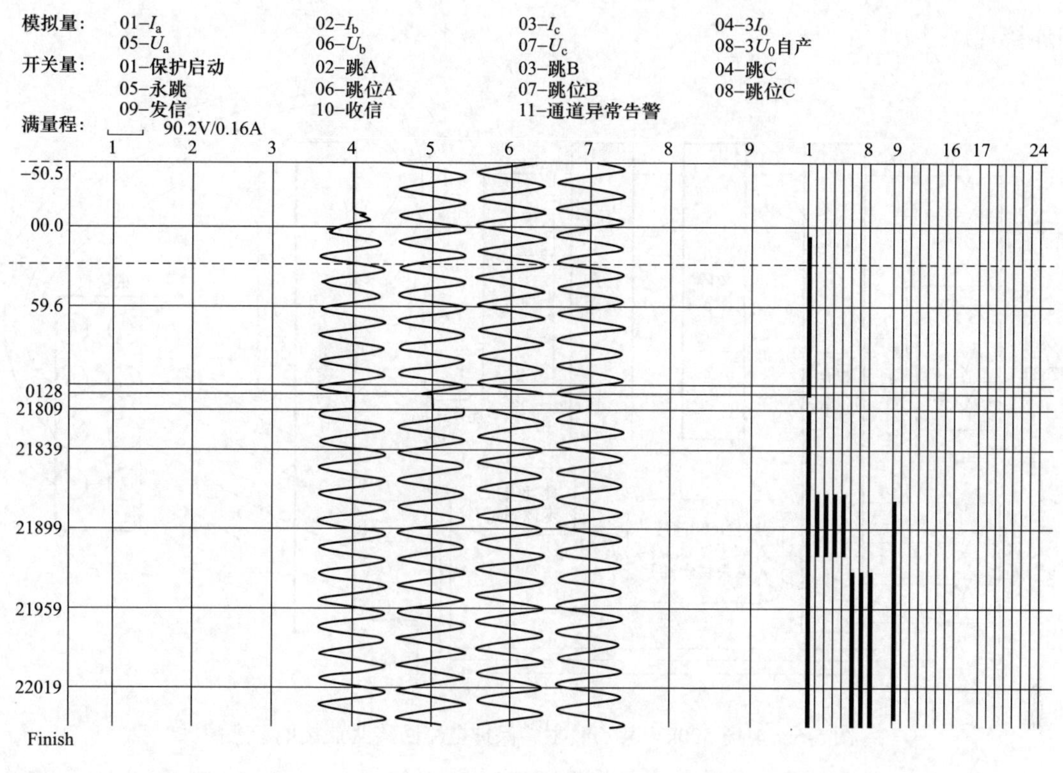


图 5-4　故障录波

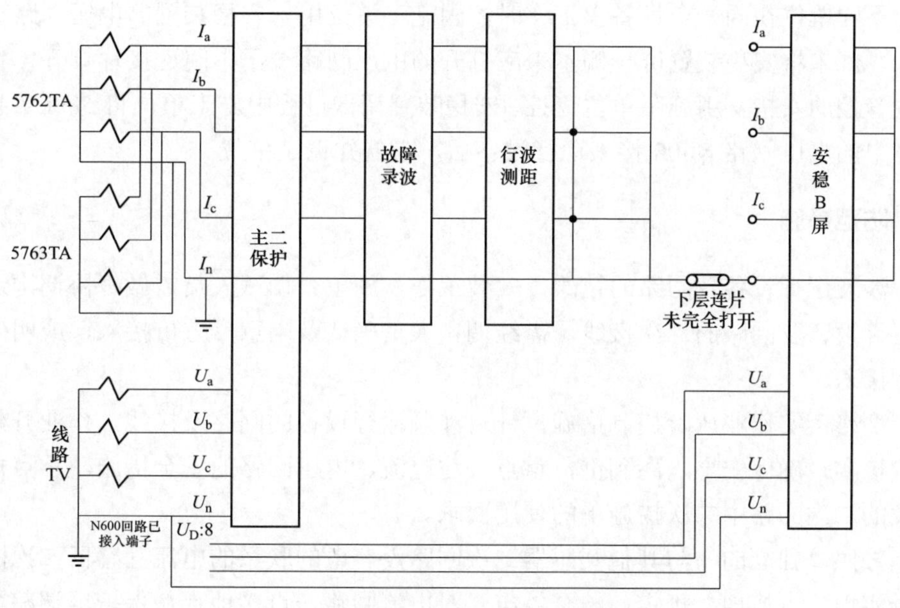


图 5-5　现场安措实际实施情况示意图

## 三、暴露问题

（1）二次措施单执行不彻底。在执行电流回路安全措施单时，未有效打开电流回路 N

相连接片。

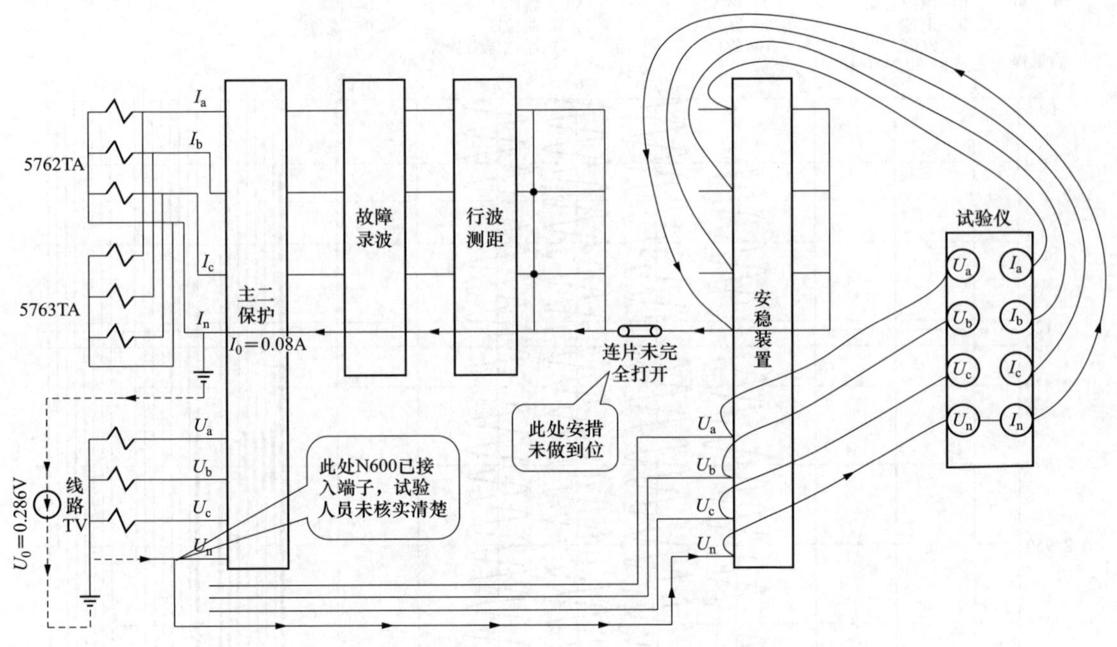


图 5-6 现场 500kV 某乙线主二保护电流回路两点接地示意图

（2）多单位交叉作业时安全措施管控不到位，存在靠对方的安措来管控自己工作的安全措施。不同单位在同一个设备上工作时，因施工单位用于安稳装置的电压回路 N600 对侧未接入，就未将安稳装置屏一侧本来应打开的电压回路端子中间连接片打开，将本该由调试单位管控的安措交由施工单位管控。安稳装置调试过程中施工单位将 500kV 某乙线主二保护屏中的电压回路 N600 接入运行设备后，未告知调试单位。

## 四、防范措施

（1）涉及运行设备及回路的技改、安装工作，施工、调试人员需做好协调沟通，特别是涉及运行设备及回路的二次接线，需经调试人员确认及同意后方可接入，或明确由调试人员负责接入。

（2）严格落实作业风险控制措施，针对涉及运行设备的回路及接线，作业开始前需逐项检查、核实，确保安全隔离到位，重点关注电流、电压回路的安全措施，重点规范一次检修涉及的二次回路中二次措施单的使用要求。

（3）按照“独立的、与其他互感器二次回路没有电的联系的电流互感器二次回路，宜在开关场实现一点接地”规定，结合停电，对电流回路一点接地点从保护屏调整至断路器端子箱内，降低电流回路多点接地造成保护误动的风险。

（4）为防止试验电流误注入运行中的保护、安自装置，要求相应的二次电流回路须进行物理隔离，应在最靠近检修 TA 的汇控箱或端子箱端子排处，打开检修 TA 对应的二次电流回路端子连接片，端子连接片靠近保护侧禁止短接密封，工作中不得失去接地点或导致多点接地。

## 案例3　安措执行错误电流回路多点接地导致变压器差动保护误动

### 一、事件简述

某月某日16时36分，某站工作人员在500kV ××甲线预试定检工作期间开展5042断路器TA误差校验工作。16时36分33秒，对5042断路器TA二次回路进行短接过程中，500kV#5联络变压器高压侧5041断路器、#5联络变压器220kV侧205断路器跳闸，造成220kV系统失压。

事故前运行方式：500kV ××甲线5043断路器、第四串联络5042断路器停电检修，500kV#5联络变压器5041断路器、205断路器运行。

500kV ××站电气一次主接线简图如图5-7所示。

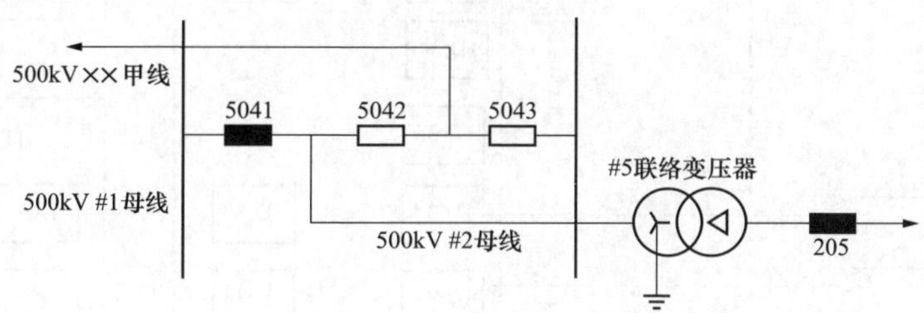


图5-7　500kV ××站电气一次主接线简图

### 二、事件分析

#### （一）保护动作情况

5号联络变压器第二套电气量保护装置的差动保护动作。

#### （二）保护动作情况分析

1. 现场工作情况

检修人员在执行短接500kV第四串联络5042断路器TA二次侧时，使用10连短接片将两个不同用途的1D30—35（断路器保护）和1D37—40（5号联络变压器第二套保护）TA二次同时进行短接。

短接时使用的短接片如图5-8所示。

图5-8　短接时使用的短接片

2. 原理分析

将 500kV 5042 断路器保护和 500kV#5 联络变压器第二套差动保护装置用电流回路短接后，等效电路如图 5-9 所示，用于 500kV 5042 断路器保护 TA 二次绕组电流回路接地点和 500kV #5 联络变压器第二套保护用电流回路接地点形成回路，两个 TA 接地点之间存在电位差，该电位差在#5 联络变压器第二套保护装置电流回路中产生电流，导致#5 联络变压器第二套保护装置差动保护动作跳闸。

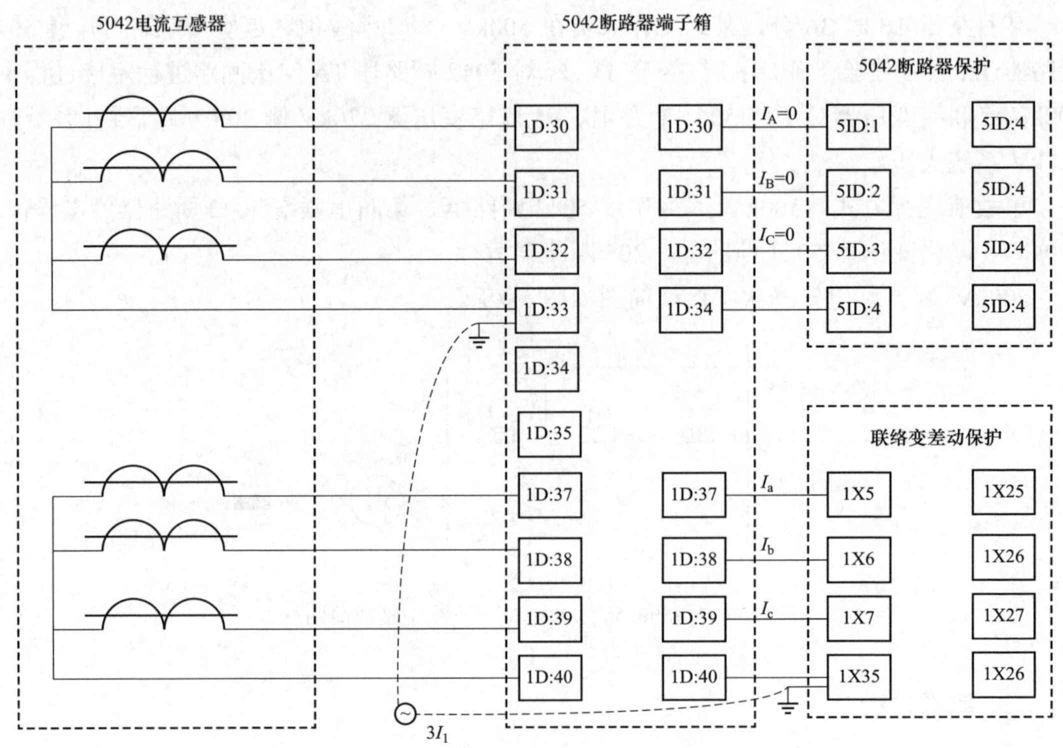


图 5-9　跳闸时电流回路等效原理图

## 三、暴露问题

（1）风险辨识不到位。检修人员未辨识出 3/2 接线中断路器 5042 断路器虽然已停电，但相关联的电流二次回路还与运行设备有联系。在 5042 断路器 TA 特性试验时，误执行在 5042 断路器端子箱处先短接 TA 端子再打开的操作。

（2）现场工作人员缺乏良好的工作习惯，责任心不强，安全意识淡薄。检修人员短接电流回路时图省事使用 10 连短接片同时将两个不同功能的电流二次回路绕组短接，造成运行中的电流回路两点接地。

## 四、防范措施

（1）在执行二次电流回路安全措施时，应先明确回路状况：TA 回路是否带电、TA 回路是否有和电流、TA 回路是否串接运行设备、TA 回路接地点位置。做好风险辨识：能不能断、在哪里断、在哪里短、在哪里密封、先短后断、先断后短还是只断不短。经过以上两步确认后再执行电流回路二次安全措施。

（2）在运行的电流二次回路上工作时，短接、跨接电流回路时，应使用专用的短连片、跨接线。短接操作时应按保护功能进行短接，不得多个不同功能二次绕组进行同时短接，跨接时应按相逐项跨接。

## 案例 4　电流回路中性线断线导致变压器差动保护误动

### 一、事件简述

某月某日 07 时 42 分 48 秒 520 毫秒，220kV 某站 110kV 甲乙线线路发生 C 相接地故障，220kV#1 变压器两套差动保护动作，跳开#1 变压器三侧断路器。

一次系统故障示意简图见图 5-10 所示。

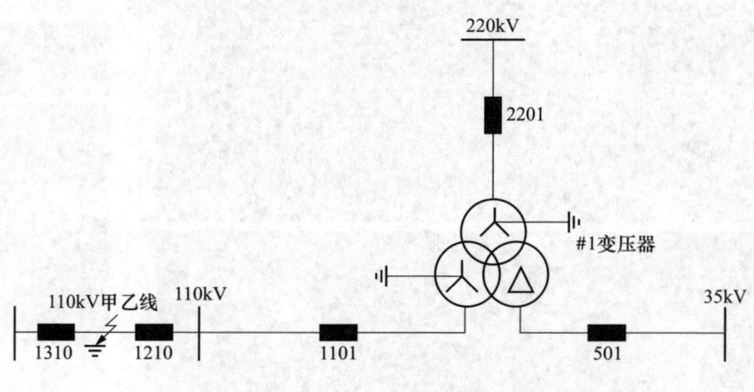


图 5-10　一次系统故障示意简图

### 二、事件分析

#### （一）保护动作情况

110kV 甲乙线线路断路器及 220kV #1 变压器三侧断路器跳闸保护动作情况如表 5-4 所示。

表 5-4　　保护动作情况

| 保护装置 | 保护动作情况 |
|---|---|
| #1 变压器主一保护装置 | 0ms 故障发生；<br>22ms #1 变压器保护Ⅰ差动保护跳 220kV #1 变压器高压侧 2201 断路器、中压侧 1101 断路器、低压侧 501 断路器 |
| #1 变压器主二保护装置 | 0ms 故障发生；<br>22ms #1 变压器保护Ⅱ差动保护跳 220kV #1 变压器高压侧 2201 断路器、中压侧 1101 断路器、低压侧 501 断路器 |

续表

| 保护装置 | 保护动作情况 |
| --- | --- |
| 110kV 甲乙线路保护装置 | 0ms 故障发生；<br>14ms 距离Ⅰ段动作跳 110kV 甲乙线 1210 断路器；<br>25ms 差动保护动作跳开 110kV 甲乙线 1210 断路器；<br>1064ms 重合闸动作，1210 断路器重合成功 |

根据保护动作情况，110kV 甲乙线线路为 C 相瞬时性接地故障，结合一次设备检查情况分析，初步怀疑变压器差动保护误动。

## （二）保护动作情况分析

### 1. 220kV#1 变压器主一、主二保护装置及故障录波装置分析

#1 变压器主一、主二保护装置在故障时刻，高压侧 B 相均有较大电流，其大小与 C 相电流基本相等，相位接近反相。中压侧 C 相电流增大，而 A、B 两相没有故障电流，三侧均出现较大差流，所以主变压器差动保护动作，#1 变压器主一、主二保护装置波形见图 5-11、图 5-12。

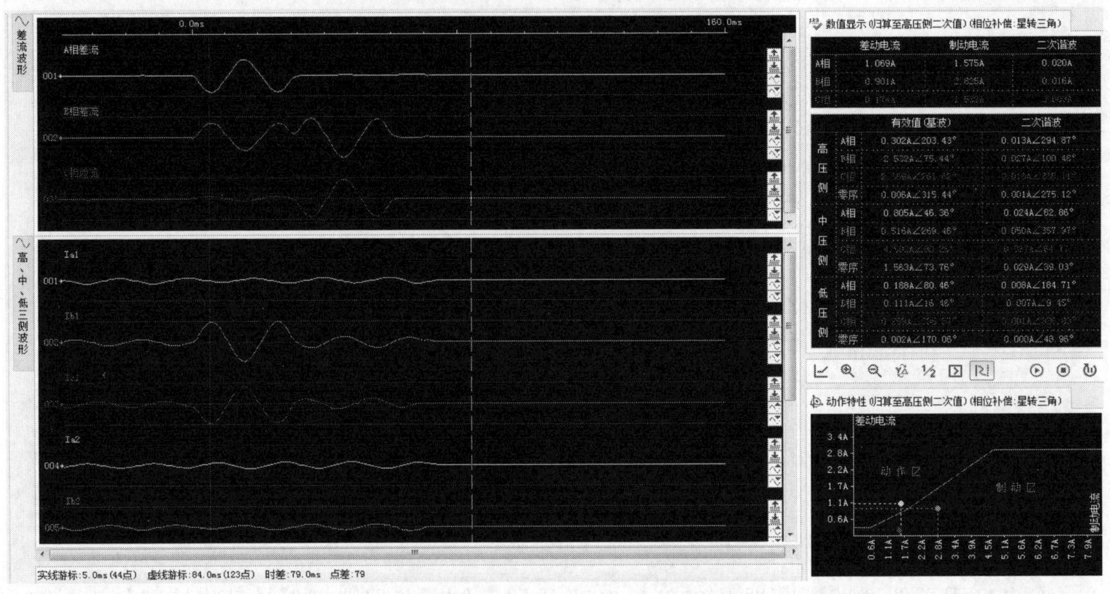


图 5-11 #1 变压器主一差动保护合成差流图

#1 变压器故障录波变压器三侧电流波形（变压器高压侧采集套管 TA 波形，见图 5-13），#1 变压器高压侧 C 相电流和中压侧 C 相电流均增大，电流相位相反，且均有零序电流，$3I_0$ 幅值、相位与高中压侧各自的 C 相故障电流相等，变压器三侧差流为 0，说明在 110kV 甲乙线故障时，#1 变压器本体无故障，变压器高、中压侧 C 相电流为穿越性电流。结合一次设备检查情况（无故障），重点在#1 变压器主一、主二保护装置差动电流回路。

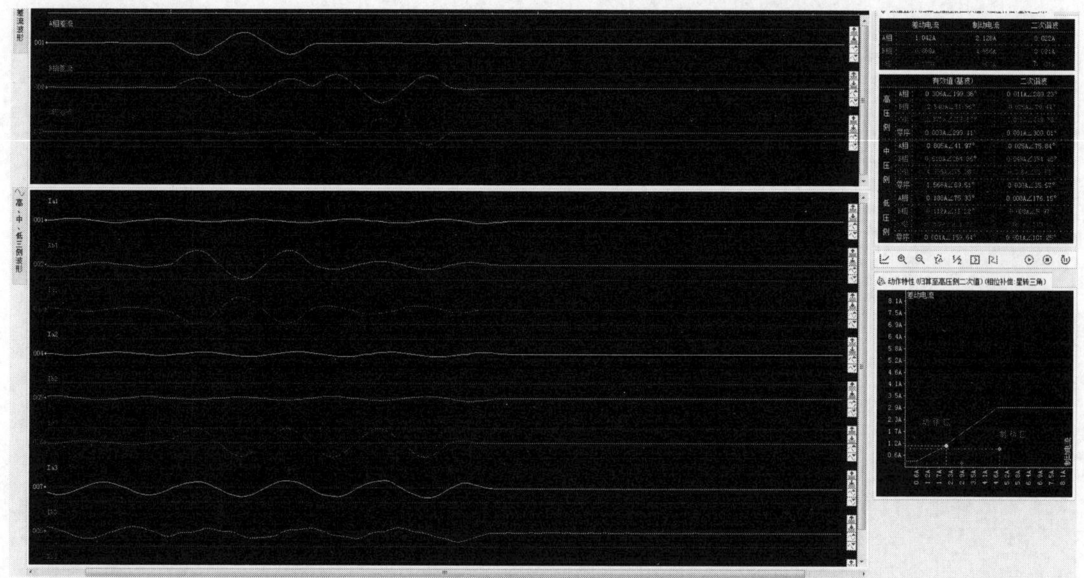

图 5-12　#1 变压器主二差动保护合成差流图

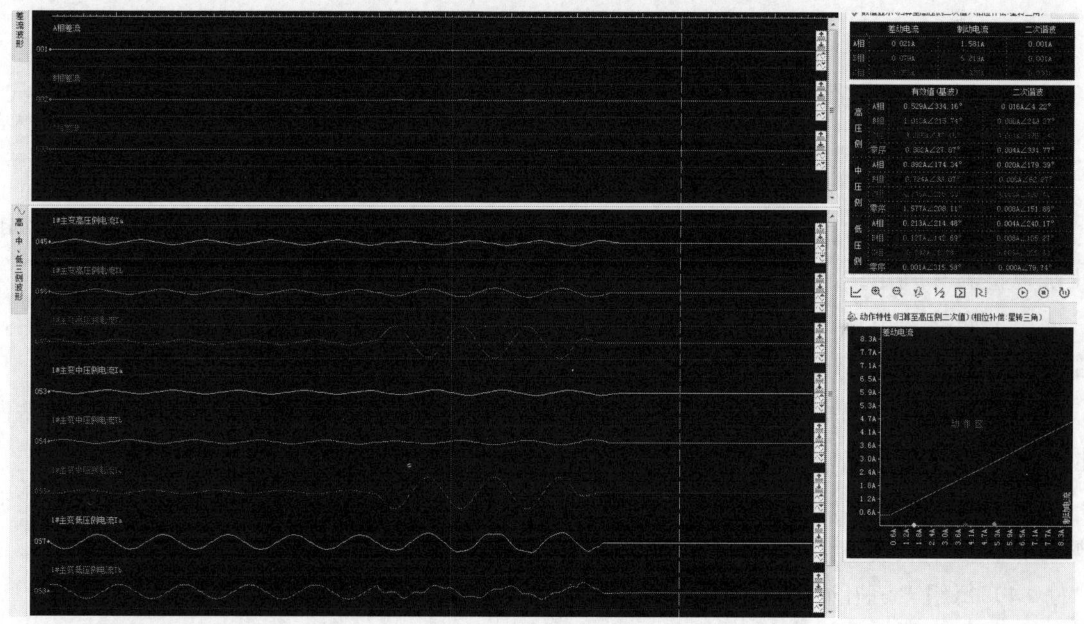

图 5-13　#1 变压器故障录波屏录波合成差流图

2. 二次回路检查分析

经对变压器电流回路进一步检查发现主一、主二保护 N 相开路（见图 5-14），电流回路开路的原因为保护人员在保护装置定检时进行过电流回路接地点位置改接，改接前后见图 5-15。

综上所述：110kV 甲乙线线路故障，220kV #1 变压器差动保护装置动作跳闸的原因为 220kV #1 变压器保护装置电流回路 N 相开路。

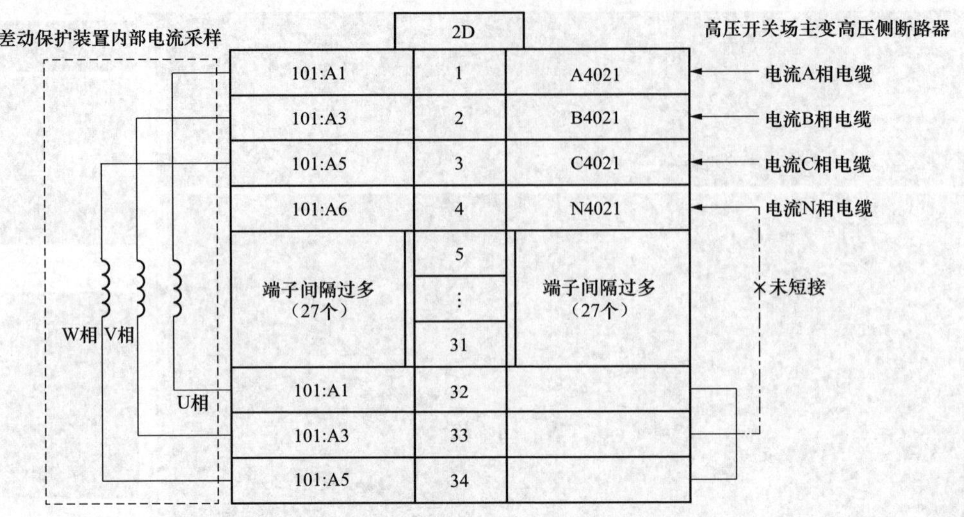


图 5-14　#1 变压器 N 相开路原理示意图

## 三、暴露问题

对新安装或设备回路有较大变动的装置，在投入运行以前，若检验项目缺项、漏项，将存在误拆、漏拆接线导致保护误动或拒动的风险。

## 四、防范措施

对新安装或设备回路有较大变动的装置，在投入运行以前，必须用一次电流及工作电压加以检验和判定：

（1）对接入电流、电压的相互相位、极性有严格要求的装置（如带方向的电流保护、距离保护等），其相别、相位关系以及所保护的方向是否正确。

（2）电流差动保护（母线、发电机、变压器的差动保护、线路纵联差动保护及横差保护等）接到保护回路中的各组电流回路的相对极性关系及变比是否正确。

（3）利用相序滤过器构成的保护所接入的电流（电压）的相序是否正确、滤过器的调整是否合适。

（4）每组电流互感器（包括备用绕组）的接线是否正确，回路连线是否牢靠。

（5）定期检验时，如果设备回路没有变动（未更换一次设备电缆、辅助变流器等），只需用简单的方法判明曾被拆动的二次回路接线确实恢复正常（如对差动保护测量其差电流、用电压表测量继电器电压端子上的电压等）即可。

## 五、知识点延伸

### （一）电流回路改接线原则（停电）

（1）核实待改接电流回路串接情况（由断路器端子箱开始一级一级核实）及改触点前后端负载情况、该 TA 绕组一点接地位置。

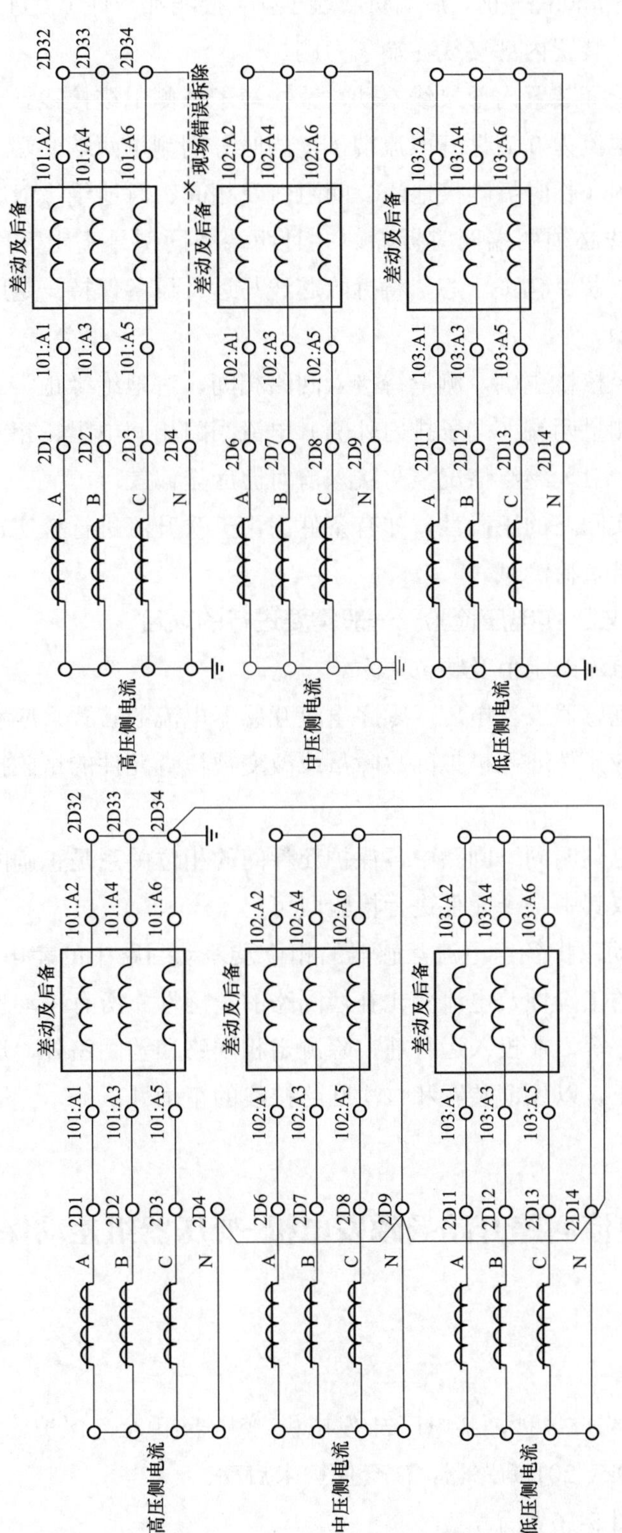


图 5-15 #1变压器主一保护屏、主二保护屏接地方式改线示意图

（2）核实待拆除电流回路（前、后端负载端子排）接线唯一性（三进三出、四进四出），电缆接线在端子外侧、装置内部接线在端子内侧。

（3）改接位置宜选择装置内部接线不动，改接端子外侧电缆接线。

（4）改接前确认电流为0后划开电流端子，同时分别测量两端（端子排内外侧）电流回路相间电阻、相对N（临时拆除接地线）间阻值及相间、对地绝缘情况。

（5）拆除电缆芯线必须两端同时拆除，并且两端用同型号高阻万用表校核所拆线正确；拆除一芯、校核一芯、包裹一芯，将拆除芯线与运行设备保持一定距离，防止搭接至带电设备，使保护误动。

（6）待接入回路经校核正确，测量待接入回路相间、对地绝缘正常。按照新设计接线图将电缆接入。分别测量两端（端子排内外侧）电流回路相间电阻、相对N（临时拆除接地线）间阻值及相间、对地绝缘情况，与接入前对比应无偏差。

（7）分相加量核实回路的正确性，如有条件需由一次升流进行核实，投运后需对改接的整个电流回路进行带负荷测试。

### （二）用一次电流与工作电压检验，一般需要进行的项目

（1）测量电压、电流的幅值及相位关系。

（2）对使用电压互感器三次电压或零序电流互感器电流的装置，应利用一次电流与工作电压向装置中的相应元件通入模拟的故障量或改变被检查元件的试验接线方式，以判明装置接线的正确性。

由于整组试验中已判明同一回路中各保护元件间的相位关系是正确的，因此该项检验在同一回路中只须选取其中一个元件进行检验即可。

（3）测量电流差动保护各组电流互感器的相位及差动回路中的差电流（或差电压），以判明差动回路接线的正确性及电流变比补偿回路的正确性。所有差动保护（母线、变压器、发电机的纵、横差等）在投入运行前，除测定相回路和差回路外，还必须测量各中性线的不平衡电流、电压，以保证装置和二次回路接线的正确性。

# 案例5　电流回路开路导致发电机-变压器组差动保护误动

## 一、事件简述

某月某日15时38分28秒，某电厂#1发电机-变压器组A套保护“发电机差动保护”动作，跳开高压侧220kV 201断路器，B套保护未启动。

电厂主接线图如图5-16所示。

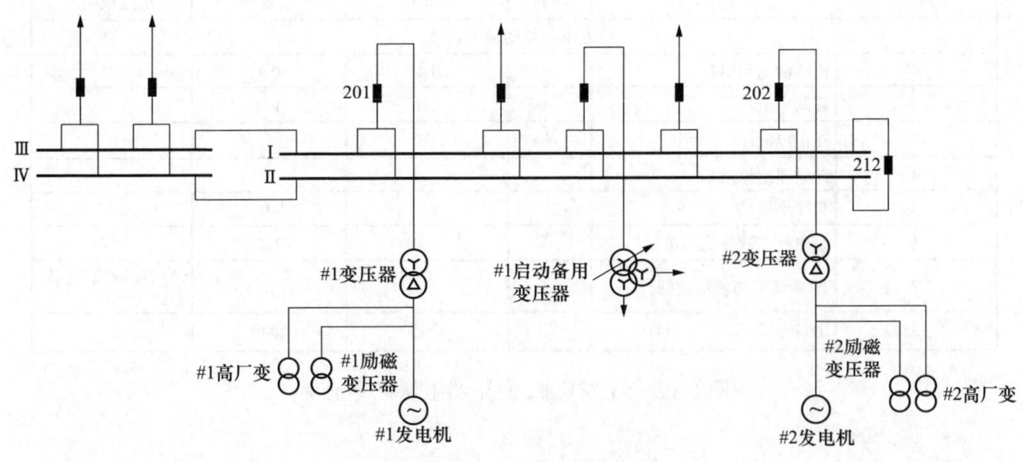


图 5-16　电厂主接线图

## 二、事件分析

### (一) 保护动作情况分析

该电厂#1 发电机-变压器组 A 套保护“发电机差动保护”动作，#1 发电机-变压器组高压侧 220kV 201 断路器跳闸，#1 发电机-变压器组 B 套保护未启动，双套配置保护动作行为不一致。

对#1 发电机-变压器组 A 套保护动作行为进行分析，#1 发电机-变压器组 A 套保护“发电机差动保护”满足动作条件。

#1 发电机-变压器组保护动作行为分析如表 5-5 所示。

表 5-5　　#1 发电机-变压器组保护动作行为分析

| 类　别 | 动　作　行　为 |
|---|---|
| 发电机差动保护定值 | 启动电流 $I_q$=1A；拐点电流 $I_g$=2.72A；TA 断线闭锁差动控制符=0；$U_2$=8V |
| 三相差流 | $I_{cda}$=0A，$I_{cdb}$=1.079A，$I_{cdc}$=1.069A，BC 相差流均大于启动电流 |
| 三相制动电流 | $I_{za}$=2.317A，$I_{zb}$=1.142A，$I_{zc}$=1.17A，均小于拐点电流 |

#1 发电机-变压器组保护定值单如图 5-17 所示。#1 发电机-变压器组 A 套保护三相差流如图 5-18 所示。#1 发电机-变压器组 A 套保护三相制动电流如图 5-19 所示。

为明确双套保护动作行为不一致原因，查看#1 发电机-变压器组 A 套保护及故障录波装置录波发现：#1 发电机-变压器组 A 套保护发电机中性点电流波形正常，发电机机端电压正常，发电机机端电流 B、C 相波形发生畸变，幅值显著降低；故障录波装置发电机中性点电流、机端电流、机端电压波形正常。

#1 发电机-变压器组 A 套保护装置波形如图 5-20 所示。录波装置波形如图 5-21 所示。

| 序号 | 定值项名称 | 单位 | 原定值 | 新定值 | 定值说明 |
|---|---|---|---|---|---|
| 发电机差动保护定值 | | | | | |
| 1 | 比率制动斜率$K_2$ | | 0.4 | 0.4 | |
| 2 | 启动电流$I_q$ | A | 1.0 | 1.0 | |
| 3 | 拐点电流$I_g$ | A | 2.72 | 2.72 | |
| 4 | 差动速断倍数$I_n$ | | 3 | 3 | |
| 5 | 负序电压$U_2$ | V | 8.0 | 8.0 | |
| 6 | 发电机二次额定电流$I_N$ | A | 3.4 | 3.4 | |
| 7 | TA断线闭锁差动控制符 | | 0 | 0 | 0为TA 断线不闭锁差动 |
| 8 | 出口方式 | | 全停 | 全停 | |

图 5-17　#1 发电机-变压器组保护定值单

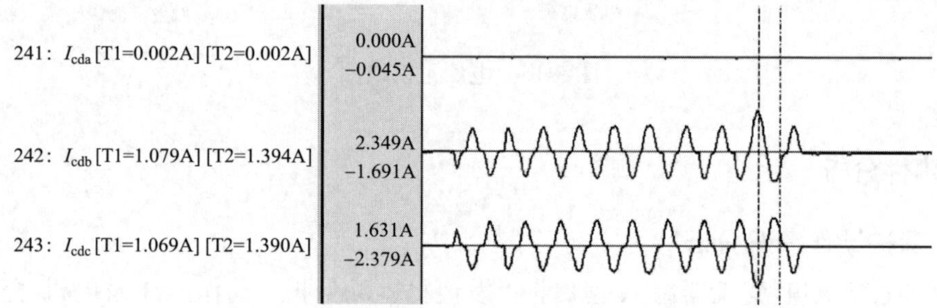


图 5-18　#1 发电机-变压器组 A 套保护三相差流

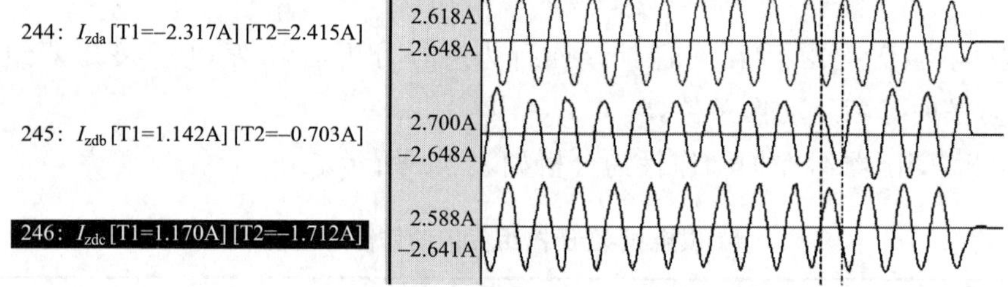


图 5-19　#1 发电机-变压器组 A 套保护三相制动电流

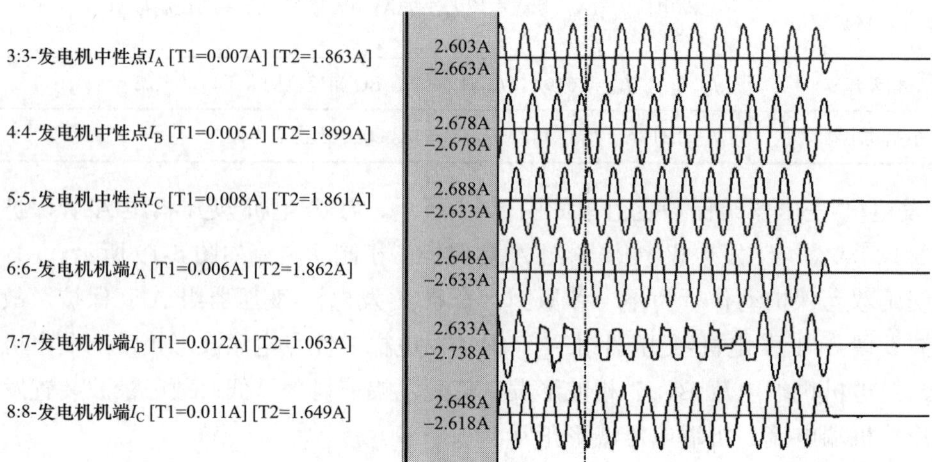


图 5-20　#1 发电机-变压器组 A 套保护装置波形

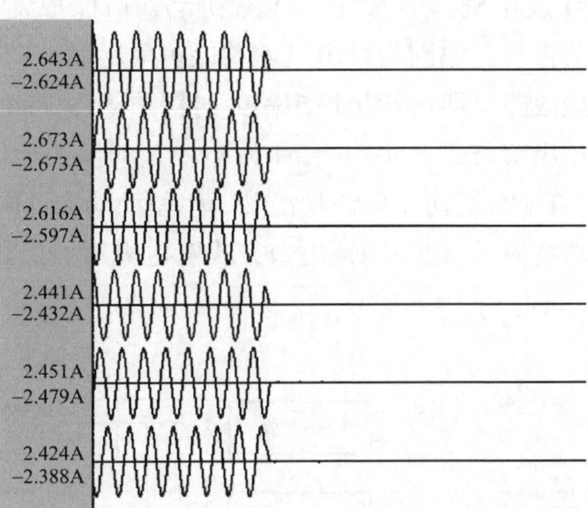


图 5-21　录波装置波形

对发电机-变压器组进行检查，外观无异常，经查看图纸，发电机-变压器组保护 A 柜、B 柜及发电机-变压器组故障录波电流采样均取自不同电流互感器绕组，排除发电机本体故障。结合波形分析结果、发电机本体检查结果以及图纸查看结果，初步判断本次事件为#1 发电机-变压器组 A 套保护机端二次回路异常引起。

### （二）保护动作情况分析

对发电机-变压器组保护 A 柜电流回路进行检查：打开#1 发电机-变压器组 A 套保护屏柜后面，发现发电机机端二次电流端子排烧损。#1 发电机-变压器组 A 套保护端子烧毁图片如图 5-22 所示。

烧毁电流端子自 2005 年 12 月投入使用后未更换，已运行 18 年。对烧毁电流端子进行解体，发现所用电流端子存在压接不充分问题，从而确定本次事件为#1 发电机-变压器组 A 套保护机端电流回路开路导致。#1 发电机-变压器组保护 A 柜烧损端子解体图如图 5-23 所示。

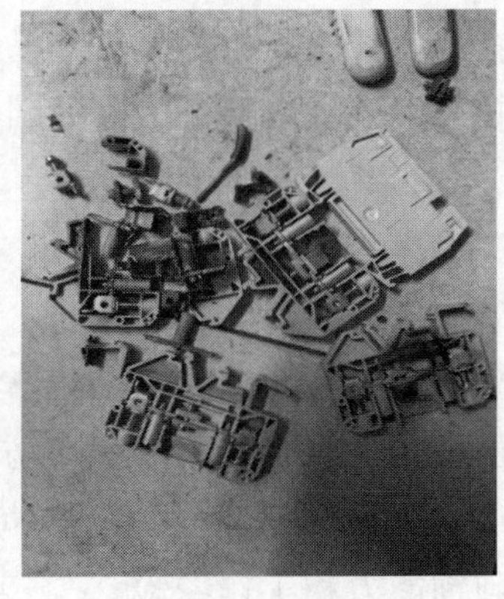

图 5-22　#1 发电机-变压器组 A 套保护端子烧毁图片

图 5-23　#1 发电机-变压器组保护 A 柜烧损端子解体图

#1 发电机-变压器组 A 套保护动作前保护装置未发“TA 断线”告警信号，后台也未收到相关告警。原因为发电机差动保护采用循环闭锁出口方式以提高发电机内部及外部不同相接地故障（即两相接地短路）时保护动作的可靠性，采用负序电压解除循环闭锁（即改成单相出口方式），因本次#1 发电机差动保护动作相别为 B、C 相，保护装置不发 TA 断线信号（TA 断线动作条件是：仅一相差动动作、同时无负序电压，不考虑两相 TA 同时断线的极端情况）。循环闭锁出口方式发电机纵差保护逻辑框图如图 5-24 所示。

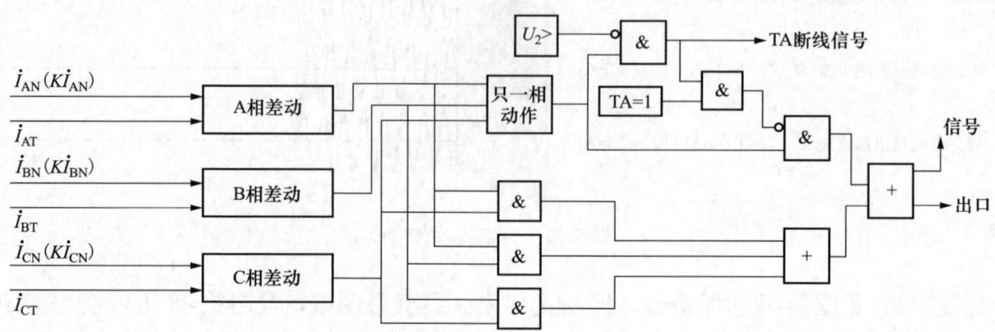


图 5-24　循环闭锁出口方式发电机纵差保护逻辑框图

综上所述，#1 发电机-变压器组 A 套保护屏柜 B、C 相电流端子开路烧毁导致本次#1 发电机-变压器组“发电机差动保护”误动。而本次#1 发电机-变压器组 A 套保护电流回路开路是由端子老化、端子施工工艺差、定检结束后未采取充分技术手段确保回路恢复良好多方面原因叠加导致的。

## 三、暴露问题

（1）现有运维手段难以及时发现电流回路开路隐患。#1 发电机-变压器组 A 套保护并网运行后，保护装置未发异常告警信号，电气人员每月对电流端子开展 1 次巡检及测温，未发现异常，设备运行过程中，电流回路开路隐患不能及时被发现。

（2）厂站电气人员技术技能水平不足，对厂内关键设备电流端子结构了解不到位，紧固过度，电流端子连片恢复不到位，对可确保回路连接良好的技术措施了解不足。

## 四、防范措施

（1）提升技术手段，实现二次电流回路开路隐患在线辨识。

（2）强化学习培训，提升人员技术技能水平。加强《防止电力生产事故的二十五项重点要求》、继电保护相关行业标准、制度、规范学习，严格执行各项规程制度。不断提高继电保护专业人员工作技能、风险预判能力和工作经验。

# 案例 6　电流回路电缆破损导致线路差动保护误动

## 一、事件简述

某月某日 11 时 36 分 45 秒，500kV AB 线发生 A 相接地故障，500kV A 电厂、B 变电站两侧 500kV AB 线主一、主二保护差动保护动作跳 A 相，重合成功。同一时刻，500kV C 变电站、D 变电站联络 500kV CD 甲线主二保护差动保护动作跳 A 相，重合成功，主一保护未动作。

跳闸前，500kVA 电厂-H 变电站-K 电厂-E 变电站-D 变电站-C 变电站-B 变电站-F 变电站-G 变电站电磁环网运行，见图 5-25。

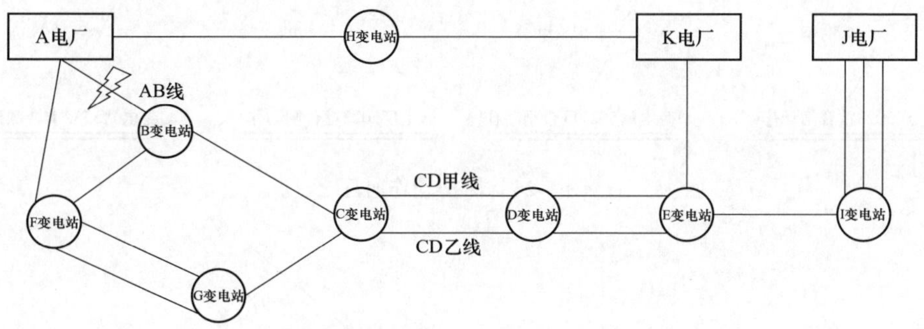


图 5-25　系统联络图

## 二、事件分析

### （一）保护动作情况

11 时 36 分 45 秒 924 毫秒，500kV AB 线 A 相接地，500kV AB 线线路主一、主二保护差动保护动作跳 A 相，重合成功，故障电流 1.454A（二次值，TA 变比为 4000:1）。同一时刻，500kV CD 甲线主二保护 45 秒 956 毫秒差动保护动作跳 A 相，重合成功，主一保护未动作，保护动作时序见图 5-26。

### （二）保护动作情况分析

（1）500kV AB 线和 500kV CD 甲线无交叉跨越、同塔架设、线路非同走廊，排除两条线路同时发生故障的情况。

（2）根据录波数据（见图 5-28），500kV AB 线跳闸时，500kV C 变电站 500kV CD 甲线主一保护采集到 A 相穿越故障电流 0.221A，而主二保护采集到 A 相穿越故障电流仅为 0.047A。根据采样数据计算，主二保护两侧差流为 0.162A，制动电流为 0.27A，落入装置差动动作区内，见图 5-27。500kV C 变电站 500kV CD 甲线录波情况如图 5-28 所示。

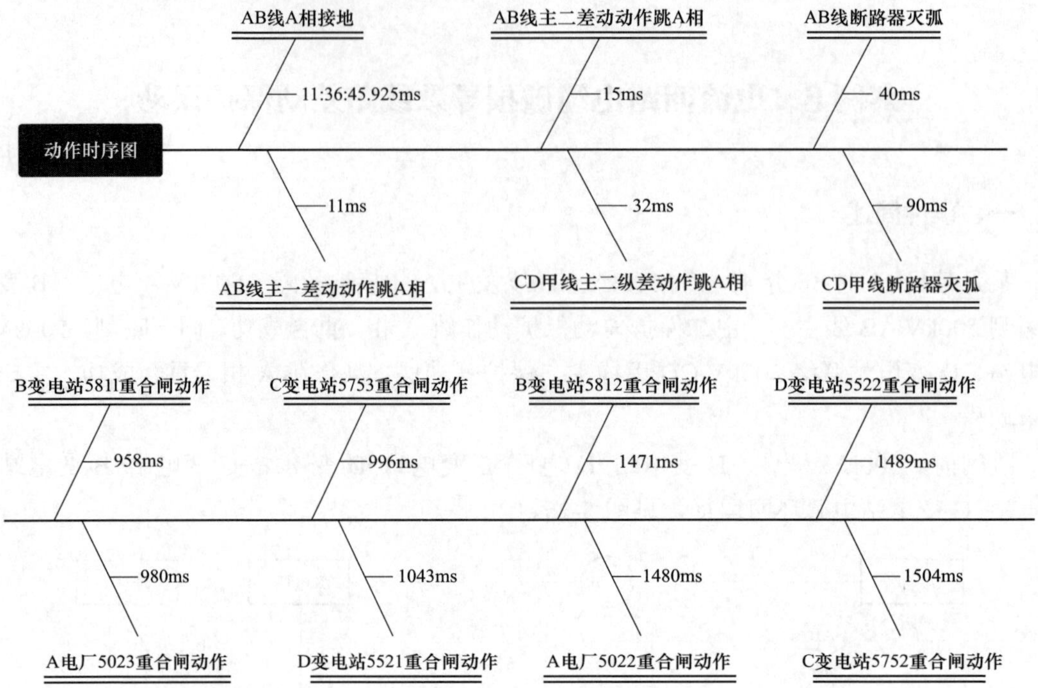

动作时序图
AB线A相接地
11:36:45.925ms
11ms
AB线主一差动动作跳A相
AB线主二差动动作跳A相
15ms
32ms
CD甲线主二纵差动作跳A相
AB线断路器灭弧
40ms
90ms
CD甲线断路器灭弧
B变电站5811重合闸动作
958ms
980ms
A电厂5023重合闸动作
C变电站5753重合闸动作
996ms
1043ms
D变电站5521重合闸动作
B变电站5812重合闸动作
1471ms
1480ms
A电厂5022重合闸动作
D变电站5522重合闸动作
1489ms
1504ms
C变电站5752重合闸动作

图 5-26　保护动作时序

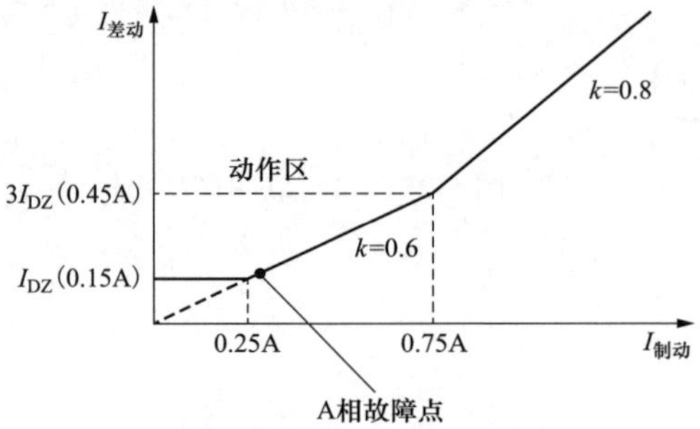

$I_{差动}$
$k$=0.8
动作区
$3I_{DZ}$(0.45A)
$k$=0.6
$I_{DZ}$(0.15A)
0.25A
0.75A
$I_{制动}$
A相故障点

图 5-27　500kV C 变电站 500kV CD 甲线主二保护差动动作情况

主一故障
电流0.221A
主二故障
电流0.047A

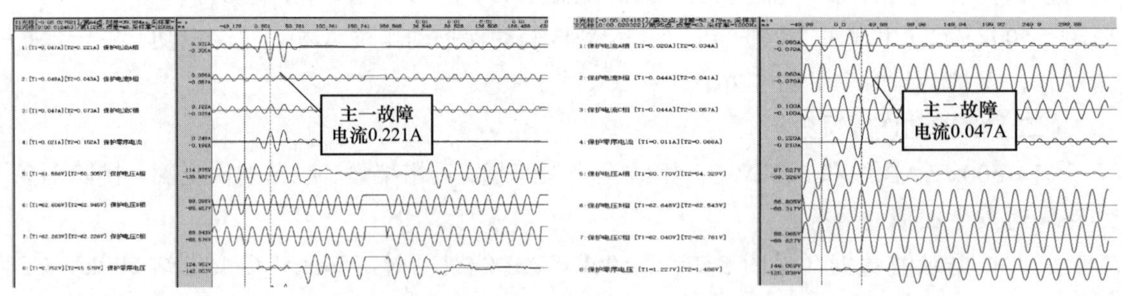

图 5-28　500kV C 变电站 500kV CD 甲线录波情况

（3）检查 500kV C 变电站 500kV CD 甲线正常运行时主二保护中 5753 断路器间隔 A 相采样值较 B、C 相电流偏小（A 相仅为 5mA，B、C 两相均为 24mA），且保护装置外接零序电流为 0mA。用钳型电流表对主二保护屏外部回路进行检查时，保护装置外部输入电流与采样值一致。测量接地线电流为 17mA。进一步对 5753 断路器端子箱处电流回路进行检查时，主二保护用绕组在端子箱处 A、B、C 三相电流分别为 22、24、24mA，三相电流基本平衡。因此怀疑 500kV 5753 断路器端子箱至 500kV CD 甲线主二保护屏的电流绕组 A 相存在分流，导致线路保护在线路有穿越电流时两侧采样不一致引起差流，最终导致跳闸，见图 5-29。

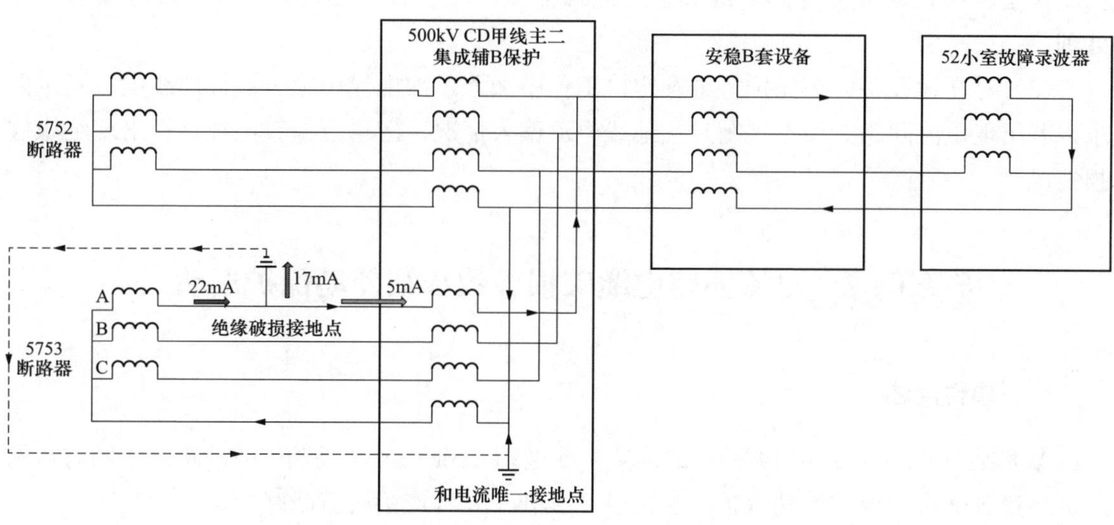


图 5-29　500kV C 变电站 500kV CD 甲线电流回路图

（4）对 500kV C 变电站 500kV CD 甲线停电检查，检查 5753 断路器端子箱至线路主二保护装置之间的电流回路二次电缆进行绝缘检测，发现电流回路电缆 A 相绝缘不满足要求，对地绝缘为 0MΩ。B、C、N 相绝缘分别为 2000、2100、1358MΩ（标准要求不小于 20MΩ），进一步抽取故障二次电缆发现电流回路 A 相电缆绝缘层存在受损情况，见图 5-30。

图 5-30　电缆受损情况

综上，500kV C 变电站 500kV CD 甲线主二保护 A 相电流回路绝缘受损，导致运行中 A 相二次电流存在分流并出现差流。当发生 500kV AB 线区外故障时，500kV CD 甲线主二保护达到启动条件且 A 相差流增大进入差动动作区，导致 500kV C 变电站 500kV CD 甲线主二保护在区外故障时误动。

## 三、暴露问题

运行中二次电缆绝缘受损，且未及时发现处理，导致区外故障保护误动。

## 四、防范措施

（1）二次电缆选型方面，用于变电站的二次电缆应选择铠装电缆，提升对电缆芯线及绝缘层的保护强度；二次电缆验收方面，应检查二次电缆及其线芯绝缘层光滑、完整、无割伤情况，确保各线芯绝缘层的有效绝缘；二次电缆绝缘测试方面，应结合验收、保护定检等工作，对二次电缆开展绝缘试验，阻值应满足检验规程要求，若某电缆芯绝缘强度满足标准但明显低于同电缆其他芯绝缘强度，应核查该芯是否存在绝缘破损情况并处理。

（2）对在运设备，在保护特维及定检工作中加入二次电流电缆一点接地线电流测试要求，若出现电流回路三相不平衡且接地线电流偏大情况，应重点检查电缆是否出现绝缘破损情况。

# 案例 7　电流回路电缆破损导致母线差动保护误动

## 一、事件简述

某月某日 04 时 02 分 14 秒，220kV 某变电站 110kV ××线发生故障跳闸，同时该站 220kV 第Ⅱ套母线保护差动保护动作，跳开 220kVⅡ母连接所有断路器。

事故前运行方式：如图 5-31 所示，261、201 断路器运行于 220kVⅠ母，262、202 断路器运行于 220kVⅡ母，101 断路器运行于 110kVⅠ母，166、102 断路器运行于 110kVⅡ母，261、201、262、202、212、101、102、166、112 断路器均处于合闸运行状态。220kV 某变电站主接线简图如图 5-31 所示。

## 二、事件分析

### （一）保护动作情况

04 时 02 分 14 秒 779 毫秒，220kV 某变电站 110kV ××线 166 线路零序Ⅰ段、距离Ⅰ段保护动作跳闸，04 时 02 分 16 秒 780 毫秒，110kV ××线 166 断路器重合闸动作合上 166 断路器，保护正确动作。

04 时 02 分 14 秒 772 毫秒，220kV 第Ⅱ套母线保护Ⅱ母差动保护动作跳开连接于 220kVⅡ母线的 220kV 母联 212、220kV ××Ⅱ回线 262、220kV #2 变压器 220kV 侧 202 断路器，母线保护误动。

### （二）保护动作情况分析

1. 故障录波分析

调取 220kV 第Ⅱ套母线保护、220kV 故障录波整理故障时刻采样值如表 5-6 所示，220kV 母线保护支路 4 为 220kV ××Ⅰ回线 261 断路器间隔，支路 5 为 220kV ××Ⅱ回线 262 断路器间隔。

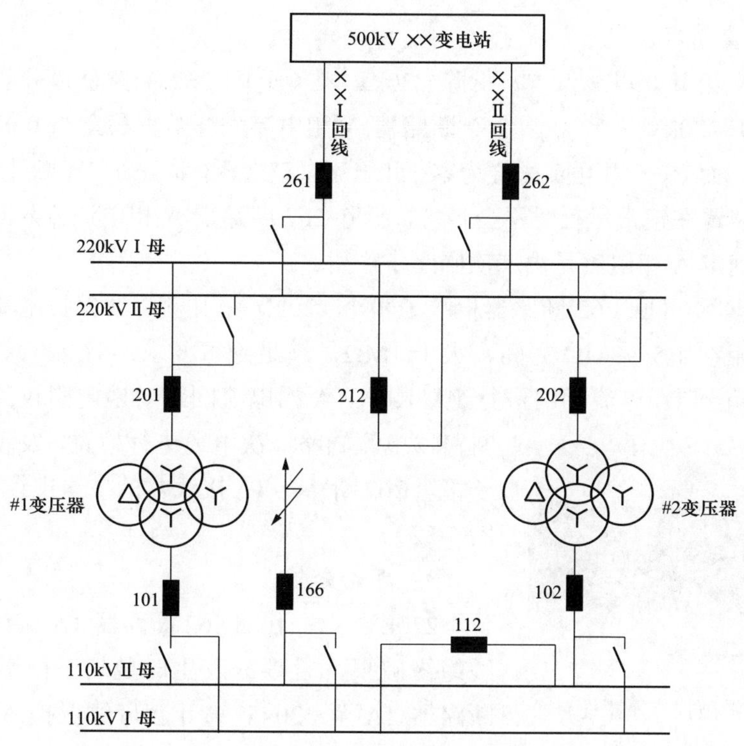


图 5-31　220kV 某变电站主接线简图

220kV ××Ⅰ、Ⅱ回线参数基本一致，双回线并列运行时故障电流分配也应近似一致，通过表 5-6 数据故障录波采样值分析可得到同样结论。220kV 第Ⅱ套母线保护中 261 断路器 A 相电流为 1.357∠163°A，与 262 断路器 A 相电流 2.712∠−59°相比，相角差为 138°，相位并未完全反向，可排除 262 断路器 A 相 TA 极性接反的可能。对 220kV 所有断路器 A 相电流进行分析，发现用于 220kV 第Ⅱ套母线保护的 262 电流回路采样异常增大。

220kV 母线保护、故障录波故障时刻采样值如表 5-6 所示。

**表 5-6　　　　220kV 母线保护、故障录波故障时刻采样值**

| 装　置 | 间隔名称 | 幅值（A） | 相位（°） | 变比 |
|---|---|---|---|---|
| 220kV 第Ⅱ套母线保护 | 220kV ××Ⅱ回线 262 | 2.712 | −59 | 1600/5 |
| | 220kV ××Ⅰ回线 261 | 1.357 | 163 | 1600/5 |
| 220kV 故障录波 | 220kV ××Ⅱ回线 262 | 1.263 | 169 | 1600/5 |
| | 220kV ××Ⅰ回线 261 | 1.227 | 168 | 1600/5 |

220kV 第Ⅱ套母线保护动作原因为 220kV ××Ⅱ回线 262 断路器 TA 用于第Ⅱ套母线二次绕组电流异常增大。母线保护的大差及Ⅱ母小差差流为 6.2A，大于差动保护定值 4A，同时 220kV 母线零序电压达到 8.357V（定值 6V）满足复压开放条件，母线保护动作。

2. 现场检查情况

退出220kV第Ⅱ套母线保护，拆除220kV ×× Ⅱ回262断路器以外的电流输入回路之后，母线保护220kV ×× Ⅱ回262断路器A相电流采样数据稳定为0.021A（此时262断路器已跳开），而B、C相电流采样为零，此电流在正常运行时小于TA断线告警定值0.4A，因此母线保护装置在正常运行时不会告警，拆除262断路器A相电流输入回路后，三相电流均为零，可确定A相电流是由二次回路中产生。

对220kV ×× Ⅱ回262断路器柜端子箱至220kV第Ⅱ套母线保护电流回路进行绝缘测试，测量电阻在1.5～3MΩ之间，大于1MΩ，满足绝缘要求；对220kV ×× Ⅱ回262断路器柜端子箱至TA电流回路进行绝缘测试，A相电流回路对地电阻仅为0.2Ω。对262断路器电流回路二次电缆进行检查，发现262断路器端子箱至262断路器TA接线盒的二次电缆有绝缘破损（见图5-32）。

图5-32 电缆破损点示意图

3. 理论分析

220kV ×× Ⅱ回262断路器TA接线盒至端子箱电缆绝缘破损，且事故发生时现场下雨潮湿，导致262断路器TA至220kV第Ⅱ套母线保护A相电流二次电缆接地，发生区外接地故障时，系统内不平衡电流通过接地网进入该二次回路，与220kV第Ⅱ套母线保护内262断路器A相电流叠加，导致262断路器A相电流幅值增大，相位偏移，原理如图5-33所示，从而产生差流，造成220kV第Ⅱ套母线保护Ⅱ母差动保护动作。

## 三、暴露问题

（1）二次电缆质量不良。该批次电缆外绝缘层生产工艺不佳，存在裂解、脱皮现象，电缆外绝缘层极易破损造成绝缘下降。

（2）电流回路在运行过程中，绝缘下降时缺乏一种有效的监测方式，难以做到事前预防，只有在发生故障时才能发现异常。

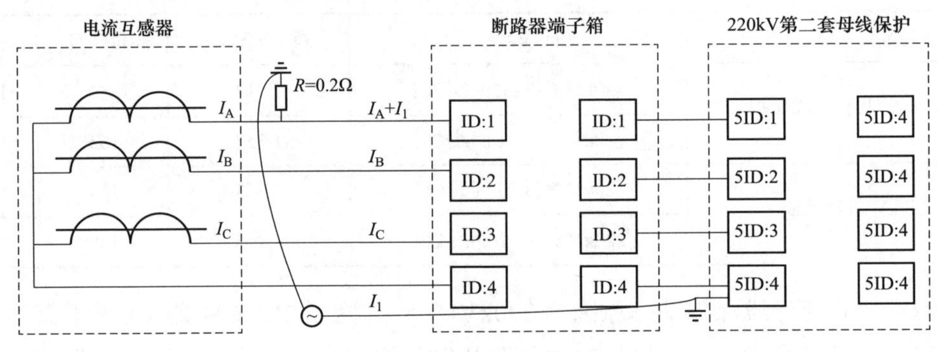


图5-33 等效电路图

## 四、防范措施

（1）线路、变压器、母联、分段间隔停电开展定检工作时，需要在端子箱处将涉及运行设备的电流回路隔离后，对断路器端子箱至电流互感器之间的电缆全部进行绝缘测试。

（2）新建、技改、改扩建时重点关注设备投运后开展绝缘检测较为困难的断路器端子箱至母线保护这一段电缆绝缘测试情况，在运设备定期开展电流回路接地点电流测试，当检测到接地线电流异常增加时应查清原因并处理。

（3）端子箱至在运母线保护回路易成为盲区，日常工作中应加强该段电流回路的运维和风险管控工作。

# 案例8 机端、中性点TA极性同时接反导致发电机-变压器组负荷异常

## 一、事件简述

某月某日05时11分，某电厂开展#1发电机-变压器组保护改造工作后，使用发电机带3MW负荷对改造后的发电机-变压器组保护装置进行带负荷检查，检查#1发电机-变压器组Ⅰ、Ⅱ套变压器后备保护相角正确、发电机后备保护机端相角及功率显示不正确，机端电压电流间相角大于180°且功率为负值。

一次主接线图如图5-34所示。

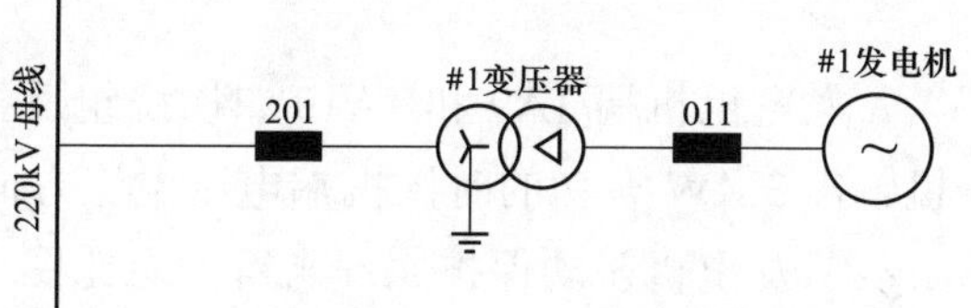

图5-34 一次主接线图

## 二、事件分析

发电机后备保护机端相角及功率显示不正确，机端电压电流间相角大于180°且功率为负值。

### （一）装置采样

机端电压电流间相角大于180°且功率为负值，如表5-7所示。通过分析可知$I_{loa}$落在了第三象限，功率为负值。

表5-7 发电机-变压器组保护发电机采样量相角度

| 通道名称 | 相位 | 有功 |
|---|---|---|
| 机端电压电流间相角A相 | 197deg | −3MW |
| 机端电压电流间相角B相 | 185deg | |
| 机端电压电流间相角C相 | 191deg | |

### （二）二次回路分析、检查

现场 TA 一次侧、二次侧接线如图 5-35 所示，发电机中性点 TA3 和 TA4 二次绕组正抽，机端 TA9 和 TA10 二次绕组反抽，查阅发电机-变压器组差动保护说明书如图 5-36 所示，主变压器高压侧 TA“*”端在 220kV 母线一侧，主变压器低压侧、发电机极端 TA“*”端在发电机一侧，发电机中性点 TA“*”端在大地一侧，差动和制动电流计算公式为：$I_{\mathrm{d}}=\left|\dot{I}_1-\dot{I}_2\right|$，制动电流 $I_{\mathrm{r}}=\left|\dot{I}_1+\dot{I}_2\right|/2$。

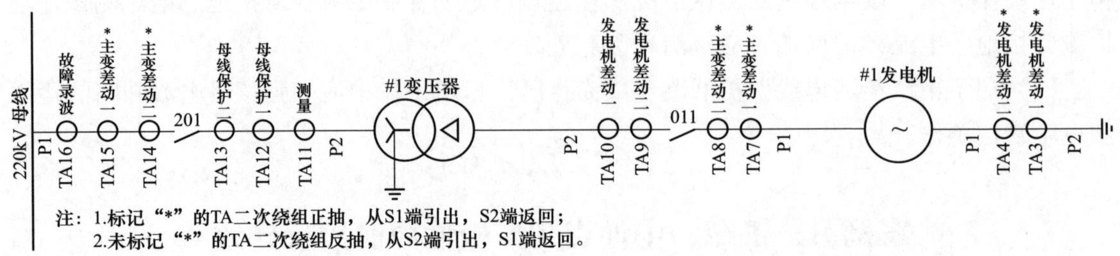


图 5-35　TA 一、二次侧实际安装接线图（错误）

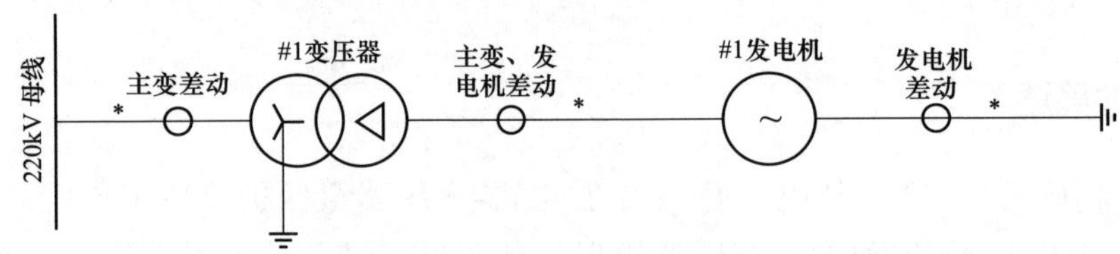


图 5-36　发电机-变压器组差动保护说明书对电流互感器极性要求

发电机机端 TA9 和 TA10 二次绕组反抽，与说明书要求的“*”端不一致，导致在发电机输出 3MW 有功的时候机端电压电流方向相差 180°。

从发电机差动保护原理来看，对比图 5-35 和图 5-36，在图 5-35 所示的错误接线方式下，等效于发电机的机端和中性点的 TA 极性同时反了 180°，因此发电机差动保护差流为 0，未造成发电机保护跳闸。

### （三）整改措施

发电机中性点的 P1 安装位置在发电机一侧，为保证极性与图 5-36 发电机-变压器组差动保护说明书对电流互感器极性要求一致，需要按照图 5-37 所示一、二次接线方式将发电

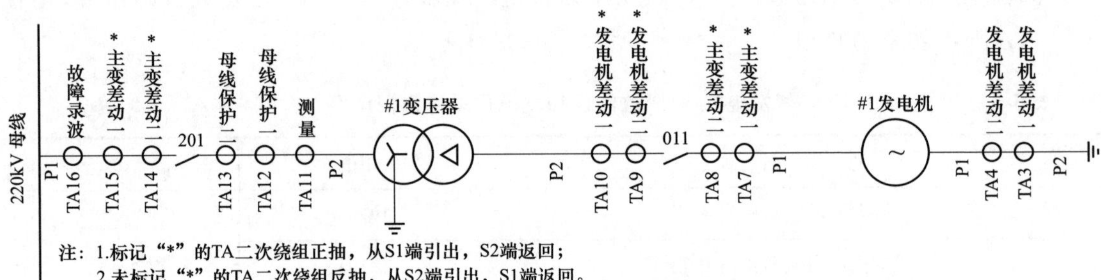


图 5-37　TA 一、二次侧实际安装接线图（正确）

机中性点 TA3 和 TA4 二次绕组反抽，发电机机端 TA9 和 TA10 二次绕组正抽，修改后的极性就与说明书完全一致。

### 三、暴露问题

未对施工图纸、施工方案审查把关。施工单位无设计资质，在本次改造工作中，同时担任设计和施工角色。电厂未组织对设计图纸、施工方案等进行审核，在无设计、无审核和审批手续情况下默许施工单位按照草图施工。

### 四、防范措施

严格对设计图纸、施工方案进行审查把关。首先由具备资质的设计单位进行施工图设计，其次在完成施工图设计后由电厂、设计、施工、监理单位进行施工图设计审查，设计单位对审查意见进行逐一完善答复。施工单位施工前进行现场勘察，编制施工方案并逐级审批，待审批通过后组织施工。

## 案例 9　低绕组 TA 极性错误导致变压器分相差动保护误动

### 一、事件简述

某月某日 18 时 49 分 17 秒，500kV 某变电站 220kV 线路发生 A 相永久性接地故障，线路保护出口动作，同时，500kV #2 变压器分相差动保护动作，跳开变压器三侧断路器，变电站电气一次系统接线见图 5-38。

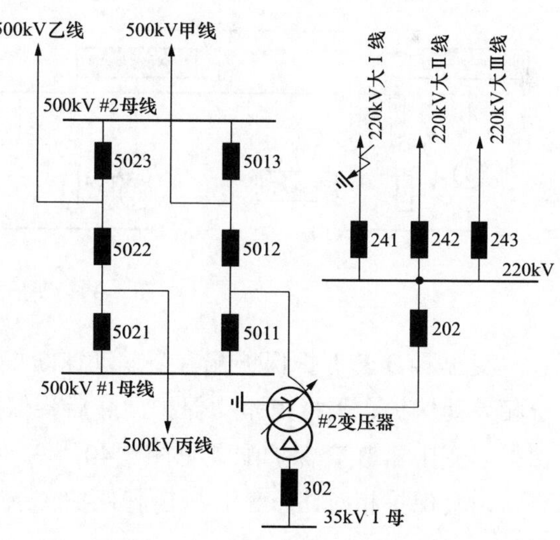

图 5-38　变电站部分主接线图

### 二、事件分析

#### （一）保护动作情况

（1）该站 220kV 大Ⅰ线主一保护、主二保护差动保护动作，断路器跳闸，重合闸动作不成功，故障相别 A 相，故障测距 4.24km。

（2）对侧变电站 220kV 大Ⅰ线主一保护、主二保护差动保护动作，断路器跳闸，重合闸动作不成功，故障相别 A 相，故障测距 7.79km。

（3）该站 500kV #2 变压器 B 套保护分相差动动作，跳开#2 变压器三侧断路器，#2 变压器 A 套保护未动作。

## （二）保护动作情况分析

该站 500kV #2 变压器电气量保护为双重化配置，其保护配置为差动速断保护、纵差保护、分侧差动保护、工频变化量差动保护、高后备保护、中后备保护、低后备保护、公共绕组后备保护，变压器 A 套保护配置见图 5-39。

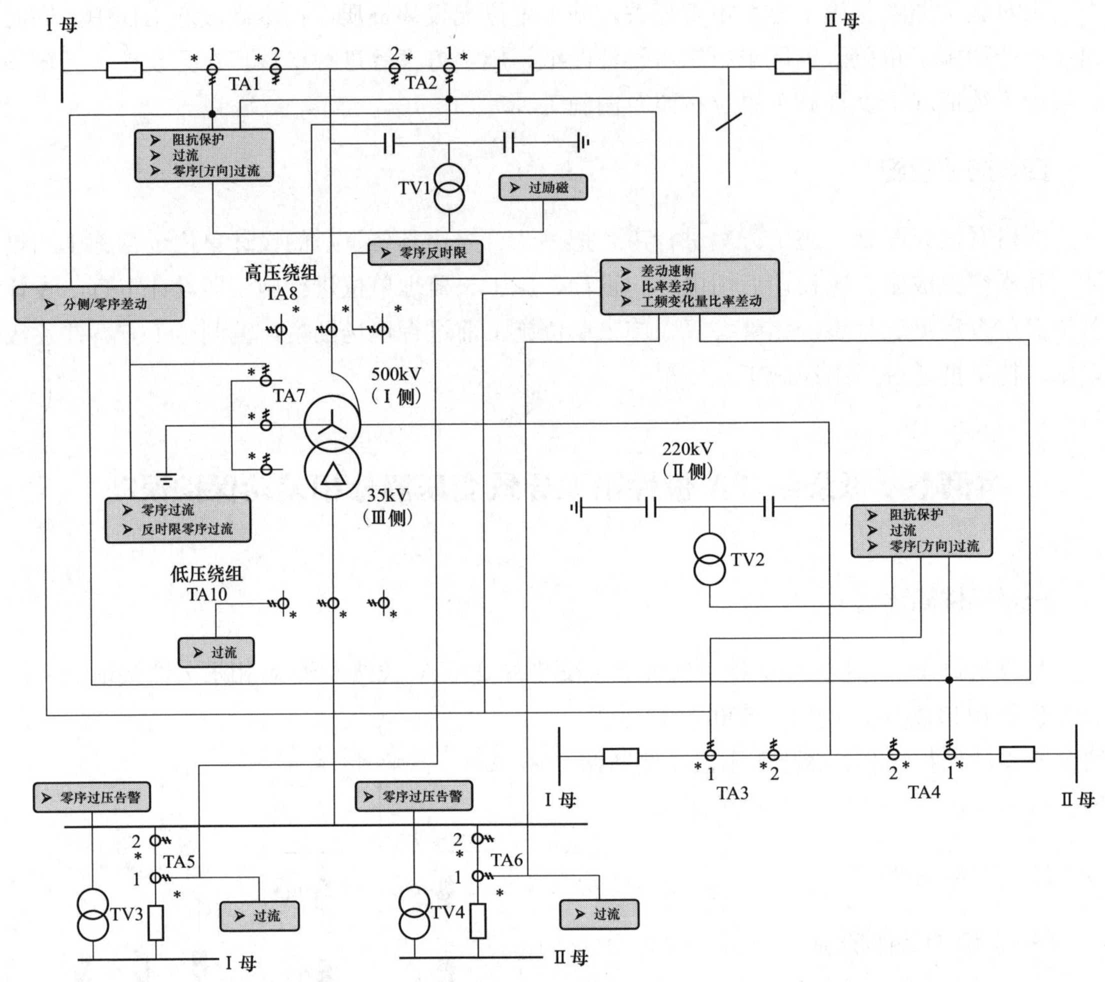


图 5-39　变压器 A 套保护配置

变压器 B 套保护保护配置为差动速断保护、纵差保护、分侧差动保护、零序差动保护、分相差动保护、采样值差动保护、高后备保护、中后备保护、低后备保护、公共绕组后备保护，变压器 B 套保护配置见图 5-40。

两套保护相对比，变压器 B 套保护较 A 套保护新增配置了分相差动保护、采样值差动保护。

1. 变压器 A 套保护动作情况分析

依据 220kV 大Ⅰ线 A 相接地故障线路保护跳闸信息，结合变压器 A 套保护故障录波图（见图 5-41）可以看出，故障发生时，#2 变压器 A 套保护高压侧断路器 TA 与公共绕组侧电流方向相同，与中压侧断路器 TA 电流方向相反，其故障特征与变压器星形侧区外 A 相接地故障特征相符，且变压器 A 套纵差及分侧差动保护差流均为 0，说明差动保护相关电流回路的二次接线满足保护配置要求。但是，通过分析变压器低压侧绕组电流时，不难发现，变压器 A 套保护低压侧绕组电流与高压侧电流方向相反，初步判断，变压器 A 套保护低压侧绕组电流回路极性存在问题。

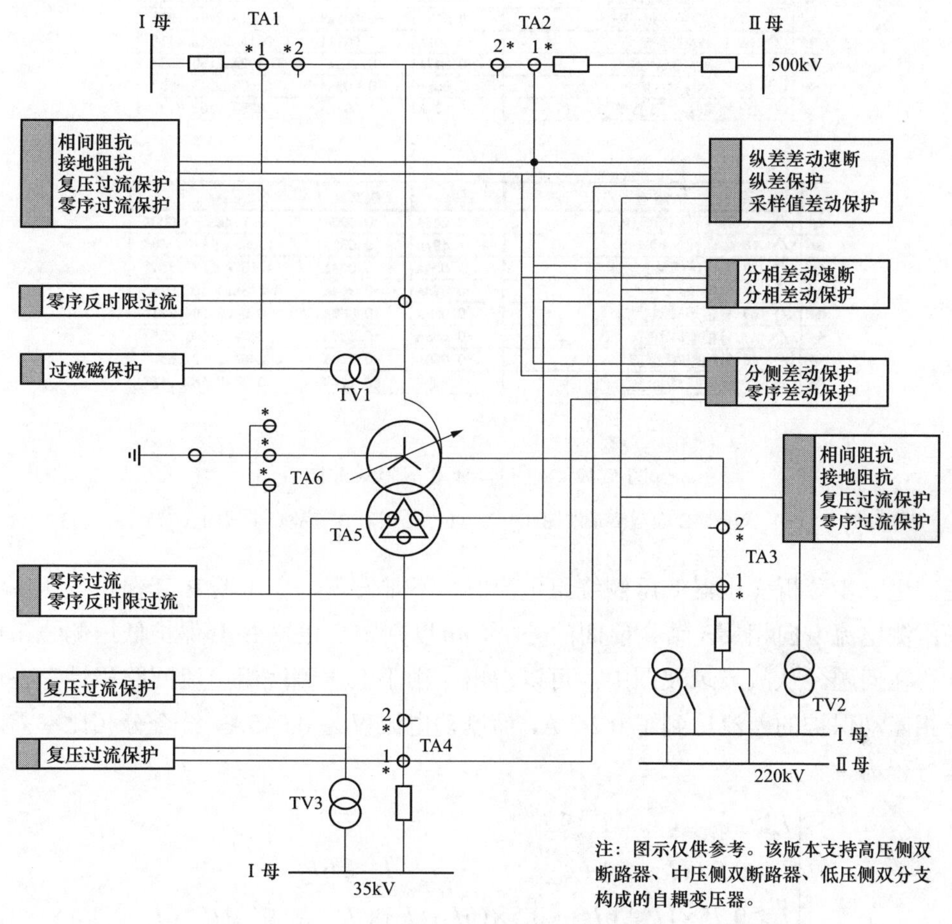


图 5-40　变压器 B 套保护配置

| 通道 | 实部 | 虚部 | 向量 |
|---|---|---|---|
| 1:高压1侧A相电流 | 0.235A | -0.000A | 0.166A∠-0.000° |
| 7:中压1侧A相电流 | -1.571A | 0.059A | 1.112A∠177.838° |
| 19:公共绕组侧A相电流 | 1.706A | -0.073A | 1.207A∠-2.461° |
| 22:低压侧套管A相电流 | -1.526A | 0.060A | 1.080A∠177.756° |
| 26:高压侧A相电压 | 30.913V | 60.762V | 48.206V∠63.035° |

图 5-41　变压器 A 套故障录波相量

2. 变压器 B 套保护动作情况分析

依据 220kV 大Ⅰ线 A 相接地故障线路保护跳闸信息，结合变压器 B 套保护故障录波图（见图 5-42）可以看出，故障发生时，#2 变压器 B 套保护高压侧断路器 TA 与公共绕组侧电流方向相同，与中压侧断路器 TA 电流方向相反，其故障特征与变压器星形侧区外 A 相接地故障特征相符，且变压器 B 套纵差及分侧差动保护差流均为 0，说明上述差动保护相关电流回路的二次接线满足保护配置要求。

| 通道 | 实部 | 虚部 | 向量 |
|---|---|---|---|
| 1:高压1侧A相电流 | 0.124A | 0.000A | 0.087A∠0.000° |
| 10:中压1侧A相电流 | -0.892A | 0.110A | 0.636A∠172.976° |
| 16:公共绕组A相电流 | 0.844A | -0.098A | 0.601A∠-6.589° |
| 22:低压1分支A相电流 | 0.002A | -0.001A | 0.001A∠-24.198° |
| 40:纵差A相差流 | -0.001A | -0.001A | 0.001A∠-132.443° |
| 43:纵差A相制动电流 | -0.247A | 0.113A | 0.192A∠155.505° |
| 52:分侧差A相差流 | 0.005A | 0.005A | 0.005A∠45.350° |
| 55:分侧差A相制动电流 | -1.133A | 0.564A | 0.895A∠153.512° |

(a)

| 通道 | 实部 | 虚部 | 向量 |
|---|---|---|---|
| 1:高压1侧A相电流 | 0.246A | -0.000A | 0.174A∠-0.000° |
| 10:中压1侧A相电流 | -1.497A | 0.032A | 1.059A∠178.760° |
| 19:低压绕组A相电流 | -1.634A | 0.064A | 1.157A∠177.757° |
| 46:分相差A相差流 | -0.073A | -0.344A | 0.248A∠-102.015° |
| 49:分相差A相制动电流 | 0.028A | 0.058A | 0.045A∠64.291° |
| 47:分相差B相差流 | -0.068A | -0.335A | 0.242A∠-101.555° |
| 48:分相差C相差流 | -0.069A | -0.339A | 0.245A∠-101.580° |
| 28:高压侧A相电压 | 31.348V | 60.774V | 48.354V∠62.715° |

(b)

图 5-42 变压器 B 套故障录波图

(a) 变压器 B 套故障录波图（一）；(b) 变压器 B 套故障录波图（二）

通过进一步分析变压器低压侧绕组电流时，不难发现，变压器 B 套保护低压侧绕组电流与高压侧电流方向相反。结合前面的分析，可以判定变压器 B 套保护低压侧绕组电流回路极性存在问题。从故障录波图中，可以得出，由于低压侧绕组电流回路极性存在问题，导致分相差动保护的差流达到了 0.248A，而制动电流仅为 0.045A。结合分相比率差动保护的动作方程为

$$\begin{cases} I_d > I_{cdqd}, & I_r \leqslant I_e \\ I_d > 0.5\times(I_r - I_e) + I_{cdqd}, & I_e < I_r \leqslant 6I_e \\ I_d > 0.75\times(I_r - 6I_e) + 0.5\times(6I_e - I_e) + I_{cdqd}, & I_r > 6I_e \end{cases}$$

通过数值计算，变压器 B 套 A 相分相差动满足动作方程而动作，保护出口跳闸。

3. 变压器低压绕组电流二次接线检查

针对上述保护装置故障录波及其动作行为分析，现场对存疑的低压侧绕组电流互感器的二次回路进行了全面检查。

首先，现场对低压绕组电流二次回路编号及其实际接线进行核对，发现变压器低压侧绕组电流互感器接入 A、B 套变压器保护的二次电流回路在变压器公用端子箱处均采用反极性即 S2 引出的方式引出，其电流回路接线见图 5-43。

其次，通过查询变压器厂家技术说明书及铭牌，变压器低压侧绕组 TA 一次绕组的极性端（P1）为远离变压器侧，其减极性标注见图 5-44。

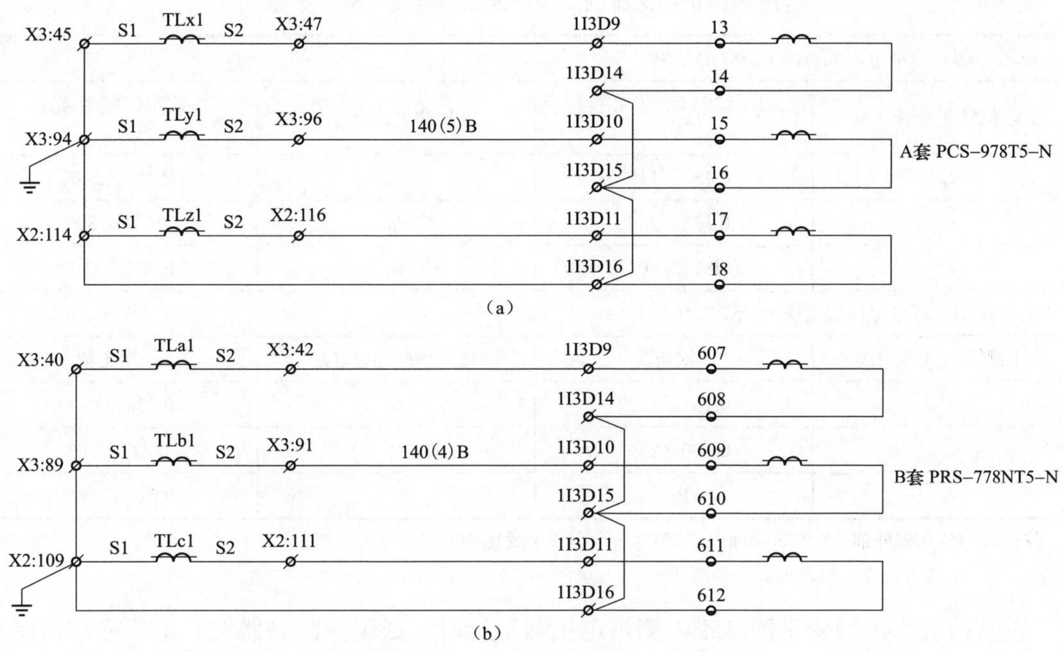


图 5-43　变压器低压绕组 TA 电流二次回路接线

（a）变压器 A 套低压绕组 TA 电流二次回路接线；（b）变压器 B 套低压绕组 TA 电流二次回路接线

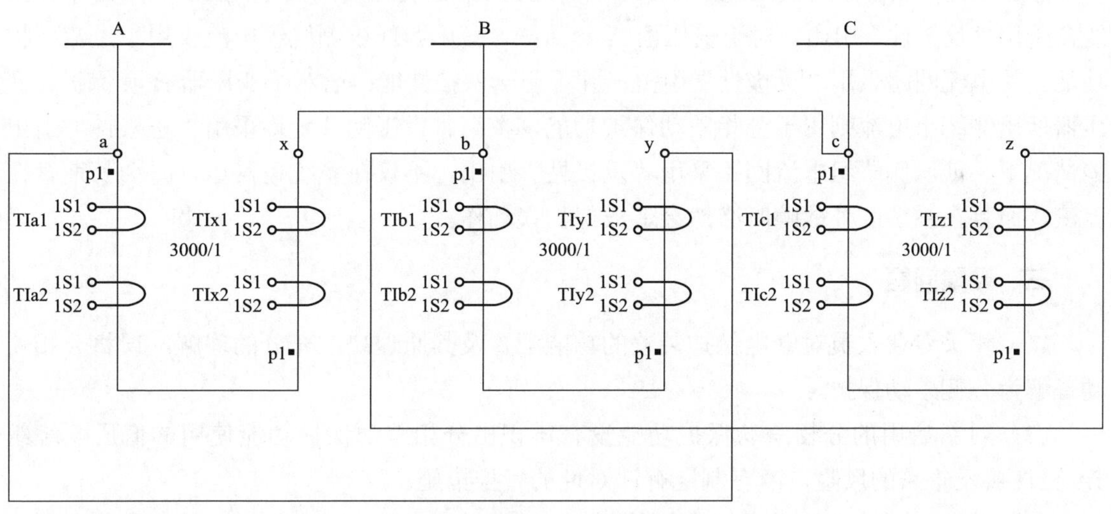


图 5-44　变压器低压侧（△侧）绕组 TA 极性示意图

## 4. 变压器保护低压绕组电流回路带负荷检查

为了进一步核实该变压器低压绕组 TA 电流二次回路接线的真实性，现场决定通过带负荷测试加以证明。现场在退出该变压器分相差动保护功能后，将变压器恢复运行，并在变压器 35kV 侧投入了一组电抗器（容量为 30MVar），对接入该变压器保护的低压侧二次电流回路进行带负荷检测，检测结果见表 5-8。

表 5-8　　　　变压器保护的低压侧二次电流回路带负荷检测数据

| A 套低压侧：基准电压低压侧 $U_a$=57.7V∠0° | | | |
|---|---|---|---|
| 低压侧绕组套管 TA | 二次电流幅值/相位（A） | 低压侧断路器 TA | 二次电流幅值/相位（A） |
| $I_a$ | 0.133∠119° | $I_A$ | 0.229∠270° |
| $I_b$ | 0.133∠239° | $I_B$ | 0.228∠30° |
| $I_c$ | 0.132∠0° | $I_C$ | 0.227∠150° |
| B 套低压侧：基准电压低压侧 $U_a$=57.7∠0° | | | |
| 低压侧绕组套管 TA | 二次电流 | 低压侧断路器 TA | 二次电流 |
| $I_a$ | 0.133∠119° | $I_A$ | 0.228∠270° |
| $I_b$ | 0.130∠239° | $I_B$ | 0.229∠30° |
| $I_c$ | 0.130∠0° | $I_C$ | 0.229∠150° |

注：1. 35kV 侧外部 TA 变比:3000/1、35kV 侧套管 TA 变比:3000/1；

2. 相位值为“正”表示滞后基准相量。

正常情况下，当变压器 35kV 侧带电抗器运行时，低压侧断路器 TA 电流应超前绕组 TA 电流 30°。但结合测试数据分析，发现低压侧断路器 TA 电流却超前绕组 TA 电流 150°。结果表明，该变压器 35kV 侧绕组电流回路为反极性引出。

综上所述，该变压器低压绕组 TA 用于变压器 A、B 套保护用的电流回路在 TA 本体接线盒采用“反极性”引出。对于变压器 A 套保护，变压器低压侧绕组电流仅用于过流保护功能，其电流回路采用“反极性”引出，并不影响保护性能；而对于变压器 B 套保护，变压器低压侧绕组电流则用于分相差动保护功能，在高、中压侧 TA 均采用“正极性”引出的情况下，低压侧绕组电流回路采用“反极性”引出，不仅在系统正常运行时会长期存在差流，而且在系统区外故障时必然会造成保护误动作。

## 三、暴露问题

（1）相关专业人员对继电保护装置的功能配置及其原理缺乏充分的理解，误将分相差动理解为分侧差动保护。

（2）对新启用的分相差动保护功能没有辨识出分相差动保护功能使用的低压侧绕组 TA 极性接反带来的风险，没有制定有针对性的管控措施。

（3）带负荷测试把关不严。在变压器投运时，虽然对变压器保护相关的二次电流回路进行了检测，但对测试数据的深入分析不够，仅检查电流幅值，未对相角进行比对分析，导致未能发现变压器低压侧绕组 TA 极性接反问题。

## 四、防范措施

（1）在进行施工图纸审查时，应提前收集保护装置配置说明、装置原理接线图、装置技术说明书、施工图纸，确保二次回路设计与保护动作原理要求相符；

（2）调试单位应严格按照施工调试作业指导书、调试定值通知单、厂家技术说明书进行全面调试，对保护装置所有的逻辑功能及相关二次回路进行全面的检查调试；

（3）竣工验收阶段，应严格按照相关技术和管理要求开展回路验收工作；

（4）在新设备投运时，应根据设备运行方式，严格按照带负荷测试要求进行检测，详细记录二次电流、电压的幅值、相位并检查保护差流情况，对实际测试数据进行综合比对，并结合实际的一次潮流情况进行全面分析，给出明确判断结论。

## 案例 10 中性点 TA 极性错误导致变压器零差保护误动

### 一、事件简述

某电厂电气一次系统接线见图 5-45。500kV Ⅰ、Ⅱ母线运行，500kV 乙线通过 5023 断路器运行于 500kVⅡ母线，3 号机组经过 5021、5022 断路器运行于 500kVⅠ母线，500kV 甲线、4 号机组运行于 500kV 第三串完整串，1、2 号机组备用。

某月某日 16 时 09 分 30 秒，500kV 乙线发生 C 相接地故障，C 相跳闸重合闸动作成功。线路故障期间，4 号变压器零序比率差动保护动作，4 号机组跳闸，甩负荷 370MW。

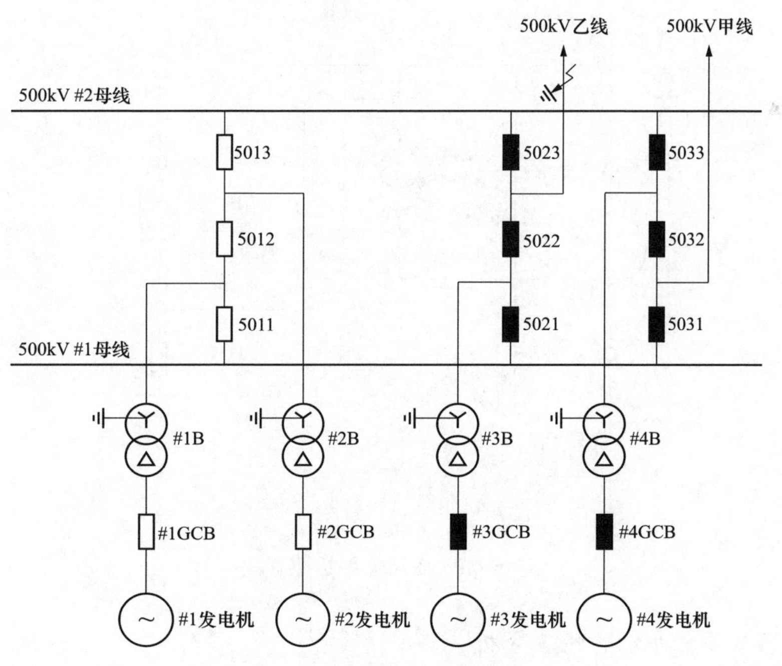


图 5-45 电厂一次系统主接线图

## 二、事件分析

### （一）保护动作情况

（1）16 时 09 分 30 秒，该站 500kV 乙线主一保护、主二保护差动保护动作，断路器 C 相出口跳闸，重合闸动作成功，故障测距 52.7km。

（2）16 时 09 分 30 秒，该站 4 号发电机-变压器组保护（PCS-985B-G）A 套、B 套保护零序比率差动保护动作，断路器出口跳闸，甩负荷 370MW。

### （二）保护动作情况分析

该站 500kV 4 号发电机-变压器组电气量保护为双重化配置，保护型号一致，其保护配置为：发电机-变压器组纵差保护、变压器纵差保护、变压器工频变化量差动保护、变压器零序差动保护、高后备保护、低后备保护如图 5-46 所示。

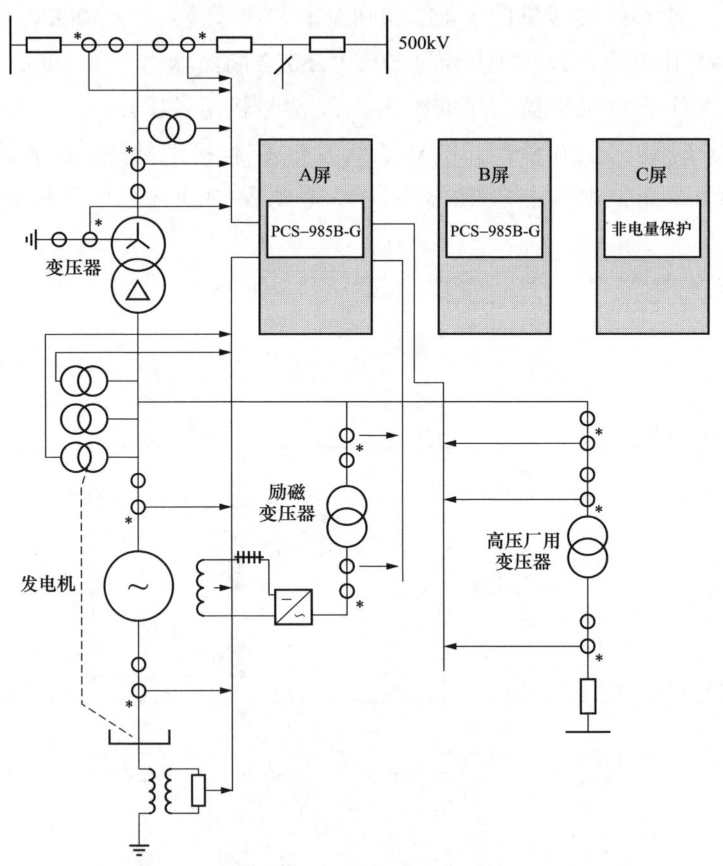


图 5-46　变压器保护配置图

1. 变压器零差保护动作情况分析

依据 500kV 乙线 C 相接地故障线路保护跳闸和重合闸动作情况，结合变压器保护故障录波图（见图 5-47）可以看出，故障发生时，#4 变压器纵差保护三相差流均为 0，高压侧

5033 开关一支路 TA 与 5032 断路器二支路 TA C 相电流幅值明显增大，其相位超前变压器高压侧 C 相电压约 150°。其故障特征与变压器星形侧（高压侧）区外 C 相接地故障特征相符，说明变压器差动保护高压侧电流回路的二次接线满足保护配置要求。

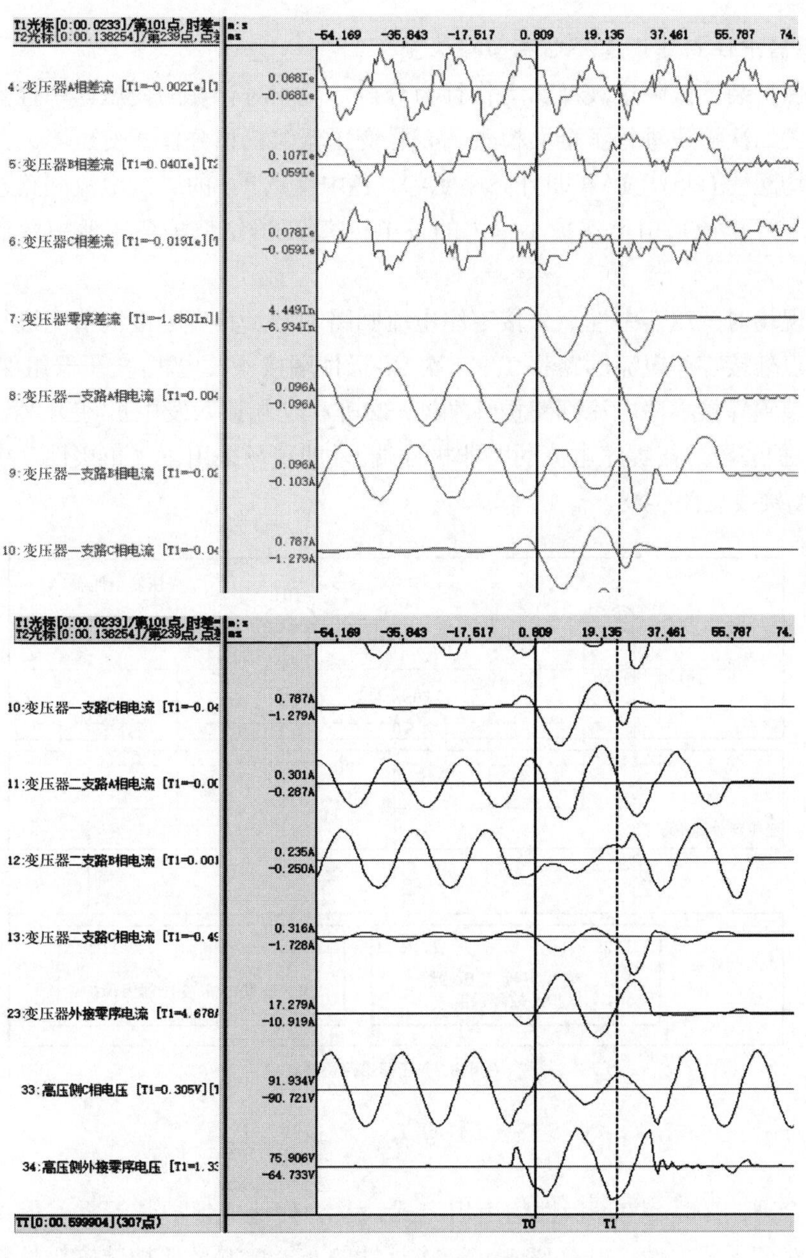


图 5-47　变压器故障录波图

但是，通过分析变压器中性点外接零序电流时，我们不难发现，变压器零序差动保护外接零序电流与高压侧电流方向相反，且零序差流明显增大。根据保护装置（PCS-985B-G）技术说明书中相关保护 TA 配置要求。变压器零序差动保护用高压 I 侧、II 侧断路器 TA 及中性点外接零序 TA 为 0°接线，区外故障时变压器高压 I 侧、II 侧断路器 TA 由保护装置自产零序电流与中性点外接零序电流相位应相同。但通过分析保护装置录波波形，显示两者相位相反，初步判断，变压器零序差动保护外接零序电流回路极性存在问题。

2. 变压器中性点外接零序电流回路检查

基于对保护装置故障录波及其动作行为分析，现场对存疑的变压器中性点外接零序电流回路的相关二次接线进行了全面检查。4 号变压器为三相分体式变压器，各相变压器高压侧中性点均配置有单相 TA（即升高座 TA），各中性点 TA 的二次电流回路在变压器就地端子箱合成零序电流后引至保护小室内的发电机-变压器组保护变压器中性点外接零序电流回路。

首先，现场对变压器中性点外接零序电流回路编号及其实际接线情况进行核对。发现变压器中性点外接零序电流回路将 TA 二次 S1 极性端接入发电机-变压器组保护 1I2D：23 端子（保护装置外接零序电流回路极性端），S2 非极性端接入发电机-变压器组保护 1I2D：25 端子（保护装置外接零序电流回路非极性端），即现场采用了“正极性”引出的方式接线。现场 TA 接线见图 5-48。

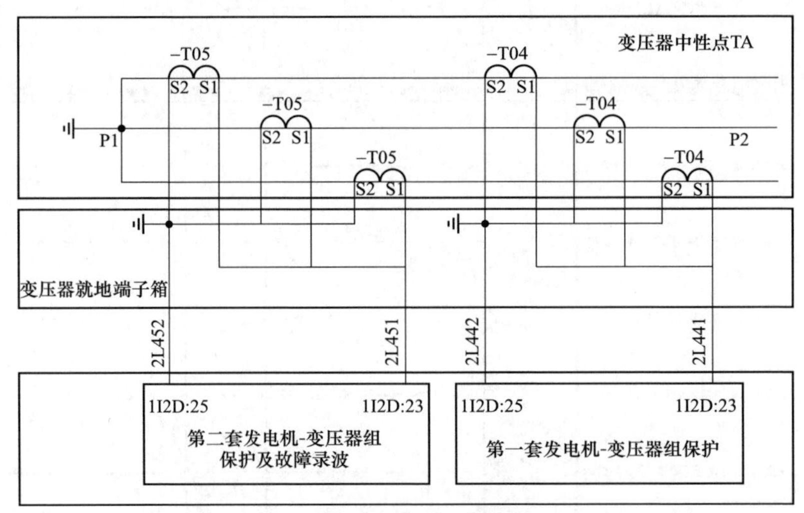


图 5-48 中性点 TA 二次接线示意图

这看似合理的中性点 TA 极性的引出方式，又为何造成保护装置零差保护动作呢？于是，现场针对变压器中性点升高座 TA 一次极性的布置情况及保护装置极性配置要求进行核查。

首先，通过查阅保护装置技术说明书发现：保护装置要求变压器零序差动保护中性点 TA 应以变压器侧为极性端，见图 5-49。通过查询变压器厂家技术说明书及变压器铭牌，变压器中性点升高座 TA 一次绕组的极性端（P1）为远离变压器侧，其减极性标注见图 5-50。

由此可见，保护装置要求变压器零序差动保护所用中性点外接零序 TA 的极性端为变压器侧，而实际变压器中性点绕组 TA 一次绕组的极性端（P1）却为远离变压器侧，与保护配置要求恰好相反。由此，对于该变压器其零序差动保护用中性点外接零序 TA 的电流回路正确接线应如图 5-51 所示。

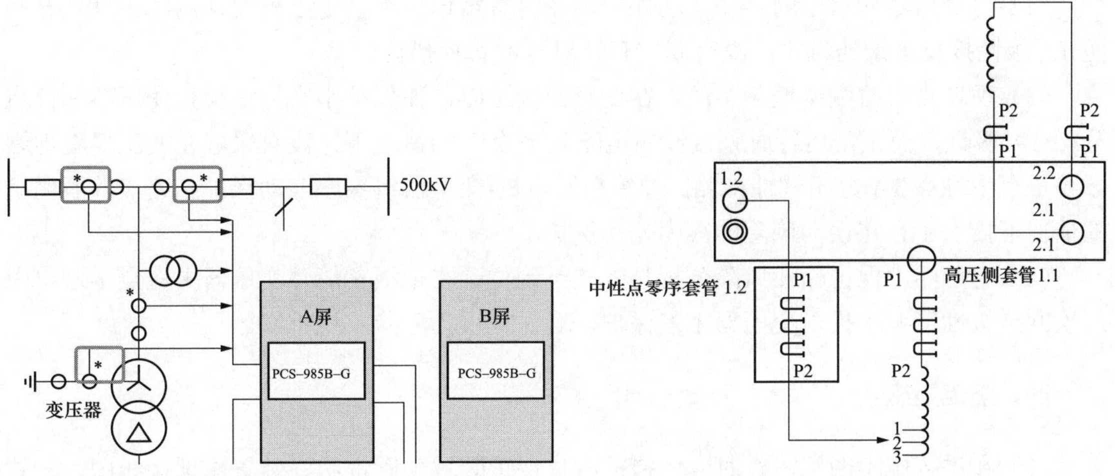


图 5-49　变压器零序差动保护主接线图　　图 5-50　变压器低压侧绕组 TA 极性示意图

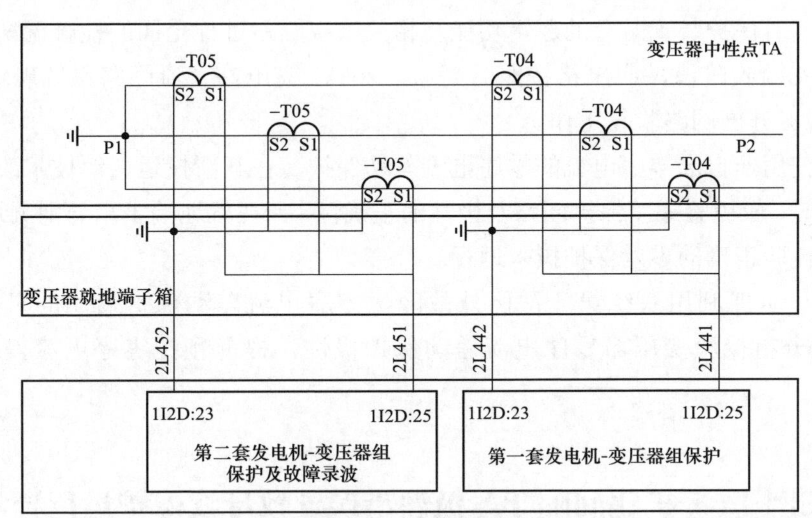


图 5-51　中性点外接零序 TA 的电流回路正确接线图

综上所述，该变压器中性点外接零序 TA 用于变压器 A、B 套零序差动保护用的电流回路在互感器侧简单理解成所谓“正极性”二次接线引出，实则造成保护装置对该变压器零序差动保护所用中性点外接零序 TA 的极性引出要求相悖，造成在系统区外故障时零差保护误动作。

## 三、暴露问题

（1）相关专业人员对继电保护装置的功能配置及其原理缺乏充分的理解，错误理解保护装置零差保护 TA 极性引出要求。

（2）对变压器新启用的零序差动保护功能没有辨识出外接零序电流使用的中性点升高座 TA 极性接反带来的风险，没有制定有针对性的管控措施。

（3）现场带负荷测试把关不严。在变压器投运时，在保护小室无法检查变压器中性点分相 TA 极性，而正常运行时外接零序电流几乎为 0 的情况下，没有采取在变压器就地端子箱进行中性点 TA 分相极性检测。导致在发电机-变压器组零序差动保护回路极性不明确的情况下投入了存在误动风险的零序差动保护。

（4）电厂继电保护作业风险分析与管控不到位。在未核实清楚变压器中性点零序电流二次回路极性情况下投入变压器零差保护，对保护误动风险重视不够。

## 四、防范措施

（1）在进行施工图纸审查时，应提前收集保护装置配置说明、装置原理接线图、装置技术说明书、施工图纸，确保二次回路设计与保护动作原理要求相符。

（2）调试单位应严格按照施工调试作业指导书、调试定值通知单、厂家技术说明书进行全面调试，对保护装置所有的逻辑功能及相关二次回路进行全面的检查调试。

（3）竣工验收阶段，应严格按照《高原 220kV 变电站交流回路系统现场检验方法》（GB/T 37137）开展回路验收工作。

（4）对使用非自产零序电流的零序电流差动保护，在其新投运、经技术改造或相关电流回路变化时，应校验零差保护回路及极性的正确性，如在就地端子箱分别测量各相电流，不允许未经校验正确的零差保护投入运行。

（5）应尽可能利用系统第一次区外故障，零序电流差动保护启动的机会，结合故障录波图，分析校验变压器零序电流差动保护极性，提前预控零序电流差动保护误动风险。

# 案例 11　扩建间隔 TA 极性错误导致母线保护运行异常

## 一、事件简述

某月某日，某 500kV 变电站 220kV Ⅲ、Ⅳ组母线第一套、第二套母线保护装置频发“TA 断线告警”异常信号。工作人员向调度机构申请断开 220kV G 线 276 断路器后，220kV Ⅲ、Ⅳ组母线第一套、第二套母线保护异常信号复归，正常运行。

## 二、事件分析

### （一）事件经过

经核查，母线保护运行异常事件发生前，站内开展过220kV G线扩建工程：

2月16日至3月10日：完成土建施工。

3月22日至5月10日：完成电气安装及Ⅲ、Ⅳ组母线停电搭接工作。

5月12日至5月15日：完成新增线路保护调试验收。

5月16日：完成新建220kV G线投产及电流回路带负荷极性测试。

5月20日：220kV G线所带负荷电流增大后，220kV Ⅲ、Ⅳ组母线第一套、第二套母线保护装置频发TA断线告警、复归信号，现场检查三相大差电流约为0.06A，Ⅳ组母线小差电流约为0.06A，Ⅲ组母线小差电流约为0A。运维人员申请220kV G线276断路器转热备用后，220kV Ⅲ、Ⅳ组母线第一套、第二套母线保护装置大差电流、小差电流均为0，无告警信号。

### （二）母线保护运行异常分析

1. 母线保护TA配置及回路接线分析

检查220kV Ⅲ、Ⅳ组母线保护TA配置及回路接线情况：

本次扩建的220kV G线间隔，断路器两侧的两组电流互感器P1均靠母线侧，接入两套母线保护的两个电流互感器二次绕组均使用S1引出接入母线保护，即220kV G线接入220kV Ⅲ、Ⅳ组母线第一套、第二套母线保护的电流极性为母线指向线路。

其他在运出线间隔，靠母线侧的电流互感器P1靠母线侧，靠线路侧的电流互感器P1靠线路侧，接入两套母线保护的两个电流互感器二次绕组均使用S1引出接入母线保护，即其他在运出线间隔接入220kV Ⅲ、Ⅳ组母线第一套、第二套母线保护的电流极性为线路指向母线，如图5-52所示。

可见本次扩建的220kV G线间隔接入两套母线保护的电流极性与其他在运出线间隔相反，导致母线保护运行中产生差流并发TA断线告警信号。

2. 电流回路带负荷极性测试分析

5月16日，220kV G线投产，线路带SVG感性无功负荷开展电流回路带负荷极性测试，数据如图5-52所示。可见220kV G线投产后220kV Ⅲ、Ⅳ组母线第一套、第二套母线保护均感受到大差电流、Ⅳ母小差电流，但因投产时负荷较小，差流值未达到母线保护TA断线告警定值60mA，因此投产过程中母线保护未发告警信号，电流回路带负荷极性测试的工作人员也未对测试数据中的差流值进行原因核查。

电流回路带负荷极性测试数据如图5-53所示。

实际因220kV G线间隔接入两套母线保护的电流极性接反，投产时220kV G线二次负荷电流约为25mA，该间隔接入220kV Ⅲ、Ⅳ组母线第一套、第二套母线保护装置的变比整定为1500/1，母线保护装置基准变比整定为2000/1，此时母线保护装置感受到的差流为2×25×（1500/2000）=37.5mA，与电流回路带负荷极性测试情况一致。

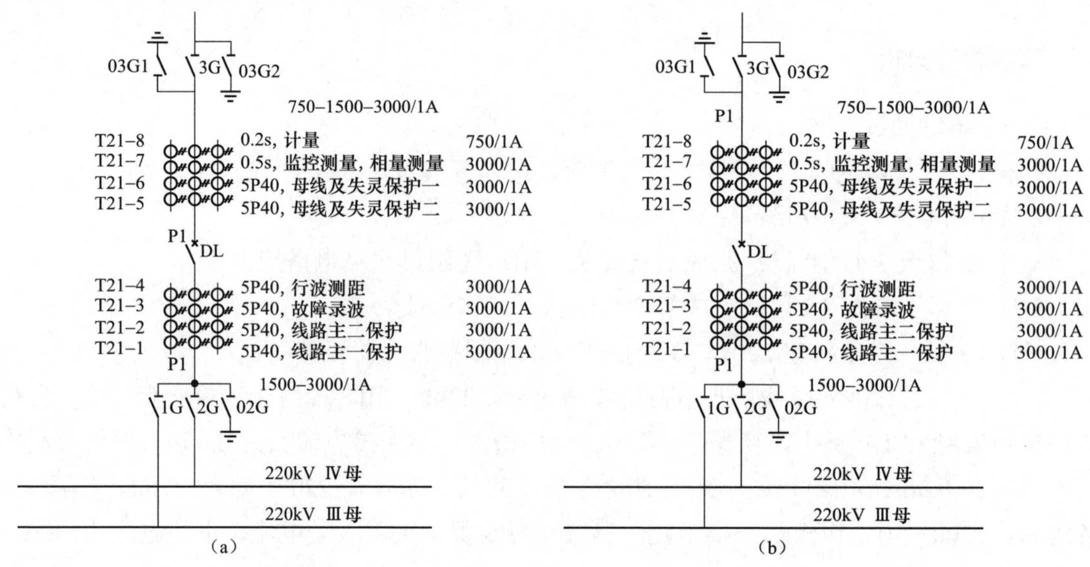


图 5-52　本次扩建 220kV G 线间隔 TA 配置图和其他在运出线间隔 TA 配置图

（a）本次扩建 220kV G 线间隔 TA 配置图；（b）其他在运出线间隔 TA 配置图

综上所述，本次母线保护运行异常的直接原因为扩建的 220kV G 线间隔电流回路接入 220kV Ⅲ、Ⅳ组母线第一套、第二套母线保护装置的极性接反。

## 三、暴露问题

（1）设计图纸存在错误。220kV G 线扩建工程设计人员未核实站内在运间隔电流极性，简单套用典型设计导致 220kV G 线接入母线保护电流回路极性设计错误。

（2）施工接线存在错误。220kV G 线扩建工程施工人员未核实在运间隔电流互感器 P1 指向和二次电流回路极性，未发现设计错误，导致 220kV G 线接入母线保护电流回路极性接线错误。

（3）电流回路带负荷极性测试数据审核把关不到位。220kV G 线扩建工程施工人员在测试中已经发现母线保护装置有差动电流，但未引起重视，简单认为是误差导致，未进行差流异常的分析。

## 四、防范措施

TA 极性错误往往会导致保护误动、拒动，造成较为严重的后果，应从多个方面采取措施进行防范。

（1）对于母线差动保护、主变压器差动保护等涉及多间隔电流的保护，开展 TA 极性核查时应对所有接入间隔进行核查，不应只核查工作涉及的间隔，防止工作间隔与其他间隔 TA 极性不匹配。

（2）扩建或改建的间隔需要接入母线差动保护、主变压器差动保护等涉及多间隔电流的保护，应根据已投运间隔极性的接线方式，确定需新接入间隔的二次电流回路极性接线。

| 装置差流显示 | 比率差动 | $I_{db}$（mA） | 9 | $I_{db}$（mA） | 9 | $I_{dc}$（mA） | 7 |
|---|---|---|---|---|---|---|---|
| 电流说明 | 变比 | 回路/电缆编号 | 测量幅值（mA） | 测量角度（°） | 装置显示幅值（mA） | 装置显示角度（°） | 向量图 |
| 220kV G线线路主一保护屏电流 | 1500/1 | A2111/15E–120（1） | 25.00 | 87.00 | 25.00 | 276.00 | |
| | | B2111/15E–120（1） | 23.80 | 205.00 | 24.00 | 155.00 | |
| | | C2111/15E–120（1） | 24.70 | 324.00 | 25.00 | 36.00 | |
| | | N2111/15E–120（1） | 0.00 | | | | |
| 装置差流显示 | 比率差动 | $I_{da}$（mA） | 7 | $I_{db}$（mA） | 8 | $I_{dc}$（mA） | 7 |
| 电流说明 | 变比 | 回路/电缆编号 | 测量幅值（mA） | 测量角度（°） | 装置显示幅值（mA） | 装置显示角度（°） | 向量图 |
| 220kV G线线路主二保护屏电流 | 1500/1 | A2121/15E–121（1） | 24.90 | 87.00 | 25.00 | 272.00 | |
| | | B2121/15E–121（1） | 23.70 | 205.00 | 24.00 | 155.00 | |
| | | C2121/15E–121（1） | 24.60 | 325.00 | 25.00 | 34.00 | |
| | | N2121/15E–121（1） | 0.00 | | | | |
| 母差保护装置差流显示 | | $I_{da}$（mA） | 40 | $I_{db}$（mA） | 30 | $I_{dc}$（mA） | 30 |
| 电流说明 | 变比 | 回路/电缆编号 | 测量幅值（mA） | 测量角度（°） | 装置显示幅值（mA） | 装置显示角度（°） | 向量图 |
| 220kV母差Ⅰ屏220kV G线电流 | 1500/1 | A2161/15E–125（1） | 25.10 | 87.00 | 25.00 | 272.00 | |
| | | B2161/15E–125（1） | 23.50 | 204.00 | 24.00 | 155.00 | |
| | | C2161/15E–125（1） | 24.80 | 325.00 | 25.00 | 38.00 | |
| | | N2161/15E–125（1） | 0.00 | | | | |
| 母差保护装置差流显示 | | $I_{da}$（mA） | 40 | $I_{db}$（mA） | 30 | $I_{dc}$（mA） | 30 |
| 电流说明 | 变比 | 回路/电缆编号 | 测量幅值（mA） | 测量角度（°） | 装置显示幅值（mA） | 装置显示角度（°） | 向量图 |
| 220kV母差Ⅱ屏220kV G线电流 | 1500/1 | A2161/15E–125（1） | 25.10 | 87.00 | 25.00 | 272.00 | |
| | | B2161/15E–125（1） | 23.70 | 204.00 | 24.00 | 155.00 | |
| | | C2161/15E–125（1） | 24.70 | 325.00 | 25.00 | 37.00 | |
| | | N2161/15E–125（1） | 0.00 | | | | |

图 5-53　电流回路带负荷极性测试数据

（3）电流回路带负荷极性测试是实际检验 TA 极性的必要手段及最后一道关口，应务必确保试验正确性。对于新增或变动的二次电流回路，均应在一次设备实际带负荷后开展二次电流极性、变比测试工作，检查二次电流幅值、相位的正确性。对于母线保护、线路保护及变压器保护等带差动保护功能的，应在带负荷后检查差动保护的差动电流值，存在异常差流的，应立即分析出现异常差流的原因。

## 五、知识点延伸

（1）TA 极性核查工作，应通过以下方法进行综合判断：

1）开展 TA 极性测试，核对厂家铭牌上的极性标志是否正确；

2）检查 TA 安装情况，核实一次极性端的朝向；

3）检查 TA 二次绕组接线情况，核实二次接线正、反引接线情况；

4）核实 TA 二次回路所接入二次设备对电流极性方向的要求；

5）核实多间隔电流接入的二次设备，各个间隔 TA 极性配合是否正确；

6）通过电流回路带负荷极性测试，核实 TA 极性情况。对于设备改造类工作，可在改造前、后分别进行 1 次测试并对比分析测试数据；

7）具备条件的，可通过一次设备升流试验检查 TA 极性的正确性。

（2）电流回路带负荷极性测试注意事项。

使用电流卡钳测试电流时，测量方向应满足卡钳测量极性的要求，否则将导致极性测试错误。目前常见的电流卡钳“*”端应指向电流互感器侧，或电流卡钳箭头方向应与电流互感器流向装置侧相符，电流卡钳方向示意图如图 5-54 所示。

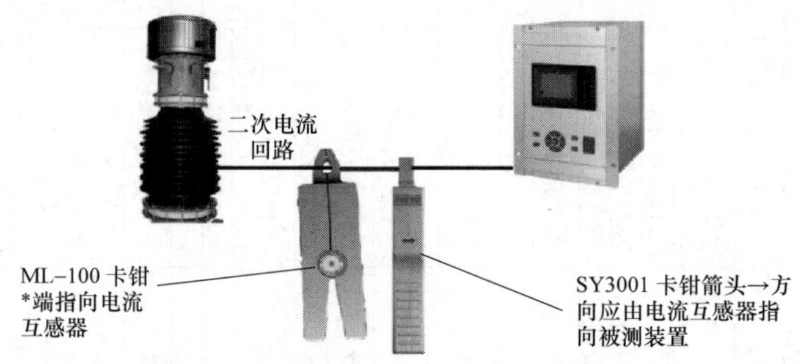


图 5-54　电流卡钳方向示意图

（3）保护改造导致 TA 极性错误的风险。

继电保护改造往往存在导致 TA 极性错误的风险，部分风险较为隐蔽，改造前后保护功能若发生变化，或保护对 TA 极性要求发生变化，如果工作人员未识别到变化导致的 TA 极性错误风险，就会造成 TA 极性错误并引发保护误动、拒动。这里列举 2 个风险：

1）目前，各保护厂家 500kV 变压器差动保护功能配置，除标配的差动速断、纵差保护、分侧差动外，还可能有分相差动、零序差动、低压侧小区差动等自定义功能。因此，在 500kV 变压器保护改造中，可能存在新、老变压器保护差动保护功能配置差异的情况，若新保护较老保护新增自定义差动功能（如分相差动功能），需要对新增的自定义差动功能TA极性开展核实验证，避免TA极性不正确导致保护误动、拒动风险。

2）目前，各保护厂家对母线差动保护母联TA极性要求不一致，如长园深瑞BP-2C母线保护要求母联TA极性同Ⅱ母间隔，而南瑞继保PCS-915母线保护要求母联TA极性同Ⅰ母间隔。因此在母线保护改造中，可能存在新、老母线保护对母联TA极性要求不一致的情况，此时应核实母联TA极性并调整二次回路接线。

## 案例12　间隔TA极性错误导致母差保护误动

### 一、事件简述

某月某日，某电厂#1变压器冷备用状态，#2变压器检修状态，#1启备变压器正常运行，#1母线、#2母线正常运行，500kV甲、乙线正常运行，5012、5013断路器冷备用。该电厂在执行500kV #1发电机-变压器组新投方案，对500kV #1变压器进行第三次冲击时，合上5013断路器，合闸瞬间#2母线第二套母差保护C相动作，5013断路器、5023断路器跳闸。#2母线第一套母差保护未动作。

电厂主接线简图如图5-55所示。

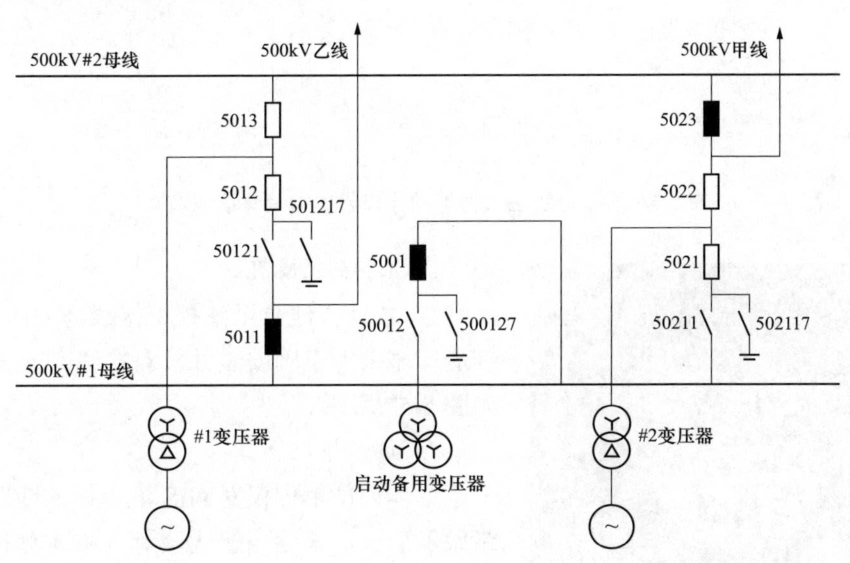


图5-55　电厂主接线简图

### 二、事件分析

#### （一）保护动作情况

保护动作情况如表5-9所示。

表 5-9　　　　保护动作情况

| 保护装置 | 保护动作情况 |
|---|---|
| #2 母线第一套保护 | 无动作 |
| #2 母线第二套保护 | 0ms 保护启动<br>9ms 差动保护动作（相别：C 相） |
| 5013 断路器保护 | 27ms 三相跟跳 |
| 5023 断路器保护 | 29ms 三相跟跳 |

## （二）保护动作情况分析

分析波形，#2 母线第二套母差保护动作报告中 5013、5023 断路器支路 C 相电流同相。现场检查发现，5013 断路器本体 TA 接线端子盒 3S1、3S2 接线柱反接，使至#2 母差保护 5013 支路 C 相电流与实际电流反向，导致#2 母线主二保护产生差流，母线差动动作。#2 母差保护 5013 断路器 C 相接反是造成是本次保护动作的主要原因。

#2 母线主二保护动作报告保护装置读取波形如图 5-56 所示。

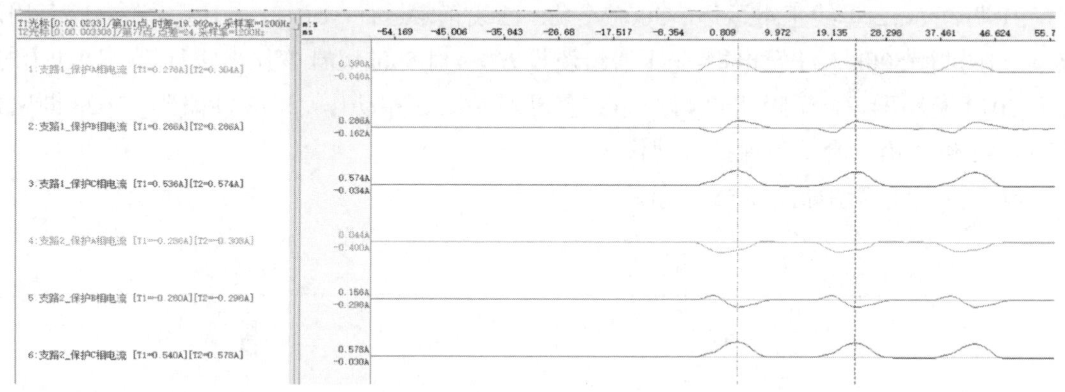


图 5-56　#2 母线主二保护动作报告保护装置读取波形

图 5-57　TA 本体接线盒

1. TA 安装情况

TA 本体接线盒至汇控柜接线为 GIS 厂家配线，制造厂家未能正确安装并核对接线。TA 本体接线盒如图 5-57 所示。

2. 调试情况

单体调试单位仅对 GIS 汇控柜的断路器控制回路做了调试，未逐一解线核对 TA 本体接线盒至汇控柜的接线。分系统调试单位检查从 TA 接线盒至保护装置的完整二次回路时，对线发现 5013 TA 本体接线盒至汇控柜有多个回路不导通，通知厂家处理后，核对 TA 本体接线盒至汇控柜的接线，但未能发现 3S1、3S2 接线错误。

3. 一次通流情况

500kV 升压站、启备变倒送电启动前，分系统调试单位进行了升压站 TA 一次通流试验，通过站内断路器、隔离开关将第Ⅰ、Ⅱ串上的 TA 串接三相通流，TA 带二次负载，通流路径：断开 50211 隔离开关，在 500127 接地开关处加三相电流→5001 断路器→Ⅰ母→5011 断路器→5012 断路器→5013 断路器→5023 断路器→5022 断路器→5021 断路器→502117 接地开关，一次通流试验可验证 TA 变比、极性和二次回路的正确性，在一次回路 A/B/C 三相通过试验仪分别通入 60/80/100A 电流，二次电流 A/B/C 三相分别为 0.015/0.020/0.025A，调试人员对 TA 一次通流测量 5013 TA 时，仅测量幅值检查 TA 变比和回路通断，未使用相位表测量 TA 二次回路相位，也未在母线保护屏检查各组 TA 差流，导致 TA 一次通流试验未能发现 TA 极性接反的错误。

4. 带负荷测试情况

按照启动方案，对侧变电站通过 500kV 甲线−5023 断路器−#2 母线−5013 断路器−5012 断路器−500kV 乙线带空载线路，通过线路电容电流来验证#2 母差极性。相关单位开展带负荷试验未能发现#2 母线第二套母差保护 TA 二次回路极性错误，调试报告确认 5013 TA 回路三相相角正常，母差保护无差流显示，与 TA 接线错误情况不一致。

## 三、暴露问题

厂家安装质量不良，TA 本体接线盒至汇控柜的多组 TA 二次回路接线错误。调试单位工作质量不良、调试不规范、检验项目不全，多个环节把关不严，未能及时发现接线错误。建设、施工、监理单位对工程各环节的质量监督管理不到位。

## 四、防范措施

（1）优化调试试验方案，调试方案中明确 TA 一次通流对幅值、相位、相别的核对要求，确保极性核对正确无误。优化发电机-变压器组短路试验方案，在做好与电网隔离措施、确保电网安全的前提下，将短路点扩展至主变压器高压侧，并增加单相接地短路点，完整校验发电机-变压器组、升压站保护极性和零序电流相关保护极性，确保并网带负荷试验前保护极性校验正确。

（2）带负荷测量前，认真编写方案并组织相关单位审核，职责分工明确，测量过程中正确使用测量仪器，对测量数据认真记录、仔细核对，监理单位、建设单位、生产单位切实履行旁站监督职责，参加各方全程参与见证，并对结果确认。

（3）施工过程中，建设单位组织设计、施工、调试、监理单位全面梳理设计、安装调试和验收标准，梳理关键设备、关键工序和重要的试验检验的旁站监理项目。

# 案例 13　零序电流回路接线错误导致零序过流保护误动

## 一、事件简述

某月某日 11 时 30 分 48 秒，某 220kV 光伏升压站 35kV #2 集电线路因电缆屏蔽层接线错误，零序过流Ⅱ段无故障动作跳闸，35kV #2 集电线 368 断路器跳闸。

一次主接线如图 5-58 所示。

## 二、事件分析

### （一）保护动作情况

35kV #2 集电线路动作时序图如图 5-59 所示。

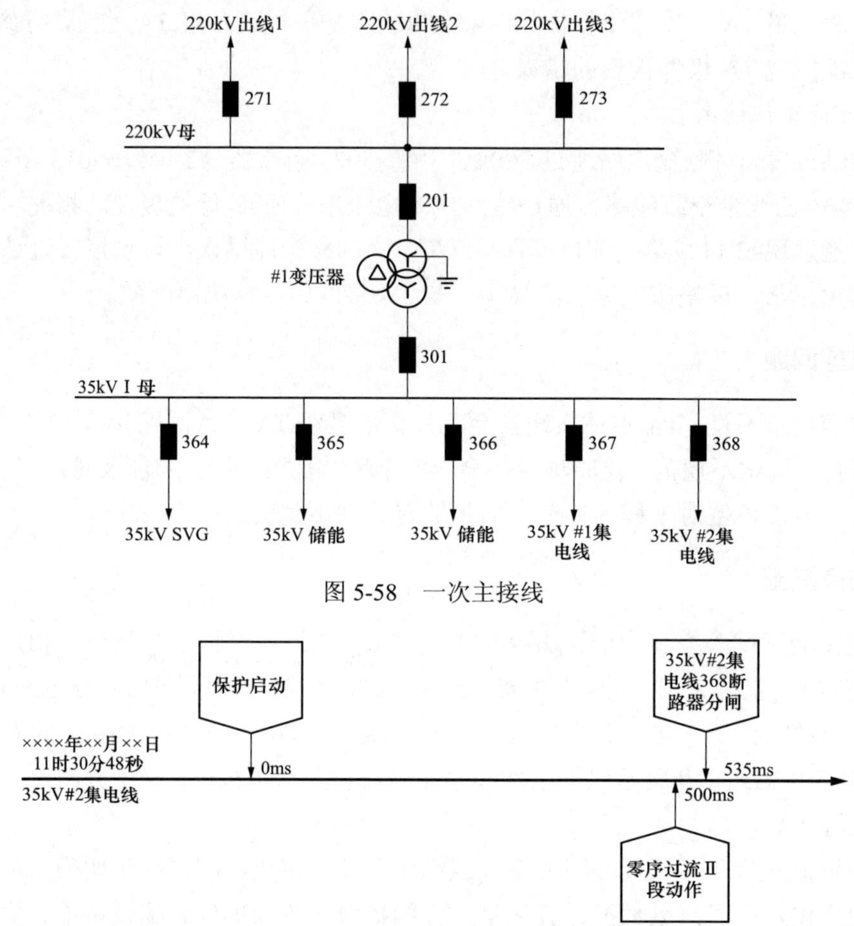


图 5-58　一次主接线

图 5-59　35kV #2 集电线路动作时序图

### （二）保护动作情况分析

35kV #2 集电线路保护测控零序过流Ⅱ段动作，故障零序电流 0.4A，大于零序过流Ⅱ段定值，保护动作正确，查看故障录波装置波形，发现故障跳闸时，35kV 母线电压无明显变化，无零序电压，波形无畸变，35kV #2 集电线路电流无明显变化，无零序电流，波形无畸变，判断一次设备没有发生接地现象，属于保护误动。

35kV #2 集电线路故障录波如图 5-60 所示。

随后开展 35kV #2 集电线路 368 断路器间隔一次设备进行检查，发现 35kV #2 集电线路零序电流互感器内电缆屏蔽接地线未反穿过零序电流互感器，导致屏蔽层电流叠加。

## 三、暴露问题

工程施工、验收质量不高，35kV #2 集电线路间隔施工质量差，工程验收时未发现安装质量问题，未能消除重点回路明显误接线的隐患，监督审查验收不到位。

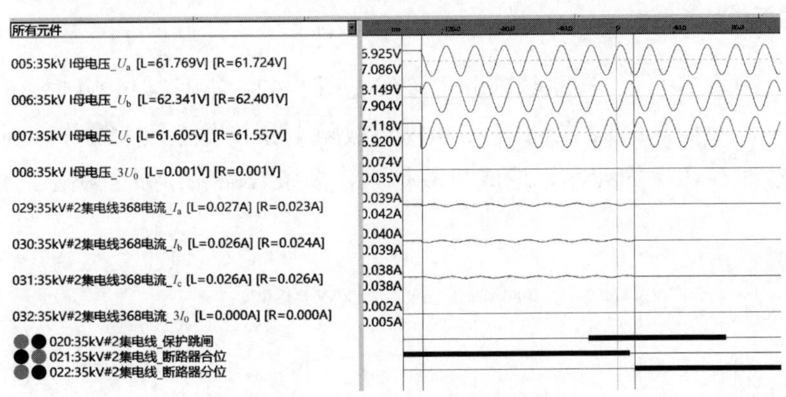


图 5-60　35kV #2 集电线路故障录波

## 四、防范措施

严把验收质量关，严格按照继电保护检验验收规范的要求进行工程验收，重点开展隐蔽工程验收，提前发现并消除隐患。

## 五、知识点延伸

依据《电气装置安装工程电缆线路施工及验收标准》（GB 50168）的相关要求，电缆通过零序电流互感器时，电缆接地点在互感器以下时，接地线应直接接地；接地点在互感器以上时，接地线应穿过互感器接地，具体接地要求见图 5-61。

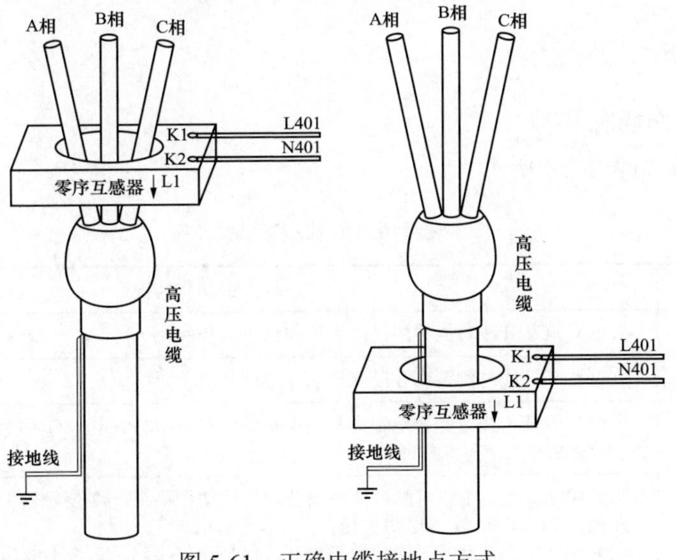


图 5-61　正确电缆接地点方式

# 案例14　500kV罐式断路器电流互感器死区导致变电站全停

## 一、事件简述

某500kV变电站电气一次系统部分主接线见图5-62。某月某日04时36分27秒，该变电站500kV七某Ⅰ线5122断路器A相内部故障击穿并发生巨大爆炸，因5122断路器TA二次回路接线存在保护死区，造成事故扩大，多条线路相继发生跳闸，导致该变电站全站失压。

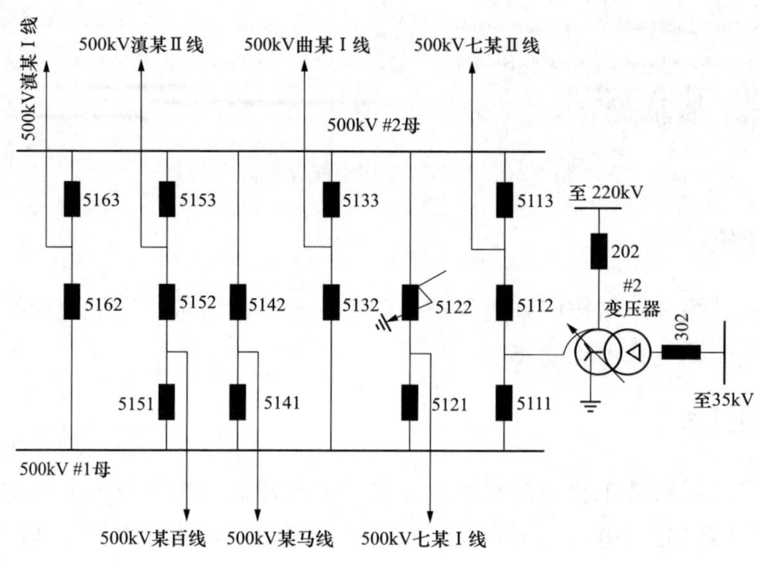


图5-62　一次系统主接线图

## 二、事件分析

### （一）保护动作情况

保护动作情况如表5-10所示。

表5-10　　保护动作情况

| 故障时刻 | 系统保护动作情况 |
|---|---|
| 04:36:28:009 | 500kV滇某Ⅱ线对侧零序过流后加速保护动作跳闸 |
| 04:36:28:629 | 500kV某马线对侧距离Ⅱ段保护动作跳闸 |
| 04:36:28:649 | 500kV滇某Ⅰ线对侧接地距离Ⅱ段保护动作跳闸，对侧电厂与主网解列，#1机跳闸，甩出力500MW |
| 04:36:29:649 | （1）500kV七某Ⅰ线对侧接地距离Ⅱ段保护动作跳闸，#2变压器35kV侧过流Ⅱ段保护动作跳闸，500kV #1母、#2母失压；<br>（2）500kV七某Ⅱ线对侧接地距离Ⅱ段保护动作跳闸，重合不成功 |

续表

| 故障时刻 | 系统保护动作情况 |
| --- | --- |
| 04:36:29:869 | 500kV 滇某Ⅱ线辅 A 过电压保护动作跳闸 |
| 04:36:30:229 | 500kV 某百线对侧距离Ⅱ段保护动作跳闸 |
| 04:36:30:649 | 500kV 曲某Ⅰ回线对侧接地距离Ⅱ段保护动作跳闸，重合不成功。至此，该省电网与西部主网解列 |

由上述保护动作情况看，故障持续时间为 2 秒 640 毫秒。在此期间，变电站内相关设备保护均未出口动作，故障点由对侧站远后备保护动作出口隔离。

### （二）保护动作情况分析

现场值班人员听到断路器爆炸声后，立即戴好防毒面具，进入 500kV 断路器场进行检查，发现 500kV 七某Ⅰ线 5122 断路器 A 相本体故障，断路器罐体底部击穿，形成直径约 80mm 的孔洞。同时，检查保护动作情况，相关保护均未动作，初步判定该设备保护范围存在“死区”。

1. 一次设备特点及情况分析

故障一次设备 5122 断路器采用型号为 500-SFMT-50E 罐式断路器，其结构如图 5-63 所示。

该结构的罐式断路器自带外置套管式电流互感器（简称 TA），分别套装在断路器的两侧套管下方罐体上，出线套管作为 TA 的一次绕组，只有一匝。在断路器两侧套管下方罐体外面分别套着环形铁芯，二次绕组绕在环形铁芯上，用环氧树脂浇注在一起。铁芯包容在断路器罐体外罩中，在外罩下部与罐体之间有一层绝缘密封垫，套管 TA 结构见图 5-64。

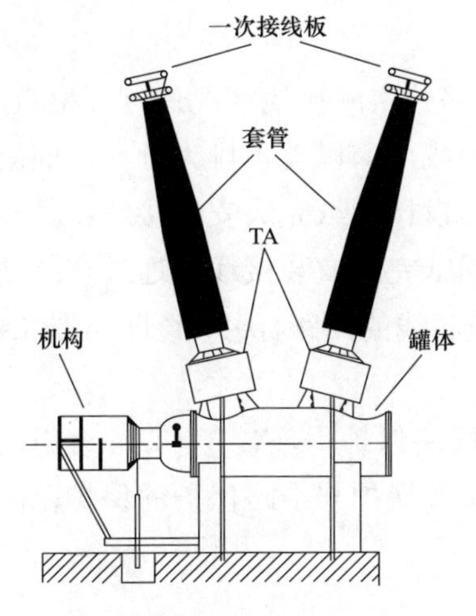


图 5-63　罐式断路器结构示意图

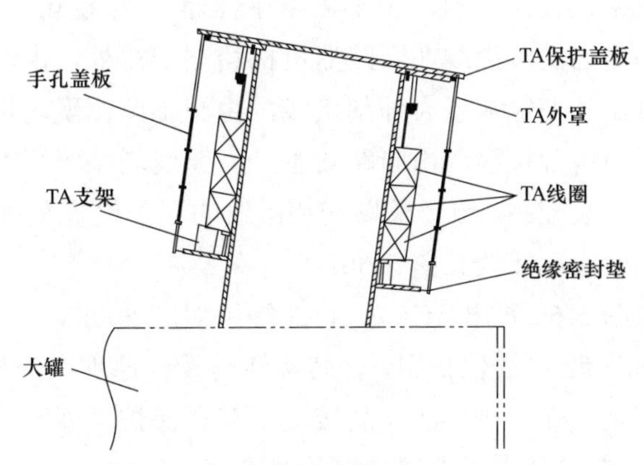


图 5-64　罐式断路器套管 TA 结构示意

罐式断路器两侧自带套管 TA，可以彻底解决常规瓷柱式电流互感器与断路器之间发生故障、无快速保护动作的问题。例如，母差保护可使用断路器线路侧的电流互感器，线路保护使用断路器母线侧的电流互感器，母线与线路两相邻设备的保护范围互有交叉，断路器本身及其两组电流互感器之间发生故障时，母差保护与线路保护均可动作，对两套主保护而言，理论上无保护“死区”。

2. 电流回路设计原理分析

展开 500kV 七某Ⅰ线线路间隔继电保护电流回路设计原理图见图 5-65。从图 5-65 中可知：5122 断路器作为 3/2 接线不完整串的中断路器，在 500kV #2 母侧安装 5 个 TA 绕组，其 P1 端位于母线侧。其中，TA7、TA8 作为 500kV 七某Ⅰ线线路保护用，准确极为 TPY；在线路侧同样布置了 5 个 TA 绕组，其 P1 端位于线路侧。其中，TA3、TA4 作为 500kV Ⅱ母保护用，准确级为 TPY。

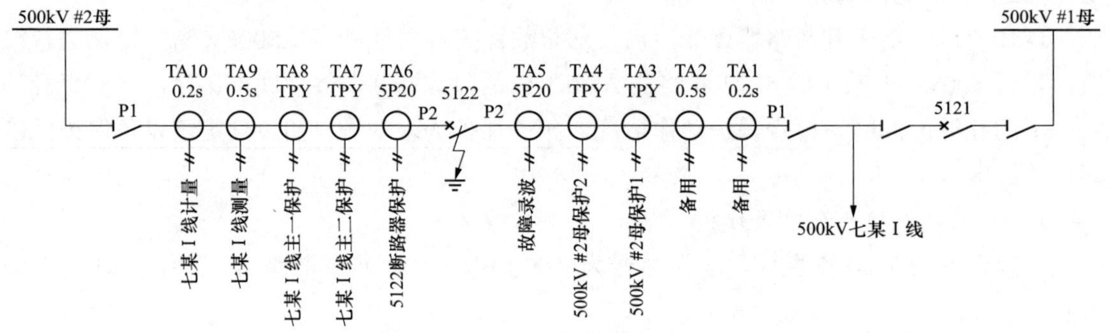


图 5-65 5122 断路器电流回路设计原理图

从图 5-65 可以看出，500kV #2 母线保护使用了断路器线路侧的电流互感器，线路保护使用了断路器母线侧的电流互感器，母线保护与线路保护的保护范围互相交叉，断路器本身及其两组电流互感器之间发生故障时，母差保护与线路保护均可动作，设计上无保护“死区”。

3. 电流回路现场接线检查分析

依据设计原理图，在 5122 断路器汇控箱现场对电流回路的实际接线情况进行了检查。电流回路的安装接线在断路器机构箱端子排处，由两部分构成，即以端子排为分界，面对端子排，其左侧端子为外部接线，由施工单位现场按照工程设计图纸完成安装接线；其右侧端子为内部接线，由断路器生产厂家现场按照厂家装配图纸完成安装接线。通过查阅断路器厂家装配图，结合现场安装接线的端子位置及对应电缆芯线的回路标号，该断路器 TA 二次回路实际接线见图 5-66。

从图 5-66 看出，TA7、TA8 绕组对应 500kV 七某Ⅰ线线路保护用，TA3、TA4 绕组对应 500kV #2 母线保护用，安装接线与设计原理图实相符，母线保护与线路保护的保护范围互相交叉，端子排二次安装接线不存在保护“死区”。

4. 断路器本体电流回路检查分析

根据工程设计图纸及断路器厂家装配图，现场通过“校线”方式，对断路器机构箱端子排至断路器 TA 本体的二次电缆接线情况进行了检查。经检查，断路器 TA 本体的二次电缆实际接线及其各绕组排列对应关系与设计图纸相符，不存在误接线。

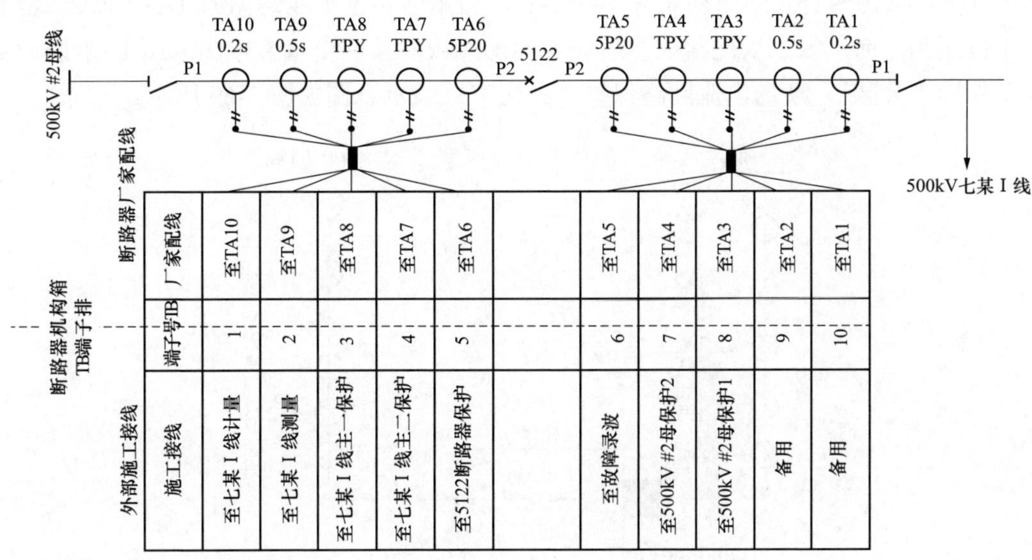


图 5-66　断路器机构箱电流回路安装接线示意图

现场进一步查阅了断路器厂家针对断路器整体设备的安装就位示意图，该断路器操作机构本应位于线路侧（见图 5-67），而实际断路器操作机构却位于母线侧（见图 5-68）。现场进一步查阅了该间隔设备土建基础施工设计图纸，结果发现，该断路器操作机构的土建基础设计方位确实位于 500kV #2 母线侧，断路器在现场安装就位时直接按照已经施工浇筑完成的设备基础进行了断路器吊装，从而造成了该断路器在设备基础安装就位时，“翻转”了 180°，按照已有设备基础方位进行了安装。

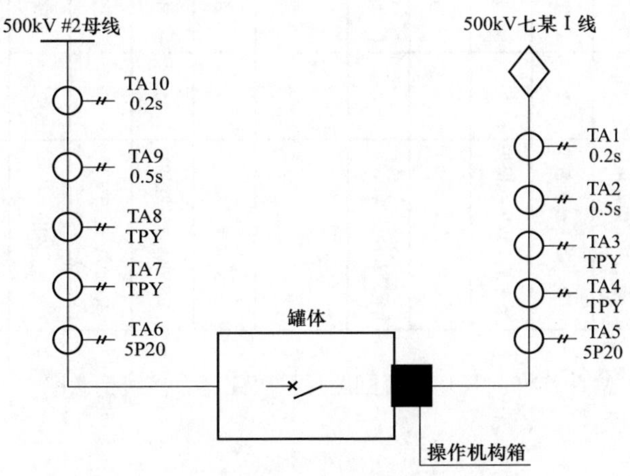


图 5-67　断路器正确的吊装就位示意图

综上所述，由于断路器土建基础施工图和电气一次设备装配图纸不对应，而断路器按照已有设备基础进行吊装，导致断路器安装就位时整体“翻转”180°。造成本该布置于 500kV

#2 母线侧的 TA10～TA6 绕组却布置于线路侧，而本该布置于线路侧的 TA1～TA5 绕组却布置于母线侧，而厂家二次配线人员现场实际配线依然按照电气装配图纸施工接线，从而造成了保护“死区”，现场电流回路保护“死区”接线示意图如图 5-69 所示。

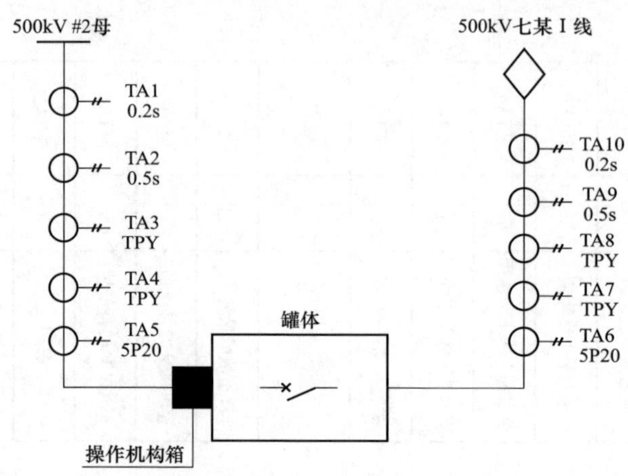


图 5-68 断路器实际的吊装就位示意图

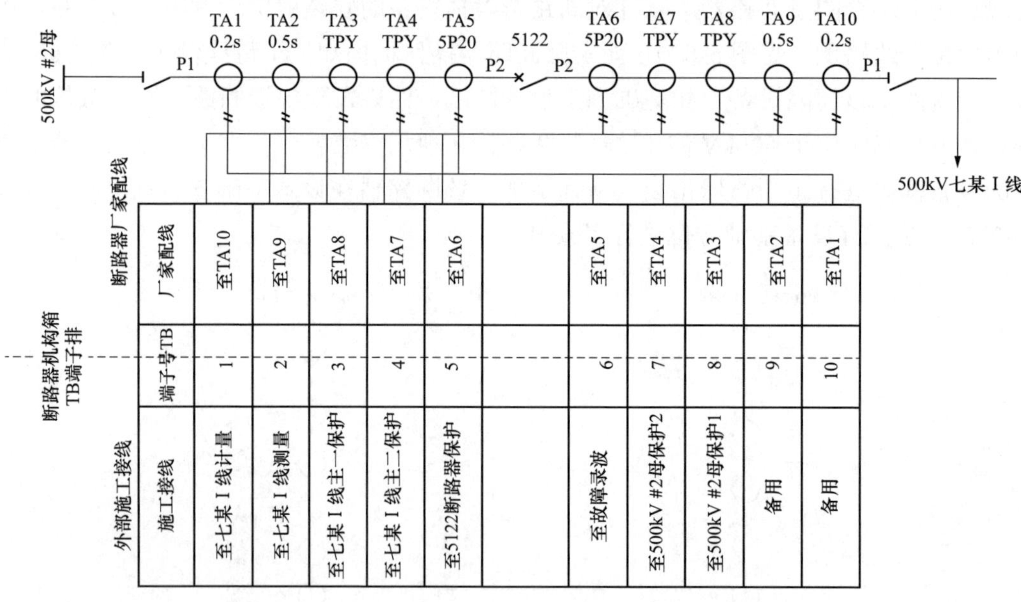


| 厂家配线 | 至TA10 | 至TA9 | 至TA8 | 至TA7 | 至TA6 | | 至TA5 | 至TA4 | 至TA3 | 至TA2 | 至TA1 |
|---|---|---|---|---|---|---|---|---|---|---|---|
| 端子号TB | 1 | 2 | 3 | 4 | 5 | | 6 | 7 | 8 | 9 | 10 |
| 施工接线 | 至七某Ⅰ线计量 | 至七某Ⅰ线测量 | 至七某Ⅰ线主一保护 | 至七某Ⅰ线主二保护 | 至5122断路器保护 | | 至故障录波 | 至500kV #2母保护2 | 至500kV #2母保护1 | 备用 | 备用 |

图 5-69 现场电流回路保护“死区”接线示意图

## 三、暴露问题

（1）在设计过程中，电气一次专业、土建专业、电气二次专业之间的图纸资料相互不对应，埋下事故隐患。

（2）工程土建基础交接验收把关不严，未及时发现电气一次设备安装图与土建基础施工存在的不对应问题。

（3）罐式断路器本体上没有明显的 TA 一次极性标示，TA 接线示意图在机构箱内侧门上，不够清晰明确，影响施工人员的判断。

### 四、防范措施

（1）加强设计阶段土建和电气人员之间的沟通，确保电气图与土建施工图基础布置的一致性。

（2）加强图纸会审深度和细度，应组织具备相应技术水平的各专业人员参与图纸会审。

（3）在电流互感器安装调试时，应从源头确认二次回路接线的正确性。应进行电流互感器出线端子标志检验，核实每个电流互感器二次绕组的实际排列位置与电流互感器铭牌上的标志、施工设计图纸是否一致，防止电流互感器绕组图实不符引起的接线错误，造成保护死区。

（4）保护人员应通过罐式断路器罐体、在罐式断路器罐体两侧分别开展一次升流试验，检查每套保护装置使用的二次绕组和整个回路接线的正确性。

## 案例 15　电流互感器饱和导致母线差动保护误动

### 一、事件简述

某月某日 07 时 55 分，220kV 某变电站 110kV F 线单相接地故障，110kV 母线保护装置启动，6ms 后 110kV 母线保护装置 I 母差动保护动作（故障相别 B 相，故障电流 12.2A，差动保护定值 2.34A）。220kV 某变电站 110kV 一次接线图如图 5-70 所示。

### 二、事件分析

#### （一）保护动作情况

110kV 母线保护装置 I 母差动保护动作跳开 110kV 母联 112 断路器、110kV C 线 141 断路器、110kV I 线 132 断路器、110kV F 线 137 断路器、110kV A 线 143 断路器、110kV G 线 136 断路器、#1 变压器中压侧 101 断路器。

#### （二）保护动作情况分析

对 110kV F 线间隔一次设备开展试验检查，发现 110kV F 线线路电流互感器保护绕组准确级实测为 5P10，与铭牌标注值（5P30）不符，其余试验均正常。110kV F 线电流互感器 1S1-1S2 用于线路保护，2S1-2S2 用于母线保护，根据互感器励磁特性试验，2S1-2S2 绕组 V-meas（拐点电压）为 64.228V。

励磁特性曲线图如图 5-71 所示。

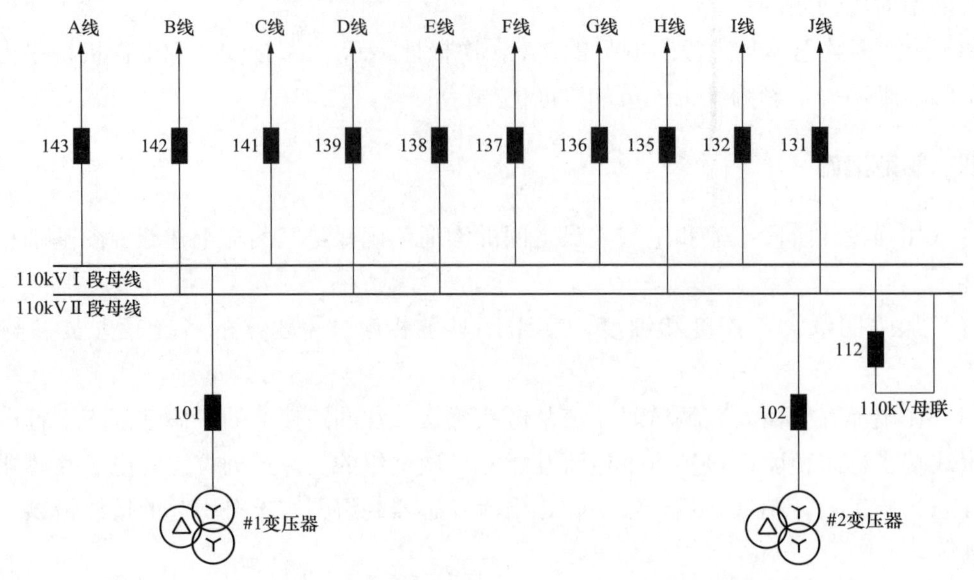


图 5-70　220kV 某变电站 110kV 一次接线图

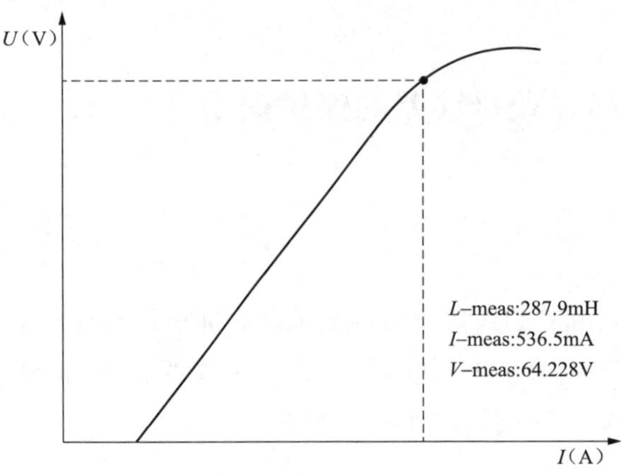


图 5-71　励磁特性曲线图

110kV F 线故障录波如图 5-72 所示，因 110kV F 线单相接地故障，保护启动，110kV F 线 B 相电流增大，呈饱和波形，随后 B 相电压降低、B 相电流变大，由于故障持续时间仅 50ms，远低于接地距离Ⅰ段、相间距离Ⅰ段、零序过流Ⅱ段按规程整定的 0.15s 延时，保护装置正确启动，保护动作符合逻辑。

110kV 母线保护装置启动，相对时间 6msⅠ母差动保护动作出口跳闸，约 50ms 跳开 110kV 母联 112 断路器、110kV C 线 141 断路器、110kV Ⅰ线 132 断路器、110kV F 线 137 断路器、110kV A 线 143 断路器、110kV G 线 136 断路器、#1 变压器中压侧 101 断路器。该变电站 110kV 母线保护故障录波如图 5-73 所示。因 110kV F 线电流互感器发生饱和，110kV 母线保护装置差动电流测量值逐步增大，差动电流测量值大于差动保护启动电流定值（定值 2.34A，实际动作值 12.2A），Ⅰ母满足差动保护动作条件，保护动作符合逻辑。

综上，110kV F 线线路 N7 号塔 B 相发生接地短路故障，同时 110kV F 线电流互感器发生饱和，导致 220kV 某变电站 110kVⅠ段母线差动保护动作。110kV F 线线路电流互感器保护绕组准确限值系数不满足系统最大故障电流要求，无法将一次故障电流准确地反映到母差保护，导致差动电流测量值大于差动保护启动电流定值（定值 2.34A，实际动作值 12.2A）。

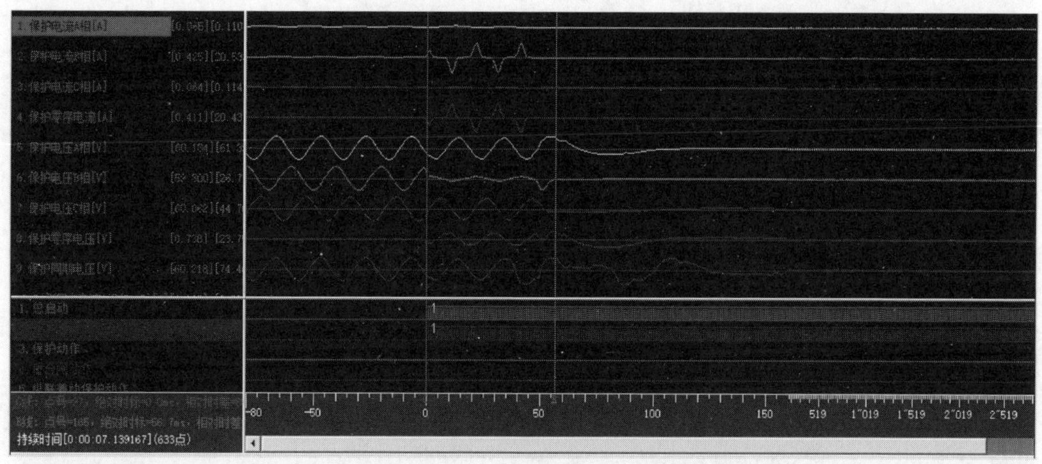

图 5-72　110kV F 线故障录波图

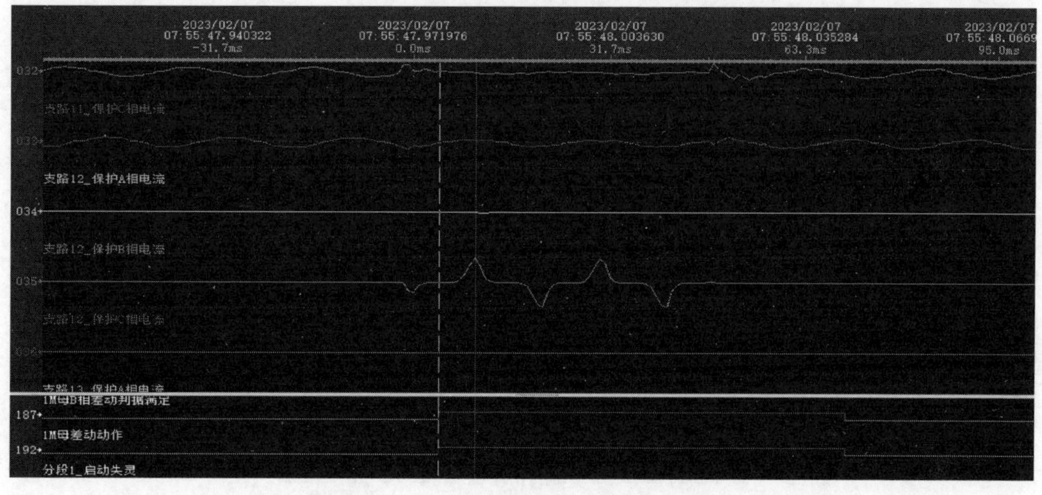


图 5-73　110kV 母线保护故障录波图

## 三、暴露问题

（1）气体绝缘电流互感器存在产品质量问题，互感器的励磁特性不满足要求。

（2）检修人员在定检过程中没有按照规程进行电流互感器的试验工作，导致保护绕组准确限值系数不符的问题没有被及时发现。

## 四、防范措施

（1）开展设计审查，进行电流互感器选型时，应考虑二次负载对电流互感器励磁特性影响。

（2）开展交接验收时，对电流互感器励磁特性试验进行现场抽查，要求在验收报告注明拐点电压并附电流互感器伏安特性曲线。

# 案例 16　送电过程漏合电压空开导致距离加速保护误动

## 一、事件简述

某月某日 00 时 19 分，220kV 某变电站 220kV 甲线复电操作过程中，在合上 220kV 甲线 231 断路器对 220kV #1 变压器充电时，231 断路器和 220kV 甲线对侧断路器同时跳闸，造成 220kV 甲线停运。

事故前运行方式：220kV 甲线线路带电运行，231、212 断路器处于分闸状态，232 断路器处于合闸状态。220kV 某变电站主接线简图如图 5-74 所示。

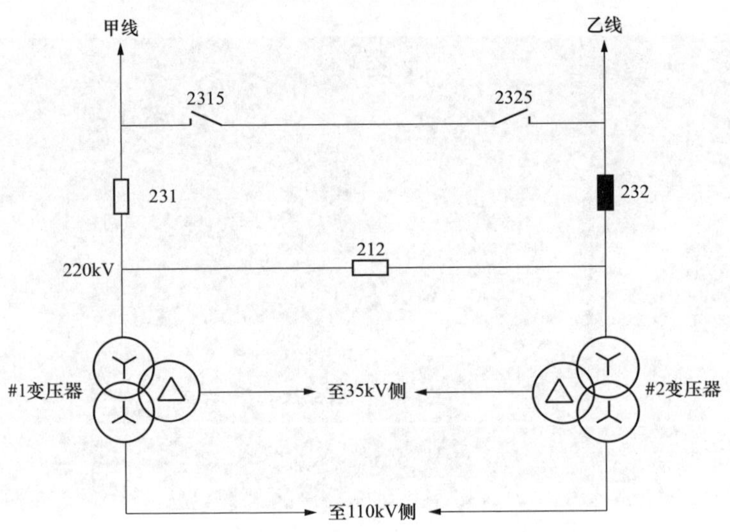


图 5-74　220kV 某变电站主接线简图

## 二、事件分析

### （一）保护动作情况

220kV 甲线主一保护、主二保护发距离手合加速动作、保护永跳出口、远跳出口、差动永跳出口，保护动作情况见表 5-11。

表 5-11　保护动作情况

| 序号 | 相对时间 | 220kV 甲线线路保护动作情况 |
|---|---|---|
| 1 | 0000ms | 差动保护启动 |
| 2 | 0000ms | 距离零序保护启动 |
| 3 | 0000ms | 综重电流启动 |

续表

| 序号 | 相对时间 | 220kV 甲线线路保护动作情况 |
|---|---|---|
| 4 | 00001ms | 启动 CPU 启动 |
| 5 | 00047ms | 距离手合加速动作 |
| 6 | 00047ms | 保护永跳出口 |
| 7 | 00047ms | 远跳出口 |
| 8 | 00047ms | 差动永跳出口 |

### （二）保护动作情况分析

查看故障录波文件，231 断路器合闸前后 220kV Ⅰ段母线电压（220kV 甲线电压）均为 0V，故障录波波形如图 5-75 所示。

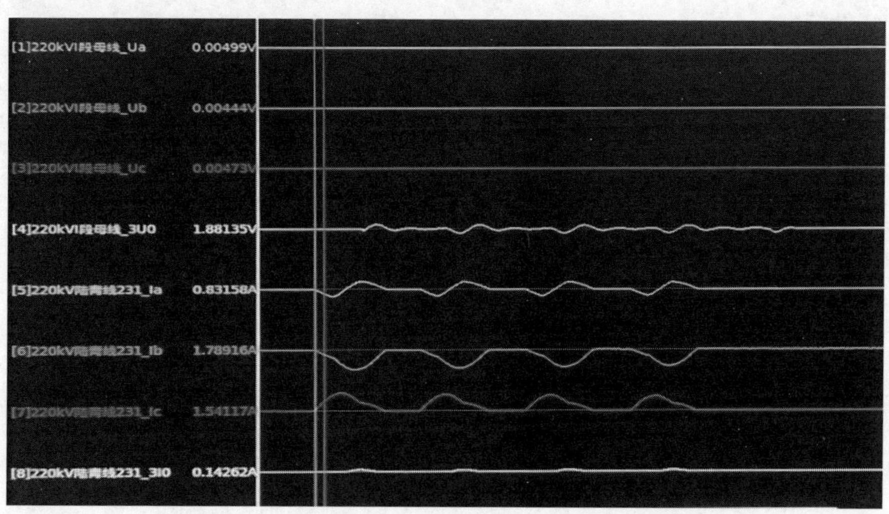


图 5-75　220kV 甲线 231 断路器跳闸时故障录波图

经检查，发现 220kV 甲线线路 TV 端子箱内二次侧电压空气开关处于断开位置，导致线路主一、主二保护装置未能采集到母线电压，231 断路器合闸时对#1 变压器充电产生励磁涌流（最大约 1.79A），线路保护装置计算阻抗约为（0+j0）Ω，满足线路保护距离手合加速动作条件，同时远跳线路对侧断路器。

## 三、暴露问题

工作人员在操作合上 231 断路器前，没有检查 TV 端子箱内二次电压空气开关的状态，也没有查看保护装置的电压采样是否正常。

## 四、防范措施

任何投产或复电操作前，除核实一次设备的状态外，还应关注二次设备相应的空气开关、切换把手、压板状态，检查保护装置的模拟量、开入量显示是否正常，是否与一次设备的状态一致。

### 五、知识点延伸

220kV 变压器高压侧阻抗保护投入时，高压侧阻抗保护反向偏移段可能与 220kV 出线失配，220kV 系统故障时，变压器保护可能误动。220kV 变压器高压侧阻抗保护投入后应评估反向偏移特性带来的失配风险，校核反方向阻抗保护的配合关系，必要时考虑退出变压器高压侧阻抗保护。

## 案例 17　电压回路设计不合理导致距离加速保护误动

### 一、事件简述

某月某日 03 时 43 分 23 秒，220kV 某变电站 220kV 甲线因雷击发生 B 相接地故障，220kV 甲线线路主一、主二保护纵联差动保护动作，重合于故障后距离加速动作，重合闸不成功，220kV 备自投动作成功。

220kV 某变电站电气主接线图如图 5-76 所示。

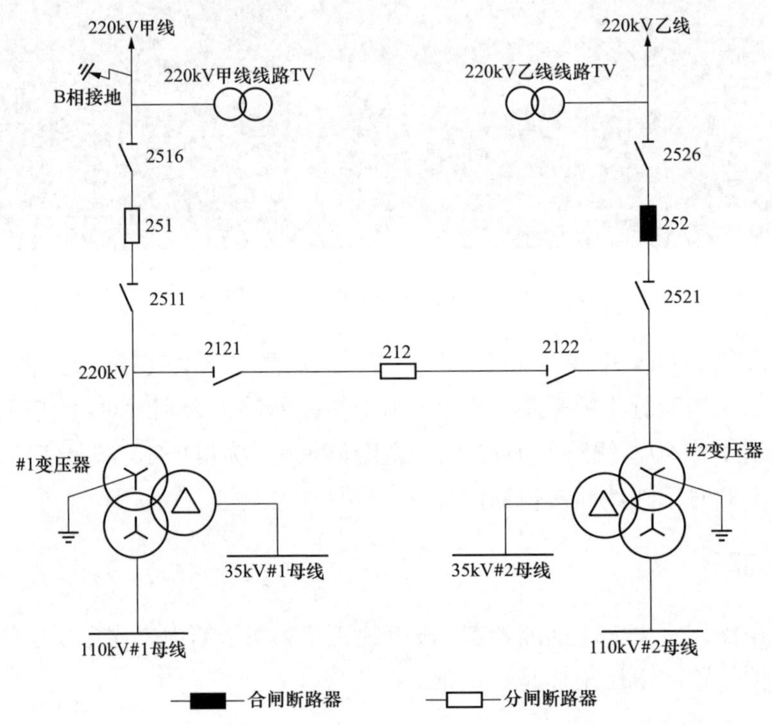


图 5-76　220kV 某变电站电气主接线图

事故前运行方式：220kV 甲线、乙线带电运行，251、252 断路器处于合闸状态，212 断路器处于分闸状态。

## 二、事件分析

### （一）保护动作情况

03 时 43 分 23 秒 755 毫秒，220kV 甲线线路发生 B 相接地故障，重合闸方式为三相重合闸，保护动作情况见表 5-12。

表 5-12　　220kV 甲线线路保护动作情况

| 序号 | 相对时间 | 保护动作情况 |
|---|---|---|
| 1 | 0ms | 220kV 甲线主一、主二保护启动 |
| 2 | 7ms | 220kV 甲线主一、主二保护纵联差动保护动作，A 相跳闸、B 相跳闸、C 相跳闸 |
| 3 | 69ms | 220kV 甲线 251 断路器 A、B、C 三相断开 |
| 4 | 1048ms | 220kV 甲线主一、主二保护保护重合闸动作 |
| 5 | 1081ms | 220kV 甲线线路对侧重合成功，线路带有电压，线路 TV 二次回路不经切换回路已有电压 |
| 6 | 1117ms | 220kV 甲线 251 断路器 A、B、C 三相合上，带主变压器合闸产生励磁涌流，切换后的虚拟母线电压为零 |
| 7 | 1134ms | 220kV 甲线主一、主二保护距离加速动作 |
| 8 | 1139ms | 220kV 甲线切换后的虚拟母线电压出现 |
| 9 | 1194ms | 220kV 甲线 251 断路器 A、B、C 三相断开 |

### （二）保护动作情况分析

03 时 43 分 23 秒 755 毫秒，220kV 甲线线路发生 B 相接地故障，主一、主二保护纵联差动动作跳开 251 断路器三相，经延时主一、主二保护重合闸动作，断路器三相合闸，线路保护、重合闸正确动作。

220kV 甲线线路故障录波图如图 5-77 所示。

重合闸动作合上 251 断路器时，#1 变压器产生励磁涌流，线路保护采集到的电流为励磁涌流，但三相母线电压采样在励磁涌流出现的初始时刻仍为 0，电压滞后电流 22ms 采样才恢复正常，导致测量阻抗（0Ω）落入距离Ⅱ段阻抗继电器动作区域内。220kV 甲线线路保护定值中“电压取线路 TV”整定为“0”，保护装置距离加速延时为 10ms，无法躲开电压切换回路造成的延时，导致距离加速保护动作出口。

220kV 甲线线路保护相关定值如表 5-13 所示。

表 5-13　　220kV 甲线线路保护相关定值

| 定值项名称 | 整定值 | 定值项名称 | 整定值 |
|---|---|---|---|
| 差动动作电流定值 | 1.5A，TA 变比：1200/5 | 三相跳闸方式 | 1 |
| 接地距离Ⅱ段定值 | 2.9Ω，3.3s | 重合闸检同期 | 0 |
| 相间距离Ⅱ段定值 | 2.9Ω，2s | 重合闸检无压 | 0 |

续表

| 定值项名称 | 整定值 | 定值项名称 | 整定值 |
|---|---|---|---|
| 三相重合闸时间 | 1s | 三相 TWJ 启重合 | 1 |
| 电压取线路 TV | 0，置“0”为电压取母线 TV 电压 | 三重加速距离保护Ⅱ段 | 1 |
| 振荡闭锁元件 | 0 | 三重加速距离保护Ⅲ段 | 0 |

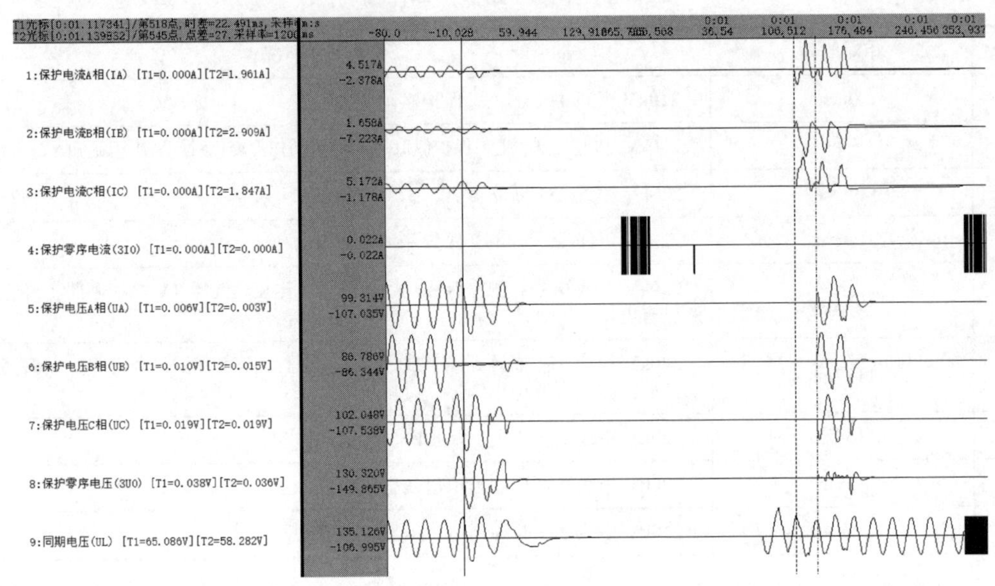


图 5-77　220kV 甲线线路故障录波图

线路保护装置设有电压取线路 TV 控制字，该控制字置“0”时为电压取母线 TV 电压，距离加速动作延时 10ms；该控制字置“1”时为电压取线路 TV 电压，距离加速动作延时 25ms，见图 5-78。

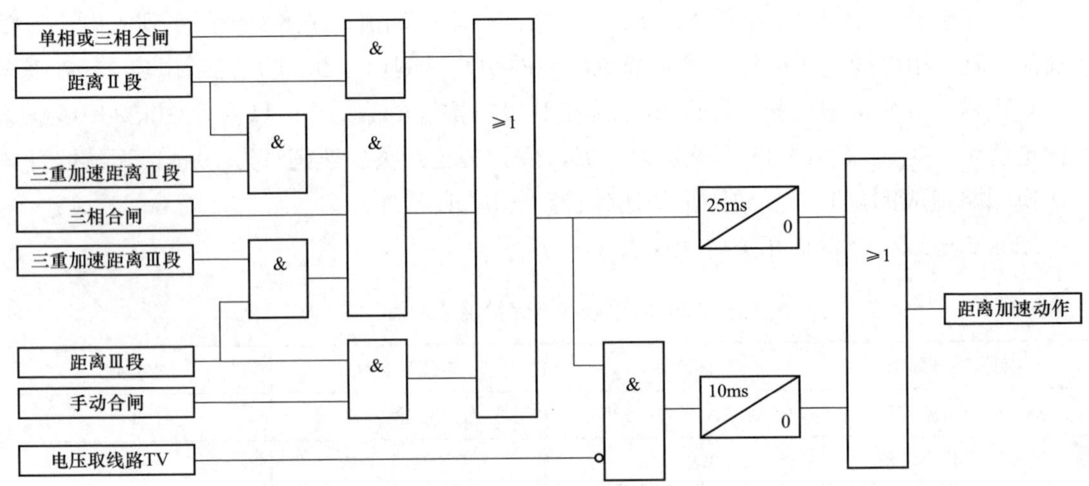


图 5-78　220kV 甲线线路保护装置距离加速保护动作逻辑图

220kV 间隔为内桥接线，220kV 部分只在 220kV 线路侧装设有三相线路电压互感器，在 220kV 线路、变压器元件交汇点处未装设母线电压互感器。220kV 甲线线路保护电压回路取自 220kV 甲线线路电压互感器经切换后形成的虚拟母线电压，即通过采用 251 断路器及 2511、2516 隔离开关合闸位置触点串联启动重动继电器，将线路电压切换为母线电压供线路保护使用，见图 5-79。断路器辅助触点翻转存在动作延时，电压切换继电器本身也存在动作延时，因此两个延时叠加致使母线电压滞后于电流 22ms 左右出现。

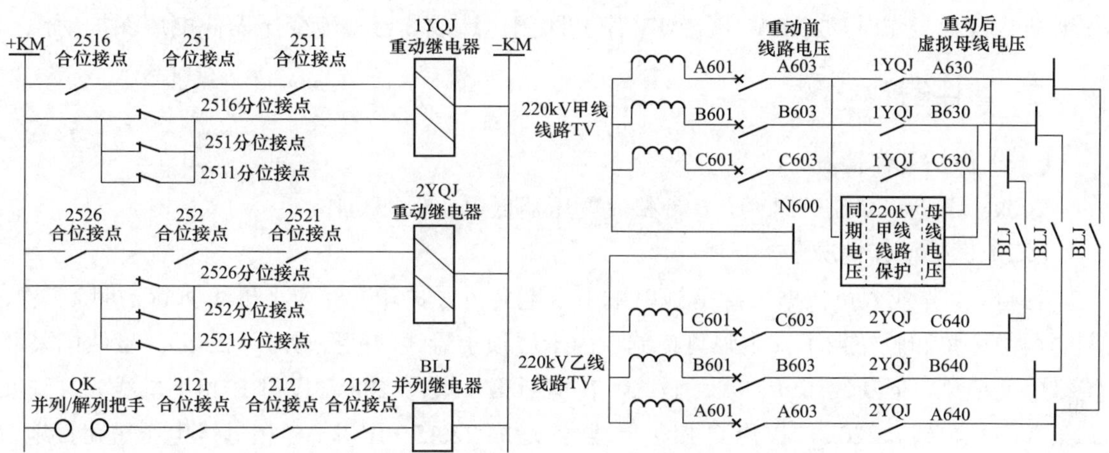


图 5-79 220kV 内桥接线形式下电压切换重动回路示意图

## 三、暴露问题

在开展仅在线路侧装设 TV 的内桥、线路变压器组接线厂站的保护二次回路设计时，未能结合实际的电压模拟量采集情况对回路接线、定值做出调整，未能全面考虑保护二次电压不能正确反应一次电压而引起保护误动的风险。

## 四、防范措施

（1）在一次系统规划建设中，应充分考虑继电保护的适应性，避免出现特殊接线方式造成继电保护配置及整定难度的增加。内桥、线路变压器组厂站宜在线路、变压器元件交汇点处装设“母线”电压互感器，即宜按照单母分段接线形式配置母线、线路 TV，二次电压回路按照单母分段接线形式进行设计，确保二次设备采样电压应真实反映一次设备的实际电压。

（2）对于内桥、线路变压器组接线厂站确不能加装母线 TV 的，则线路保护用三相电压应直接接取线路侧 TV 处的电压，即未经线路隔离开关和断路器的辅助触点切换重动前的三相电压。线路保护二次电压改接后，应同步做好线路保护中涉及的电压取线路 TV 电压控制字、重合闸投退、重合闸方式等定值的整定工作，开展重合闸功能校核试验。

# 案例18　电压回路短路导致电压互感器二次空开跳闸

## 一、事件简述

某铝厂开展220kV B线线路保护装置更换工作期间，在进行220kV线路屏顶电压小母线剪断、拆除工作时，220kV Ⅳ母TV空开跳闸，造成6台整流变压器低电压保护动作。

## 二、事件分析

### （一）保护动作情况

220kV Ⅳ母TV空开跳闸，6台整流变压器低电压保护动作。

### （二）保护动作情况分析

经检查，作业人员根据二次措施单采用带电夹断方式开展屏顶小母线剪断、拆除工作，期间用绝缘垫和胶布做了安全隔离措施。由于屏顶小母线间间距较小（2cm），虽然已采取绝缘隔离措施，但断线钳开口尺寸较大，在剪断第4根（220kV Ⅳ母B相小母线）时碰触到第3根小母线（220kV Ⅳ母C相小母线），造成220kV Ⅳ母BC相母线电压短路接地，导致Ⅳ母TV二次空开跳闸（空开为三相联动式），Ⅳ母TV二次电压失压。220kV线路保护屏顶小母线布置如图5-80所示。

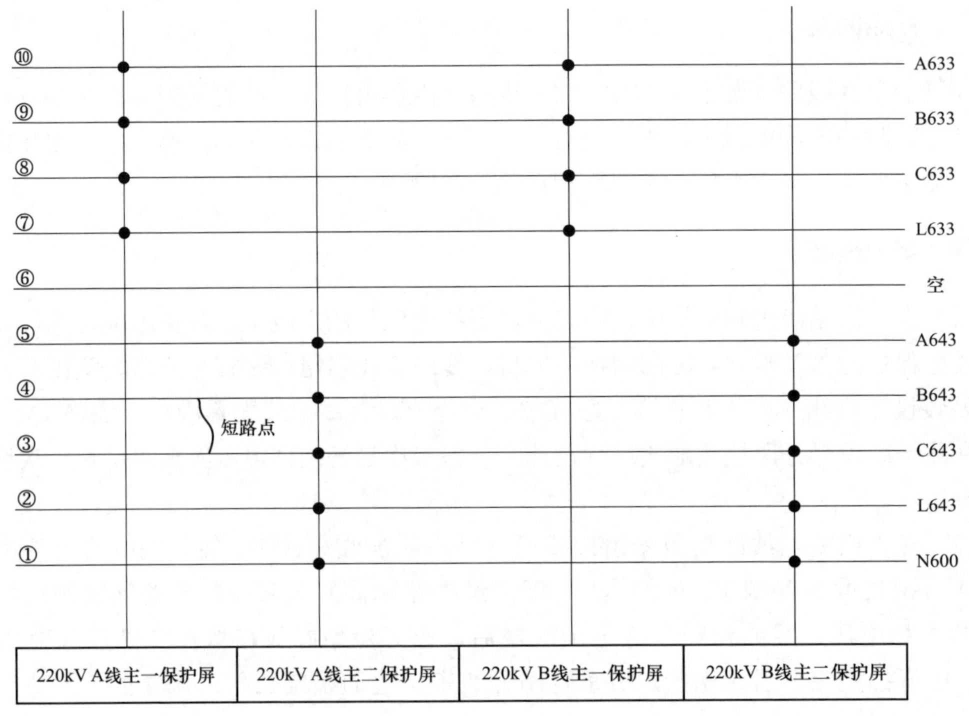


图5-80　220kV线路屏顶小母线布置示意图

整流变压器低电压保护电压取自Ⅳ母 TV，动作逻辑为：任一线电压不大于 50V 且任一相负荷电流大于 0.2A，满足条件后经 0.5s 延时低电压保护动作出口，此事件中保护动作正确。

由于整流变压器负荷较大，若低电压时不跳闸，二次送电的冲击过大可能会造成整流元件击穿，故 220kV 整流变压器均投入低电压保护。但现场 220kV 线路均未投入重合闸，实际运行中不存在整流元件在二次送电时受到冲击的问题。

## 三、暴露问题

（1）屏顶电压小母线拆除过程，绝缘隔离措施不完善，工器具绝缘包裹不到位，拆除工艺不良，如图 5-81 所示。

（2）低电压保护功能配置存在优化空间，闭锁逻辑不够完善。

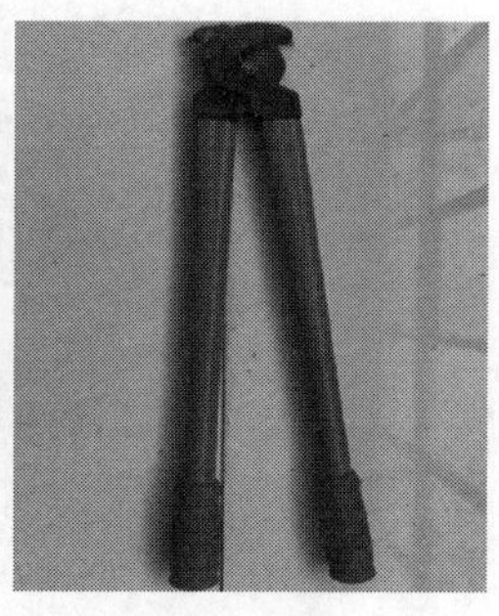

图 5-81 现场安措布置和作业工具图

## 四、防范措施

（1）二次带电作业过程中，应重点对作业地点裸露的金属部分进行隔离，作业工具也要进行绝缘包裹，尽量减少裸露部分的面积，避免作业过程引起短路故障。

（2）如无二次送电的风险，可以考虑退出 220kV 整流变压器的低电压保护，或者完善整流变压器低电压保护闭锁逻辑。

# 案例 19 电压回路松脱导致变压器低压侧零序过压保护拒动

## 一、事件简述

某月某日 16 时 33 分 56 秒，110kV 某电站 10kV Ⅲ段母线故障，10kV #3 发电机跳闸。

事故前运行方式为：110kV ××线运行、10kV #1 机组热备用、10kV #2 机组运行、10kV #3 机组运行；110kV #1、#2、#3 变压器运行。110kV 某电站主接线图如图 5-82 所示。

## 二、事件分析

### （一）保护动作情况

10kV #3 发电机后备保护装置报“定子接地保护动作”“定子零序电压高值跳闸出口”，110kV #3 变压器高、低压侧零序过压保护未动作。

### （二）保护动作情况分析

经检查，10kV Ⅲ段共箱母线内有蛇进入，从而造成共箱母线 A 相接地引起机组跳闸。通过电站上位机调取动作信息，16 时 33 分 56 秒，10kV #3 发电机机端电压 A 相电压降低，B、C 相电压升高，零序电压最大值为 111.7V（二次值）。

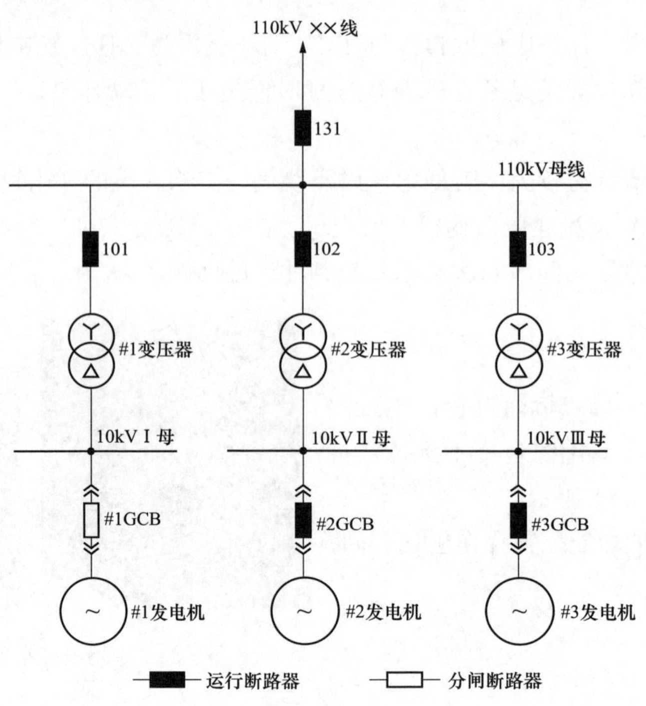


图 5-82　110kV 某电站主接线图

10kV #3 发电机定子接地保护高定值动作定值为 25V、时限 0.5s。满足发电机定子接地高定值保护动作条件，发电机保护动作逻辑正确。

110kV #3 变压器低压侧零序过压保护定值为 60V，时限 0.5s。故障发生时，10kV Ⅲ段母线零序电压为 111.7V，满足 110kV #3 变压器低压侧零序过压保护动作条件，但变压器低压侧零序过压保护拒动。检查 110kV #3 变压器低压侧零序过压保护二次回路接线，发现 10kV Ⅲ段母线 TV 柜零序电压 L631 回路内部接线剥线较短，如图 5-83 所示，未与线鼻子金属部分有效压接，L631 回路接线松脱导致开路。

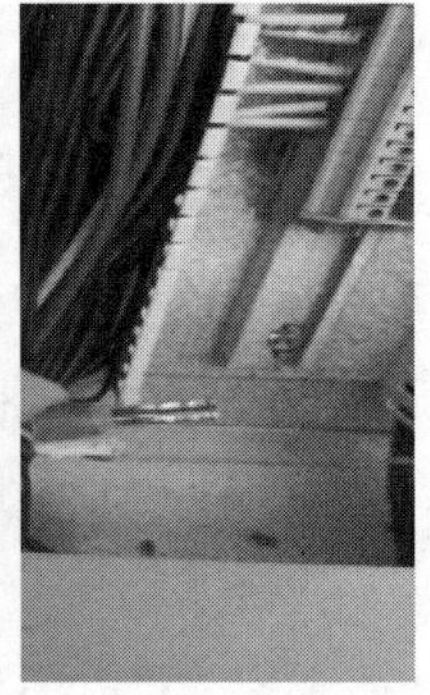

图 5-83　现场端子接线图

110kV #3 变压器低压侧零序过压保护的零序电压取自 10kV Ⅲ段母线 TV 开口三角形绕组，如图 5-84 所示，通过 L631（接开口三角形首端）和 YMn（接开口三角形末端）构成回路。L631 接线松脱开路后，变压器低压侧零序电压将无法传送至 110kV #3 变压器低后备保护装置，造成 110kV #3 变压器低压侧零序过压保护拒动。

另外，110kV #3 变压器高后备保护装置配有且投入零序过压保护，因变压器接线组别为 Y/△接线，△侧发生单相接地时零序电压不会传递到高压侧，所以变压器高后备保护装置不会动作。

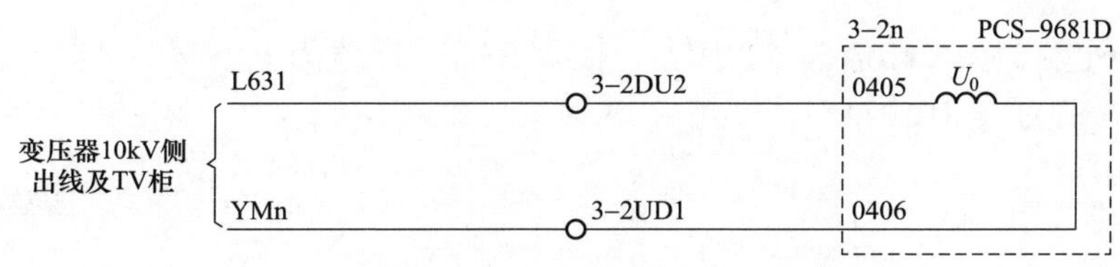


图 5-84　TV 开口电压回路图

## 三、暴露问题

保护二次回路检查维护不到位。10kV Ⅲ段母线 TV 柜零序电压 L631 回路松脱开路，导致变压器低压侧零序电压无法正常传送至 110kV #3 变压器低后备保护装置，造成 110kV #3 变压器低压侧零序过压保护拒动。

## 四、防范措施

在保护定检或投产前的验收过程中，应对正常运行时 0 或幅值很小的电压、电流通道（如零序电压、零序电流）进行二次通压、通流试验，也可在保护屏处断开回路后用万用表测量绕组侧的直流电阻，确保二次回路接线正常。

# 案例 20　电压回路虚接导致发电机定子接地保护误动

## 一、事件简述

某月某日 14 时 22 分 43 秒，某电厂在开展发电机电压回路检查工作过程中，工作人员划开#1 发电机 A 套保护机端 $3U_0$ 的 L 和 N 线电压端子中间连接片，随后#1 发电机 B 套保护定子接地保护（发电机基波+三次谐波）动作，跳开#1 发电机出口 801 断路器，切#1 机组负荷 600.7MW。

事件前运行方式为：500kV 甲、乙线运行；500kV #1、#2 母运行；500kV 第一串、第二串、第三串断路器合环运行；#1、#2、#3、#4 变压器运行；#1、#2、#3、#4 发电机运行；全厂负荷 2400MW。

某电厂主接线图如图 5-85 所示。

## 二、事件分析

### （一）保护动作情况

14:22:43 415ms，#1 发电机 B 套定子接地保护启动。

14:22:43 893ms，#1 发电机 B 套定子接地保护（基波定子接地低值）动作停机。

### （二）保护动作情况分析

查看故障录波波形（见图 5-86），故障录波装置#1 发电机机端 $3U_0$ 采样值为 0.15V，

B 套保护装置机端 $3U_0$ 采样值为 6.00V，中性点 $3U_0$ 采样值为 0.37V（基波定子接地保护采用机端 $3U_0$，达到动作定值 6V）。

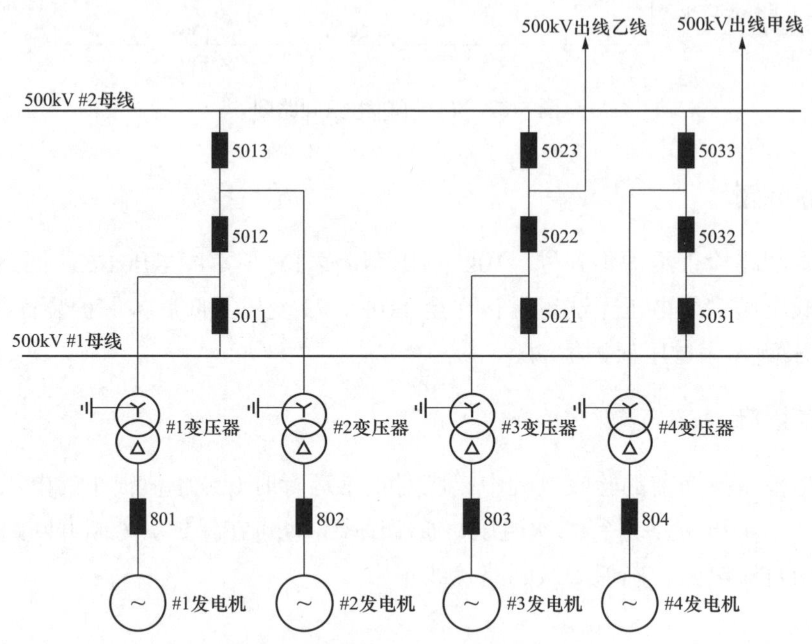


图 5-85　某电厂主接线图

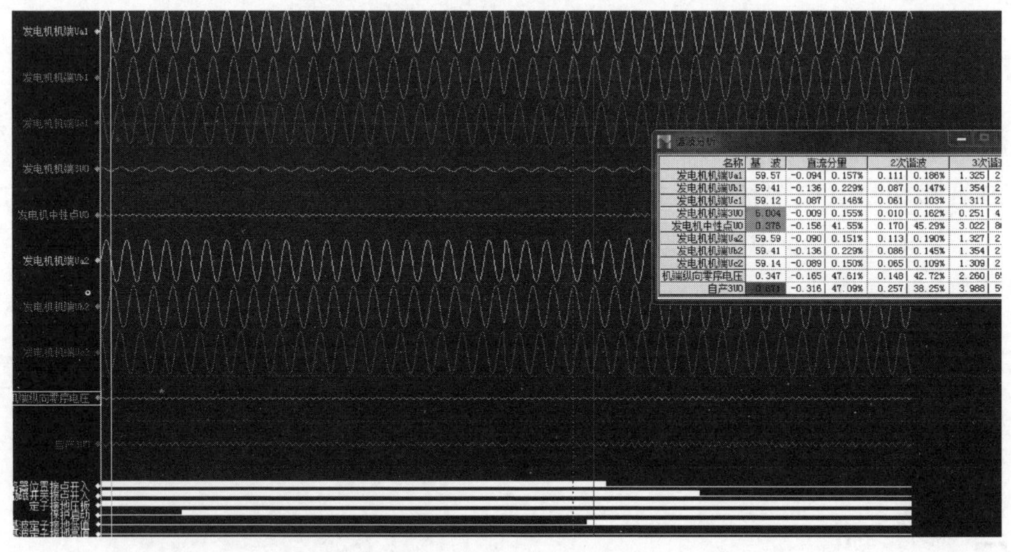


| 名称 | 基　波 | 直流分量 | | 2次谐波 | | 3次谐 |
|---|---|---|---|---|---|---|
| 发电机机端Ua1 | 59.57 | -0.094 | 0.157% | 0.111 | 0.186% | 1.325 |
| 发电机机端Ub1 | 59.41 | -0.136 | 0.229% | 0.087 | 0.147% | 1.354 |
| 发电机机端Uc1 | 59.12 | -0.087 | 0.146% | 0.061 | 0.103% | 1.311 |
| 发电机机端3U0 | 6.004 | -0.009 | 0.155% | 0.010 | 0.162% | 0.251 |
| 发电机中性点U0 | 0.378 | -0.156 | 41.55% | 0.170 | 45.29% | 3.022 |
| 发电机机端Ua2 | 59.59 | -0.090 | 0.151% | 0.113 | 0.190% | 1.327 |
| 发电机机端Ub2 | 59.41 | -0.136 | 0.229% | 0.086 | 0.145% | 1.354 |
| 发电机机端Uc2 | 59.14 | -0.089 | 0.150% | 0.065 | 0.109% | 1.309 |
| 机端纵向零序电压 | 0.347 | -0.165 | 47.61% | 0.148 | 42.72% | 2.260 |
| 自产3U0 | [illegible] | -0.316 | 47.09% | 0.257 | 38.25% | 3.988 |

图 5-86　保护动作时刻电流电压频率数据录波图（保护波形）

跳闸后，#1 发电机保护 B 柜中机端三次谐波电压采样值为 0.505V，机端 $3U_0$ 采样值为 1.275V；发电机保护 A 柜机端三次谐波电压采样值为 2.361V，机端 $3U_0$ 采样值为 0.322V，两套保护之间存在明显偏差。保护动作后，检查发电机机端 TV 端子箱及二次回路接线正确，未发现电压回路存在两点接地、星型和开口三角绕组共线等问题。工作人员在划开电压端子连接片过程中也没有造成电压回路接地、短路。

进一步检查，发现发电机机端开口三角（44YH）至 TV 端子箱的内侧 N 线（X11:87）虚接，只有 L 接入发电机保护 A、B 屏，此时保护装置机端零序电压失去了基准 0 电位，采样值为悬浮电压，持续波动。

发电机出口 TV 端子箱至发电机保护屏电缆距离约 400m，由于电容效应会抬高末端的零序电压。正常运行时，该回路并接了发电机保护 A、B 屏，两套保护装置在回路中相当于两个负载，$3U_0$ 回路容性功率小于两套并接的保护装置负载功率，使其不能有效穿越两套保护装置，故正常运行时机端零序电压不会明显升高。

在工作人员划开 A 套保护的机端零序电压回路后，负载功率变小，容性功率使机端零序电压进一步升高，叠加机端 $3U_0$ 回路 N 线虚接产生的悬浮电压，导致该开口三角的发电机机端零序电压（$3U_0$）值持续跳变，直至达到 #1 发电机保护 B 套定子接地保护低值定值，造成了本次发电机 B 套定子接地保护误动。端子虚接情况如图 5-87 所示。

图 5-87　端子虚接情况

对发电机机端开口三角（44YH）至 TV 端子箱的内侧二次线（X11:87）端子重新压接并紧固后，#1 发电机保护 A、B 屏内机端三次谐波电压采样值与机端 $3U_0$ 采样值偏差问题已解决。目前，机组在 600MW 负荷时，#1 机组发电机保护 A 柜机端 $3U_0$ 三次谐波电压采样值 2.471V，机端 $3U_0$ 基波电压采样值 0.235V，中性点 $3U_0$ 基波电压采样值 0.307V，B 柜机端 $3U_0$ 三次谐波电压采样值为 2.432V，机端 $3U_0$ 基波电压采样值为 0.224V，中性点 $3U_0$ 采样值 0.277V。机端 $3U_0$ 基波电压与中性点 $3U_0$ 基波电压采样值基本一致，发电机 A、B 两套保护装置同一通道采样值也基本一致。

## 三、暴露问题

（1）施工工艺不良。二次电缆压接工艺不良，导线存在虚接。检查发现施工期线鼻子压接工艺不合格，电缆线芯（多股软铜线）金属部位剥线过短，导致线鼻子压接点未能有效压接电缆线芯金属部分，大部分受力点在塑料部位，同时线鼻子未采用专用工具压接，导致金属部位压偏，未能够有效与电缆线芯牢固攥紧，叠加机组运行长期振动等因素，导致虚接。

（2）保护装置防止零序电压回路开路的措施不足。由于零序电压回路正常运行时幅值很小，目前发电机保护普遍没有相应判据针对回路断线进行报警。

## 四、防范措施

（1）提高发电机保护开口三角 $3U_0$ 回路的可靠性。在设备投产前可重点检查零序电压回路是否有虚接、松脱的情况，也可用万用表在保护屏测试绕组侧整组直流电阻，辅助判断接线是否正常。

（2）完善发电机保护开口三角 $3U_0$ 回路防误判据，可考虑采用机端 $3U_0$ 三次谐波电压作为判据的断线报警/闭锁逻辑，也可采用机端 $3U_0$ 和中性点 $3U_0$ 互相校验的断线报警/闭锁逻辑。

# 案例 21 电压回路接线错误导致定子零序电压保护误动

## 一、事件简述

某电厂局部电气主接线图如图 5-88 所示。

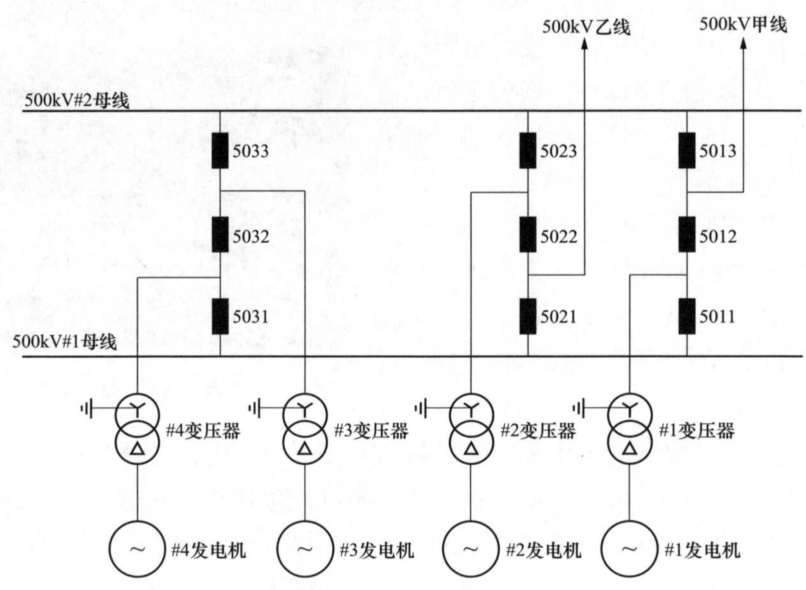


图 5-88 某电厂局部电气主接线图

某月某日 09 时 47 分，某电厂#3 发电机-变压器组保护 A 套、B 套同时发 TV 断线报警，工作人员检查发现发电机出口 3TV 二次电压为 A 相（53V），B 相（57V）、C 相（57V），判断为 3TV A 相电压互感器一次熔断器熔断，需要退出发电机-变压器组保护 A 套、B 套与 3TV 相关的发电机匝间短路保护，更换电压互感器一次熔断器。

当天 11 时 04 分，工作人员退出#3 发电机-变压器组保护 A 套、B 套发电机匝间短路保护功能压板，进行 3TV A 相电压互感器一次熔断器现场监护和更换工作，在拉出 3TV A 相电压互感器的瞬间，#3 发电机-变压器组保护 B 套发“定子零序电压高值动作”，跳开 5032、5033 断路器，#3 发电机解列。

## 二、事件分析

### （一）保护动作情况

11 时 04 分 18 秒，电厂#3 发电机-变压器组保护 B 套发“定子零电压高值动作”，动作值 33V，定值整定 25V、0.3s，A 套保护未动作。

## （二）保护动作情况分析

调取#3 发电机-变压器组 B 套保护录波文件（见图 5-89），检查发现发电机中性点零序电压和纵向零序电压完全一致。调取#3 发电机-变压器组 A 套保护启动录波文件，检查发现中性点零序电压为零，纵向零序电压 33.97V，与 B 套一致。

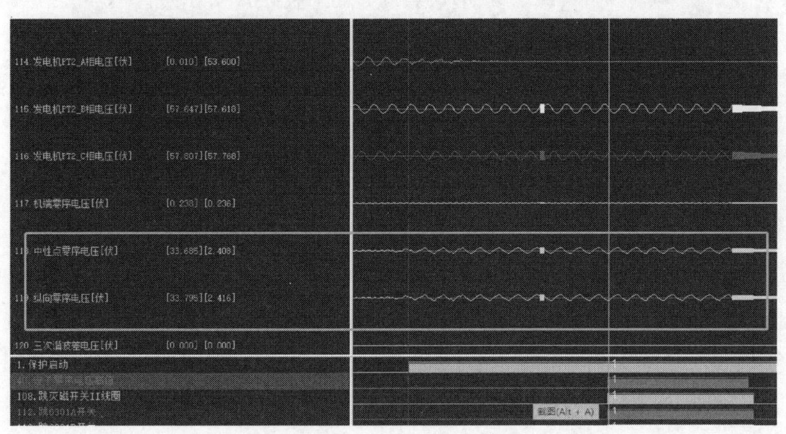


图 5-89　#3 发电机-变压器组 B 套保护录波图

通过#3 发电机-变压器组 A、B 套保护装置波形分析（见图 5-90），机端 3TV 开口零序电压几乎为零，并且三相电压平衡，可以排除发电机存在定子接地的可能性。后经检查发现 3 号发电机出口 TA/TV 端子箱内发电机-变压器组 B 套保护“基波零序电压定子接地保护”30FB-114d/L601 电缆并接到“发电机匝间保护”0FB-114d/L633 回路中（按照保护改造设计图，30FB-114d/L601 电缆应接至#40 端子，实际错接至#39 端子），导致发电机-变压器组 B 套保护的定子零序电压保护动作出口跳机。#3 发电机出口端子箱现场接线照片如图 5-91 所示。

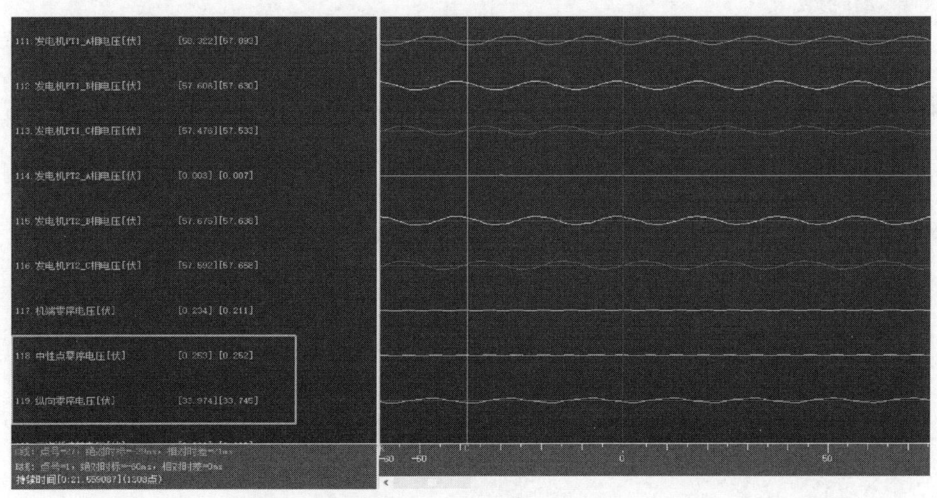


图 5-90　#3 发电机-变压器组 A 套保护启动录波

图 5-91　#3 发电机出口端子箱现场接线照片

#3 发电机#3 TV 额定相电压为 33V，正常运行时 A、B、C 三相 TV 绕组串联，匝间保护用开口三角电压为零。当拉开 3TV A 相时，开口三角二次侧产生 33V 电压，该电压串入发电机定子接地保护电压采样回路，造成发电机基波零序电压定子接地保护动作。

#3 发电机出口端子箱 TV 接线示意图如图 5-92 所示。

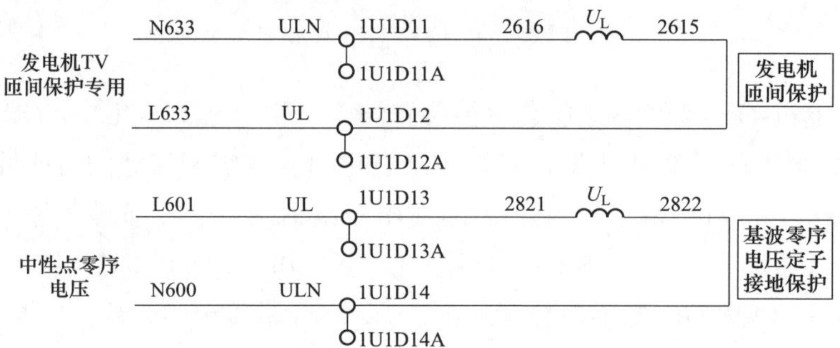


图 5-92　#3 发电机出口端子箱 TV 接线示意图

## 三、暴露问题

设备投产时开展了通压测试，但在工作结束后恢复 TV 端子箱二次回路电缆时接线错误。验收工作也未发现拆接线恢复错误和图实不符的问题，造成设备隐患长期存在。

## 四、防范措施

工作结束后，将拆除过的接线应逐一、多次核对，避免误恢复接线的情况发生。

# 案例 22　电压回路极性错误导致误上电保护误动

## 一、事件简述

某月某日，220kV 某电站完成了 220kV Ⅰ段母线 TV 更换、10.5kV #1 发电机出口、中性点 TA 更换工作，按调度机构指令进行总停后的复电操作，合上 220kV 线路 1 的 261 断路器对 220kV Ⅰ段母线充电，充电正常，随后#1 发电机开机并网带小负荷运行时，#1 发电机-变压器组误上电保护动作跳开 201 断路器。

事故前运行方式为：220kV 线路、220kV Ⅰ段母线运行、#1 发电机-变压器组空载运行，220kV Ⅱ段母线冷备用，#2～#4 发电机-变压器组冷备用，如图 5-93 所示。

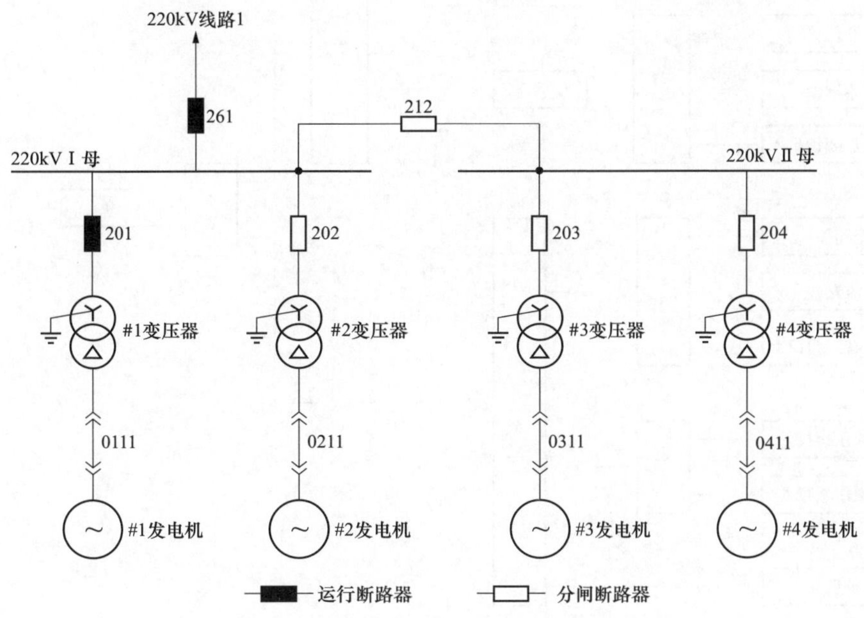


图 5-93　220kV 某电站部分电气主接线图

## 二、事件分析

### （一）保护动作情况

#1 发电机-变压器组 A、B 套保护厂家型号一致，两套保护均报“误上电保护动作”。在#1 发电机-变压器组开机并网带小负荷运行时，误上电保护启动，158ms 后，#1 发电机-变压器组 B 套误上电保护动作跳闸，159ms 后，#1 发电机-变压器组 A 套误上电保护动作跳闸。

### （二）保护动作情况分析

#1 发电机-变压器组误上电保护逻辑如图 5-94 所示。

条件 1：如图 5-95 所示，#1 发电机-变压器组 201 断路器合闸前，发电机机端相三相二次侧电压均为 60V 左右、频率 50.13Hz；电压频率为正常数值；低频、低压元件闭锁不作为误上电保护逻辑判据，第一个与门条件不成立。

条件 2：#1 发电机-变压器组 201 断路器同期合闸前 201 断路器位置在分闸位，如图 5-96 所示，变压器高压侧无电流流过 201 断路器，断路器位置触点闭锁投入按照定值单定值要求投入，第二个与门条件成立。

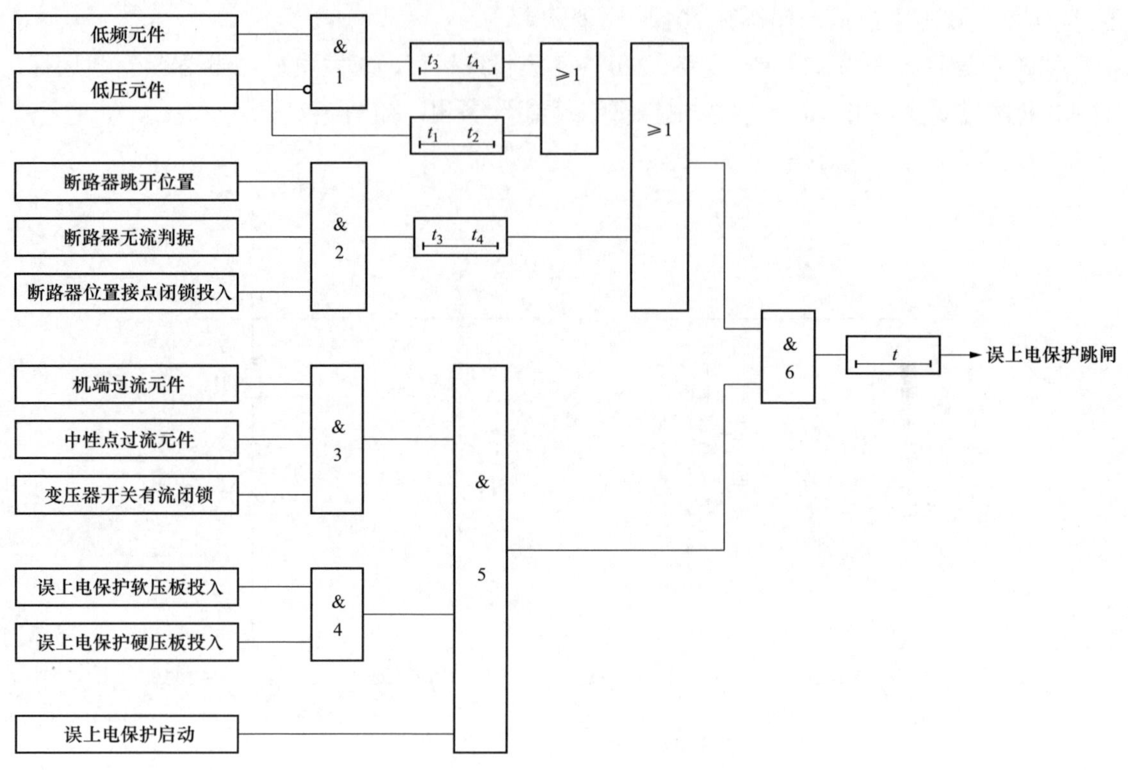


图 5-94　误上电保护逻辑图

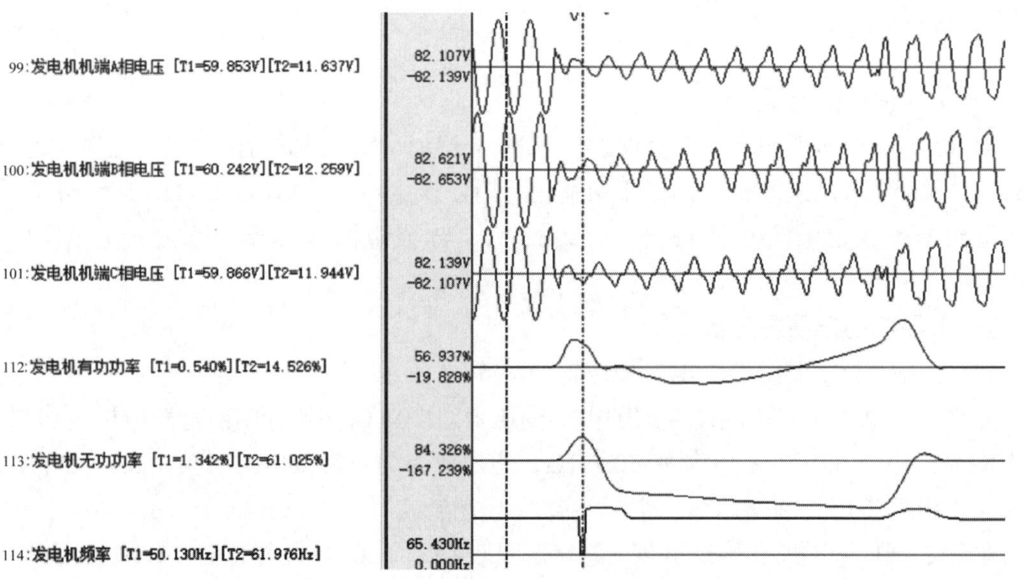


图 5-95　201 断路器合闸前电压频率图

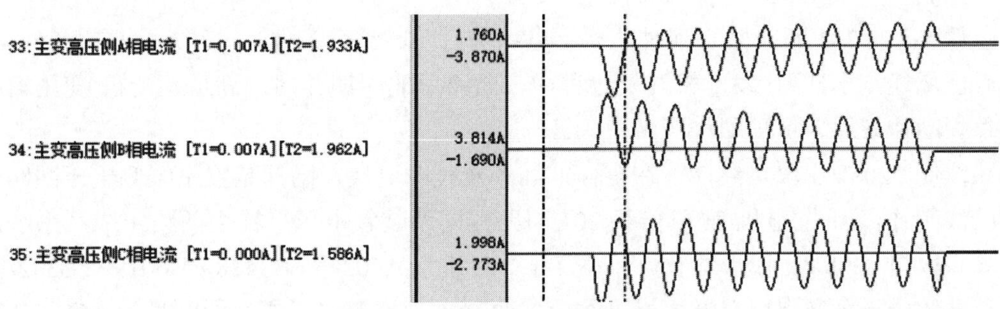


图 5-96　变压器高压侧合闸前电流

条件 3：在 201 断路器合闸前后，发电机机端电流电压、中性点电流变化情况如图 5-97 所示。

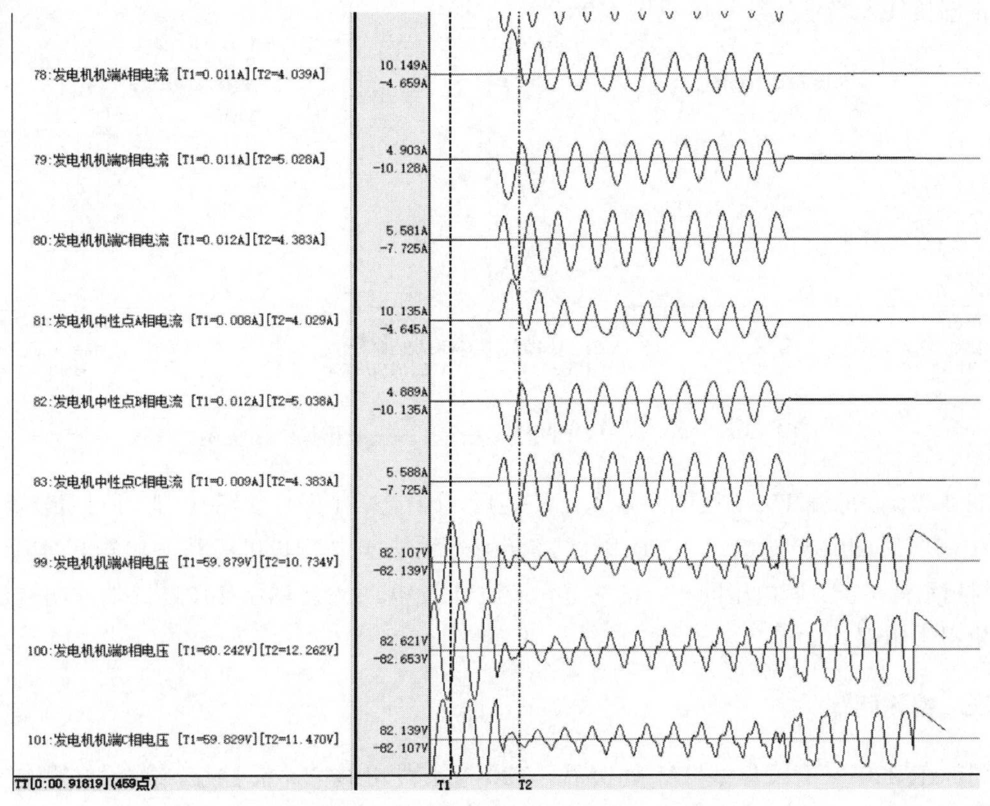


图 5-97　变压器高压侧合闸前电流

#1 发电机-变压器组机端及中性点二次侧三相电流突然增大，最大增加到 5A。机组机端及中性点电流明显增加，且值均大于误合闸过电流定值（0.4A），过流元件和有流元件均满足动作条件，第三个与门条件成立。同时，机端电压降低至 11.47V，说明 201 断路器存在非同期合闸。

条件 4：根据现场情况，误上电保护软压板、硬压板均按照定值功能要求投入，第四个与门条件成立。

条件 5：在 201 断路器合闸时，误上电保护启动，结合条件 4，第五个与门条件满足。

综上所述，本次#1 发电机开机过程中，断路器非同期并网，满足发电机-变压器组误上电保护动作条件，保护动作逻辑正确。

系统侧 220kV Ⅰ段母线 TV 在全停期间涉及技改更换，同期装置系统侧电压回路开展过改接线工作。#1 发电机-变压器组 201 断路器同期装置电压采样由两路组成：系统侧电压采样点取自 220kV Ⅰ段母线 TV 开口三角，回路为 A602"/1FB3428、B601"/1FB3428；发电机待并侧电压采样点取自发电机进线柜 TV 柜（本次未开展工作），回路号为 A612'、B612'，经检查此回路极性接线正确。与#2 机组同期装置的接线进行比对，发现系统侧 220kV Ⅰ段母线 TV 柜到#1 机组同期装置开口电压回路接反。作业人员在 220kV Ⅰ段母线 TV 汇控柜内将#1 机组同期装置侧二次回路白头套反。#1 发电机-变压器组同期装置侧用开口三角形引出正确接线及错误接线对比见图 5-98。

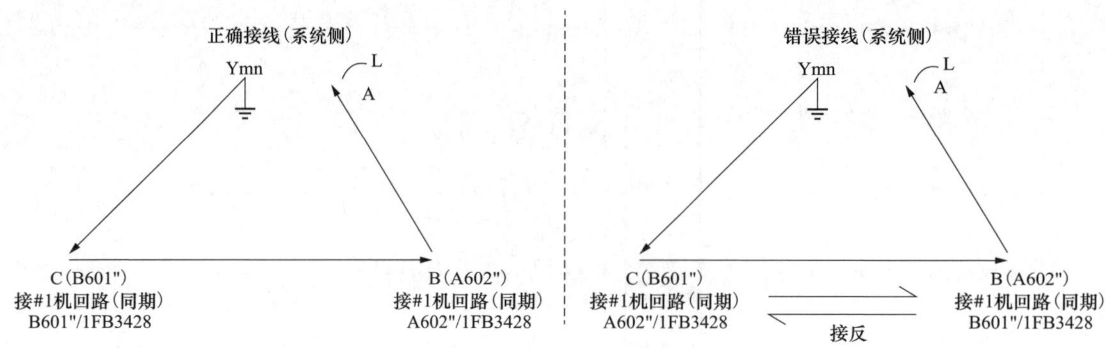


图 5-98　220kV Ⅰ母 TV 同期采用开口三级箱接线示意图

220kV Ⅰ段母线 TV 电压回路接入汇控柜后，因接入#1 发电机-变压器组同期装置的母线系统侧电压回路极性接反，201 断路器合闸时系统侧电压与机组待并侧电压实际存在 180°的相角差，当两侧电压同相位的时候，造成#1 发电机-变压器组 201 断路器非同期合闸，发电机误上电保护动作。

## 三、暴露问题

（1）在 220kV Ⅰ段母线 TV 更换后，220kV Ⅰ段母线 TV 汇控柜二次设备侧接线沿用原电缆，接入#1 机组同期装置的系统侧电压回路接线不仔细，套错白头，电压极性接反。

（2）发电机同期回路等关键回路改接线后，未采用可靠的手段检查和验证同期回路接线的正确性，防止二次接线错误。

## 四、防范措施

（1）发电机同期装置改接线时，应核实二次回路的连接情况与图纸设计情况相互一致，同时需对整个回路的正确性进行核实验证。

（2）发电机同期装置改接线后，可开展假同期试验，并在试验时同步查看故障录波装置中对应的系统侧、待并侧电压角度是否一致，用以辅助判断同期装置接线是否存在问题。

# 案例 23　电压回路相序接反导致保护运行异常

## 一、事件简述

某月某日，某光伏升压站新投时综自后台报“220kV 甲线主二保护 TV 相序错”“220kV 母线第一套保护 1MTV 断线” 等告警信号。

## 二、事件分析

### （一）保护动作情况

综自后台报“220kV 甲线主二保护-TV 相序错”“220kV 母线第一套保护-1MTV 断线”告警信号，220kV 甲线主一保护和 220kV 母线第二套保护未有告警信号。保护告警情况如表 5-14 所示。

表 5-14　　保护告警情况

| 保护类型 | 告警信息 | 厂家配置说明 |
| --- | --- | --- |
| 220kV 线路主一保护 | 无 | 该型号装置无“TV 相序错”自检功能 |
| 220kV 线路主二保护 | TV 相序错 | 正常相序是 0，−120，120，当装置自检相序不是上述角度时则判定相序错 |
| 220kV 母线第一套保护 | TV 断线 | 负序电压 $3U_2$ 大于 $0.2U_n$，延时 1.25s 报母线 TV 断线 |
| 220kV 母线第二套保护 | 无 | 当母线相电压≤差动或失灵低电压定值且母线间隔电流 A 相或 B 相或 C 相≥$0.04I_n$时，延时 9s 报母线 TV 断线 |

### （二）保护动作情况分析

异常发生后，工作人员进行通压试验，在外送线路 A 相进线侧加入 3.784kV，在 GIS 汇控柜内 TV 端子排 A 相未测量到电压，在 C 相测量到电压值为 1.725V，同时对 C 相进行了相同试验。经验证，确认 TV 本体接线盒处存在 A、C 两相接反（TV 变比为 220/0.1）。相量图如图 5-99 所示。

进一步调查发现，220kV 甲线两侧变电站相序从升压站外围墙向内看，从左往右依次为 A、B、C，220kV 甲线按单回架设，线路设计及施工中无换相杆塔。为使主变压器与网侧相序一致，在该光伏电站 GIS 内部对主变压器间隔进行换相如图 5-100 所示（左图换相前，右图换相后）。

为设备方便运输，发货时将电压互感器解体，到场后进行组装。在组装过程中，由于电压互感器本身无标识，三相本体外形一样，工作人员（相序调整的主体负责人）未及时与厂家人员沟通现场情况（GIS 内变压器间隔换相），厂家人员在 TV 二次接线时未按照施工图纸接线，误认为 TV 间隔的相序和主变压器间隔一次本体相序一致，参照主变压器间隔一次相序开展 TV 间隔二次接线。

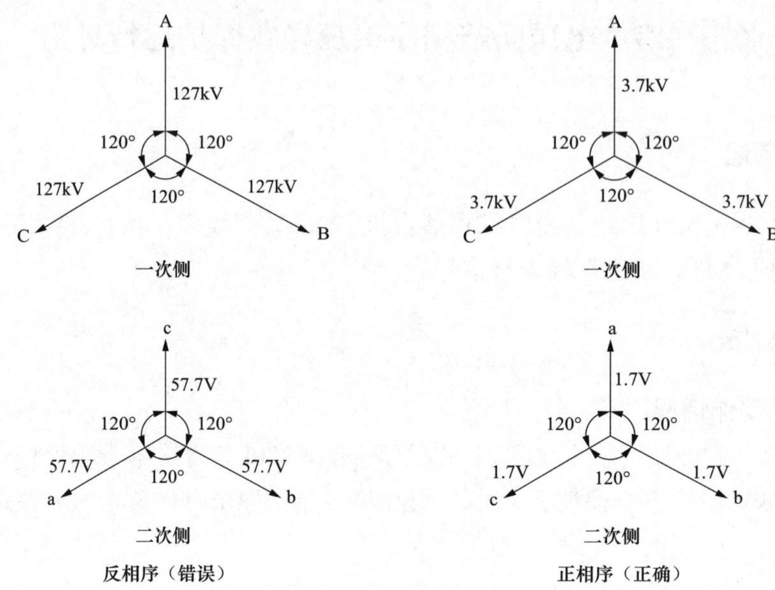


图 5-99　相量图

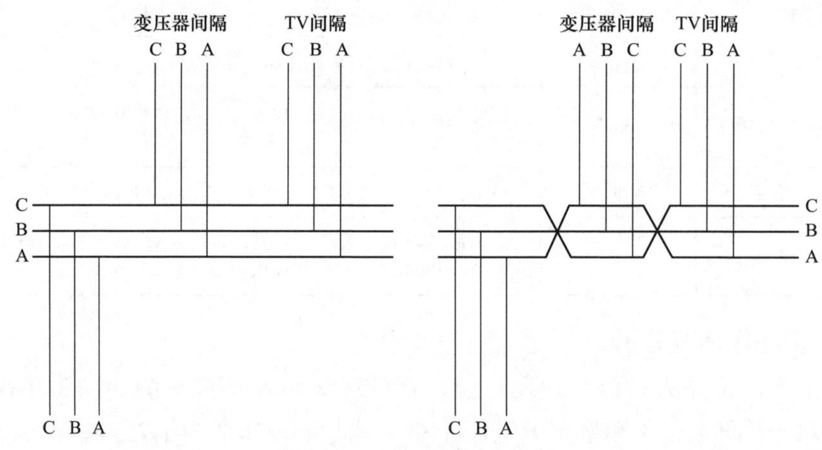


图 5-100　换相前后对比图

在开展电压互感器比差和角差试验时，工作人员发现 A、C 反相，但误认为是 GIS 一次设备本身存在反相，未对二次侧接线进行检查。在开展通压试验时，工作人员仅在汇控柜开展了二次通压试验，未开展一次通压试验，也无法发现 TV A、C 相二次相序反相情况。

## 三、暴露问题

目前，新投工程对电压回路的正确性检查未能覆盖到整组电压回路，往往是通过分段检查或试验来实现，这样在分段或交叉的位置容易产生盲区，例如：通过对线核对了TV本体二次接线端子至端子箱的接线，也在端子箱处开展了二次通压试验，但工作人员在端子箱处可能只关注与自身试验有关的接线，而忽略了对端的接线，这就导致端子箱处本身的接线错误可能无法及时发现。

### 四、防范措施

对于新投工程的电压回路检查，建议优先采用升压器逐相开展一次通压试验，这样能够确保二次电压整组回路的正确性。

## 案例24　本体三相不一致动作后未复归导致单相瞬时故障三相跳闸

### 一、事件简述

某月某日13时58分37秒，220kV某光伏升压站220kV G线发生单相瞬时接地故障，保护装置选相单跳，断路器三相跳闸，重合闸未动作，造成升压站全站失压。

220kV光伏升压站一次主接线如图5-101所示。

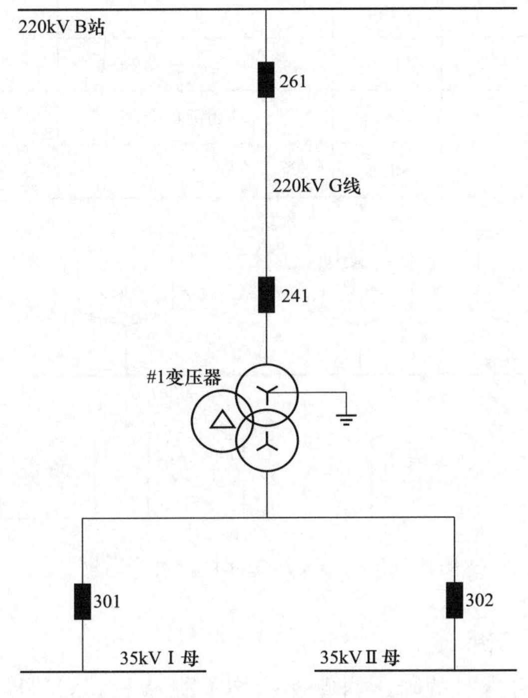


图5-101　220kV光伏升压站一次主接线

## 二、事件分析

### （一）保护动作情况

220kV G线B相雷击瞬时故障，主一、主二保护B相差流5A，大于差动保护定值（0.32A，0s），纵联差动保护动作，出口跳 B 相断路器，随即主一、主二保护分别接收到三相断路器分闸位置信号，闭锁重合闸（重合闸在“单重”方式时保护动作三跳，或收到断路器断开三相，将闭锁重合闸），断路器三相跳闸，重合闸未动作。保护动作情况如表 5-15 所示。220kV G 线保护动作时序如图 5-102 所示。

表 5-15　　保护动作情况

| 线路主一保护 | | 线路主二保护 | | 断路器保护 | |
|---|---|---|---|---|---|
| 时间 | 动作情况 | 时间 | 动作情况 | 时间 | 动作情况 |
| 0ms | 保护启动 | 0ms | 保护启动 | 0ms | 保护启动 |
| 6ms | 纵联差动保护动作 | 12ms | 纵联差动保护动作 | 9ms | B 相跟跳动作 |
| 8ms | B 相跳闸 | 13ms | B 相跳闸 | — | — |
| 75ms | TWJc 0→1 | 7ms | 单跳启动重合 | — | — |
| 75ms | TWJa 0→1 | 78ms | TWJc 0→1 | — | — |
| 85ms | TWJb 0→1 | 82ms | TWJa 0→1 | — | — |
| 129ms | 重合闸充电完成 1→0 | 86ms | 重合闸充电完成 1→0 | — | — |
| 132ms | 充电完成 1→0 | 86ms | 三跳闭锁重合闸 | — | — |
| 328ms | 闭锁重合闸 | 88ms | TWJ b 0→1 | — | — |

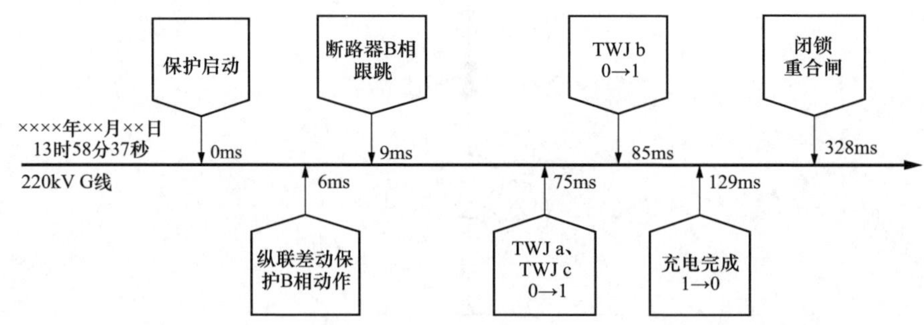


图 5-102　220kV G 线保护动作时序

### （二）保护动作情况分析

220kV G 线 B 相雷击瞬时故障，两侧保护均单跳 B 相，对侧断路器重合成功，本侧断路器三相跳闸，保护装置收到三相断路器跳闸位置信号，闭锁重合闸。主一保护装置故障录波如图 5-103 所示。主二保护装置故障录波如图 5-104 所示。

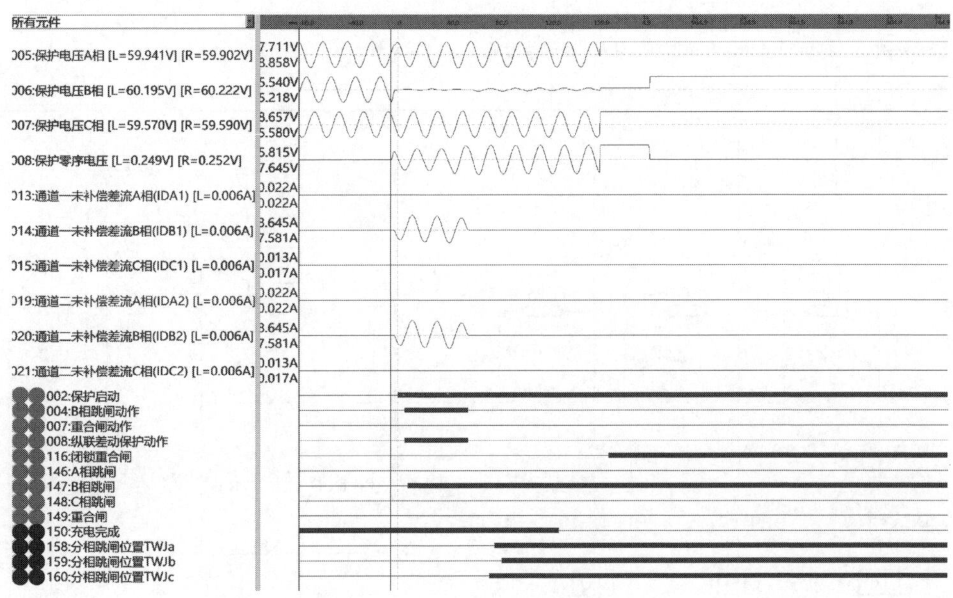


图 5-103　主一保护装置故障录波

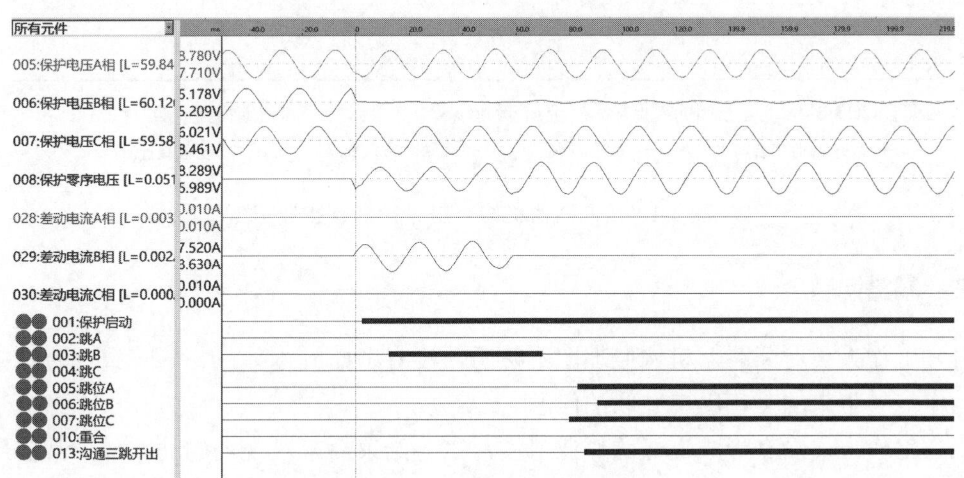


图 5-104　主二保护装置故障录波

查看后台监控机，发现 220kV G 线本体三相不一致保护动作出口光字牌点亮，进一步检查 220kV G 线相关工作记录，发现升压站首次定检期间，工作人员开展了 220kV G 线本体三相不一致传动试验，断路器动作正确，但试验结束后未就地复归本体三相不一致信号。断路器机构控制/非全相保护原理如图 5-105 所示。

根据图 5-105 可知，本体三相不一致动作后，复归按钮（FA）、出口继电器（K51）的触点和线圈形成了自保持回路，必须复归 FA 才能使 K51 断电，否则继电器将持续励磁，所有 K51 常开触点闭合。当线路发生 B 相故障时，保护装置出口单跳 B 相，B 相跳闸命令将正电源通过图 5-105 中 SA→LP4→作用到 LP3、LP5，即断路器独立三相分闸回路在机构侧短接，保护发任一相断路器跳闸命令时，均三相同时跳闸。

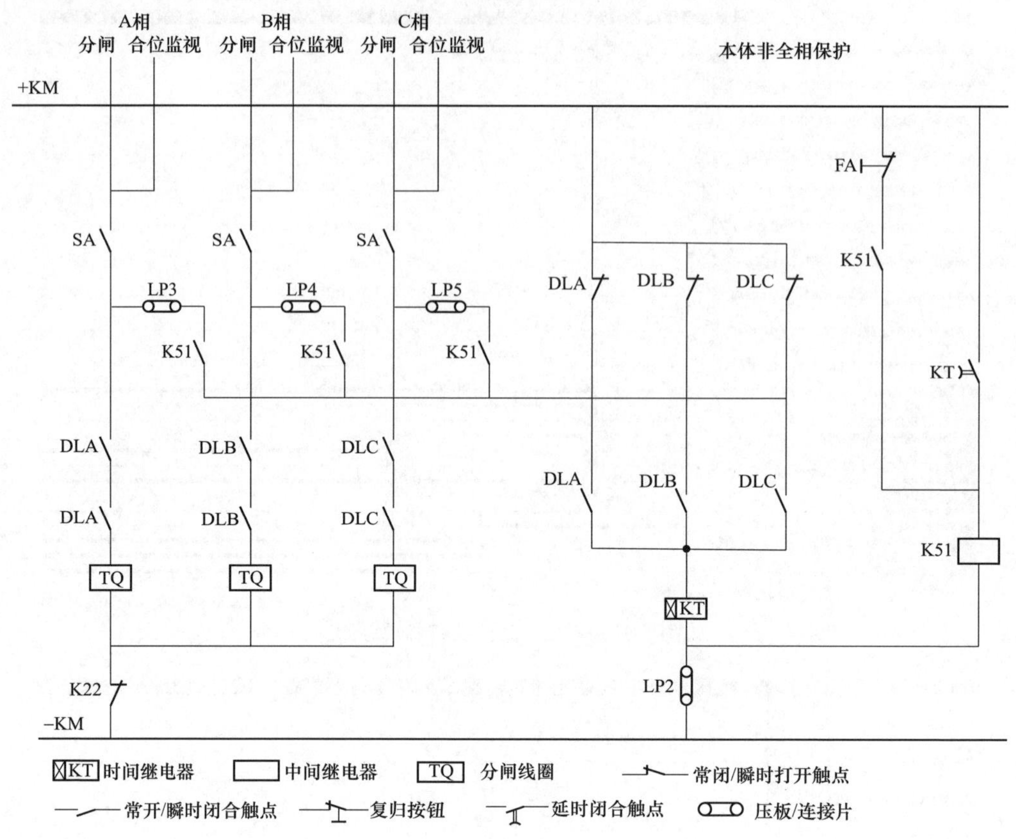


图 5-105　断路器机构控制/非全相保护原理

## 三、暴露问题

（1）工作人员对断路器机构原理图不熟悉，没有考虑到本体三相不一致试验结束后不复归动作信号带来的三相出口并联的问题。

（2）工作人员没有形成良好的作业习惯，试验结束后未对现场的动作或异常信号均进行复归，且在送电、日常运行监视中均未关注后台点亮的光字牌，致使该隐患长期存在。

## 四、防范措施

开展检修工作后，工作人员应复归全部动作或异常信号，恢复到停电时的状态，如果出现不能复归的异常信号应查明是否与现场的设备状态相符，复电后是否可以复归。

# 案例 25　本体三相不一致回路设计缺陷导致断路器跳闸

## 一、事件简述

某月某日 19 时 34 分 18 秒，某 220kV 变电站 220kV G 线 259 断路器本体三相不一致动作跳闸，重合闸未动作，站内无保护装置动作信息，造成220kV G线停电。某变电站220kV部分电气一次主接线图如图5-106所示。

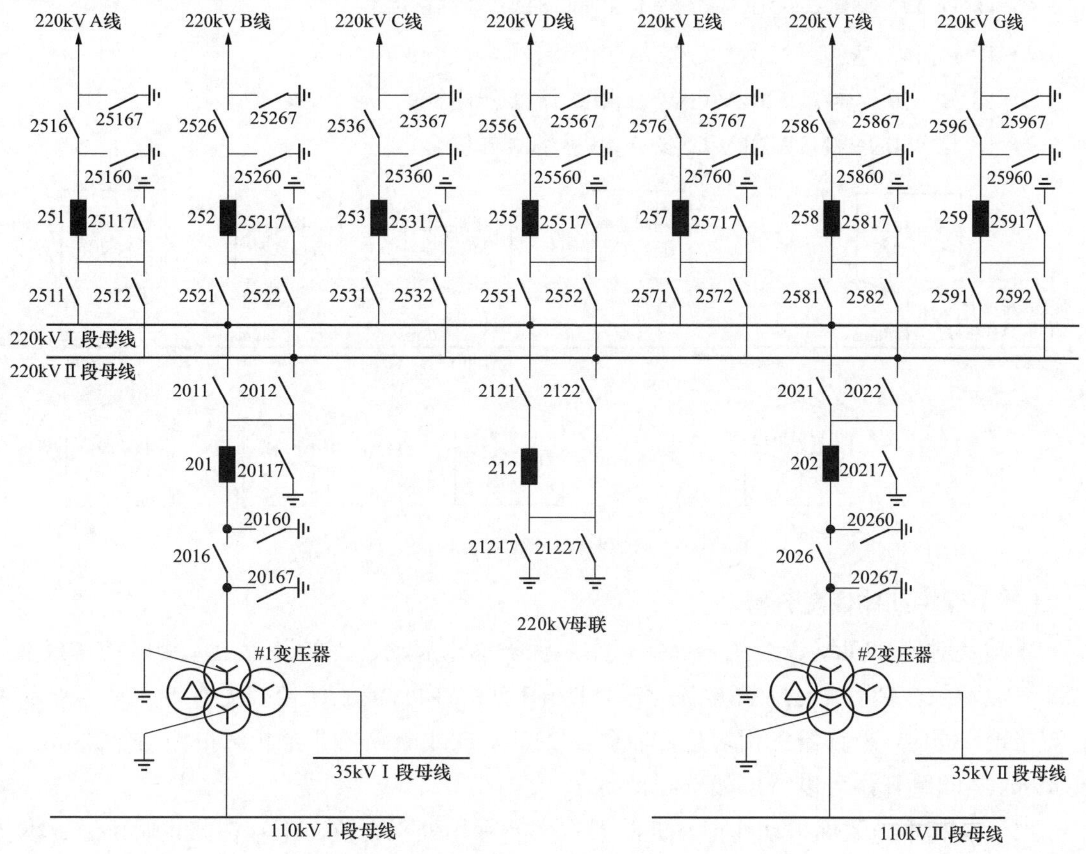

图5-106 某变电站220kV部分电气一次主接线图

## 二、事件分析

### （一）保护动作情况

（1）该站220kV G线主一保护、主二保护均未启动，重合闸未动作，保护装置上无相应动作报文。

（2）对侧变电站220kV G线主一保护、主二保护均未启动，保护装置上无相应动作报文。

（3）该站220kV故障录波装置断路器变位启动录波的波形中无故障电流。

（4）监控后台报文情况。

220kV G线后台报文时序图如图5-107所示。该站后台监控机上显示报文如下：

××××年××月××日19时34分

1）18秒388毫秒，220kV G线断路器非全相二报警动作；

2）18秒396毫秒，220kV G线主一保护控制回路二断线动作；

3）18秒411毫秒，220kV G线C相断路器合位分；

4）18 秒 418 毫秒，220kV G 线主一保护控制回路一断线动作；

5）18 秒 428 毫秒，220kV G 线 C 相断路器分位合；

6）18 秒 442 毫秒，220kV G 线 B 相断路器合位分；

7）18 秒 443 毫秒，220kV G 线 A 相断路器合位分；

8）18 秒 459 毫秒，220kV G 线 B 相断路器分位合；

9）18 秒 460 毫秒，220kV G 线 A 相断路器分位合。

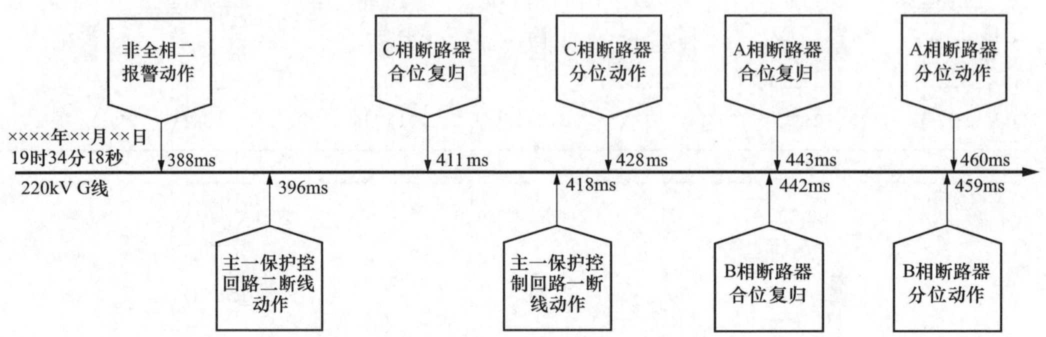


图 5-107　220kV G 线后台报文时序图

## （二）保护动作情况分析

本站及对侧 220kV G 线主一保护、主二保护均未启动，保护装置上无相应动作报文，220kV 故障录波装置上无故障电流记录，跳闸前后站内直流系统监控无告警，站内未发生直流接地。同时，断路器三相均是在后台发 220kV G 线断路器非全相二报警动作 23ms 后，在 49ms 之间跳开，可以得出如下结论：

（1）三相不一致保护动作前，断路器三相实际均处于合位，不存在某相偷跳导致本体三相不一致保护动作的情况。220kV G 线路 259 断路器本体三相不一致二次回路示意图如图 5-108 所示。

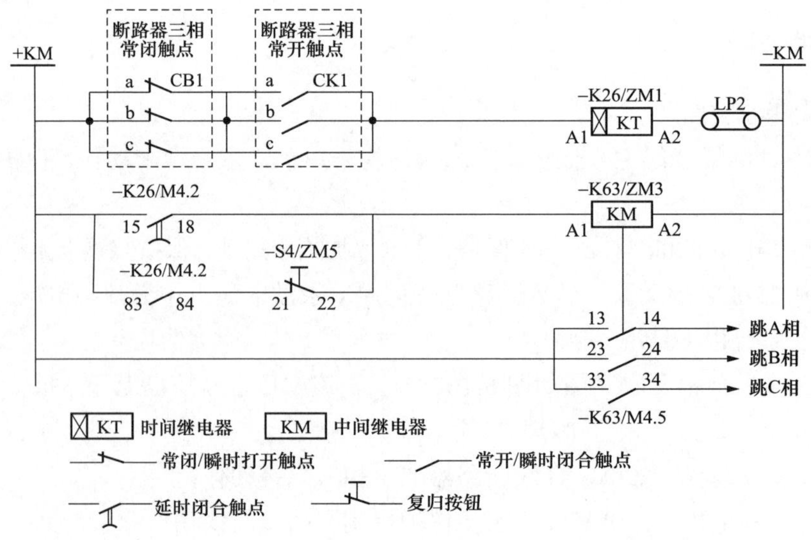


图 5-108　220kV G 线路 259 断路器本体三相不一致二次回路示意图

（2）本次故障原因为第二组本体三相不一致保护误动，导致本次误动的三个可能环节有：第二组三相不一致出口中间继电器 K63、第二组三相不一致保护时间继电器 K26 和启动第二组三相不一致保护的断路器辅助触点。

（3）二次回路及相关继电器检查情况。

1）断路器本体二次回路绝缘检查。

用绝缘测试表（1000V 档位）对 220kV G 线 259 断路器 A、B、C 三相断路器的所有二次回路分别对地进行了绝缘电阻测试。二次回路测试的绝缘电阻值均大于 1MΩ，满足二次回路的绝缘要求。

2）断路器本体三相不一致时间继电器、出口继电器校验。

现场对 K26、K63 继电器各测试 10 次，继电器动作稳定，触点无粘连、无抖动，动作电压介于 55%～65%$U_e$ 之间，出口中间继电器功率大于 5W。继电器测试结果平均值表如表 5-16 所示。

**表 5-16　　继电器测试结果平均值表**

| 继电器 | 动作电压（V） | 动作电流（A） | 动作功率（W） | 动作时间（s） | 备注 |
|---|---|---|---|---|---|
| K26 | 137.9 | 0.005 | 0.715 | 1.943 | 时间定值 2s |
| K63 | 143.0 | 0.056 | 8.008 | — | — |

（4）整组传动试验。

检查本体三相不一致继电器功能及动作出口情况，在 220kV G 线 259 断路器处分别模拟单相跳闸后，本体三相不一致继电器均正确动作出口，跳开另外两相断路器，且后台监控报文显示均正常，证明本体三相不一致保护功能正常，继电器均能正确动作出口，断路器辅助触点均正常且现场端子无受潮、放电迹象，排除启动第二组三相不一致保护的断路器辅助触点误动作的情况。

现场模拟 K63 继电器动作对比试验模拟与本次动作结果时序图如图 5-109 所示。

K63（三相不一致出口继电器Ⅱ）动作后，试验时监控后台上报文与跳闸时监控后台上报文基本一致，主要是断路器各相分合闸时间和顺序存在一些差异，间接性还原了跳闸时的现象。

综上所述，本次跳闸的直接原因为出口继电器 K63（三相不一致出口继电器Ⅱ）或 K26（三相不一致时间继电器Ⅱ）动作造成。

## 三、暴露问题

目前，220kV 及以上分相操作断路器本体三相不一致出口回路在设计上存在隐患，在断路器合闸正常运行时出口中间继电器正电源也一直开放，导致时间继电器或出口中间继电器在触点抖动、粘连，继电器故障、误动作或人为误碰情况下出口跳闸。

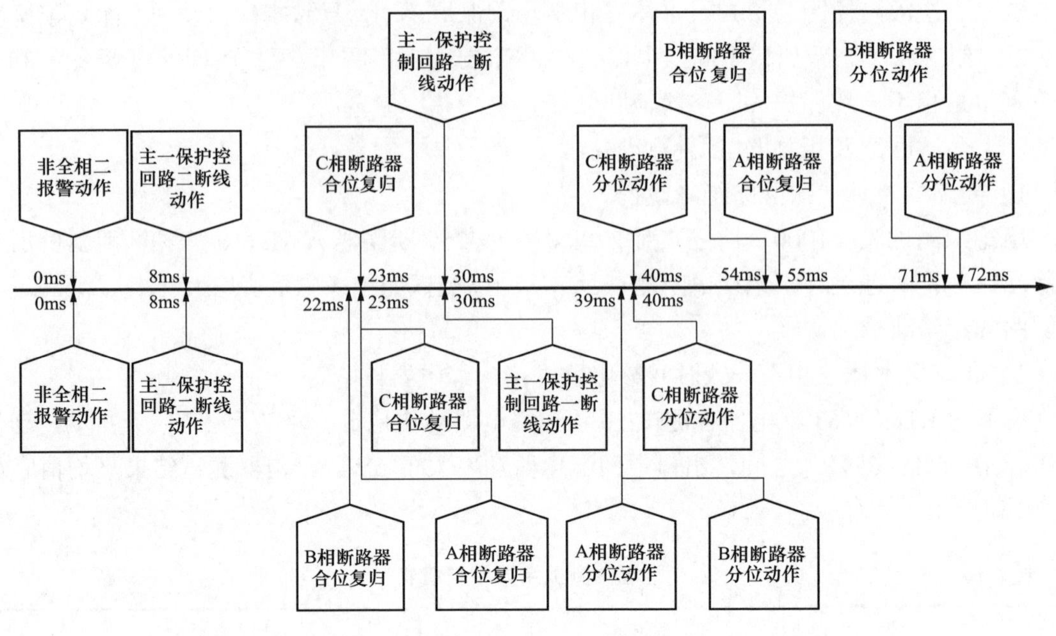


图 5-109　动作时序图

## 四、防范措施

目前的 220kV 及以上分相操作断路器本体三相不一致保护回路设计中，当断路器在合闸状态时，继电器故障或人为误碰使本体三相不一致保护回路的 KM 跳闸出口继电器动作，则断路器跳闸回路会启动，造成运行中的断路器跳闸。

针对这一问题，提出以下三种改造方式，可有效避免由于人为误碰、外力作用或三相不一致继电器故障引起的本体三相不一致保护回路误动，提高运行可靠性。

### （一）改造方式一

将原三相不一致保护跳闸出口回路常开触点的公共触点改至断路器常闭辅助触点与常开辅助触点中间。断路器在合闸状态时，CB1 常闭辅助触点断开，即使三相不一致继电器出现故障或误碰，也不会造成断路器跳闸。在断路器三相不一致时，三相不一致保护回路接通，才启动跳闸时间继电器，经延时后跳闸出口继电器动作，断路器跳闸。此改进方案适用于断路器本体机构箱至断路器汇控柜之间无备用芯的情况。

改造方式一示意图如图 5-110 所示。

### （二）改造方式二

将原三相不一致保护跳闸出口回路常开触点的公共触点与直流正电源之间增加断路器常闭辅助触点 CB2。断路器在合闸状态时，CB2 常闭辅助触点断开，即使三相不一致继电器出现故障或误碰，也不会造成断路器跳闸。在断路器三相不一致时，三相不一致保护回路接通，才启动跳闸时间继电器，经延时后跳闸出口继电器动作，断路器跳闸。同时可有效避免由于受潮等原因造成的断路器常闭辅助触点导通而引起的三相不一致保护误动作现象。此改进方案适合于分相操作的断路器本体机构箱至断路器汇控柜之间有备用芯的情况，有备用芯推荐采用此方案。此外，新建工程应采用该方案进行改造。

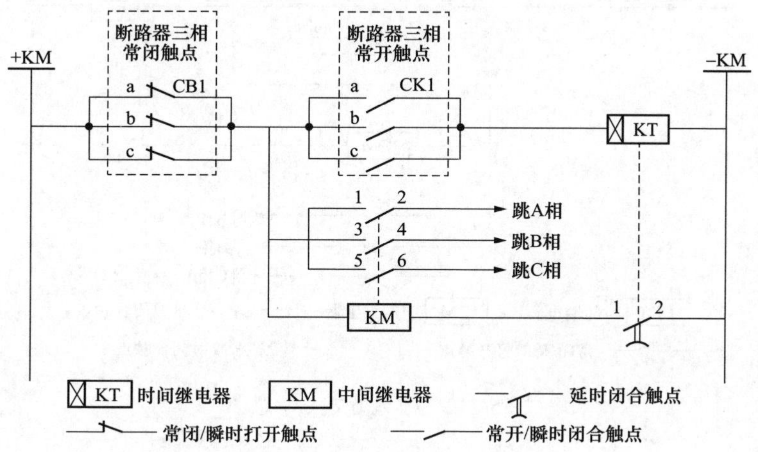


图 5-110　改造方式一示意图

改造方式二示意图如图 5-111 所示。

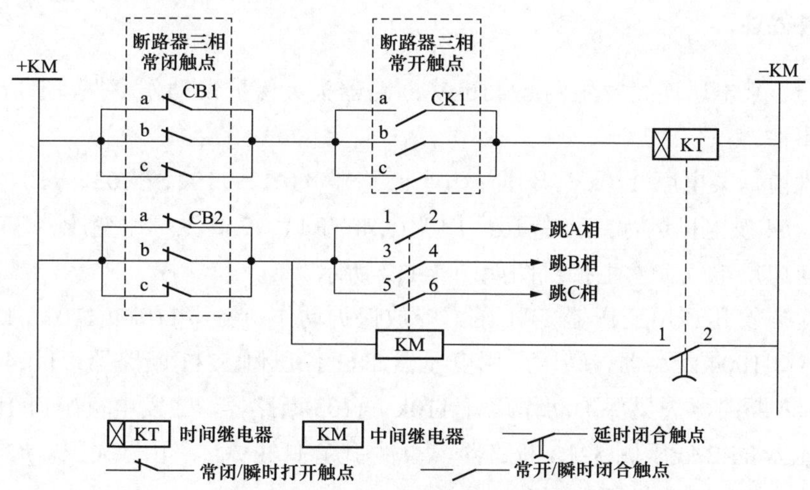


图 5-111　改造方式二示意图

## （三）改造方式三

将原三相不一致保护跳闸出口回路常开触点的公共触点改至断路器常闭辅助触点与 KT 线圈中间。断路器在合闸状态时，CB1 常闭辅助触点断开，即使三相不一致继电器出现故障或误碰，也不会造成断路器跳闸。在断路器三相不一致时，三相不一致保护回路接通，才启动跳闸时间继电器，经延时后跳闸出口继电器动作，断路器跳闸。

改造方式三示意图如图 5-112 所示。

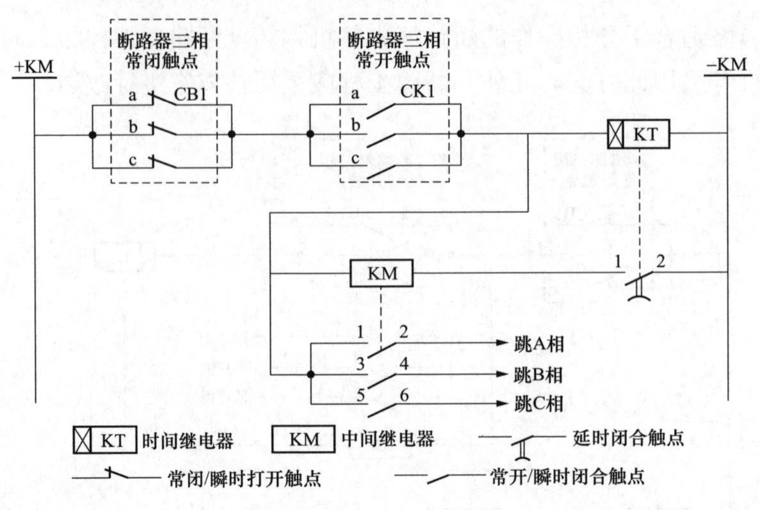


图 5-112　改造方式三示意图

## 案例 26　非电量保护启动失灵导致保护误动

### 一、事件简述

某月某日，某电厂连续发生两起 110kV 断路器失灵保护误动作事件，造成发电机跳机和母线失压事件。

两次事件前，某电厂 110kV 升压站五个断路器 1101、1102、1103、1104、1105 均合环运行，#2、#4 发电机运行，#1 高压厂用变压器 TR1、#2 高压厂用变压器 TR2 运行。

事故前该电厂电气一次主接线图如图 5-113 所示。

第一次，#1 高压厂用变压器 TR1 压力释放保护动作，跳开 110kV 1102、1104 断路器，4 号发电机出口 1004 断路器，高压厂用变压器 TR1 低压侧 5211 断路器；1104 断路器跳开 300ms 后，1104 断路器失灵保护动作跳开 110kV 1103 断路器，#2 发电机出口 1002 断路器，高压厂用变压器 TR2 低压侧 5212 断路器，事件引起 110kVⅠ、Ⅱ母失压，#2、#4 发电机跳机，减少出力 30.4MW，该电厂全厂失压。

第二次，#2 高压厂用变压器 TR2 重瓦斯保护动作，跳开 110kV 1103、1104 断路器，#2 发电机出口 1002 断路器，高厂变 TR2 低压侧 5212 断路器；1103 断路器跳开 16min 后，1103 断路器失灵保护动作跳开 110kV 1101 断路器，并闭锁 1101 断路器重合闸。事件引起 110kVⅡ母线失压，#2 发电机跳机，#4 机正常减负荷解列，减少出力 25.4MW。

### 二、事件分析

经调查，电厂两次非电量保护动作后，1104 及 1103 断路器跳开后，在一次无电流的情况下，断路器失灵保护误动原因主要有两点：一是该电厂 SEL-2BFR 型失灵保护装置采样零漂存在严重问题，远远大于标称值±0.025A，最高可达 0.66A，已满足失灵保护电流定值；二是该电厂失灵启动回路设计不满足反措要求，发电机-变压器组保护的电气量和非电气量保护共出口，跳闸均启动失灵，且启动失灵信号自保持无法返回，导致失灵保护只要有开入就一直启动，这时一旦满足电流定值就会误动作，这是两次事件中 110kV 失灵保护误动的主要原因。

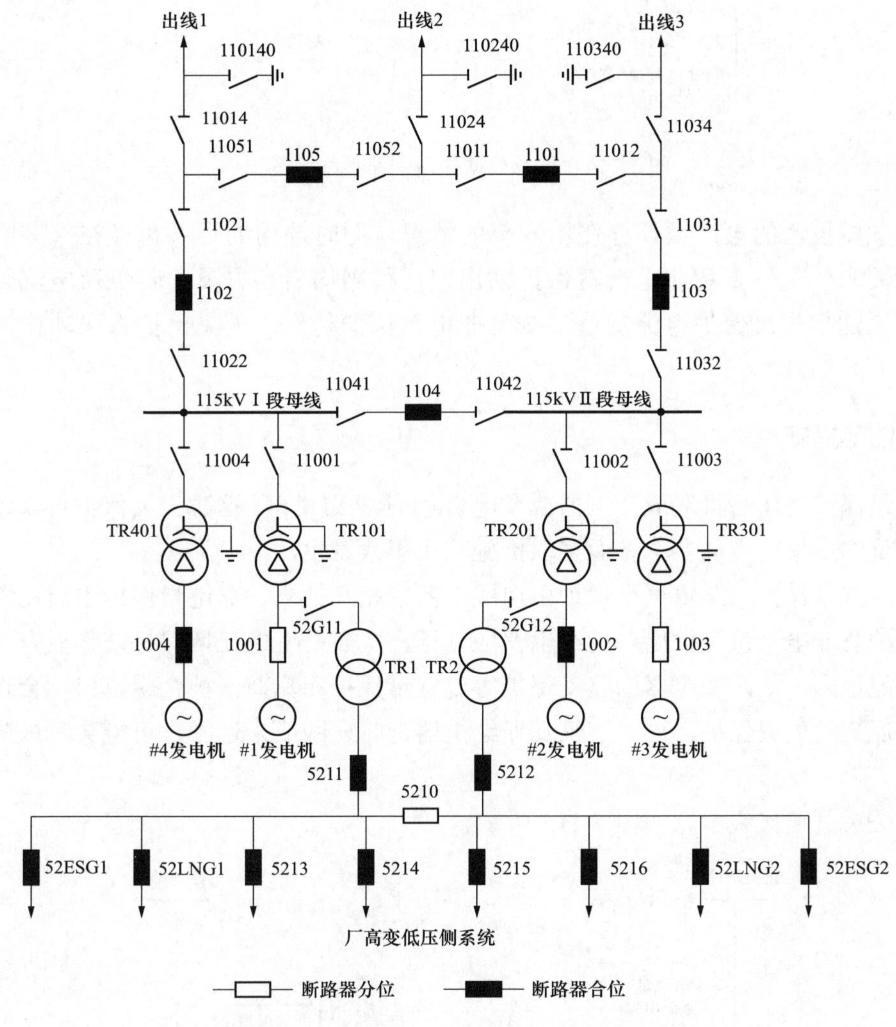


图 5-113　事故前该电厂电气一次主接线图

现场启动失灵回路接线示意图如图 5-114 所示。

## 三、暴露问题

（1）电厂保护定检项目不全，在当年开展的失灵保护定检工作中未检测失灵保护测量精度及零漂，未能及时发现设备可能存在的隐患。事件后检查发现该厂全部 5 台断路器失灵保护均存在相同的缺陷。

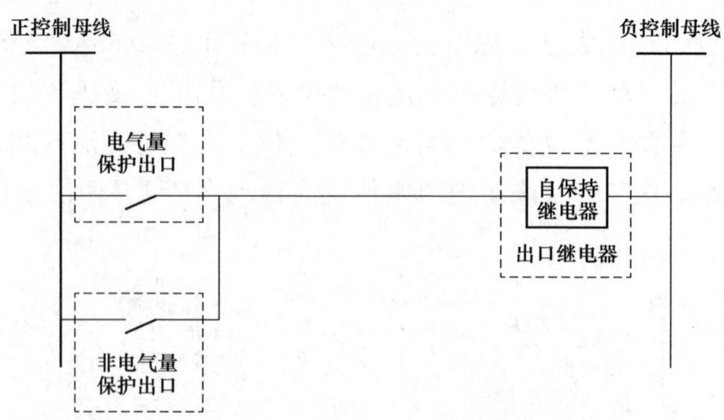


图 5-114 现场启动失灵回路接线示意图

（2）早期投运的电厂设计存在不规范的情况，同时选用的设备也存在一些隐患，不满足反措要求，电气量和非电气量保护共出口，跳闸均启动失灵。若负荷电流较大或采样误差较大达到失灵保护电流定值，一旦非电量保护动作，失灵保护将误动作，扩大停电范围。

## 四、防范措施

非电量保护动作后将造成变压器或发电机-变压器组跳闸，这时失灵保护再误动往往造成较为严重的后果，应从多个方面采取措施防止事故发生。

（1）电气量保护与非电气量保护出口继电器应相互独立，非电量保护不启动断路器。电气量保护与非电气量保护出口的继电器应分开，主要是考虑瓦斯保护动作后有可能延时返回或不能返回，如果变压器的差动保护等电气量保护和瓦斯保护合用出口，会造成瓦斯保护动作后启动失灵保护，这时一旦瓦斯继电器延时返回或未返回，可能会造成失灵保护误动作。

启动失灵回路接线示意如图 5-115 所示。

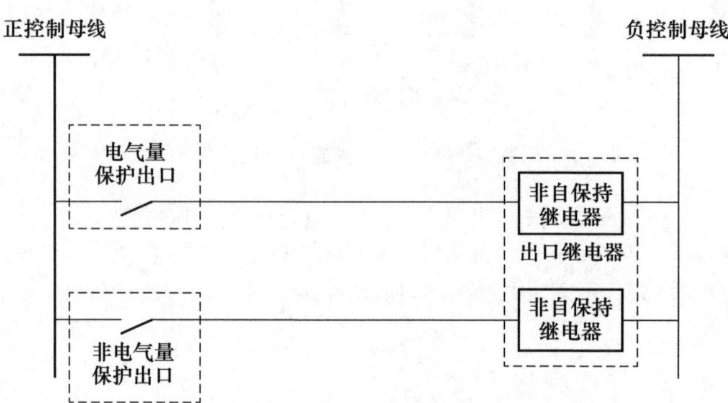


图 5-115 启动失灵回路接线示意图

（2）重视非电量保护的误动问题。

1）变压器的瓦斯保护应防水、防油渗漏、密封性好。气体继电器应配置耐腐蚀材质防雨罩。变压器瓦斯保护安装于变压器本体，多次发生因漏水、漏油等原因的保护误动，因此必须重视瓦斯保护的防水、防油渗漏、密封性问题。

2）非电量保护的重动继电器宜采用启动功率不小于5W、动作电压介于55%～70%$U_e$、动作时间不小于20ms的中间继电器。瓦斯继电器由中间端子箱的引出电缆应直接接入保护柜。瓦斯继电器至保护装置本体的电缆较长，分布电容明显，因此，提高动作功率、动作电压与动作时间，减少中间环节，可有效降低电容效应，防止瓦斯保护误动。

3）变压器的压力释放非电量保护应投信号状态。压力释放保护是变压器的非电气量保护之一，当变压器内部发生故障时，变压器油和绝缘材料就会因高温产生大量的气体，变压器油箱内压力剧增，当压力达到压力释放阀的动作值时，压力释放阀就会动作。在运行过程中同样要重视压力释放阀的防水、防油渗漏、密封性问题，压力释放阀反映变压器内部故障的灵敏度较低，考虑到压力释放阀误动概率大、可靠性不高，通常变压器的压力释放非电量保护投信号状态。

（3）保护装置定检不应漏项。保护装置的采样精度校验包括零漂、幅值精度、相位精度，三者均应进行试验并满足规程规定。

## 案例27　失灵回路接线错误导致保护误动

### 一、事件简述

某月某日5时53分41秒，220kV ABⅡ线因雷击发生A相接地故障，线路两侧保护动作跳开A相断路器。320ms后，220kV A电厂侧220kV ABⅡ线A相断路器发生故障重新燃弧，220kV A电厂220kV失灵保护动作跳Ⅱ母断路器（故障的220kV ABⅡ线实际挂Ⅰ母运行），Ⅰ母故障未隔离。约2s后，220kV ABⅡ线断路器瓷外套炸裂导致220kVⅠ母AB相间故障，220kV母线保护动作跳Ⅰ母断路器，220kV A电厂全站失压。

跳闸前后系统联系图分别如图5-116所示和图5-117所示。

### 二、事件分析

#### （一）保护动作情况

5时53分41秒307毫秒，220kV ABⅡ线A相接地故障，线路两侧保护动作跳开A相断路器。

5时53分41秒670毫秒（线路故障后363ms，以该时刻作为故障0时刻），A电厂ABⅡ线A相重新燃弧，线路保护动作跳开B、C相断路器，A相故障持续存在。

305毫秒，A电厂220kV失灵保护跳母联断路器（保护动作延时250ms）。

465毫秒，A电厂220kV失灵保护联跳运行于220kVⅡ段母线（保护动作延时400ms）上的ABⅠ线断路器、ACⅠ线断路器、AD线断路器、#0启动备用变压器。

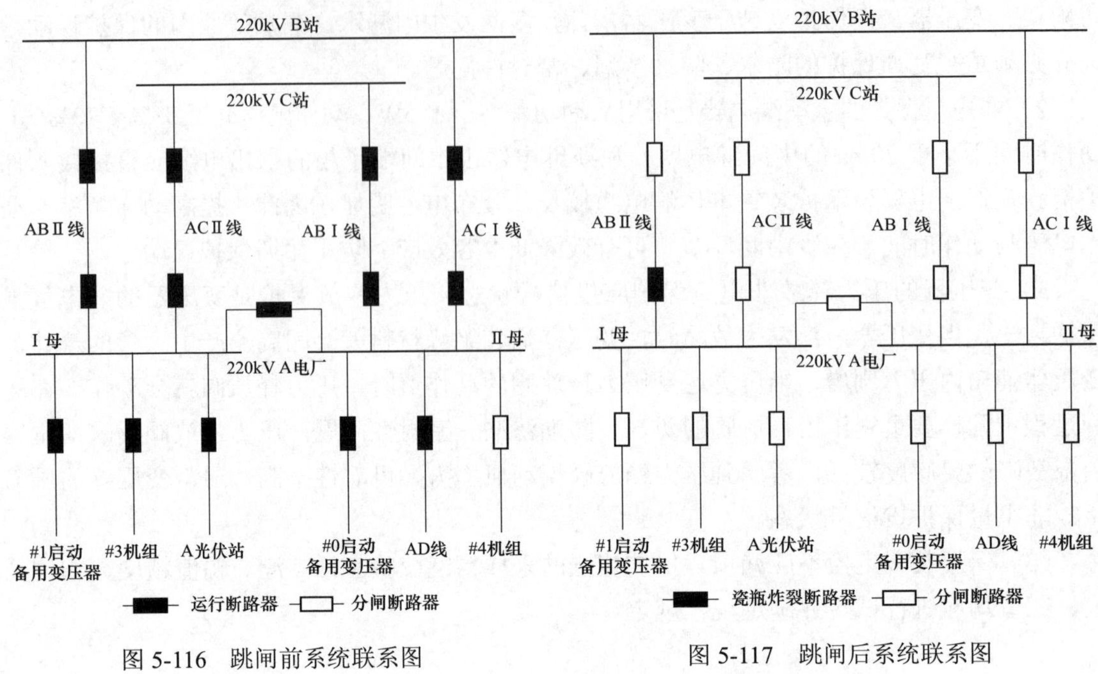


图 5-116　跳闸前系统联系图　　　　图 5-117　跳闸后系统联系图

1256 毫秒，C 站 220kV ACⅡ线距离Ⅱ段保护动作（动作延时 1200ms）将 A 电厂Ⅰ母与系统隔离。此时 A 电厂成为孤网，由#3 机组供 ABⅡ线的故障电流。

2060 毫秒，A 电厂 ABⅡ线 A 相断路器灭弧室瓷外套炸裂，A 电厂 220kV 母线保护跳Ⅰ母上所有断路器，故障切除。

故障录波图如图 5-118 所示。

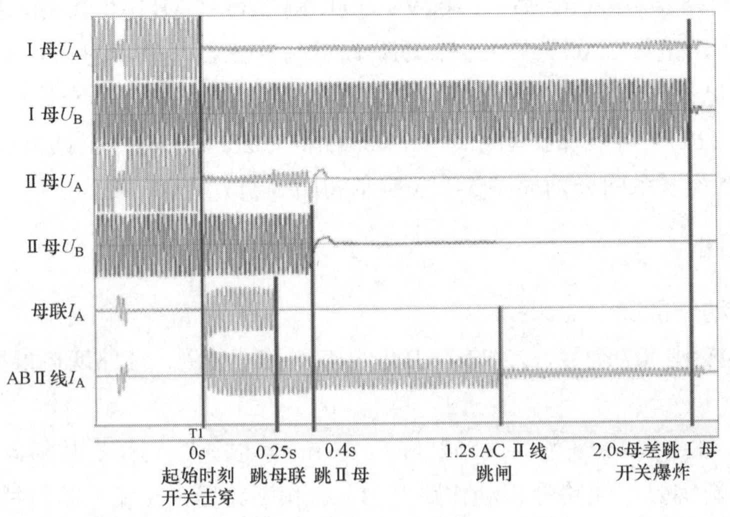


图 5-118　故障录波图

## （二）保护动作情况分析

故障的 A 电厂 220kV ABⅡ线运行于Ⅰ母，失灵保护应动作跳Ⅰ母断路器切除故障，但实际却跳Ⅱ母断路器，失灵保护误动，导致事故范围扩大，220kV A 电厂全厂失压。

220kV A 电厂配置 220kV 独立失灵保护，失灵开入回路由 3 面屏 5 个触点串接组成，即各间隔主一保护、主二保护、断路器操作箱提供保护动作启动失灵触点，断路器辅助保护做失灵电流判断，220kV 间隔用切换装置Ⅰ/Ⅱ母隔离开关位置重动触点做失灵母线判断，串接后连接至失灵保护对应的失灵母线开入，失灵保护经复压闭锁判断后出口跳闸。现场检查发现，220kV ABⅡ线主一线路保护屏至失灵保护屏的Ⅰ/Ⅱ母失灵开入接线相反，导致运行于Ⅰ母的 220kV ABⅡ线误启动 220kVⅡ母失灵，误跳Ⅱ母断路器。

失灵回路原理图（错误接线部分）如图 5-119 所示。

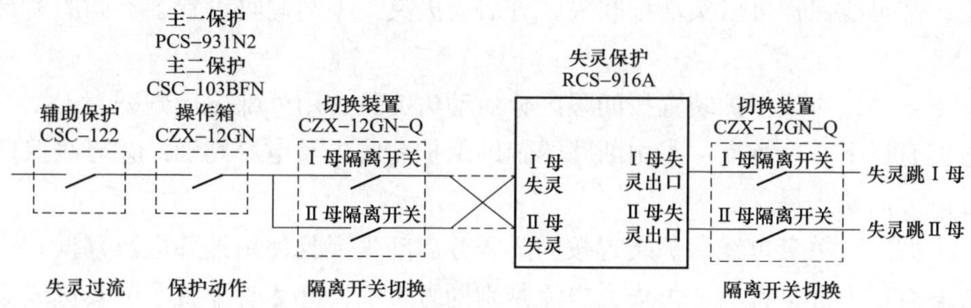


图 5-119　失灵回路原理图（错误接线部分）

## 三、暴露问题

在保护改造或定检工作中，工作人员对于传动试验往往只关注实际出口跳断路器的回路，对于保护之间互相联系配合的开出回路（如闭锁重合闸、启动失灵、远跳等）则容易遗漏。另外一种情况是，单一间隔停电或改造时这部分回路可能会开出到运行设备，即使关注到了这部分回路，出于安全考虑也不能实际进行传动。特别是改造后的试验，如果不能验证回路的正确性，就会给今后的运行带来隐患。

A 电厂在 220kV ABⅡ线保护改造的调试验收项目缺少启动失灵回路的检验，未发现接线错误的问题，线路保护更换后的首检工作也遗漏启动失灵回路的检验。

## 四、防范措施

在开展保护改造调试工作时，对于装置所有的开入、开出回路均应尽可能的进行整组传动，开入应在源头模拟实际变位，开出应在末端装置查看装置变位情况。例如：①保护装置的 TWJ、HWJ 开入，应通过实际分合断路器查看保护装置变位是否正确；②线路保护启动失灵、远跳的开出，具备条件时均应在回路完整的情况下在对侧装置查看变位报文，且应注意唯一的对应关系，通过压板投退确保一次只开出一个触点，验证压板与回路的对应关系。

部分至运行设备的开出，在第一次调试时应至少验证到对侧屏柜的电缆接线处，验证正确后确认本侧触点已分开再接入对侧设备，在后续有全停机会时应补充开展整组传动试验。

## 五、知识点延伸

双母线接线断路器失灵保护按功能分解为保护启动元件、电流判别元件、延时元件、失灵母线识别元件、母线运行方式识别元件、复合电压闭锁元件、跳闸元件、失灵联跳元件共8个组成元件。按照8个功能元件实现形式的不同，可组合出多种失灵保护配置方案。工程实践中双母线接线断路器失灵保护配置方案一般有以下5种。

（1）方案一：母线保护装置按间隔区分启动失灵且使用内部电流判据。

该方案实现母线保护、失灵保护一体化，有以下2个特点：①采用母线保护实现失灵电流判别；②母线保护可以实现按间隔区分启动失灵，不同间隔设置了不同的失灵启动开入回路。

（2）方案二：母线保护装置按间隔区分启动失灵且使用外部电流判据。

该方案有以下2个特点：①由断路器辅助保护完成失灵电流判别；②母线保护可以实现按间隔区分启动失灵。

（3）方案三：单套母线保护装置按间隔区分启动失灵且使用外部电流判据。

该方案有以下2个特点：①失灵电流判别同方案二；②尽管配置了两套母线保护，但仅有其中一套具备失灵功能，其可以实现按间隔区分启动失灵。

（4）方案四：失灵公共装置按间隔区分启动失灵且使用外部电流判据。

该方案有以下3个特点：①从总体上将失灵保护分为失灵启动部分和失灵公共部分，其中失灵启动部分与方案二的保护启动元件、电流判别元件类似，而失灵公共部分则设置单独的一套装置实现，一般称为失灵公共装置，而不使用母线保护实现失灵公共部分的功能；②失灵电流判别同方案二；③失灵公共装置可以实现按间隔区分启动失灵，不同间隔设置了不同的失灵启动开入回路。

（5）方案五：失灵公共装置按母线区分启动失灵且使用外部电流判据。

该方案有以下5个特点：①失灵公共部分设置单独的一套失灵公共装置来实现；②失灵电流判别同方案二；③失灵公共装置只能实现按母线区分启动失灵，即仅设置了各段母线失灵开入回路，没有对每一间隔独立设置失灵开入回路；④失灵母线识别元件无法由失灵公共装置实现，一般是由断路器操作箱的电压切换继电器实现。⑤失灵联跳元件无法由失灵公共装置实现，一般由断路器辅助保护装置实现，这就要求变压器断路器辅助保护中也要有失灵的延时元件。

失灵保护配置方案如表5-17所示。

**表5-17　　失灵保护配置方案**

| 元件 | 方案一 | 方案二 | 方案三 | 方案四 | 方案五 |
|---|---|---|---|---|---|
| 保护启动元件 | 间隔保护 | 间隔保护 | 间隔保护 | 间隔保护 | 间隔保护 |
| 电流判别元件 | 母线保护 | 断路器辅助保护 | 断路器辅助保护 | 断路器辅助保护 | 断路器辅助保护 |

续表

| 元件 | 方案一 | 方案二 | 方案三 | 方案四 | 方案五 |
|---|---|---|---|---|---|
| 延时元件 | 母线保护 | 母线保护 | 母线保护（单套） | 失灵公共装置 | 失灵公共装置、断路器辅助保护 |
| 失灵母线识别元件 | 母线保护 | 母线保护 | 母线保护（单套） | 失灵公共装置 | 断路器操作箱 |
| 母线运行方式识别元件 | 母线保护 | 母线保护 | 母线保护（单套） | 失灵公共装置 | 失灵公共装置 |
| 复合电压闭锁元件 | 母线保护 | 母线保护 | 母线保护（单套） | 失灵公共装置 | 失灵公共装置 |
| 跳闸元件 | 母线保护 | 母线保护 | 母线保护（单套） | 失灵公共装置 | 失灵公共装置 |
| 失灵联跳元件 | 母线保护 | 母线保护 | 母线保护（单套） | 失灵公共装置 | 断路器辅助保护 |

下面对上述失灵保护配置方案中存在的隐患进行分析：

（1）不满足双重化要求。一般断路器辅助保护、失灵公共装置、断路器操作箱均为单套配置，故方案二、三、四、五均不满足失灵保护双重化配置的要求，单一元件故障可能造成失去失灵保护功能。其中，方案二有 1 个元件单套配置，方案三、四、五均有 7 个元件单套配置。

（2）误整定风险。方案二、三、四、五均使用断路器辅助保护，存在保护误整定的风险。经统计分析，目前主流保护厂家的断路器辅助保护中失灵保护原理差异如表 5-18 所示。

**表 5-18　　主流厂家断路器辅助保护失灵原理差异**

| 厂家 | 型号 | 适用范围 | 失灵启动方式 | 失灵延时定值 | “失灵经保护动作开放”控制字 |
|---|---|---|---|---|---|
| 南瑞继保 | RCS-923A | 线路 | 串联方式 | 无 | 无 |
|  | RCS-974 | 变压器 | 开入方式 | 有 | 有 |
| 北京四方 | CSC-122B | 线路 | 串联方式 | 无 | 无 |
|  | CSC-122T | 变压器 | 开入方式 | 有 | 有 |
| 国电南自 | PSL631 | 线路 | 开入方式 | 无 | 无 |
|  | PST-1206B | 变压器 | 开入方式 | 有 | 无 |
| 长源深瑞 | PRS-723A | 线路 | 串联方式 | 无 | 无 |
|  | PRS-723C | 变压器 | 开入方式 | 有 | 有 |

可知，各型号断路器辅助保护的失灵保护定值配置存在差异，带来了保护定值误整定的风险。一方面，失灵延时定值可能在断路器辅助保护和母线保护中重复设置，影响保护

的速动性；另一方面，“失灵经保护动作开放”控制字的设置与失灵启动回路的接线方式必须匹配，否则可能造成失灵保护的误动或拒动。例如，图 5-120 所示的方式，若定值单整定误把失灵经保护动作开放控制字置 0，在故障的时候会导致断路器失灵保护误动；图 5-121 所示的方式，若定值单整定误把失灵经保护动作开放控制字置 1，可能造成失灵拒动。

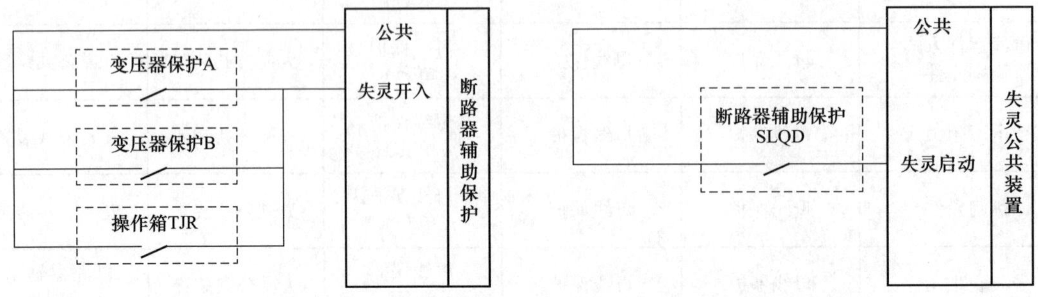


图 5-120　断路器辅助保护有失灵开入，独立启动失灵方式回路示意图

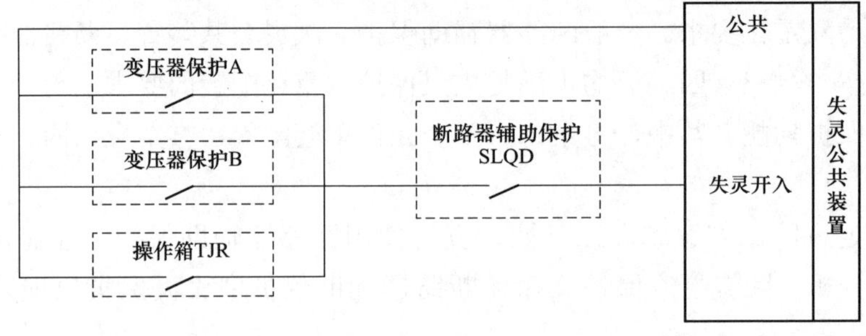


图 5-121　断路器辅助保护无失灵开入，串联启动失灵方式回路示意图

（3）保护及二次回路复杂，中间环节多。方案二、三、四、五使用了断路器辅助保护，方案四、五使用了失灵公共装置，造成失灵保护中间环节增多，二次回路接线复杂，增加了失灵保护的故障几率。从功能上来说，母线保护装置接入的二次回路已经包含了断路器辅助保护、失灵公共装置需要接入的所有二次回路，相关功能完全可以统一由母线保护装置来实现。

（4）电压切换回路故障可能导致失灵保护误动。方案五使用断路器操作箱电压切换继电器完成失灵母线识别功能，电压切换回路故障有可能造成失灵保护误动。

综上所述，将以上五个方案进行对比，方案一满足双重化要求且无重大运行维护风险，同时还具有保护配置简单、二次回路清晰的优点，对于电气主接线为母线接线方式的厂站是最佳配置方案。而对于电气主接线为 3/2、4/3、角形接线的厂站，失灵保护只能配置在断路器保护中，应注意单套断路器保护与双重化设备配合时，必须同时出口至两套设备。

不同失灵保护配置方案对比如表 5-19 所示。

表 5-19　　不同失灵保护配置方案对比

| 方案 | 双重化 | 保护配置复杂程度 | 二次回路复杂程度 | 风　险 |
|---|---|---|---|---|
| 方案一 | 是 | 简单 | 简单 | 无 |
| 方案二 | 否 | 复杂 | 复杂 | 有（误整定） |
| 方案三 | 否 | 复杂 | 复杂 | 有（误整定） |
| 方案四 | 否 | 复杂 | 复杂 | 有（误整定） |
| 方案五 | 否 | 复杂 | 复杂 | 有（误整定、误动） |

# 案例 28　断路器合位开入回路设计不合理导致发电机-变压器组闪络保护误动

## 一、事件简述

某月某日 18 时 33 分 18 秒，500kV 乙线距离 500kV M 电厂 22.4km 处发生 C 相接地故障，导致乙线线路保护装置 C 相纵联差动保护动作，跳开 500kV 5021、5022 断路器 C 相，5021 断路器单相重合闸动作，重合于故障，500kV 乙线重合闸后加速保护动作，500kV 5021、5022 断路器三相跳闸，500kV 乙线失电。

M 电厂局部电气主接线图如图 5-122 所示。

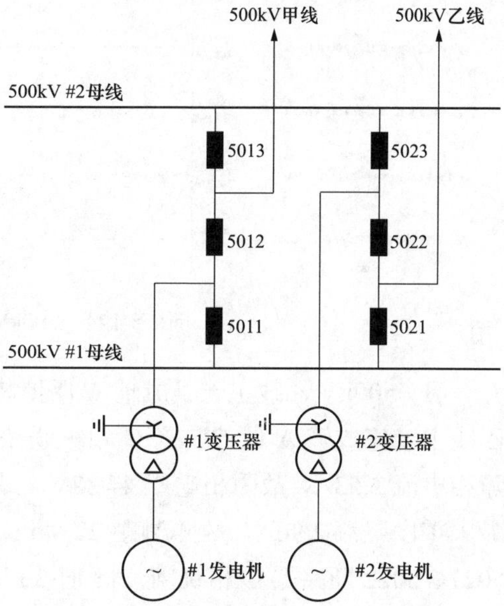

5022 断路器 C 相跳闸后，5022 断路器非全相运行产生负序电流 0.0464A（定值 0.04A），发电机-变压器组保护 A/B 套断路器闪络保护动作，出口跳开#2 发电机灭磁开关，发电机失磁保护动作，5023 断路器跳闸，#2 发电机-变压器组跳闸。

图 5-122　M 电厂局部电气主接线图

## 二、事件分析

### （一）保护动作情况

500kV 乙线 C 相接地故障导致 500kV 5021、5022 断路器三相跳闸，发电机失磁保护动作，5023 断路器跳闸，#2 发电机-变压器组跳闸。

动作时序图如图 5-123 所示。

### （二）保护动作情况分析

18 时 33 分 18 秒 500kV 乙线发生 C 相故障，500kV 乙线故障录波装置波形图如图

5-124 所示。

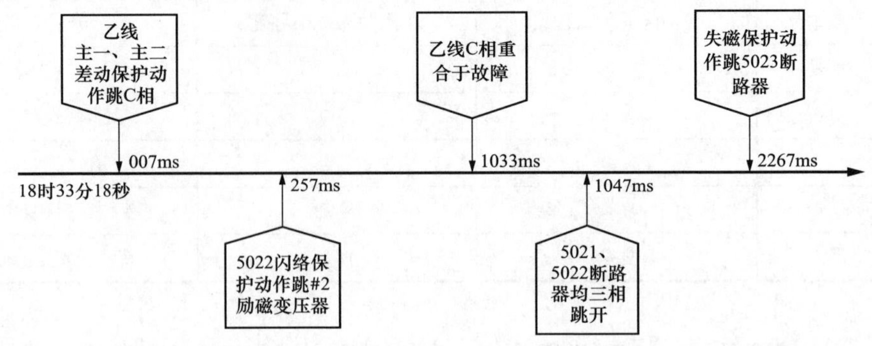


图 5-123　动作时序图

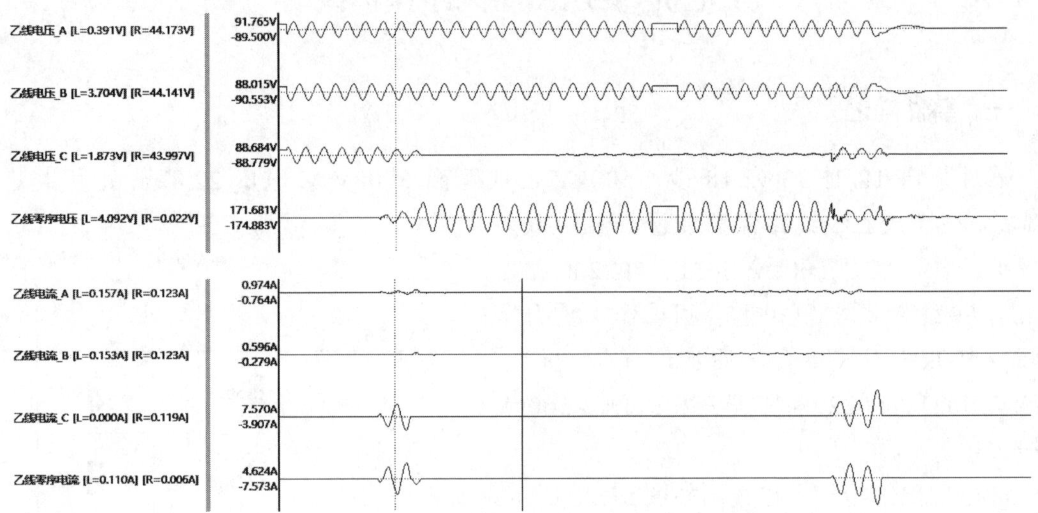


图 5-124　500kV 出线乙线跳闸故障录波图

（1）500kV 乙线主一集成辅 A 保护装置动作情况分析：18 时 33 分 18 秒 7 毫秒，500kV 乙线主一集成辅 A 保护装置 C 相纵联差动保护动作，1034ms 三相纵联差动保护动作，故障相电流 2.53A，故障相电压 47.37V，最大差动电流 6.9A（差动保护动作电流定值 0.2A），最大零序电流 2.96A，故障测距 22.6km，乙线主一集成辅 A 保护装置差动保护动作正确，5021、5022 断路器 C 相跳闸。18 时 33 分 18 秒 962 毫秒，5021 断路器 C 相单相重合闸动作，重合于故障，线路距离后加速保护动作，5021、5022 断路器三相跳闸，500kV 乙线失电。

（2）500kV 乙线主二集成辅 B 保护装置动作情况分析：18 时 33 分 18 秒 15 毫秒，乙线主二集成辅 B 保护装置 C 相纵联差动保护动作，C 相差流 1.837A（差动动作电流定值 0.3A），故障测距 22.4km，乙线主二集成辅 B 保护装置差动保护动作正确，5021、5022 断路器 C 相跳闸。18 时 33 分 18 秒 962 毫秒，5021 断路器 C 相单相重合闸动作，重合于故障，线路距离后加速保护动作，5021、5022 断路器三相跳闸，500kV 出线乙线失电。

（3）18 时 33 分 18 秒 257 毫秒，5022 断路器 C 相跳开，5022 断路器三相电流不平衡产生负序电流 0.0464A（定值 0.04A），达到发电机-变压器组保护 A/B 套断路器闪络保护负序电流动作条件，延时 0.2s 出口启动中断路器失灵，跳开发电机灭磁断路器。

（4）发电机-变压器组断路器闪络保护逻辑为：断路器闭合为 0，同时满足负序电流大于整定值条件后延时动作。逻辑框图如图 5-125 所示。

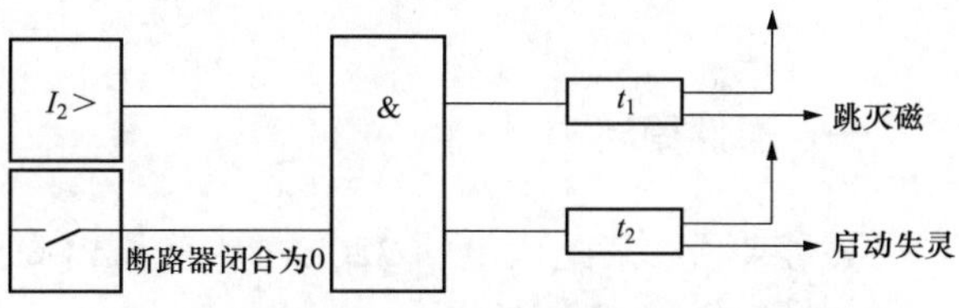


图 5-125 发电机-变压器组断路器闪络保护逻辑框图

经检查，现场接线采用断路器三相常开触点串联，该种接线方式在断路器任一相在分位时，即可满足“断路器闭合为 0”的条件。当 5022 断路器 C 相跳开后，满足“断路器闭合为 0”的条件，同时因断路器三相电流不平衡产生负序电流 0.0464A，大于定值 0.04A，断路器闪络保护经延时动作，保护动作正确。

查看 5022 断路器辅助触点竣工图：断路器三相常开触点串联，现场接线与竣工图一致，图实相符，如图 5-126 所示。

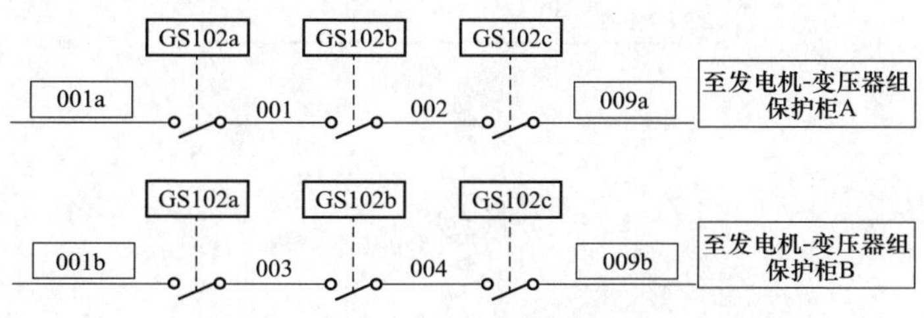


图 5-126 5022 断路器辅助触点竣工图

## 三、暴露问题

（1）断路器闪络保护用断路器辅助触点判据设计为断路器三相常开触点串联，当断路器任一相在分位时，断路器负序电流满足条件，触发发电机-变压器组断路器闪络保护动作，无法准确判定断路器是否发生闪络故障，存在设计缺陷。发电机-变压器组保护装置断路器闪络保护在说明书中断路器位置触点判据描述不够严谨，未阐明“断路器三相位置触点均为断开状态”，存在断路器任一相在分位时断路器负序电流满足条件，触发发电机-变压器组断路器闪络保护动作的风险。

（2）检修人员在定检相关试验中只能验证闪络保护功能，设计缺陷位于机构箱，因此，定检无法发现该设计缺陷，导致隐患一直存在。

## 四、防范措施

对断路器闪络保护二次回路进行整改，将断路器三相常开触点并联后接入发电机-变压器组保护装置。在未整改前，并网前投入发电机-变压器组中断路器闪络、边断路器闪络保护。并网后，退出发电机-变压器组中断路器闪络、边断路器闪络保护。

## 案例 29 交流窜入直流回路导致断路器跳闸

### 一、事件简述

某月某日，某光伏电站 220kV #1 变压器高压侧 201 断路器跳闸，无保护动作，甩负荷 60MW。

事故前运行方式：220kV 甲、乙线运行；220kV #1 变压器直接接地运行，低压侧 1、2 分支运行；35kV Ⅰ、Ⅱ母运行；35kV #1 接地变压器运行；天气晴。

某光伏电站部分电气一次主接线示意图如图 5-127 所示。

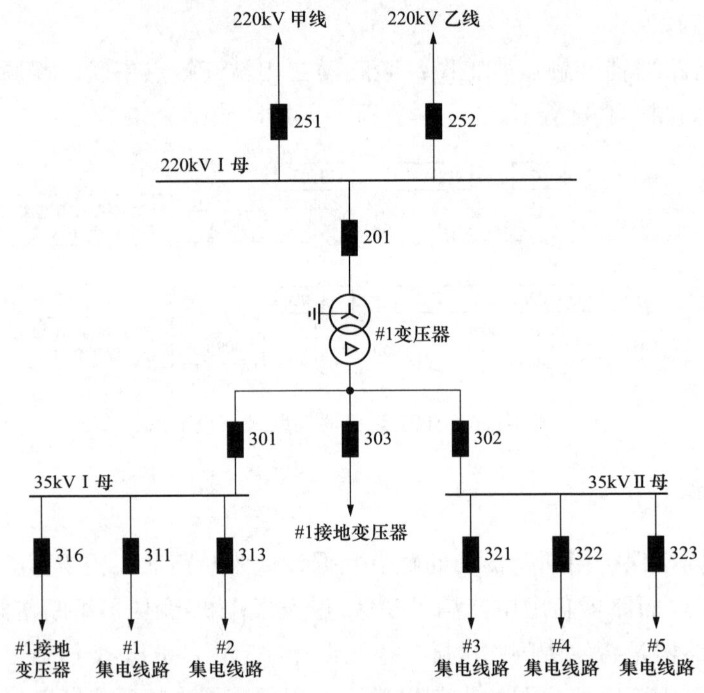


图 5-127 某光伏电站部分电气一次主接线示意图

### 二、事件分析

#### （一）保护动作情况

220kV #1 变压器保护 C 柜 201 断路器操作箱第Ⅱ组跳闸信号指示灯亮，无保护动作报文。

监控后台报文如表 5-20 所示。

表 5-20　　　　　　　　　　　　　　　　监 控 后 台 报 文

| 序号 | 时　间 | 报　文 |
|---|---|---|
| 1 | 1 月 21 日 19 时 02 分 16 秒 | Ⅱ段#1 直流馈线屏 44 支路绝缘异常报警 |
| 2 | 2 月 1 日 15 时 01 分 27 秒 927 毫秒 | Ⅱ段#1 直流馈线屏交流窜入直流报警、Ⅱ段#1 直流馈线屏母线绝缘不良报警 |
| 3 | 2 月 1 日 15 时 01 分 28 秒 345 毫秒 | #1 变压器保护 C 柜操作箱第二组出口跳闸 |
| 4 | 2 月 1 日 15 时 01 分 28 秒 364 毫秒 | #1 变压器高压侧 201 断路器分位 |

## （二）保护动作情况分析

（1）Ⅱ段#1 直流馈线屏 43 支路（35kV Ⅱ段控制回路）、44 支路（35kV Ⅱ段装置回路）绝缘异常，正对地绝缘为 0kΩ，交流窜入直流报警。

（2）断路器跳闸情况分析。

1）通过“拉路法”对 35kVⅡ段直流馈线进行排查，发现 35kV 接地变压器开关柜智能操控装置遥信公共端 801 中有交流电。该线缆是将接地变压器设备本体信号引至 35kV 接地变压器开关柜智能操控装置。

交窜直回路简图如图 5-128 所示。

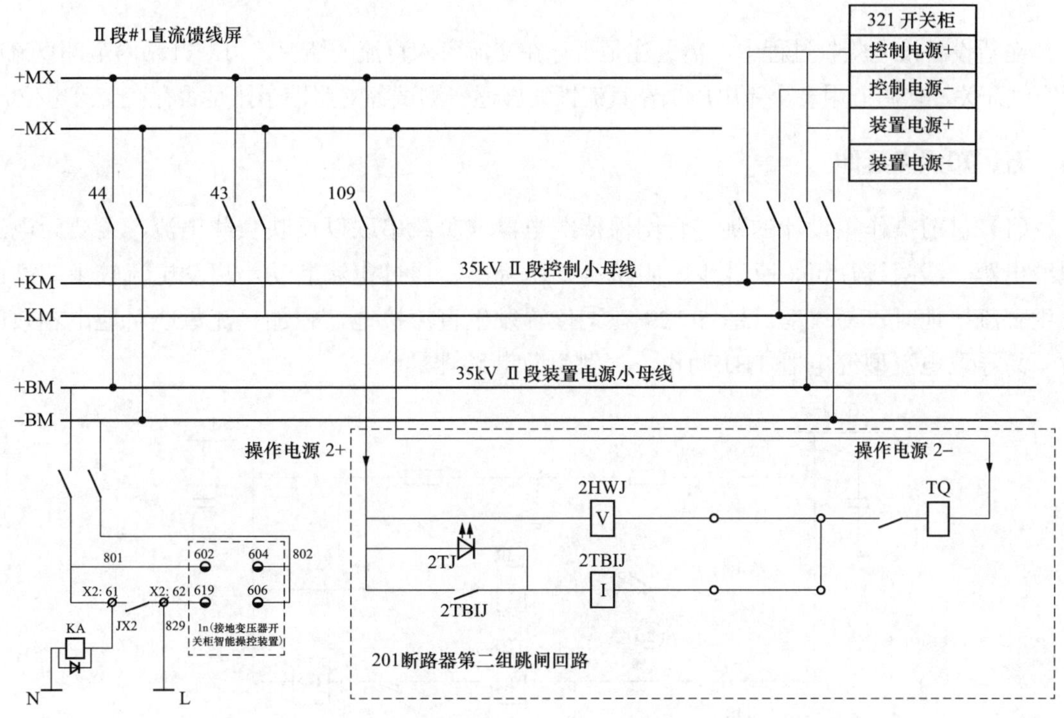


图 5-128　交窜直回路简图

2）35kV 接地变压器开关柜智能操控装置电源取自 35kVⅡ段装置电源小母线，来自Ⅱ段#1 直流馈线屏 44 支路。正电通过 801 公共端送至接地电阻成套装置端子箱 X2 端子排

61 号端子，检查发现此端子同时接入直流回路与交流回路。交流回路通过接地变压器本体真空接触器辅助开关 JX2 常开触点控制交流接触器 KA 实现信号扩展输出，但 JX2 常开触点同时又作为开关柜智能操控装置的信号开入，因此交流电通过该触点窜入直流系统，在交、直流电源长时间共同作用下，交流接触器（KA）二极管被击穿，造成Ⅱ组直流电源正极接地。

3）201 断路器第Ⅱ组控制电源取自Ⅱ段#1 直流馈线屏 109 支路，2TBIJ 电流继电器启动电流为 0.353A，在正极接地、直流母线对地电容效应和交窜直的共同作用下，使流过 2TBIJ 的电流大于启动值，2TBIJ 电流继电器线圈动作同时发光二极管导通第Ⅱ组跳闸信号指示灯点亮，201 断路器跳闸。

4）Ⅱ段#1 直流馈线屏 43 支路为 35kVⅡ段控制小母线，在#3 集电线路 321 开关柜二次端子排错误将控制回路正极（+KM）与装置回路正极（+BM）短接，故报警支路为 43、44，实际只有一个接地点。

## 三、暴露问题

工作人员在验收时没有开展交流窜入直流的检测项目，对寄生回路的检查存在遗漏。

## 四、防范措施

在新设备投运验收过程中，需关注是否存在交流窜入直流的情况。可断开站内全部直流电源空气开关，使用万用表交流电压档在直流馈线屏逐一测试各支路端子排是否存在交流电位。

## 五、知识点延伸

（1）目前操作箱设计的跳、合闸保持继电器与负载串联以反映负载电流，主要为电流型继电器。线圈线径粗、匝数少、阻抗小、压降小，通过电流启动，启动电流较小，站内发生直流接地时，易误动。图 5-129 在①位置发生直流接地，叠加直流母线对地电容效应时，易导致电流型继电器 TBJ 动作，误跳运行断路器。

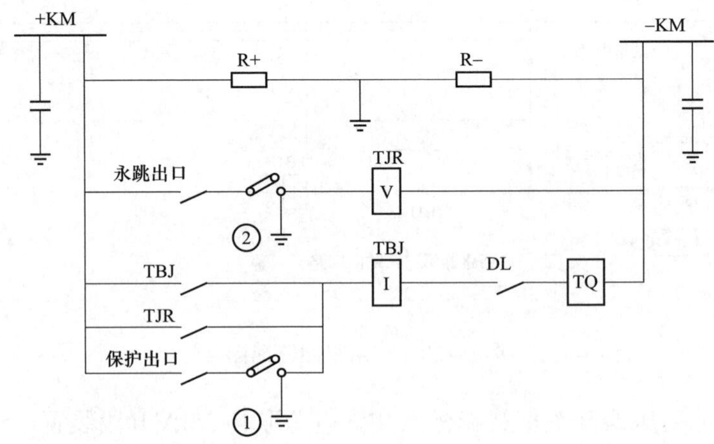


图 5-129　电流型、电压型继电器在控制回路中的应用

（2）操作箱中的手跳继电器、手合继电器、重合闸继电器、三相跳闸继电器、中间继电器等主要为电压型继电器，与负载并联，线圈线径细、匝数多、阻抗大，通过电压启动。根据《断路器操作箱通用技术条件》（T/CEC 124—2016）要求，上述电压型继电器启动电压范围为额定电压的55%～70%，启动功率不低于5W，动作电压和功率较大，不易误动。图5-129在②位置发生直流接地，即使叠加直流母线对地电容效应，由于电压型继电器TJR动作电压和功率较大，不会误跳运行断路器。

# 案例30 单一电源停运导致多回线路保护通道中断

## 一、事件简述

某月某日17时33分，工作人员在通信机房开展全站通信电源改造作业，在轮流退出线路保护光纤通道、开展通信电源Ⅰ割接工作时，500kV甲线、乙线、丙线三回线路主一、主二保护光纤通道接口装置同时发生掉电故障，线路主保护被迫短时退出。

500kV某变电站电气一次系统接线见图5-130。事件发生前，设备均正常运行。

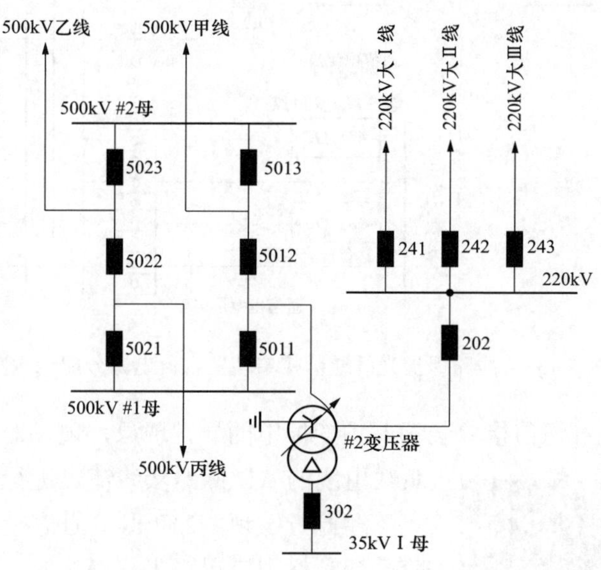


图5-130 变电站部分主接线图

## 二、事件分析

工作人员首先在第一套通信电源分配屏（37P），对照检修业务申请单要求断开至500kV甲线、乙线、丙线保护接口屏Ⅰ路电源空开23Z，并在保护接口屏确认了掉电的保护接口装置与检修申请中断业务一致后，在通信电源分配屏对照二次措施单及现场端子接线的线芯标识套拆除电源分配屏至线路保护光纤通道一通信接口装置负载电缆。在拆除电源分配屏接在公共母排上的正极线（0V）时，保护接口屏21P柜内非检修申请中断业务的500kV甲线、乙线、丙线三回线路主一、主二保护光纤通道二接口装置同时掉电。线路保护光纤通信接口装置直流电源的分配示意见图5-131。

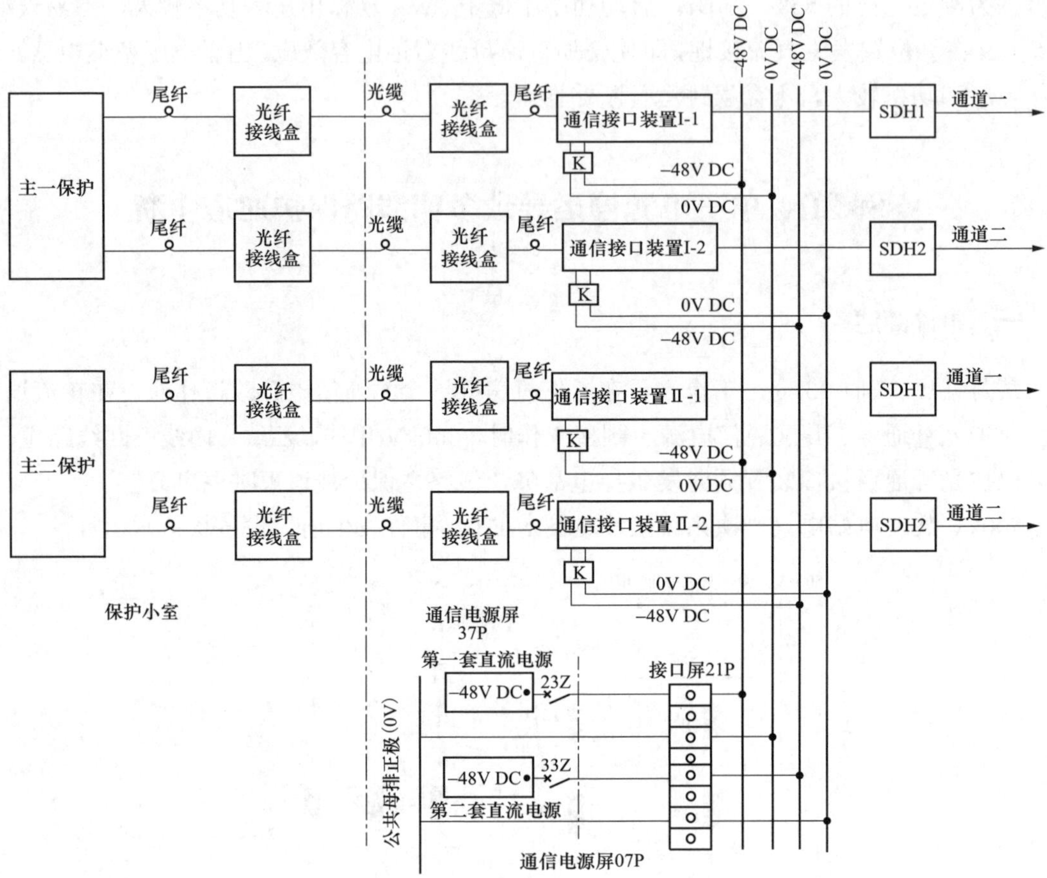

图5-131　线路保护光纤通信接口装置直流电源分配示意图

基于上述保护光纤通信接口装置非预期掉电的异常现象，现场对存疑的两套通信电源负载电缆的二次回路接线情况进行了全面检查。

图5-132　错误标号的电缆接线图

经检查发现，21P保护通信接口装置电源电缆芯线胶木套管标识错误，未严格按照“同一回路的电缆芯线应置于同一电缆，并使用相同的电缆编号”的规定。两路通信电源分属于不同回路，虽然采用了不同的电缆，但现场两根电缆均使用了相同的电缆编号进行标识。即两路电源电缆芯线的“正极”使用的电缆号均为GYD-03，而两路电源电缆芯线的“负极”使用的电缆号均为GYD-04，标号错误，如图5-132所示。

现场进一步对通信电源屏37P与保护通信接口屏

21P 之间电源电缆芯线的对应关系进行了检查。经检查发现在通信电源屏 37P 处，电源 I 路的正极（0V）电缆芯线与电源Ⅱ路的正极（0V）电缆芯线相互交叉，即在通信电源屏 37P 处，电源 I 路的正极（0V）电缆芯线在保护通信接口屏 21P 处接入了线路保护通道二的通信接口装置电源的正极（0V）端子，而在通信电源屏 37P 处，电源Ⅱ路的正极（0V）电缆芯线在保护通信接口屏 21P 处接入了线路保护通道一的通信接口装置电源的正极（0V）端子，其设备接线见图 5-133。

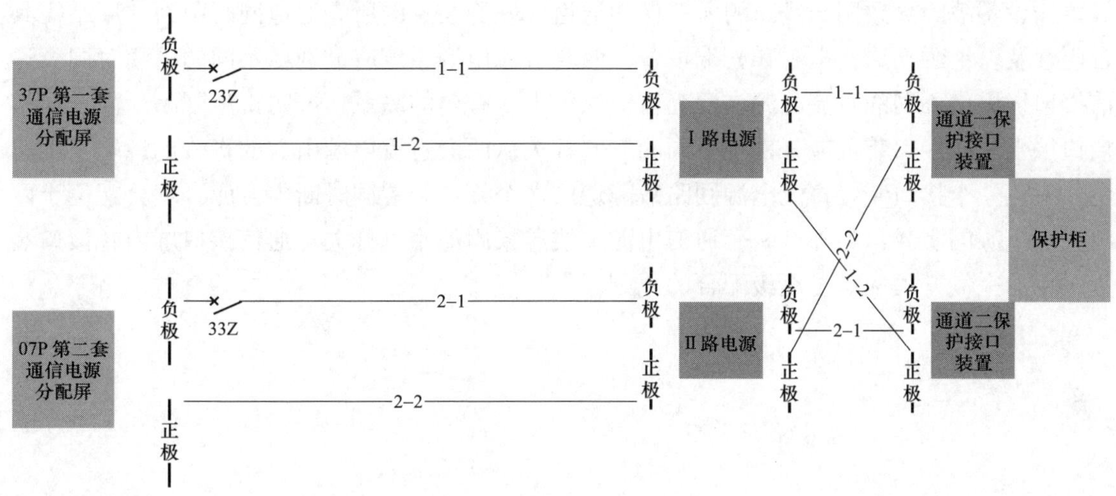


图 5-133　设备接线示意图

综上所述，两路通信电源电缆编号标识的混淆，为二次接线错误埋下了隐患。加之直流通信电源供电系统的特殊性，其正极（0V）为公共母排，电源屏上直流馈线空开为单极，仅控制电源负极（−48V），而在施工调试及验收时，仍按照常规直流系统方式，采用“拉路法”来验证电源与负载的对应关系，实则仅核对了电源负极（−48V），而未发现两路电源正极（0V）引出电缆芯线接线交叉的错误，从而导致了事件的发生。

## 三、暴露问题

（1）安装单位未正确接入通信接口装置电源，验收人员也没有认真开展图实相符核对工作，未能及时发现电缆编号错误的问题。

（2）对通信电源回路正确性验证方法不能验证全回路的正确性，拉合空开只能验证负极接线对应关系，对于正极无法验证。

（3）保护通信接口柜内光电转换装置供电方式不合理。两套通信电源系统均安装在同柜内，而在保护通信接口屏，两路电源进线均布局在同一端子段，从而为两路电源电缆的接线交叉提供了条件。

## 四、防范措施

（1）施工现场验收工作，针对隐蔽工程、关键回路接线等环节，可考虑随工验收，避免后期受现场技术或实际条件制约造成的验收盲区；

（2）可以考虑规范保护接口柜通信电源接线方式，采取Ⅰ、Ⅱ路通信电源分别分布在屏柜左、右侧的方式，将Ⅰ、Ⅱ路通信电源从物理上隔开。

## 五、知识点延伸

根据规程及反措要求，为避免保护及安稳装置的数字接口装置、通信设备或直流电源等单一设备故障导致同一线路的所有保护通道或安稳装置的所有通道同时中断，厂站需具备两套及以上独立通信电源和光端设备。两套直流电源系统应分别经不同的电缆对同一通信接口屏提供不同的直流电源。两套直流系统不应有电的联系，严防寄生回路。同一通信接口屏上不同接口装置应分别经不同的空气开关从两套直流电源引入的直流电源端子上取电，避免一个接口装置直流电源回路故障造成多个接口装置同时断电，应合理分配位于两组直流电源的负载。另外，两套通信电源馈线屏采用的空气开关与通信接口屏内各接口装置采用的空气开关应满足逐级配合的原则。

# 第六章 继电保护外因类异常事件

## 案例 1 故障录波网络安全异常

### 一、事件简述

某月某日，某电网省级调度机构网络安全值班员通过态势感知系统采集的流量分析，发现 500kV 某变电站 4 台故障录波（10.61.156.225/226/228/229）频繁扫描大量互联网地址的 445 端口，疑似感染蠕虫病毒。

### 二、事件分析

#### （一）处理过程

（1）16 时 22 分，某电网省级调度机构网安值班员通知当地下级调度机构网安人员，要求对异常情况进行排查处理，异常情况见图 6-1。

| 源IP | 源端口 | 目的IP | 目的端口 |
|---|---|---|---|
| 10.61.156.225 | 4624 | 208.6.49.2 | 445 |
| 10.61.156.225 | 3468 | 202.1.184.125 | 445 |
| 10.61.156.225 | 3481 | 202.1.184.138 | 445 |
| 10.61.156.225 | 3491 | 202.1.184.146 | 445 |
| 10.61.156.225 | 3401 | 208.6.205.76 | 445 |
| 10.61.156.225 | 3449 | 202.1.184.112 | 445 |
| 10.61.156.225 | 3465 | 208.6.205.116 | 445 |
| 10.61.156.225 | 3460 | 202.1.184.122 | 445 |
| 10.61.156.225 | 3443 | 202.1.184.107 | 445 |
| 10.61.156.225 | 3411 | 208.6.205.86 | 445 |
| 10.61.156.225 | 3474 | 202.1.184.131 | 445 |
| 10.61.156.225 | 3457 | 202.1.184.119 | 445 |
| 10.61.156.225 | 3426 | 208.6.205.101 | 445 |
| 10.61.156.225 | 3431 | 208.6.205.109 | 445 |

图 6-1 异常情况

（2）调度网安人员通知当地供电局网安专责排查，确认设备后，现场检修人员于 17 时 06 分断开四台装置的网络连接。

（3）相关技术人员于次日 10 时 50 分到达该变电站开展现场调查。

（4）现场检查发现名为“winmsgi”的病毒进程正在运行，在注册表开机启动项中找到该病毒开机启动任务（见图 6-2），但未在装置主机中找到该病毒源文件。

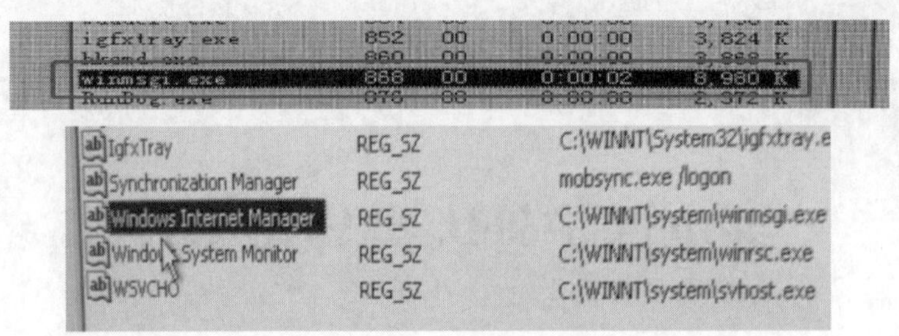


图 6-2 注册表

（5）考虑可能之前查杀病毒后没有重新启动装置，对装置重启后，在装置主机“system”文件夹下发现新生成名为“winmsgi”的文件（见图 6-3）。删除“system”文件夹下“winmsgi”源文件，禁止“winmsgi”应用程序进程、禁止“winmsgi.exe”开机启动任务，进行第二次主机重启。重启主机后，在装置主机“system”文件夹下无病毒文件，也未出现该病毒进程在应用列表中。结果与调度机构 2017 年做过 winmsgi 病毒查杀的试验一致，判断病毒已清理干净。

图 6-3 重启主机文件情况

### （二）病毒情况分析

（1）变电站故障录波装置为国电武仪 WY-9，后台机为 Windows2000 操作系统，投运于 201×年。微软公司已于 2010 年停止对该系统的技术支持，不再发布新的安全补丁，故障录波器已打上所有安全补丁。

（2）设备运行单位于 201×年采购 3 套趋势科技 portable security 2 杀毒 U 盘，按照工作计划，工作人员于 201×年×月×日到该变电站内开展故障录波装置高危端口关闭及病毒查杀工作。

（3）经现场排查故障录波主机系统日志，装置最近的重启时间为 201×年×月×日，未发现装置存在 U 盘插拔记录。

（4）根据护网行动相关工作要求，对于不满足网络安全技术措施的系统、装置须退出网络，脱网运行，因此，该变电站故障录波装置 201×年×月采取拔出网线退出网络。

（5）202×年×月×日上午 10 时，工作人员现场工作期间，发现 2P 远动通信屏内配线架故障录波网线未插入，工作人员错误认为导致故障录波通信中断的原因是配线架网线未插入，恢复网线即可消除缺陷。当时正在开展故障录波装置定检工作，处理故障录波缺陷属于正常工作范围内，为消除缺陷随即将两根保信及故障录波屏交换机到远动屏配线架的网线插入配线架插口 3 和 6，通过配线架 3 口和 6 口上传调度数据网。

（6）winmsgi 蠕虫病毒已经出现多年，在发电厂也发现多起，初步怀疑感染时间较早，但一直未被发现。201×年查杀病毒时，可能因技术原因，未彻底清除病毒，病毒一直在运行，本次网线插入后，从网络流量上被监测到。

## 三、暴露问题

（1）现场检修人员在不了解故障录波装置通信中断根本原因的情况下，将网线恢复，现场监护人员也未能有效制止，现场检修人员和监护人员没有意识到并网后的网络安全风险。

（2）工作人员对故障录波装置开展系统加固、病毒查杀，但不清楚在使用杀毒U盘杀毒后，还需在注册表和进程中找到病毒的痕迹，删除相应的注册表和中断病毒进程，才能彻底删除病毒。

## 四、防范措施

（1）网络安全作为近年来的新兴专业，受专业限制大部分继电保护专业人员普遍缺乏相关的知识和技能，需要在工作中学习相关的专业知识，特别是主机加固和病毒查杀的方法。

（2）因网络安全要求断网的设备应做好记录，注明原因，后续未经相关管理部门的允许，现场不得随意并网。

# 案例2　U盘未杀毒导致的网络安全事件

## 一、事件简述

某月某日某电厂接到网络安全管理人员通知，该电厂录波远传业务地址主机存在扫描调度侧安防设备端口的异常行为，并要求电厂立刻将故障录波装置、保护信息子站与调度数据网的网线断开，同时断开故障录波装置与保护信息子站之间的网线。

## 二、事件分析

经调查，异常情况前电厂工作人员开展过“故障录波装置运行卡慢”的缺陷处理工作，按照故障录波装置厂家要求从装置中使用专用U盘拷贝故障录波文件进行分析。因拷贝操作前未对专用U盘进行杀毒，造成专用U盘中的病毒传染至故障录波装置中。另外，该U盘虽为专用U盘但从未进行过杀毒，且多次向与互联网连接的办公电脑拷贝文件，导致U盘感染病毒。

## 三、暴露问题

该电厂运行人员对网络安全工作的重要性认识不足，在病毒防控工作方面没有严格执行《网络安全法》和电力监控系统病毒防护相关规章制度的要求，U盘等移动存储介质使用不规范，专用U盘被作为普通U盘使用，且使用前未杀毒。

## 四、防范措施

生产控制大区电力监控系统的移动存储介质必须专用，不得同时用于与生产控制大区以外的主机传输文件，在使用前必须进行病毒查杀，确认未感染后方可使用，病毒查杀及打开可参考下述方法：

（1）使用专用杀毒计算机，计算机上应安装两款不同厂家的正版杀毒软件，并确保病毒库已更新至最新；

（2）将移动介质接入计算机并格式化，格式化后分别用两款不同厂家的杀毒软件依次杀毒，均无病毒后弹出移动介质；

（3）在使用移动介质拷贝文件时，不应直接双击或右击盘符打开U盘，应使用安全打开方式。

1）使用“win+r”快捷键弹出cmd窗口，输入“cmd”命令后回车，如图6-4所示；

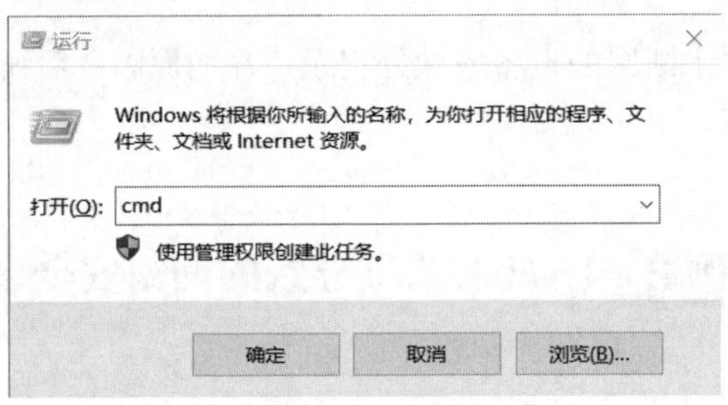


图6-4　命令示意图

2）在命令提示符界面输入e:回车，再输入start.回车即可弹出U盘界面，这样可以避免通过双击或者右击盘符将病毒感染至整个计算机，防止病毒不被激活传播，如图6-5所示。

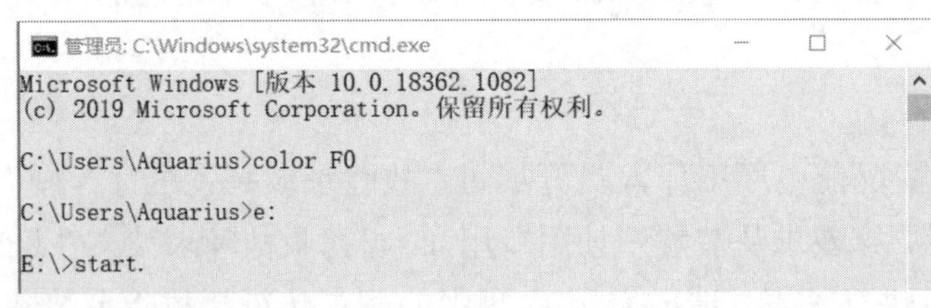


图6-5　命令示意图

# 案例3　网线标识错误导致的网络安全事件

## 一、事件简述

某月某日，工作人员在500kV某变电站开展3台500kV故障录波装置更换后调试工作时接到调度二次安全防护员电话，该变电站 1 台故障录波装置频繁扫描大量互联网地址的 445 端口，要求现场立即停止调试工作，并查明原因。经排查，该变电站工作人员在故障录波交换机侧恢复网线时错误地将不满足并网条件而断网的 220kV #2 故障录波装置网线恢复，造成网络上出现大量互联网地址 445 端口扫描异常数据包。

## 二、事件分析

该变电站 220kV #2 故障录波装置为 Windows 2000 Service Pack 4 操作系统，在 2020 年 03 月对该装置进行高危端口关闭、病毒查杀等加固工作，扫描结果显示该装置中存在共计 827 个威胁文件。因为不能识别出被感染的文件是否属于故障录波系统文件，所以未进行手动查杀，采取临时断开两侧网线的紧急处理方法。

现场 220kV #2 故障录波装置 ETH1 口网线无标识且 ETH2 口网线标识错误，在断开网线时误将至 22 继电室保信交换机的网线断开，至 22 继电室故障录波交换机的网线仍保留，因同时断开了站控层室录波远传交换机至远动通信配线架的网线，主站已无法 ping 通 22 继电室#2 故障录波装置，造成工作人员误以为装置已可靠断网。断网后网络接线示意图如图 6-6 所示。500kV 故障录波装置改造调试时网络接线示意图如图 6-7 所示。

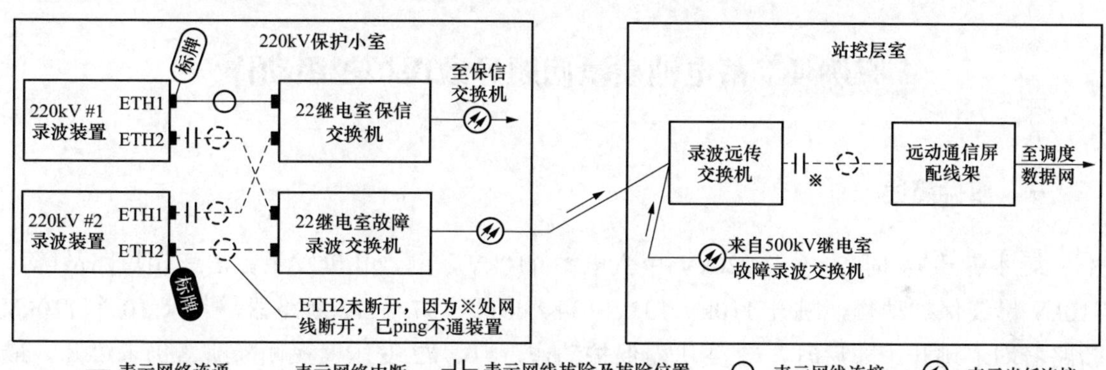


图 6-6 断网后网络接线示意图

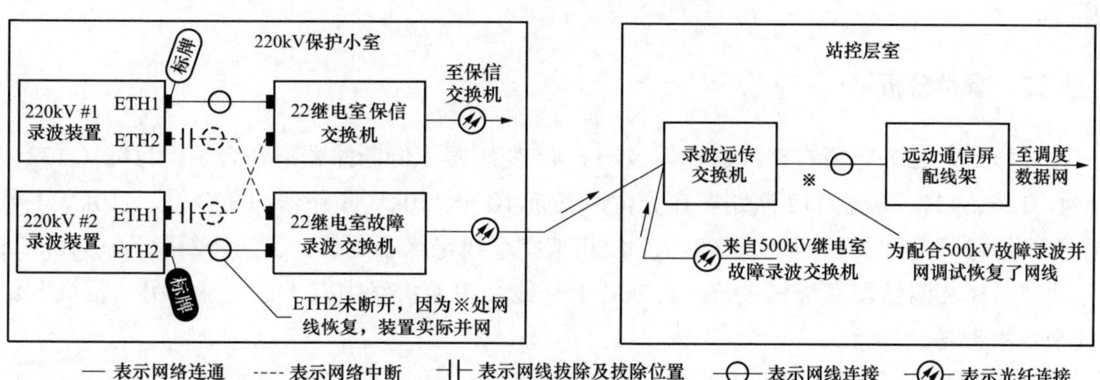


图 6-7 500kV 故障录波装置改造调试时网络接线示意图

为彻底消除隐患，该变电站计划逐步将 windows 系统故障录波装置更换为 Linux 操作系统装置。在 500kV 故障录波装置改造时，因调试需要恢复站控层室录波远传交换机至远动通信屏配线架的接线，造成不满足安全防护要求的 220kV #2 录波装置并网。

### 三、暴露问题

220kV #2 故障录波装置背板网线标识错误，在两端断开网线后导致工作人员误判装置已可靠断网，实际只切断了站控层室交换机侧。同时，工作人员在两侧断开网线后再确认的确认方法欠妥，应在断开一侧网线后即开展确认，并关注其他设备是否有通信中断的情况发生。

### 四、防范措施

（1）网线（光纤）应在两端悬挂标识，注明起点装置及端口，终点装置及端口；

（2）现场需要断开主站与装置通信的网线（光纤）时，应先在装置侧断开，断开一端后立即检查主站与装置的通信情况，确认无误后再断开另一端。

## 案例 4 蓄电池质量问题导致保护越级动作

### 一、事件简述

某月某日 14 时 52 分，220kV 甲变电站 110kV Ⅰ母、Ⅱ母发生雷击三相短路故障，110kV 母线保护动作，跳开 110kV 133、134、136、137、112 断路器，其余 10 个 110kV 断路器均未跳开。随后#1、#2 变压器保护动作，#1、#2 变压器三侧断路器仍未跳开。最终由甲变电站对侧的 5 回 220kV 线路距离Ⅲ段保护动作跳闸，切除故障，导致甲变电站全站失压，甲变电站所供 3 座 110kV 变电站失压。220kV 甲变电站主接线示意图如图 6-8 所示。

### 二、事件分析

经检查，220kV 所有出线断路器及#1、#2 变压器三侧断路器均在合位，110kV 133、134、136、137、母联 112 断路器在分位，其余 10 个 110kV 断路器均在合位。110kV 1 号线Ⅰ、Ⅱ母隔离开关至 141 断路器 A、B 相架空引线绝缘子爆炸，引线烧断脱落，110kV 1 号线 A、B 相阻波器有烧伤痕迹，110kV 1 号线 2 根避雷线中有一根完好，另一根烧断。其余一次设备无异常。

#### （一）保护装置动作情况

保护动作情况如表 6-1 所示。

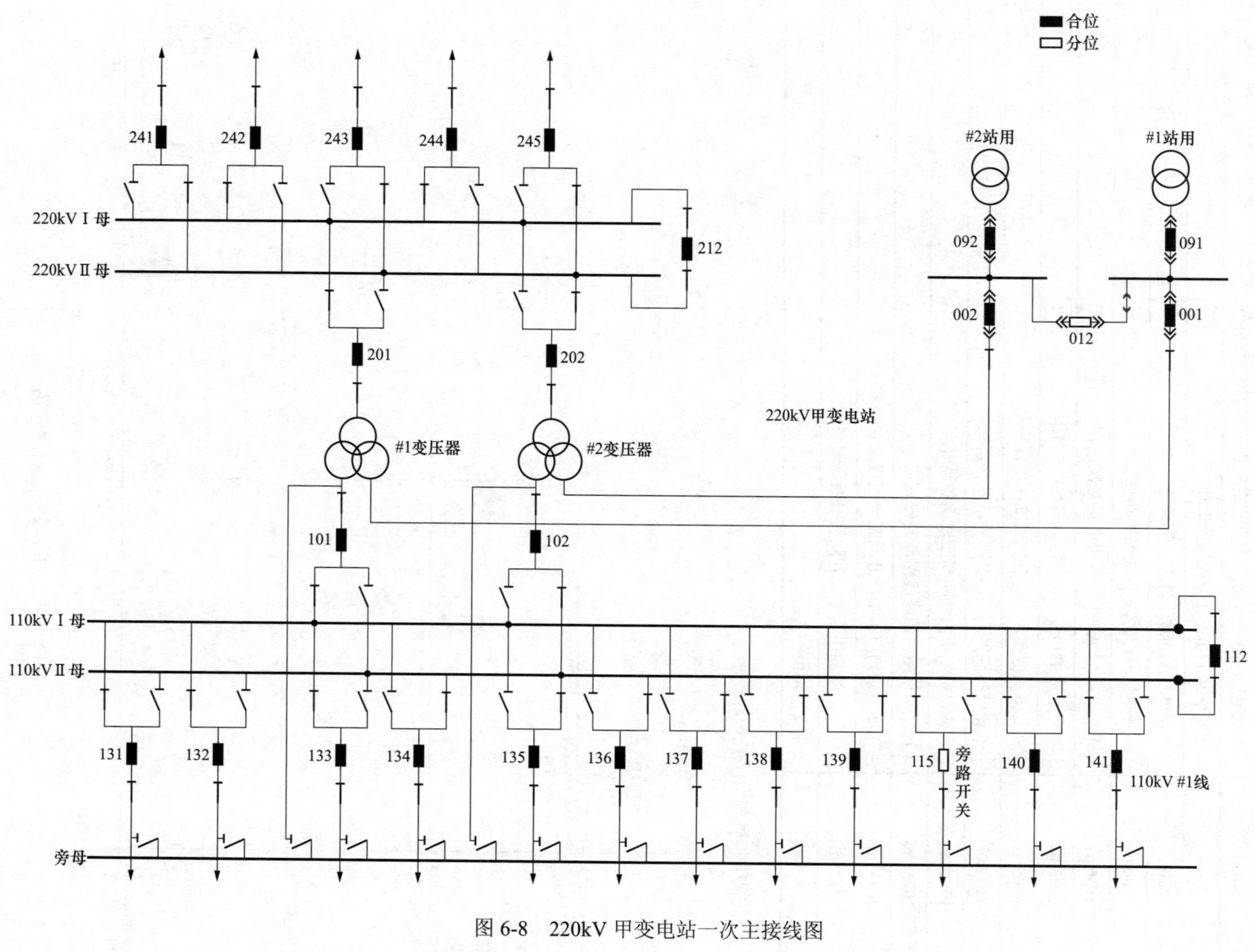


图 6-8　220kV 甲变电站一次主接线图

表 6-1　　　　保 护 动 作 情 况

| 时序 | 动 作 情 况 |
|---|---|
| 0ms | 甲变电站 110kV Ⅱ母、Ⅰ母相继发生三相弧光短路故障 |
| 19ms | 甲变电站 110kV Ⅱ母差保护动作 |
| 87ms | 甲变电站 110kV Ⅰ母差保护动作 |
| 1400ms | 甲变电站#1、#2 变压器保护动作 |
| 1666ms | 甲变电站 110kV Ⅰ、Ⅱ母差第 2 次动作 |
| 2130ms | 甲变电站 110kV Ⅰ、Ⅱ母差第 3 次动作 |
| 6605ms | 乙变电站侧甲乙Ⅰ、Ⅱ回距离Ⅲ段保护动作 |
| 6632ms | 乙变电站侧甲乙Ⅰ、Ⅱ回线路断路器跳闸 |
| 10714ms | 丙变电站侧甲丙线距离Ⅲ段保护动作 |
| 10763ms | 丙变电站侧甲丙线线路断路器跳闸 |
| 14763ms | 丁变电站侧甲丁Ⅰ、Ⅱ回距离Ⅲ段保护动作 |
| 14813ms | 丁变电站侧甲丁Ⅰ、Ⅱ回线路断路器跳闸 |
| 14813ms | 甲变电站全站失压 |

故障时序图如图 6-9 所示。

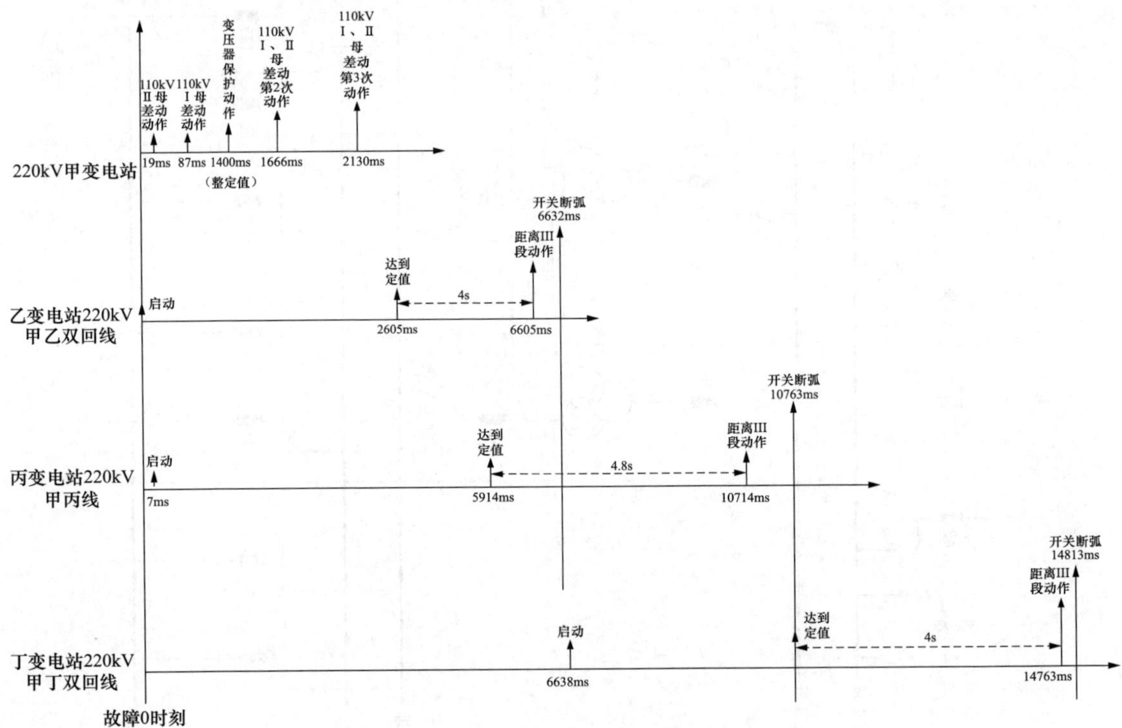


图 6-9　故障时序图

## （二）直流系统检查情况

事件发生前，甲变电站Ⅰ、Ⅱ段直流母线分列运行，蓄电池处于正常工作状态；事件发生后，检查发现第一组蓄电池组中#8 电池、第二组蓄电池组中#68、#104 电池损坏，两组蓄电池输出电压大幅下降，致使全站绝大部分断路器、保护和自动化装置不能正常工作。

### （三）站用交流系统检查情况

站用电交流系统接线图如图 6-10 所示。事件发生前，10kV 两段母线分列运行，#1 站用变压器运行于 10kV Ⅰ母、#2 站用变压器运行于 10kV Ⅱ母，两台站用变压器 0.4kV 侧分列运行，通过 ATS 断路器互为备用。故障发生后，站用 0.4kV 系统电压下降，引起两套直流充电机闭锁输出。充电机正常工作交流输入工作电压在 85%～118%$U_e$ 范围之内，超过此范围立即闭锁，停止输出。

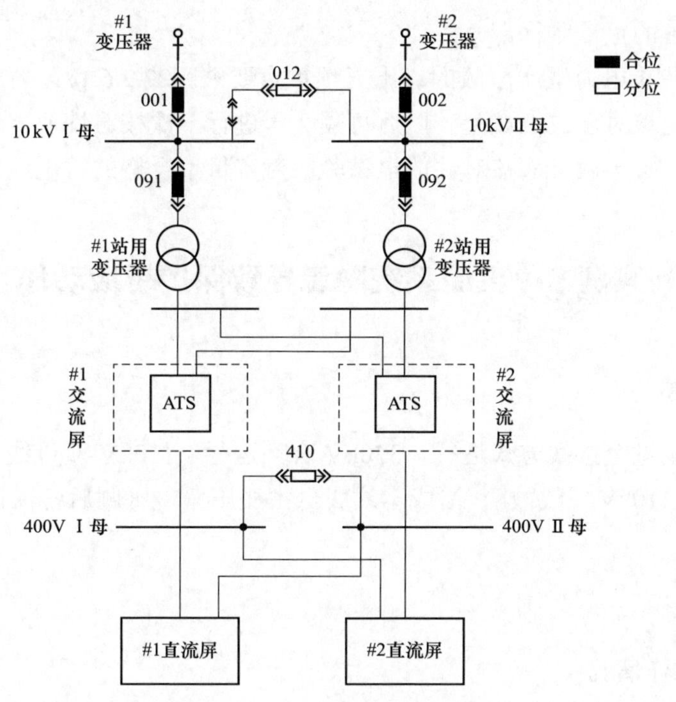


图 6-10　站用电交流系统接线图

### （四）故障原因综合分析

220kV 甲变电站 110kV 母线发生三相短路故障是事件的起因，甲变电站直流系统蓄电池损坏是故障停电范围扩大的主要原因。在故障初期，站用 0.4kV 交流系统电压下降，引起两套直流充电机闭锁输出，220kV 甲变电站全站直流负荷由两组蓄电池组提供。因多只蓄电池损坏，两组蓄电池输出电压大幅下降，致使全站绝大部分断路器、保护和自动化装置不能正常工作。110kV 母线保护、#1、#2 变压器保护正确动作，110kV 断路器未能完全跳开，故障未隔离，最终由甲变电站对侧 5 条 220kV 线路后备保护正确动作切除故障。

## 三、暴露问题

厂家生产的蓄电池质量存在问题，不能承受冲击性负荷。在冲击负荷的影响下，多只蓄电池损坏，两组蓄电池输出电压大幅下降，致使变电站全站绝大部分断路器、保护和自动化装置不能正常工作。

## 四、防范措施

（1）新建的厂站，设计配置有两套蓄电池组的，应使用不同厂家的厂品。

（2）开展变电站电池巡检仪的报警信息接入监控系统核查，通过后台信息报警信号及时发现蓄电池隐患，提醒运行维护人员及时采取人工干预手段，杜绝因直流系统故障影响保护、自动化设备的正常运行。

（3）按照《防止电力生产事故的二十五项重点要求》22.2.6.17：新安装的阀控密封蓄电池组，应进行全核对性放电试验。以后每隔 2 年进行一次核对性放电试验。运行满 4 年以后的蓄电池组，每年做一次核对性放电试验。对容量不合格的蓄电池组应立即更换。

# 案例 5　直流系统隐患导致保护越级动作

## 一、事件简述

330kV 某变电站全接线方式运行，330kV 合环运行，110kV 双母线并列运行，某月某日 330kV 变电站 110kV A 线故障，造成本站 3 台主变压器中压侧后备保护越级动作，110kV Ⅰ、Ⅱ母线失压。

## 二、事件分析

### （一）保护动作情况

保护动作情况如表 6-2 所示。

表 6-2　保护动作时序

| 序号 | 时间 | 描　述 |
|---|---|---|
| 1 | 0 分 0 秒 0 毫秒 | 变电站内 110kV 保护和控制电源失电 |
| 2 | 26 分 0 秒 0 毫秒 | 110kV A 线首先发生 AB 相间故障 |
| 3 | 26 分 1 秒 900 毫秒 | 110kV A 线转换为 AB 相间接地故障 |
| 4 | 26 分 2 秒 100 毫秒 | 110kV A 线 C 相也出现接地故障 |
| 5 | 26 分 2 秒 500 毫秒 | #1、#2、#3 变压器中压侧阻抗保护动作跳 110kV 母联断路器，母联拒动 |
| 6 | 26 分 2 秒 800 毫秒 | 3 台变压器中压侧阻抗保护动作跳开变压器中压侧 3 台断路器，110kV 双母线失压 |
| 7 | — | 110kV A 线对侧变电站线路相间距离Ⅰ段保护动作跳闸 |

### （二）保护动作情况分析

经现场检查，该站所有 110kV 直流回路均由同一个总电源空开供电且串接有熔断器，控制和保护直流负荷未分开。总电源空开长期运行下，触点接触不良，出现拉弧，最终导致正极触点烧损；造成该站 110kV 所有保护、控制电源失电，在 110kV 出线故障时，导致线路保护拒动，主变压器保护越级跳闸。

## 三、暴露问题

（1）直流供电方式不满足反措要求，该站采用直流小母线供电，其中 330kV 两段分列供电，110kV 单段供电，110kV 保护、控制采用同一直流小母线。

（2）110kV 直流回路中串有熔断器，增加了直流系统故障的风险。

## 四、防范措施

（1）解决直流系统小母线供电、环状供电、保护控制电源合用、寄生回路、图实不符等隐患，杜绝直流系统故障导致故障扩大、变电站全停等事件。

（2）拆除 110kV 直流回路中串接带熔断器的隔离开关，将 110kV 保护、控制电源分离，按照辐射状供电方式要求进行改造，形成各自独立的回路。

# 案例 6　蓄电池组开路导致保护越级动作

## 一、事件简述

某月某日 15 时 35 分，110kV 乙变电站 110kV 甲乙线、110kV 丙变电站 110kV 甲丙线距离Ⅲ段保护跳闸，造成 110kV 甲变电站全站失压。

110kV 甲变电站主接线示意图如图 6-11 所示。

## 二、事件分析

### （一）事件发生前运行方式

110kV 甲变电站 110kV 单母线运行，35kVⅠ、Ⅱ段母线分列运行，10kVⅠ、Ⅱ段母线分列运行。110kV 甲乙线、110kV 甲丙线运行于 110kVⅠ母线；10kV#1～#3 线、#1 站用变压器挂 10kV Ⅰ段母线运行；10kV#4～#6 线、#2 站用变压器挂 10kVⅡ段母线运行。

### （二）事件发生经过

当日 15 时 32 分，110kV 甲变电站 10kV#1 线发生单相接地故障，持续 12s 后，发展为相间短路故障，造成#1 站用变压器高压侧电压降低、站用 380V 交流失电，交流接触器脱扣。Ⅰ段直流系统失压，110kV 甲变电站 10kV #1 线、#1 变压器差动、高后备、中后备、低后备、非电量保护装置等所有二次装置均失电，本站 10kV #1 线、#1 变压器保护均未能正确动作隔离故障。经过 158s 后，10kV #1 线开关柜的电流互感器由于长时间承受短路电流导致内部绝缘击穿放电引起三相短路。15 时 35 分，110kV 乙变电站 110kV 甲乙线、110kV 丙变电站 110kV 甲丙线距离保护Ⅲ段动作切除故障，110kV 甲变电站全站失压。

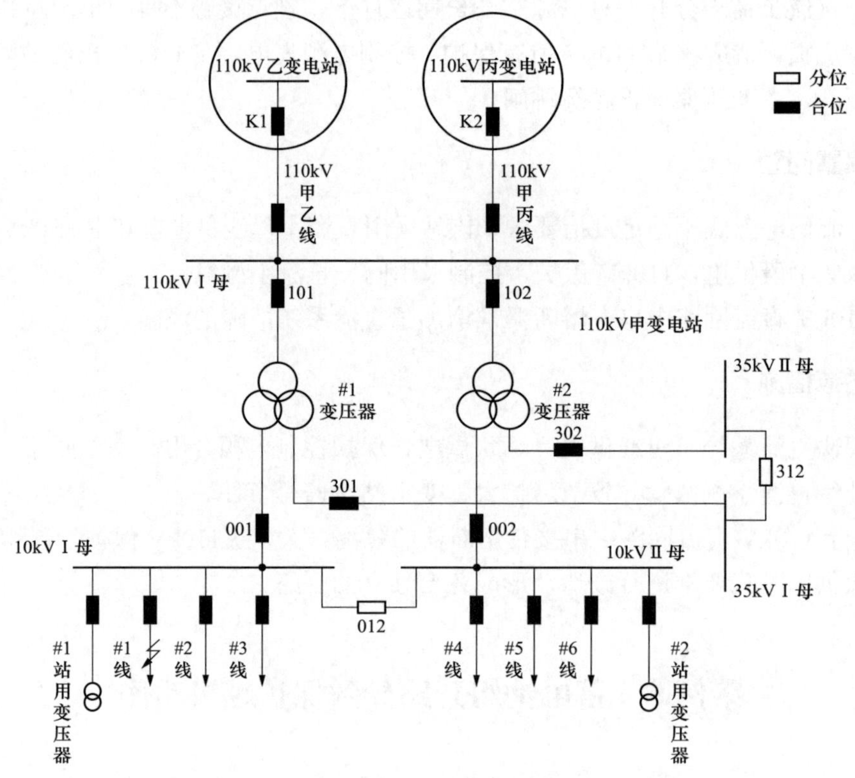


图 6-11　110kV 甲变电站主接线示意图

## （三）一次设备检查情况

现场检查发现，10kV 高压室内 10kV 1 号线开关柜严重烧损，其余一次设备无异常。

## （四）保护装置检查情况

以 110kV 甲变电站#1 变压器保护启动时刻为故障 0 时刻，各站各装置时间统一折算后的保护动作时序图如图 6-12 所示，一、二次设备动作信息如表 6-3 所示。

表 6-3　保护动作情况

| 时　间 | 动　作　情　况 |
|---|---|
| 15 时 32 分 58:949 秒 | 110kV 甲变电站#1 变压器保护启动 |
| 15 时 33 分 07:949 秒 | 110kV 甲变电站#1 变压器低后备保护报零序过压告警 |
| 15 时 33 分 17 秒 | 110kV 甲变电站全站所有保护装置均报掉电告警信号 |
| 15 时 35 分 48:114 秒 | 110kV 乙变电站 110kV 甲乙线保护启动 |
| 15 时 35 分 51:417 秒 | 110kV 乙变电站 110kV 甲乙线距离保护Ⅲ段动作跳开线路断路器 |
| 15 时 35 分 48:114 秒 | 110kV 丙变电站 110kV 甲丙线保护启动 |
| 15 时 35 分 51:119 秒 | 110kV 丙变电站 110kV 甲丙线距离保护Ⅲ段动作跳开线路断路器 |

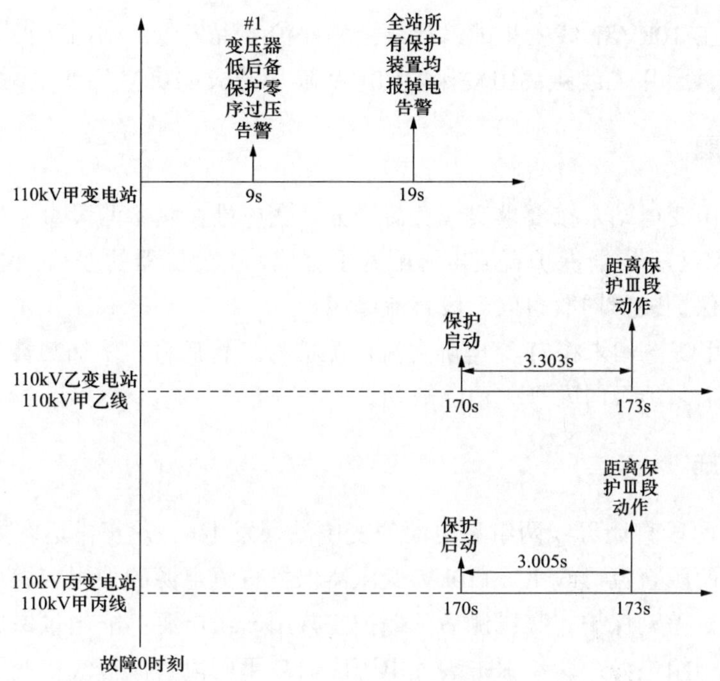


图 6-12　保护动作时序图

## （五）直流系统检查情况

站内配置两组蓄电池，两段直流母线分列运行。正常运行时，110kV 甲变电站#1 充电机供Ⅰ段直流母线带全站保护、测控、远动、交换机负荷（#1、#2 变压器差动、高后备、中后备、低后备及非电量保护装置均取自Ⅰ段直流母线）；#2 充电机供 2 段直流母线带#2GPS、#2UPS 负荷。故障发生后，110kV 甲变电站Ⅰ段直流母线失压，所带的二次设备均断电。进一步检查发现，交流电源失电的情况下，测量#1 蓄电池组端电压为 0V，检查单体蓄电池电压发现#90 蓄电池电压为 219V，短接#90 蓄电池后，电池输出电压恢复正常。拆除#90 蓄电池单独测量，电压测量值正常（2.2V），但无法进行内阻测试，说明#90 蓄电池已经开路，是造成故障时Ⅰ段直流母线失压的直接原因。

## （六）站用交流系统检查情况

站用变压器接线示意图见图 6-13 所示。正常运行时，合上#1、#2 站用变压器交流分段断路器，110kV 甲变电站由#1 站用变压器带全站负荷。故障发生后，#1 站用变压器高压侧电压降低，#1 交流进线隔离开关下端的交流接触器因低压脱扣断开，站用 380V 交流失电。

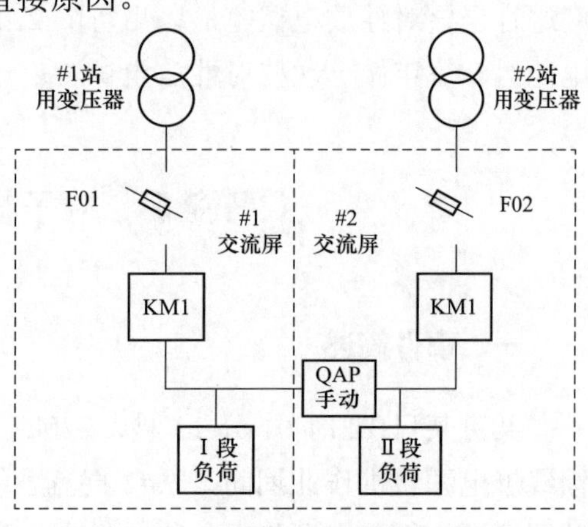


图 6-13　站用变压器接线示意图

## （七）故障原因综合分析

由于 110kV 甲变电站直流系统负荷分配不合理，且未能及时发现并消除蓄电池开路导致的直流系统故障，在 10kV#1 线发生故障后，全站保护装置失电，站内保护无法动作；最终通过 110kV 甲丙线、甲乙线距离Ⅲ段保护切除故障，造成 110kV 甲变电站全站失压。

### 三、暴露问题

（1）110kV 甲变电站未按要求实现负荷均分。变电站在具备两段直流母线两组蓄电池的情况下，110kV 主变压器保护直流电源配置不合理，主变压器的差动、高后备、中后备、低后备及非电量保护装置均取自同一段直流母线。

（2）110kV 甲变电站未将#1 充电屏直流监测信号上传后台，未加装蓄电池巡检仪，在蓄电池发生故障后未能及时发现并消除缺陷。

### 四、防范措施

（1）对配置两段直流母线两组蓄电池的变电站（发电厂），正常运行方式下，直流负载宜平均分配在两段直流母线上。110kV 变压器保护直流电源的使用应满足：①对主后独立的变压器保护，差动保护、高压侧后备保护宜共用一组电源；非电量保护、中、低压侧后备保护宜共用一组电源；两组保护装置电源应取自不同段直流母线；变压器的各侧后备保护装置和相应侧断路器的控制电源，应取自同一段直流母线。②对主后合一的变压器保护，变压器保护一与高压侧断路器控制电源接在一段直流母线上，变压器保护二与中压侧断路器、低压侧断路器控制电源接在另一段直流母线上。③智能变电站双重化配置的两套主后合一的变压器保护还须满足以下要求：与变压器保护配合的合并单元、智能终端、交换机等相关设备的直流电源，应与相应的变压器保护接在同一直流母线段。

（2）变电站直流系统应加装蓄电池巡检仪，并将充电屏直流监测信号上传后台。

（3）通过日常运维预防蓄电池开路：一是开展充电机出口电压与蓄电池组端电压对比测量工作，及时发现蓄电池组脱离母线缺陷；二是合理设置蓄电池组低电压告警定值（推荐为 225V），有效监测蓄电池异常开路并上送告警信号；三是按照《防止电力生产事故的二十五项重点要求》22.2.6.17 开展蓄电池组核对性放电试验，新安装的阀控密封蓄电池组，应进行全核对性放电试验，以后每隔 2 年进行一次核对性放电试验，运行满 4 年以后的蓄电池组，每年做一次核对性放电试验。对容量不合格的蓄电池组应立即更换。

## 案例 7　端子松动导致直流系统失电

### 一、事件简述

某月某日 12 时 01 分 13 秒，220kV 某变电站在开展站用直流系统改造及#2 直流系统馈线屏电源转供作业期间，原#2 直流系统馈线屏内所有馈线失电，造成站内部分二次设备装置电源、控制电源失电。临时供电示意图如图 6-14 所示。

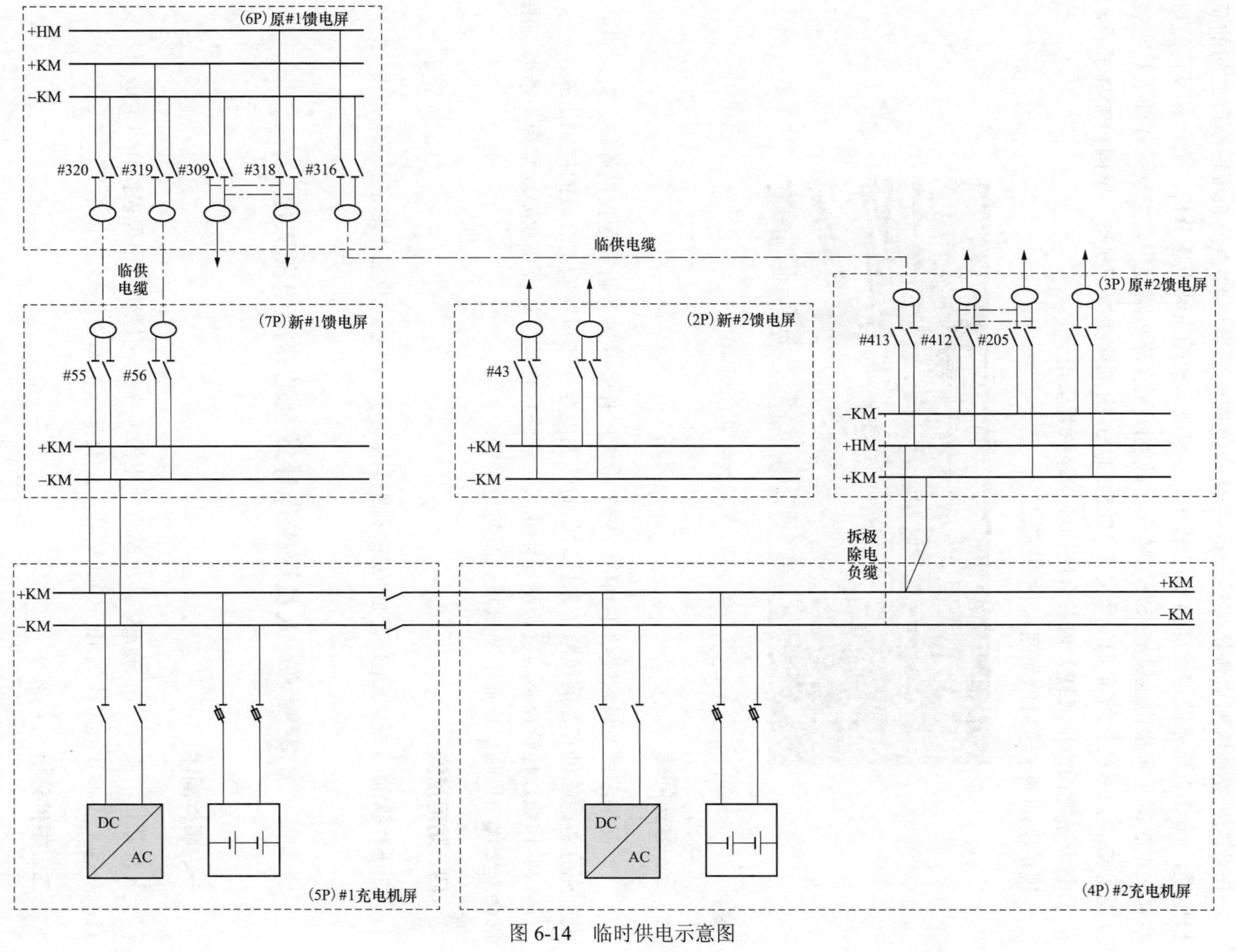


图 6-14　临时供电示意图

## 二、事件分析

作业人员完成临时电源搭接后，拆除#2 直流充电屏至原#2 直流系统馈线屏之间的负极电缆，原#2 直流系统馈线屏指示灯熄灭，根据现场故障录波电压分析，Ⅰ、Ⅱ段直流母线在失电时刻正负极电压数据未发生畸变，故判断无直流短路发生，经现场作业人员查找发现原#2 直流系统馈线屏 413 号空开 1D:5、1D:6 内侧接线端子松动，紧固内侧端子后，原#2 直流系统馈线屏（3P）内各合闸馈线支路恢复供电。

现场松动端子示意图如图 6-15 所示。

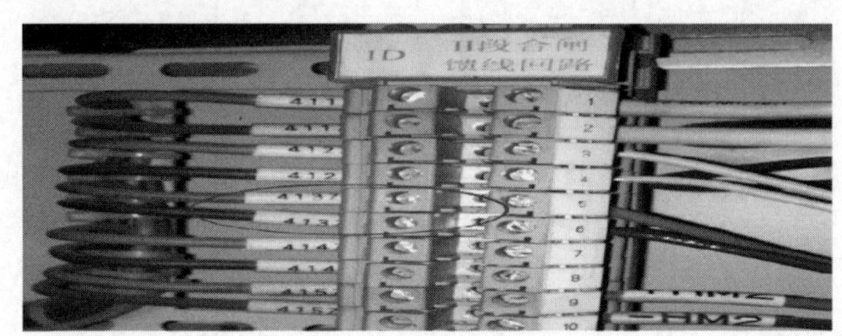

图 6-15　现场松动端子示意图

## 三、暴露问题

（1）现场勘察及风险评估不到位。施工方案中作业风险分析与预控措施缺乏针对性，没有充分考虑临供存在的风险，未针对临时转供电存在的风险制定有效的控制措施。

（2）作业过程管控不到位。现场作业人员对临供作业流程及作业要求掌握不透彻，站班会未交代当日临供作业主要风险点及防范措施。

## 四、防范措施

在进行拆除、改接带电部分前应先紧固屏内端子，并密封非工作端子及其他带电部分。

# 案例 8　人员误操作导致全站直流电源失电

## 一、事件简述

某月某日，某电厂在 500kV 升压站直流电源系统倒闸操作中出现误操作，造成升压站直流系统Ⅰ段、Ⅱ段母线失电，500kV 升压站全部保护和安稳装置闭锁。

## 二、事件分析

### （一）事件发生前直流系统运行状态

直流系统接线示意图如图 6-16 所示。电厂站控直流系统由Ⅱ段母线带Ⅰ段母线联络运行，Ⅱ段母线由#2 充电机、#2 蓄电池组共同供电，#1 充电机在浮充状态带站控#1 蓄电池组空载运行（#1 充电柜直流输出断路器 1ZK 投至#1 蓄电池组，站控直流Ⅰ段母线联络断路器 3ZK 投至Ⅱ段母线，站控直流#2 充电柜直流输出断路器 2ZK 投至Ⅱ段母线，站控直流Ⅱ段母线联络断路器 4ZK 投至#2 蓄电池组）。

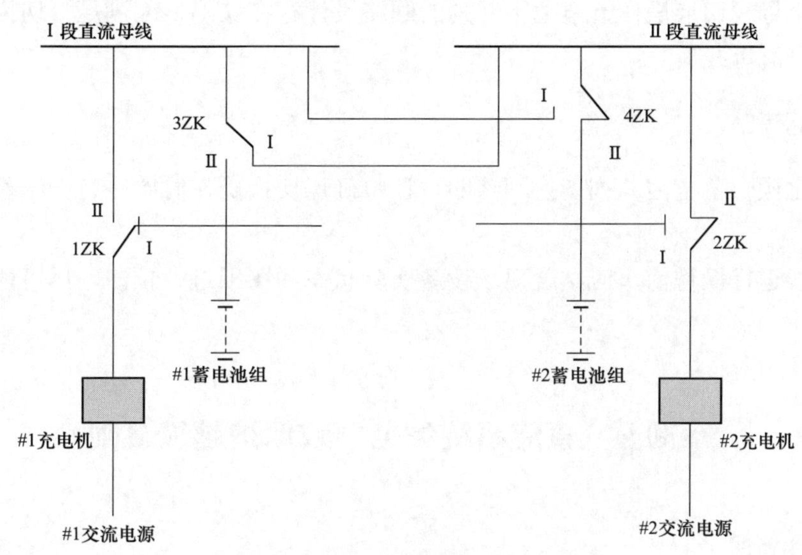


图 6-16 事件发生前直流系统接线简图

## （二）事件经过

工作人员按计划开展“500kV 站控直流Ⅰ段带Ⅱ段母线运行”操作任务，使用了错误的操作票，先将站控直流Ⅱ段母线直流断路器 4ZK 由“至#2 蓄电池组”切至“至Ⅰ段母线”位置，随后将 500kV 站控直流#2 充电柜直流输出断路器 2ZK 由“至Ⅱ段母线”切至“停止”位置”。导致站控直流系统失电，监控系统出现 500kV 升压站全部保护装置闭锁、安全稳定装置闭锁、失步解列装置闭锁、控制回路断线等信号及隔离开关变位信号。

操作人员发现站控直流装置异常后，将 500kV 站控直流#2 充电柜直流输出断路器 2ZK 切回“至Ⅱ段母线”位置，500kV 站控直流Ⅱ段母线联络断路器 4ZK 切回“至#2 蓄电池组”位置，站控直流系统恢复正常。监控系统闭锁及变位信号逐一复归。

## （三）事件原因分析

经调查分析，电厂操作人在操作前未核对站控直流系统断路器位置状态和充电机输出电流，仅检查#1、#2 充电机输出电压正常，错误地认为站控直流系统运行方式处于Ⅰ、Ⅱ段母线分段运行状态。在编制操作票时，根据误判的直流电源系统运行方式提取了相应的操作票，操作监护人和值班负责人在审核操作票时未发现操作票的错误。在操作过程中，操作人员和监护人员未核对站控直流系统#1 充电机输出电流，操作断开#2 蓄电池组后继续断开#2 充电机，造成站控直流系统失电。

### 三、暴露问题

（1）运行人员在编写操作票时，未认真核对设备运行状态，导致操作票填写错误。对直流母线操作时，未监视充电机输出电流，未能发现#1 充电机空载。

（2）直流母线切换操作蓄电池不并列的回路设计存在缺陷，应满足“切换操作时禁止蓄电池脱离直流母线”。

### 四、防范措施

（1）优化预防蓄电池并列切换回路的设计，确保切换操作时始终有一组蓄电池为直流母线供电。

（2）开展运行操作前，应结合现场设备实际状态和图纸进行预演，尽可能减少事故的发生。

## 案例 9　直流系统失电导致保护越级跳闸

### 一、事件简述

某月某日 23 时 55 分 10 秒，110kV 某光伏电站 10kV 备用母线分段断路器 012 柜故障，光伏电站内保护拒动，上级 110kV 变电站至该光伏电站 110kV 某线线路保护动作切除故障。

110kV 某线路跳闸前运行方式如图 6-17 所示。110kV 某线路跳闸后运行方式如图 6-18 所示。

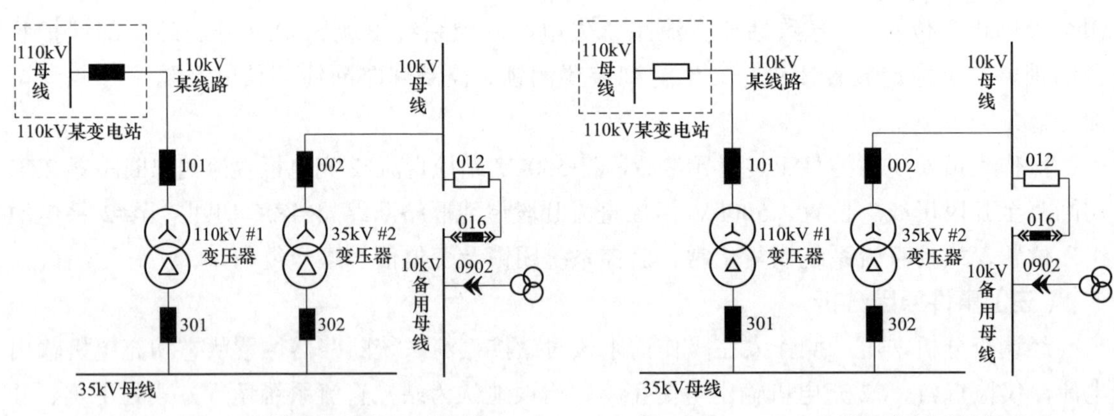


图 6-17　110kV 某线路跳闸前运行方式　　图 6-18　110kV 某线路跳闸后运行方式

### 二、事件分析

#### （一）现场检查情况

经现场检查发现，该 110kV 光伏电站 10kV 备用母线分段断路器 012 柜、10kV 母联隔离开关 016 柜、10kV 备用母线 TV 隔离开关 0902 柜烧毁，各保护装置失电。

### （二）保护动作情况

事件发生时，该 110kV 光伏电站全站失压，直流系统全失电，经临时恢复直流系统供电，光伏电站内所有保护无动作记录、告警记录。

### （三）保护动作情况分析

调阅光伏电站内保护装置失电前 110kV #1 变压器低压侧电流突变量启动故障录波等资料，判断为 10kV 备用母线分段断路器 012 柜 AC 相间故障快速发展为三相短路故障，站用交流系统电压快速降低，站用直流系统整组蓄电池无输出，光伏电站内相关保护装置及控制电源失电，从而导致保护越级跳闸。

## 三、暴露问题

事件发生时，该光伏电站直流系统蓄电池组服役年限将近 12 年，故障前一年的蓄电池核对性充放电试验结论中已明确有 4 只蓄电池容量不满足要求，建议进行更换；但光伏电站内仅通过旁路损坏的 4 只蓄电池处理异常，未及时更换整组蓄电池。

## 四、防范措施

（1）加强蓄电池和直流系统（含逆变电源）的运行维护，严格按照投运 4 年内 2 年一次，4 年后每年一次的频次开展直流系统检验工作。对运行年限超过 8 年的蓄电池组运行工况进行评估，视情况开展整组更换。

（2）重点关注内阻变化较大或单只电池电压异常的蓄电池，必要时通过充放电试验确认蓄电池组是否合格。

# 案例 10　误用表计导致保护不正确动作

## 一、事件简述

某月某日，某±500kV A 换流站在开展完极 2 阀冷却系统阀厅温度及室外温度异常缺陷处理工作后，工作人员使用日本共立 KT171 型万用表测量待投入的硬压板电压时，后台发极 2 极控系统极 2AP5 内冷控制柜 B 功率回降信号，执行功率回降命令并在极二输送电流小于 0.85 倍额定时执行闭锁极二。

## 二、事件分析

首先，工作人员选用极二冷控系统 2 套接口装置及 1 套备用的装置分别对 3 个不同的开入点进行测量，结果如表 6-4～表 6-6 所示。

表 6-4　　极 2 阀冷控制接口装置一

| 序号 | 开入点 | 动作电压（V） | 返回电压（V） | 与额定电压比值（%） |
|---|---|---|---|---|
| 1 | 4 | 103.9 | 88.1 | 47.2 |
| 2 | 5 | 103.8 | 90 | 47.2 |
| 3 | 11 | 101.8 | 92.9 | 46.3 |

表 6-5　　极 2 阀冷控制接口装置二

| 序号 | 开入点 | 动作电压（V） | 返回电压（V） | 与额定电压比值（%） |
|---|---|---|---|---|
| 1 | 4 | 106.6 | 90 | 48.5 |
| 2 | 5 | 98 | 82.2 | 44.5 |
| 3 | 11 | 97.1 | 81.8 | 44.1 |

表 6-6　　备 用 接 口 装 置

| 序号 | 开入点 | 动作电压（V） | 返回电压（V） | 与额定电压比值（%） |
|---|---|---|---|---|
| 1 | 4 | 98.1 | 82.4 | 44.6 |
| 2 | 5 | 90.2 | 75.9 | 41 |
| 3 | 11 | 84.5 | 72.1 | 38.4 |

其次，模拟使用日本共立 KT171 型电压表测量开入（极 2 阀冷控制接口装置一功率回降 B）电压时的试验数据。

极 2 阀冷控制接口装置一如表 6-7 所示。

表 6-7　　极 2 阀冷控制接口装置一

| 序号 | 开入点 | 开入点电压（V） | 负电公共端开始电压 | 负电公共端稳定电压 | 初始电压压差（%） |
|---|---|---|---|---|---|
| 1 | 11 | −11.4 | −116 | −90.8 | 104.6 |

因此，根据抽样测量结果，开入点动作电压为额定电压的 38.4%～48.5%。根据《变电站测控装置技术规范》（DL/T 1512—2016）要求，开入电压不小于 70%额定值，遥信状态为逻辑“1”；开入电压小于 55%额定值，遥信状态为逻辑“0”。现场开入点动作电压不满足规范要求。

如图 6-19 所示为现场直流电源、信号接入回路与 DFU410 测控装置内部构成通路的原理图。测控装置第 1 路开入正输入端为 K1（以第 1 路开入量为例），负端为 COM 端（9 号针）连接至−110V 电源端。

图 6-19 中：R+、R−为直流系统绝缘监测装置平衡桥电阻，C+、C−为正负极母线对地电容。AB 之间为电压测量点。其中：R+、R-基值为 999kΩ（现场绝缘监测装置显示值）；

C+、C−一般为 μF 级分布电容（现场无法测量）。

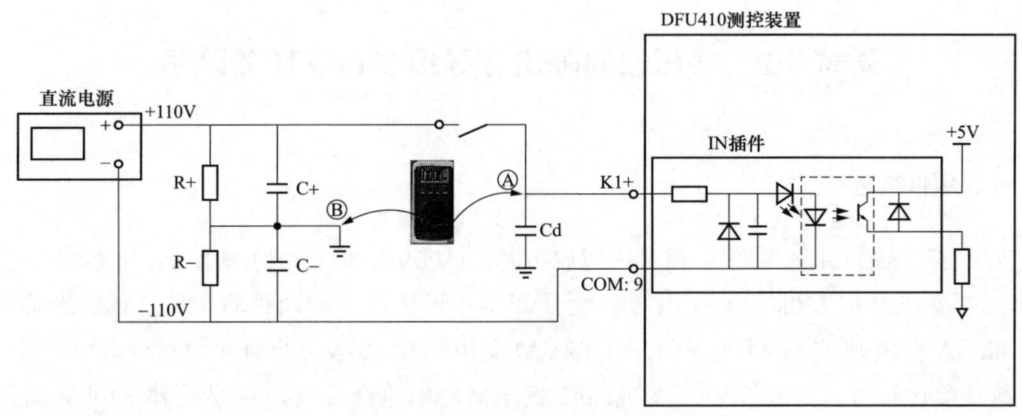


图 6-19 开入信号通路基本原理

根据图 6-19，在外部信号断开的情况下，开入通道没有驱动电压，回路内部采集信号为“0 电平”。正常情况下，用手持式万用表测量 K1 正端对地（接地铜排）的直流电压应为−110V（AB 两点间），但由于万用表内阻较大（＞1MΩ），K1 通路驱动电流极小，回路采集电压仍为“0 电平”，此情况下不会造成该信号电平变位为高电平 1 状态。但在 AB 两点间接入低阻电路时，开入回路阻抗与串入仪表阻抗经串联后并接至负端平衡电阻 R−两端，系统负端平衡电阻降低，负极母线对地电容 C−开始通过开入回路以 110V DC 的初始电压进行放电。放电开始阶段电压较高所以有变位产生，但放电一定时间后电容两端电压降低，开入回路经仪表串接后分担的电压降低到其动作电压以下后，开入回路变位恢复（0 电平），这是导致此次变位现象的主要原因。

当直接短接 AB 两点后，仅有开入回路阻抗并接至负端平衡电阻 R−两端，负极母线对地电容 C−直接对开入回路进行放电，所以有变位产生。但由于现场负极母线对地电容 C−数值较大，开入回路的放电电流较小（约 1mA），因而该变位将会持续相对较长的一段时间，直至小于动作电压后变位才恢复（0 电平）。

需要说明的是，用一个低阻值的电压表去进行这种测量点的检查对直流系统来说是存在风险的，必然导致直流母线对地电阻值大幅下降，正向、负向电压值大幅变化及严重不平衡，从而造成系统性的危害。

## 三、暴露问题

±500kV A 换流站所使用的 DFU410 接口装置开入动作电压不满足规范要求。

KT171 万用表为低阻值表计，进行直流电压测量时，会对直流系统的绝缘产生危害。

## 四、防范措施

暂停使用 KT171 万用表，更换为福禄克万用表；对 DFU410 型接口装置的开入回路进行整改，提高开入动作电压。

# 案例11　变压器间隙击穿导致多台变压器跳闸

## 一、事件简述

某月某日某110kV甲线A相对树障放电时，110kV E变电站#1变压器，110kV D变电站#1、#2变压器和220kV A变电站#3变压器零序过压保护均同时动作跳三侧断路器，造成220kV A变电站110kVⅡ母失压，110kV D变电站除35kVⅡ母外全停事件。

事件前运行方式：220kV A变电站#2变压器停电检修、#1、#3变压器220kV侧并列运行、110kV侧分列运行；#1变压器110kV侧上110kVⅠ母供E变电站#2变压器、F变电站、G变电站和O变电站；#3变压器110kV侧上110kVⅡ母供H变电站#2变压器、E变电站#1变压器、D变电站#1、#2变压器和I站负荷。110kV D变电站#1、#2变压器并列运行。110kV H变电站、E变电站、D变电站、I变电站和220kV A变电站#3变压器中压侧中性点均未接地，如图6-20和图6-21所示。天气多云，局部有大风。

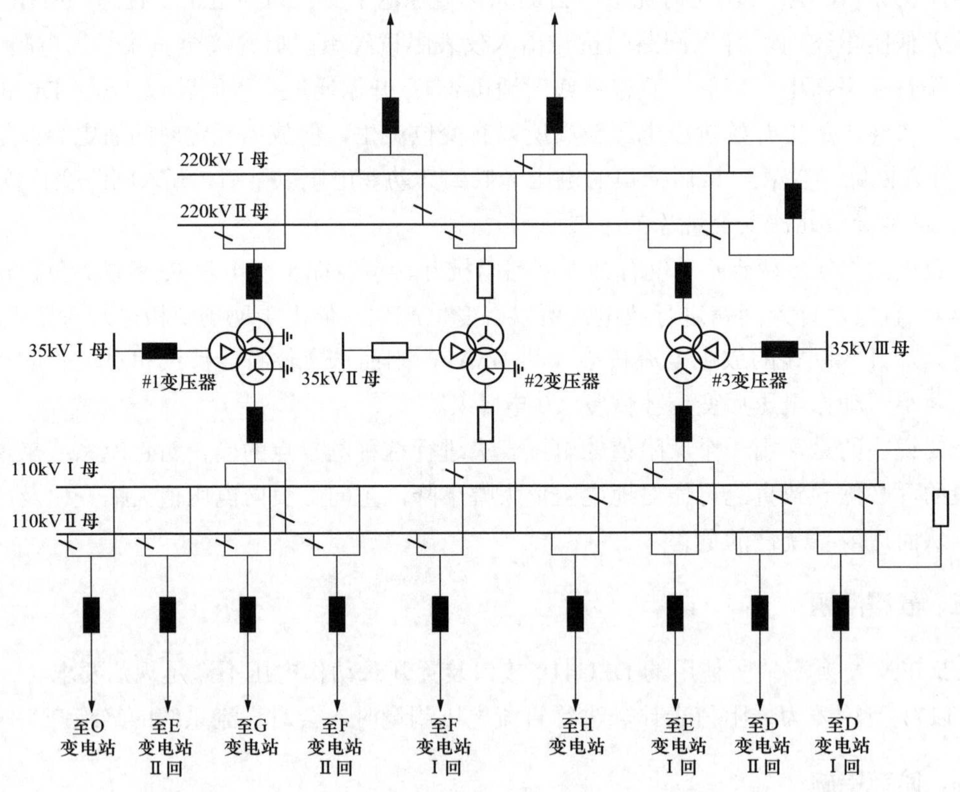


图6-20　220kV A变电站部分电气主接线图

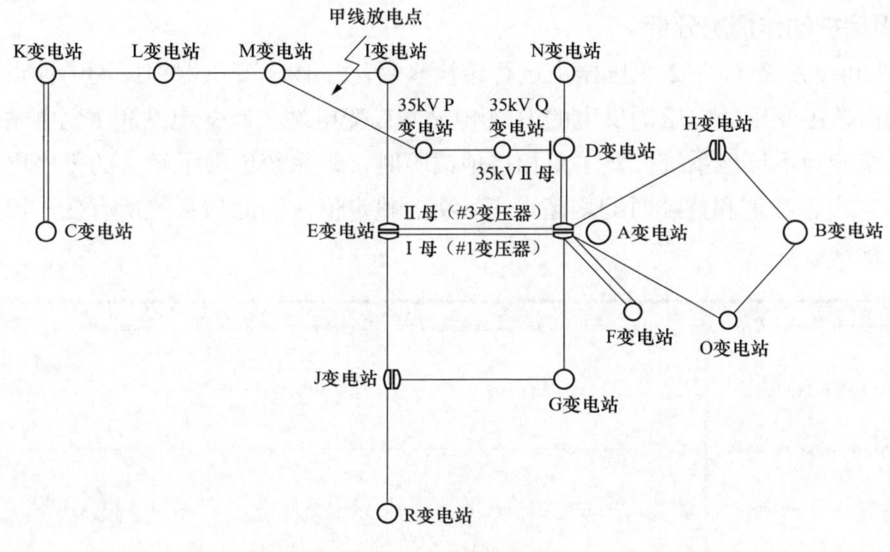


图 6-21　系统接线简图

## 二、事件分析

### （一）保护动作情况

保护动作时序如表 6-8 所示。保护动作定值如表 6-9 所示。

表 6-8　　保护动作时序

| 序号 | 相对时间 | 描述 |
|---|---|---|
| 1 | 0ms | 110kV 甲线 A 相对树障放电 |
| 2 | 541ms | 110kV E 变电站#1 变压器高压侧后备零序过压跳三侧 |
| 3 | 541ms | 110kV D 变电站#2 变压器零序过压跳三侧 |
| 4 | 541ms | 110kV D 变电站#1 变压器零序过压跳三侧 |
| 5 | 544ms | 220kV A 变电站#3 变压器零序过压跳三侧 |

表 6-9　　保护动作定值

| 序号 | 跳闸保护 | 整定值 | | 动作值 | |
|---|---|---|---|---|---|
| | | 零序电压（V） | 时间（s） | 零序电压（V） | 时间（s） |
| 1 | 110kV E 变电站#1 变压器高压侧后备零序过压 | 150 | 0.5s 跳三侧 | 227 | 0.541 |
| 2 | 110kV D 变电站#1、#2 变压器零序过压 | | | 213 | 0.541 |
| 3 | 220kV A 变电站#3 变压器零序过压 | | | 234 | 0.544 |

由表 6-8 和表 6-9 可知，上述保护跳闸动作值均超过整定值。

## （二）保护动作情况分析

（1）220kV A 变电站#2 变压器由运行转检修后，由于#3 变压器中压侧中性点未接地运行，导致由该主变压器中压侧供电的 H 变电站、E 变电站、D 变电站和 I 变电站所组成的 110kV 系统变为不接地系统；发生单相接地故障时，该系统出现了较大的零序电压，如图 6-22 所示。由于数值和持续时间均超过表 6-9 的整定值，因此该系统所有变压器零序过压保护动作跳闸。

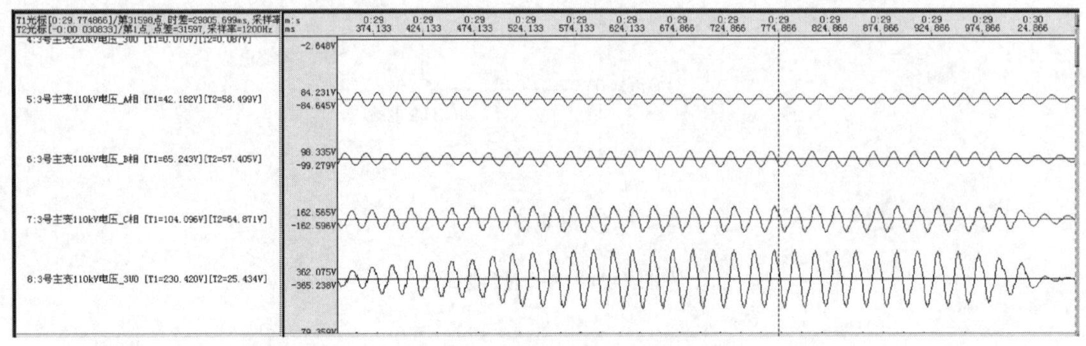


图 6-22　220kV A 变电站#3 变压器中压侧电压波形图

（2）考虑到系统发生单相接地故障时，母线电压互感器开口三角电压为 100V。因此对于 35kV 及以下的小电流接地系统，电压互感器开口三角电压绕组额定相电压为 100/3V；110kV 及以上大电流接地系统开口三角绕组额定相电压为 100V，如图 6-23（a）、（b）所示。

理想情况下的 110kV 及以上系统，若变压器中性点直接接地，发生单相接地故障，母线电压互感器开口三角电压为 100V；若接地变压器跳开后变为不接地系统时，故障相电压降为零，非故障相电压升高为原来的 $\sqrt{3}$ 倍，两者夹角由 120°缩小为 60°，如图 6-23（c）所示。此时母线电压互感器开口三角绕组相电压理论上为 173.2V，则开口三角输出电压为

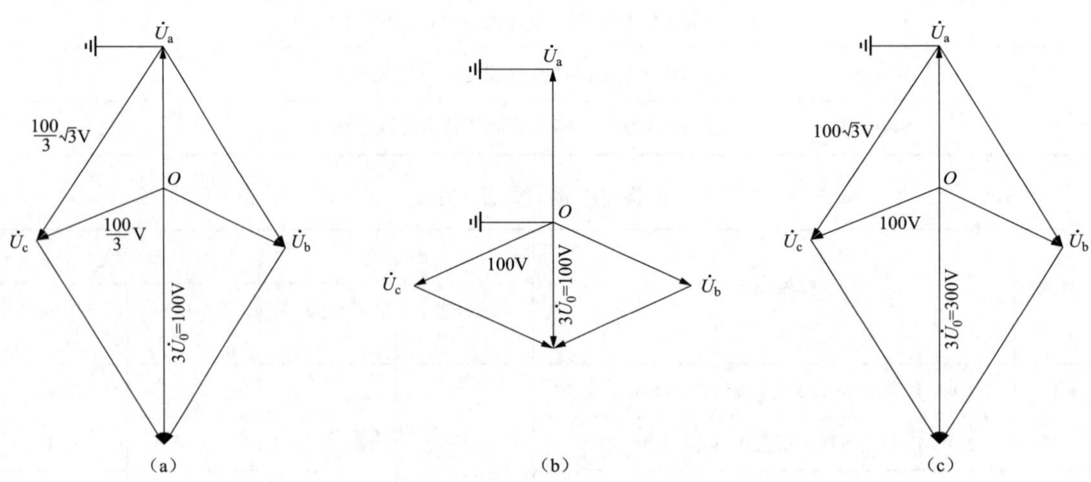


图 6-23　单相接地故障三种情况下开口三角电压

（a）小电流接地系统；（b）大电流接地系统；（c）大电流接地系统失去中性点

$3\dot{U}_0=\sqrt{3}\times173.2=300\text{V}$ 。但由于开口三角绕组额定相电压为 100V，考虑该绕组饱和的情况，若实际输出为 130V 左右时，母线电压互感器开口三角绕组输出电压为 $3\dot{U}_0=\sqrt{3}\times130=225\text{V}$ 。110kV 系统断路器一般为三相联动机构，重合闸方式为三重，因此不用考虑线路非全相运行的情况，为躲过系统单相接地故障时的零序电压，变压器间隙零序过压定值一般整定为 150V。

## 三、暴露问题

变压器中性点接地方式不符合规定。220kV A 变电站#2 变压器停电后未及时调整#3 变压器中性点接地方式，造成线路故障多台变压器跳闸，扩大停电范围。

## 四、防范措施

工作人员结合运行方式安排，对不满足继电保护运行要求的#3 变压器中压侧中性点进行调整，学习变压器中性点调整操作规范及要求，熟悉变压器中性点接地方式对零序网络分布及保护范围的影响。

## 五、知识点延伸

长期以来，变压器中性点接地开关的切换控制一直依赖人工操作，但在变压器事故跳闸、设备运行状态变更等情况下，工作人员会遗忘对运行变压器中性点接地开关的切换操作，导致局部电网由大电流接地系统变为小电流接地系统，给系统的安全稳定运行构成极大威胁。

以 220kV 变电站为例，如图 6-24 所示，#1 变压器中性点直接接地运行，#2 变压器中

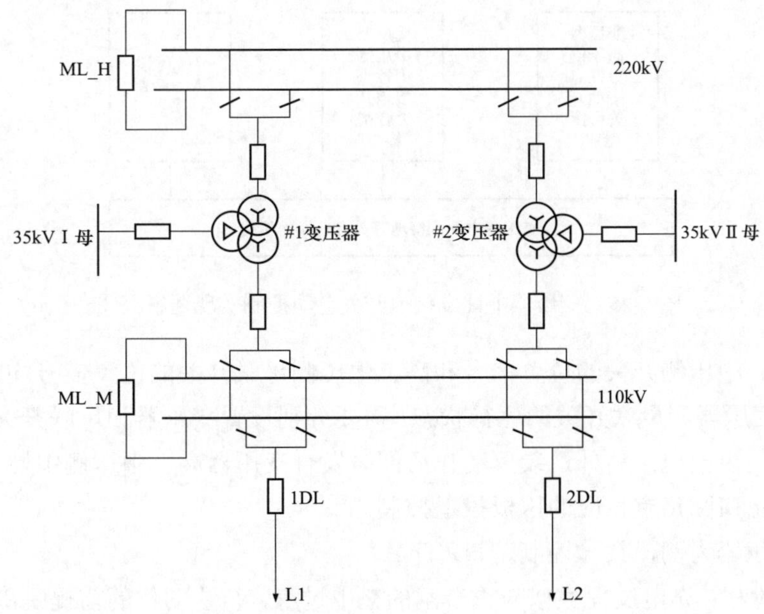


图 6-24　某 220kV 变电站电气主接线图

性点经间隙接地运行，若#1 变压器跳闸后没有快速将#2 变压器的中性点接地开关合上，则该变电站的 110kV 系统将变为不接地系统，此间若 110kV 出线或母线再发生单相接地故障，110kV 线路保护或母线保护均不能动作，只能由#2 变压器的间隙零序过压或间隙零序过流保护动作隔离故障，最终将导致该变电站的 110kV 和 35kV 母线全部失压事故，后果极其严重。若#1 变压器跳闸后能够快速将#2 变压器的中性点接地开关合上，则 110kV 出线或母线再发生单相接地故障时，110kV 线路保护或母线保护仍然可以正确动作保证选择性，不会造成事故范围的扩大。

变压器中性点接地开关自动切换控制技术是解决变压器跳闸后快速恢复零序网络的重要技术措施。其技术方案是通过采集厂站变压器高、中压侧断路器，中性点接地开关和母联断路器的开关量位置信号实时识别变压器的运行方式和运行状态，采集变压器高、中压侧母线的 $3U_0$ 电压模拟量作为闭锁判据，在中性点直接接地的变压器或母联断路器跳闸后，装置能够自动将中性点经间隙接地变压器的中性点接地开关合上。其逻辑框图见图 6-25。

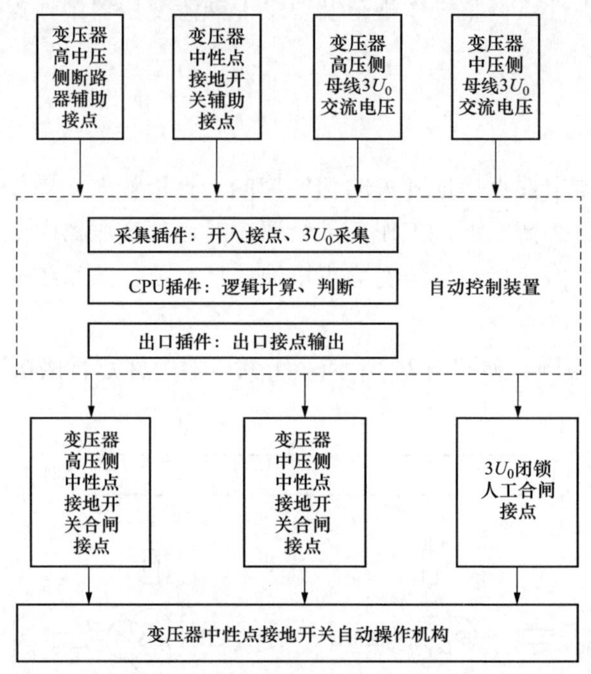


图 6-25　变压器中性点接地开关自动控制实现逻辑框图

变压器高、中压侧开关的位置信号和高、中压侧母联开关的位置信号均采用“或”逻辑。为了识别变压器和母联开关的运行状态，需要分别设置变压器和母联开关的检修压板，根据运行方式同步投退。另外，装置动作后同时发合变压器高、中压侧中性点接地开关的控制命令，其出口回路有相应的压板投退控制。

以两台变压器为例，具体控制逻辑如下：

（1）充电过程：充电过程类似与重合闸的充电过程，装置动作的前提是满足充电条件。满足母联开关处于合位，一台变压器接地且另一台变压器不接地的初始时刻条件后，保持

10s，充电完成。

（2）动作逻辑

1）若母联断路器跳闸，合上非接地变压器的中性点接地开关；

2）若接地变压器动作，合上非接地变压器的中性点接地开关；

3）若非接地变压器保护动作，装置不动作。

详细逻辑说明如图 6-26 所示。

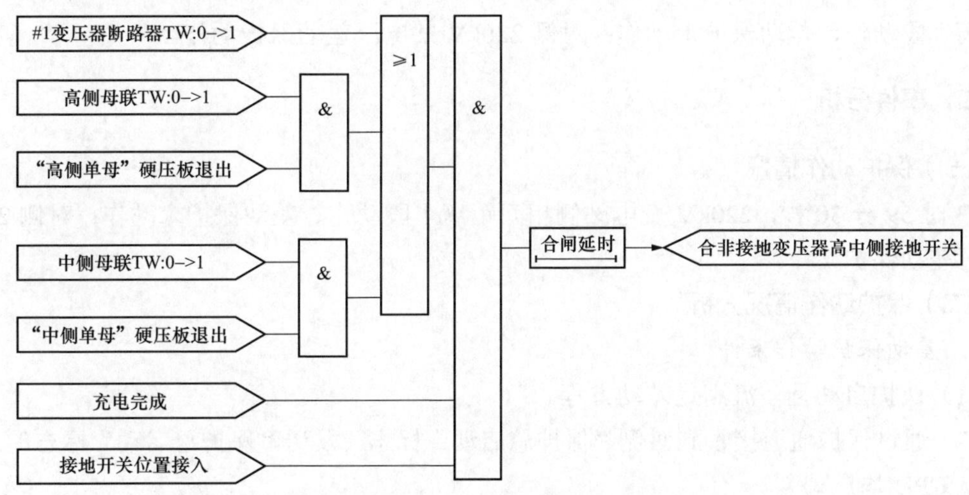


图 6-26　两台变压器运行控制逻辑图（有接地开关位置接入）

注：假设充电完成时#1 变压器接地开关 HW=1 #2 变压器接地开关 HW=0

两台变压器的厂站：只要满足装置动作条件，都同时发合两台变压器接地开关的命令。该逻辑简单可靠，且不需要开入中性点隔离开关的位置信号，详细逻辑说明如图 6-27 所示。

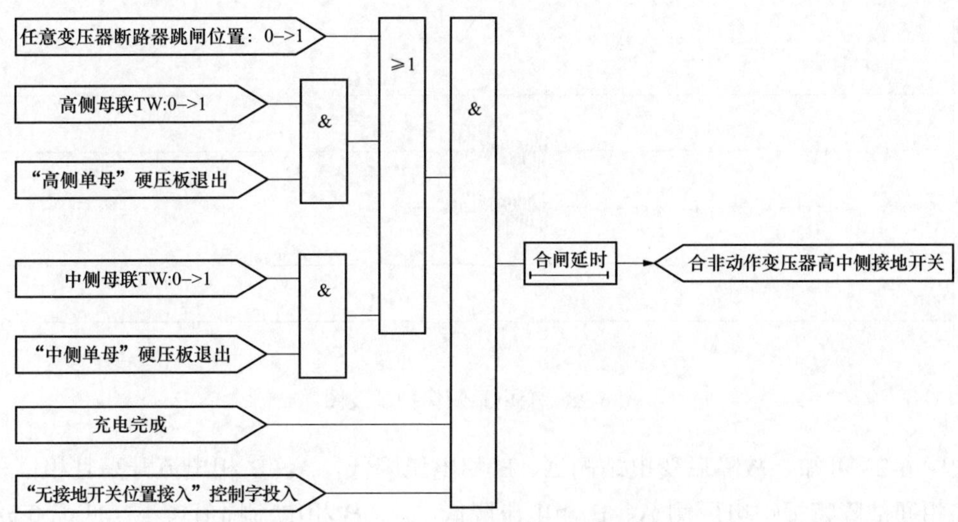


图 6-27　两台变压器运行控制逻辑图（无接地开关位置接入）

# 案例 12　谐波分量导致线路差动保护拒动

## 一、事件简述

某月某日 13 时 59 分 30 秒，220kV 某线路发生 AB 相间短路故障，220kV 变电站侧相间距离 I 段动作、差动保护未动作；对侧 220kV 某电厂差动保护动作。

## 二、事件分析

### （一）保护动作情况

13 时 59 分 30 秒，220kV 变电站侧相间距离 I 段动作、差动保护未动作；对侧 220kV 某电厂差动保护动作。

### （二）保护动作情况分析

1. *差动保护动作条件*

（1）保护启动且差流满足差动方程。

（2）通过保护通道接收到对侧“保护总启动”标志（发送“保护总启动”标志的条件：主、从 CPU 均启动）。

2. *差流分析*

调取变电站侧保护录波，如图 6-28 所示。

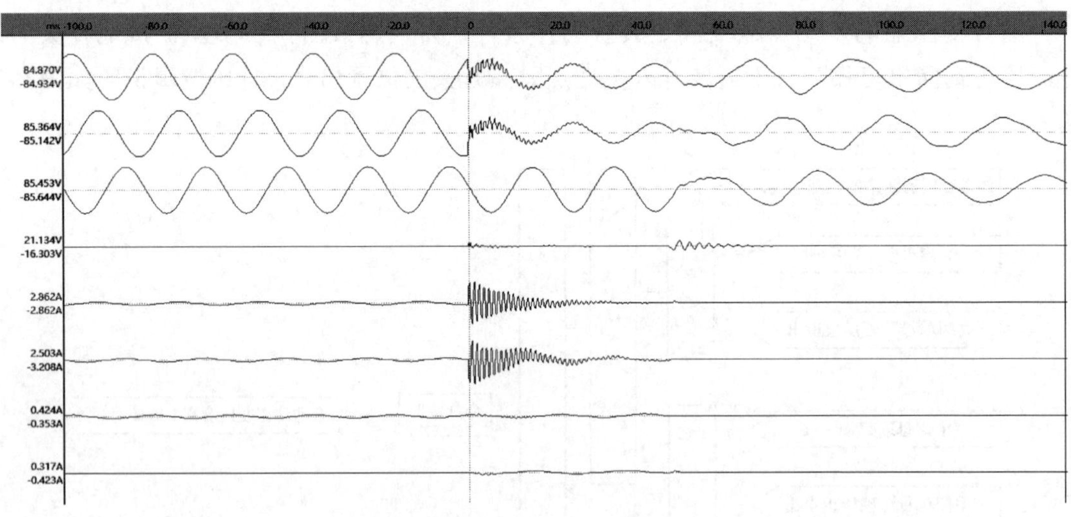


图 6-28　变电站侧保护录波图

由图 6-28 可知，故障后变电站侧 A、B 相电压降低，A、B 相电流升高且相位相反，为 AB 相间故障特征；电厂侧 A、B 相电压降低，A、B 相电流幅值较小（低于 0.5A）且谐波含量较大。A、B 相差流大于差动定值门槛（1.67A）且满足比率差动方程。

3. 两侧保护主、从 CPU 启动情况

从两侧保护的主、从 CPU 内部录波分析，强电源侧变电站因故障电流较大，主、从 CPU 均启动，向对侧发送保护总启动标志；弱电源侧电厂因故障电流小、谐波分量大，主 CPU 启动、从 CPU 未启动，未向对侧发送保护总启动标志。对电厂侧保护录波进行录波回放，获取主、从 CPU 的启动录波并比较 A、B 相电流采样差异，如图 6-29 所示。

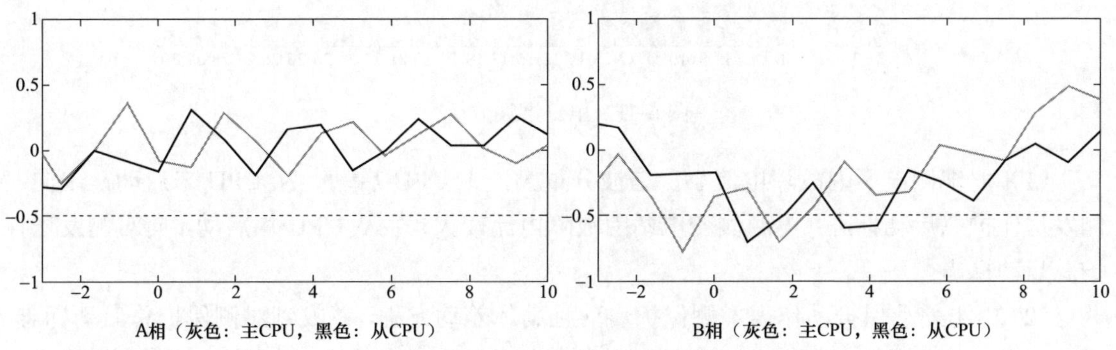


图 6-29　电厂侧录波主、从 CPU 采样比较

由图 6-29 可知，由于故障电流较小且谐波含量大，加上装置本身的采样误差，保护启动时刻 A、B 两相的主从 CPU 采样差异偏大。

电厂侧突变量启动元件离线计算如图 6-30 所示。由图 6-30 可知，电厂侧故障电流较小导致 AB 相间电流突变量较小且在门槛附近上下浮动。图 6-30 所示电厂侧保护启动时刻，最多时只有 5 个连续采样点在门槛之上。

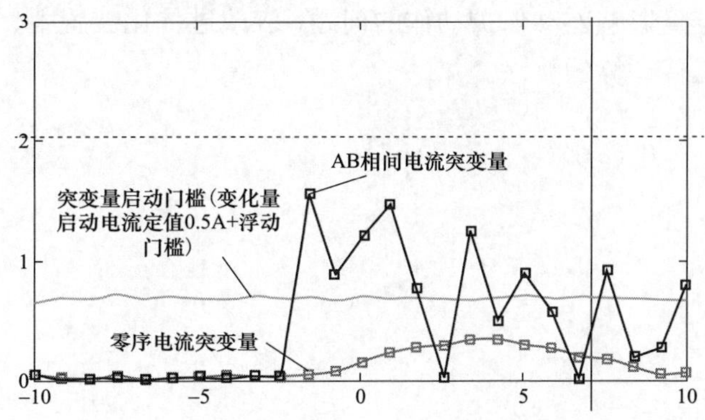


图 6-30　电厂侧保护录波突变量离线计算

4. 电厂侧谐波分量分析情况

调取电厂侧录波的谐波分析如图 6-31 所示。

由图 6-31 可以看出，电厂侧故障电流含有较高的谐波含量放大了主从 CPU 的采样差异，使得电厂侧出现了主 CPU 启动、从 CPU 未启动的极小概率情况。

220kV 某线路发生 AB 相间故障，变电站侧差动保护未动作，对侧电厂差动保护动作，原因为：

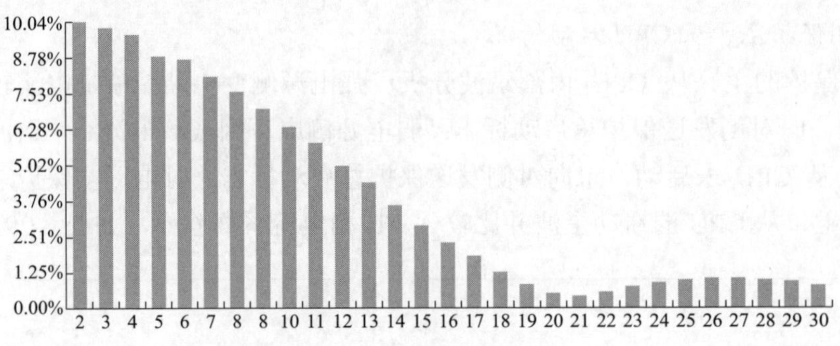


图 6-31　电厂谐波分析图

（1）弱馈侧电厂因故障电流小、谐波分量大，主 CPU 启动、从 CPU 未启动，未向对侧发送保护总启动标志；电源侧变电站因故障电流较大，主从 CPU 均启动，向对侧发送保护总启动标志。

（2）由于差动保护动作需本侧保护启动且满足差动方程，并收到对侧保护总启动标志，因此变电站侧差动保护不动作、电厂侧差动保护动作。

## 三、暴露问题

保护装置未考虑到谐波分量进而放大了弱馈侧装置主从 CPU 的采样差异，使得电厂侧出现了主 CPU 启动、从 CPU 未启动的极小概率情况，导致对侧差动保护拒动。

## 四、防范措施

建议针对谐波分量影响差动保护动作的问题，应改进优化装置主、从 CPU 的采样差异和装置突变量启动元件计算的算法。

# 参 考 文 献

［1］国家电力调度通信中心．国家电网公司继电保护培训教材．北京：中国电力出版社，2009．

［2］江苏省电力公司．电力系统继电保护原理与实用技术．北京：中国电力出版社，2006．

［3］国家电力调度通信中心．电力系统继电保护实用技术问答（第二版）．北京：中国电力出版社，2000．

［4］中国南方电网有限责任公司．南方电网继电保护案例分析汇编．北京：中国电力出版社，2019．

［5］四川电力调度控制中心．继电保护及安全自动装置典型案例分析．北京：中国电力出版社，2018．

［6］薛峰．电网继电保护事故处理及案例分析．北京：中国电力出版社，2012．

［7］李玮．电力系统继电保护事故案例与分析．北京：中国电力出版社，2017．

［8］王其林，等．继电保护典型隐患案例分析及防范．北京：中国电力出版社，2021．

［9］景敏慧．电力系统继电保护动作实例分析．北京：中国电力出版社，2012．